“十二五”普通高等教育本科规划教材

工业系统设备管理与监测

张　宏　刘　艳　李鸿魁　等编

化学工业出版社
·北京·

本书介绍了工业系统设备综合管理的基本知识和最新的设备管理知识，包括可靠性维修性工程、系统工程、寿命周期费用及设备的故障监测和诊断理论，并介绍了工厂采用设备综合管理的具体方法，包括工业系统设备的前、中、后期综合管理及其案例分析。

全书为制定工业系统规模、改善技术和装备、提高国产设备的综合效率、降低寿命周期费用等方面提供参考。

本书适合机械类、能源与动力等类专业的本科生、专科生使用，并可作为工业系统企业职工培训教材使用。

图书在版编目（CIP）数据

工业系统设备管理与监测/张宏，刘艳，李鸿魁等编.
北京：化学工业出版社，2014.2（2022.8 重印）
“十二五”普通高等教育本科规划教材
ISBN 978-7-122-19390-2

Ⅰ.①工… Ⅱ.①张…②刘…③李… Ⅲ.①工业设备-设备管理-高等学校-教材 Ⅳ.①TB4

中国版本图书馆 CIP 数据核字（2013）第 321496 号

责任编辑：杨　菁　　文字编辑：徐雪华
责任校对：顾淑云　王　静　　装帧设计：刘丽华

出版发行：化学工业出版社（北京市东城区青年湖南街 13 号　邮政编码 100011）
印　　装：北京科印技术咨询服务有限公司数码印刷分部
787mm×1092mm　1/16　印张 21　字数 521 千字　　2022 年 8 月北京第 1 版第 4 次印刷

购书咨询：010-64518888　　售后服务：010-64518899
网　　址：http://www.cip.com.cn
凡购买本书，如有缺损质量问题，本社销售中心负责调换。

定　　价：66.00 元

序　　言

设备预防维修的概念起源于第二次世界大战时的美国，现代设备管理的理念于 20 世纪 60 年代末起源于英国，执行发展于日本，并逐步在钢铁、化工、铁路、船舶、电力、动力、核能、轻工等许多领域得到了更加蓬勃的发展。

我国从 20 世纪 80 年代开始设备管理和故障诊断技术的研究工作，经过 20 多年的不懈努力，在理论研究和工程应用方面取得了丰硕的成果和实践经验，并在许多领域得到了广泛的应用。

本书作者在制浆造纸、能源等领域进行了多年的探索和研究，在设备管理和故障监测方面形成了一套独特而行之有效的系统方法，理论实践兼备。该书内容齐全、技术方法典型，从基本原理、典型诊断方法，到典型设备诊断以及诊断系统、仪器及案例，阐述了设备诊断技术的各个方面。同时，本书是从教学和工程角度出发编写的，密切结合我国实际，在设备管理与故障诊断工作中，可起到备查、提示、启发和示范的作用，适合广大相关专业的大学本科生和工程技术人员使用，是一本很好的参考书。

祝愿本书能为我国工业系统设备管理与监测工作的深入发展及更广泛的工程应用产生积极的推动作用。

李志健

2013 年 8 月

前　言

为了使工业系统规模、技术和装备等有较大的改善，提高国产设备的综合效率，降低寿命周期费用，缩小与国外先进技术水平差距，加快科技成果与高新技术产业化，使产业和产品的竞争力有较明显的提高，作者根据多年科研工作、工程项目的经验，以及对工业系统设备综合管理、设备的故障监测和诊断应用方面的考虑及总结的基础上撰写此书。

本书内容包括，工业系统设备综合管理的基本知识，介绍了当今世界上最新的设备管理知识，包括可靠性维修性工程，系统工程，寿命周期费用及设备的故障监测和诊断理论。并介绍了工厂采用设备综合管理的具体方法，包括工业系统设备的前、中、后期综合管理及其案例分析。

本书适合在校的机械类、能源与动力等类的本、专科生使用，并可作为工业系统企业职工培训教材等使用。本书由张宏等编，其中张宏编写第 1、2、3 章及附录，张春华、张坤、张宏共同编写第 4 章，刘艳编写第 5、6 章，李鸿魁编写第 7、8 章。

本书在编写过程中承蒙李志健教授、李新平教授、湖北百人科技人才黄光平博士、李策高级工程师、陈汛武高级工程师、林曙明高级工程师等有关专家、教授分别审阅，胡墨奇、李小军、张元、王军超提供了部分参考资料并参与整理工作，在此一并表示衷心的感谢。

由于编写人员业务水平有限，书中不免会有不妥之处，恳请读者和同行专家给予批评指正，以臻再版时修改完善。

张　宏

2013 年 8 月

目　录

第1章　总　　论

1.1　设备与设备综合管理

1.1.1　设备概述

设备是指在企业生产中可供长期反复使用并基本保持其原有实物形态的各种劳动手段（工具的延伸）的总称。如企业中通常使用的机床、仪器、运输工具、动力设施等。

(1) 设备是固定资产的组成部分

固定资产即指重复参与多次生产过程而保持其实物体形态和原有功能基本不变的劳动资料，它们的价值在生产过程中逐渐消耗而转移到产品价值中去。我们又把机器、厂房、建筑、运输工具等称为固定资产。

一般应同时具备以下两个条件的劳动资料才能划为固定资产：

① 使用期限在一年以上；

② 单位价值在一定限额以上（一般规定小型企业为二百元，中型企业为五百元，大型企业为八百元）。在限额以下的劳动资料如工具、器具、仪表等只能划为低值易耗品。

但也有特殊情况，如被服厂的缝纫机等主要生产设备，单位价值虽低于限额，也应列为固定资产。而对于使用年限较短，某些专用工夹具、模具和容器等，虽符合固定资产条件，也应列入低值易耗品。

(2) 设备是企业生产的重要物质技术基础

设备是进行简单再生产和扩大再生产的重要物质技术基础。设备的技术状态和工艺装备的质量，对企业生产产品的数量，质量和其他一系列技术、经济指标都有密切的关系。因此，管好企业的设备，使之经常处于完好的技术状态，对于高质量、高速度的发展和赶超世界先进水平，都具有十分重要的意义。

(3) 设备是社会时代性的重要标志

以手工为主的生产、机器生产以及高度现代化设备的大生产，分别标志着人类社会的不同阶段。

设备的现代化程度和技术水平，集中地反映了一个国家的国力和一个企业的技术实力。而衡量一个国家现代化的程度，也往往看它的设备、装备的技术水平和潜在能力。当今发达国家的标志是人造卫星、宇宙飞船和航天飞机、核电站、电子计算机、数控机床、汽车、生物工程等的水平和拥有量。

(4) 现代设备的特点

① 大型化或超小型化；

② 高速化；

③ 功能高级化；

④ 连续化、自动化、复杂化。

从造纸业的发展看，发达国家的造纸厂规模日益巨大，年产量达几百万吨到上千万吨，造纸机也日益大型化、高速化和自动化，大型造纸机的造纸宽度已超过 10m，车速超过 2000m/min，使用电子计算机对造纸机的运行状态进行监控，产品的质量高，原材料和能量消耗少，环境污染也很少。

我国发电行业中，规模较大的企业不断增加，生产能力有较大的提高，1949 年，总装机容量 1849MW，年发电量 43.1×10^{8}kW·h，2007 年总装机容量达到 713290MW，年发电量 32559×10^{8}kW·h，超临界压力发电厂，机组功率为 600MW 及以上。

1.1.2 设备综合管理

(1) 设备综合管理的含义

设备综合管理（简称设备管理）就是根据企业的生产经营目标，采取一系列技术、经济和管理措施，对企业的设备从计划、研究、设计、制造、购置、安装调试、使用、维修、改造直至报废的全过程进行综合管理，追求并达到设备综合效率最高和寿命周期费用最低的目标。

设备运动的全过程中有两种运动形态：一是设备的物质运动形态，包括设备的研究、设计、制造、选购、验收、安装、使用、改造及报废等，相应的管理称为设备的技术管理；二是设备的价值运动形态，包括设备的投资、折旧、维修保养费用的支出和核算、更新改造资金的筹措和设备经济效果的分析等，相应的管理称为设备的经济管理。由此可见，设备的综合管理应是“人、财、物”的结合和“技术、经济、管理”的结合。

(2) 设备管理的重要意义

① 设备管理水平是一个国家的工业现代化的标志。考察一个国家的工业现代化程度，最主要的指标就是这个国家技术水平以及企业对这些设备和装备的管理水平。

据统计，我国工矿企业、交通运输业的总体设备利用率仅为 40%～50%，处于较低的水平。加强企业的设备管理，可大大提高现有设备的利用率和技术水平，从而大大提高国民经济的生产能力和经济发展速度，为国家制造巨大的物质财富，又不必增加额外投资。

② 设备管理是一个企业赖以生存和发展的基础。合理地选购和使用设备，是企业经营成功的重要保证。在一般工业企业中，各种机械设备在固定资产总值中的比重约占 60%以上，它是工业企业生产的物质技术基础。设备的技术状态直接影响企业生产过程各环节之间的协调配合，如不重视设备管理，设备保养不良，短期内能使设备生产效率下降或造成意外故障损失；长期设备失修，将使设备的损耗得不到及时补偿，引起设备事故或提前报废。现代制浆造纸企业设备的自动化程度高，生产连续性强，生产的正常主要依赖于设备良好的技术状况，一台关键设备的停机可以使整条生产线停产从而给企业造成巨大的经济损失，从这个意义上来说，设备管理工作是整个企业生产顺利进行的前提。

③ 设备管理是企业安全生产和环境保护的保证。一个企业设备事故和人身事故的发生次数也反映出这个企业设备管理工作的好坏。同时，管理好产生三废和处理三废的设备，保持其良好的技术状况也有利于减少企业对外部的环境污染。

④ 设备管理还促进了企业的技术进步和工业现代化。现代科技新成就往往迅速地应用于设备上，如 19 世纪电的应用和 20 世纪计算机技术的应用使生产设备发生了巨大的飞跃，从某种意义上讲，现代生产设备是现代科学技术的结晶。另一方面，新型设备的出现又促进了新工艺、新材料和新产品的发展。

⑤ 设备管理是保证产品质量的基础工作。设备的技术先进程度和技术情况好坏是影响产品质量的主要因素之一，企业产品的质量直接受企业设备性能、精度、可靠性和耐久性的

影响，稳定的高质量的产品依靠技术状态良好的高质量的设备来生产。

随着生产力的发展和科学技术的进步，生产活动的主体逐渐由人向设备转移（人的作用将主要表现在创造、革新和运用新的生产工具和设备方面，而具体生产操作则将逐渐由自动化程度越来越高的先进设备来承担），企业中直接参加生产操作的人员相对减少，而从事维修和设备管理的人员比例越来越大，设备管理工作的重要性也将越来越突出。

（3）设备管理与企业中其他管理部门的关系

企业管理包括生产管理、计划管理、工业技术管理、物资供应管理、劳动人事管理、质量管理、财务管理、设备管理等许多方面，其中设备管理与其他方面的管理有十分密切的关系。

生产计划必须通过设备的正常运行来实现；物资材料通过设备的运行转化成产品或消耗掉；先进的工艺技术和产品的高质量要通过设备良好的技术状态来保证，设备的购置、维持和技术改造需要财务部门等筹措资金，而设备的运行又为企业创造了大量的商品价值；设备的合理使用，正确操作和维修依赖于对设备操作、维修和管理人员的劳动组织和技术培训。

（4）设备管理范围的划分

① 企业生产用的全部机械设备、动力设备（包括输送管道）和专用设备等由企业设备动力科负责管理。

② 企业生产用的各种仪器仪表、精密衡器、试验测试装置等一般由企业技术、技监科（或仪表室）负责管理。

③ 大型生产用的大型工具、夹具、机床附件、磨料等一般由企业工具科负责管理。

④ 交通运输设备（包括机车、汽车、汽车吊、坦克吊、船舶、拖拉机以及运输用的铁路、公路等）一般由企业的运输科（或供应科）负责管理。

⑤ 各种印刷设备、办公事务设备，如打字机、铸字机、铅印机、切纸机、计算机、照相机等；（或医疗卫生设备：如X光机、手术台等）一般由企业行政科（或卫生科）负责管理。

⑥ 各种消防设备一般由企业保卫科负责管理。

⑦ 其他不属上列的设备由企业自行确定主管部门负责管理。

⑧ 企业的房屋、构筑物（包括工房、船坞、烟囱）、围墙等由房产科或基建科负责管理。

（5）工业企业设备管理的主要内容

现代设备综合管理则强调对设备运动的全过程中各个主要环节都进行管理，这些主要环节为：

① 设备的合理选购和评价。设备的选购和评价主要是依据技术上先进、经济上合理、生产上可行的原则，以选择最优方案。一般从如下“八性”考虑选购：

生产性——指设备的效率，如功效、行程、速度等一系列技术参数。以提高设备的生产效率为内容。

可靠性——是指精度、性能的保持性，零件的耐用性，安全可靠性等。

维修性——即可维修性或易修性。维修性影响设备维修的工作量和费用。因此，维修性好的设备是指结构简单、零部件组合合理、可迅速拆卸、易于检查，零部件互换性强、做到标准化、通用化等。

耐用性——指设备在使用过程中所经历的自然寿命期要长。

节能性——指能源利用的性能。节能性好的设备表现为热效率、能源利用率高、能耗低的设备。

环保性——指设备的噪声和排放的有害物质对环境的污染少。

成套性——指设备要配套。企业设备不配套，不仅机器性能不能充分发挥，而且经济上可能造成很大的浪费。

灵活性——指在工作对象固定的条件下，设备能适应不同的工作条件和环境、操作、使用灵活方便；对于工作对象可变的加工设备，要求能够适应多种加工性能，通用性强。

② 设备的正确使用和维护。使用过程一般在设备的物质运动中所占时间最长，正确合理地使用设备，可以大大地减少设备的磨损和故障，能使设备保持良好的工作性能和应有的精度。因此要针对设备的特点，合理地安排生产任务，防止超负荷和拼设备现象的发生，并为正确地使用设备制订必要的规章制度。

机器设备是由操作工人使用的。因此，必须充分调动操作工人的积极性，管好、用好、修好设备，并采用多种形式把操作工人组织到设备管理中来，使设备管理建立在广泛的群众管理的基础之上。

设备的维护和检查是设备自身运动的客观需要。设备在使用过程中、物质的运动必然会产生技术状态的不断变化。如松动、干摩擦、声响异常、疲劳等。这些隐患，如果不及时检查、处理，就会造成设备的过早磨损。实践证明，设备的寿命很大程度决定于使用维护的好坏。因此，设备在投入运行后，使用部门要确保在使用时设备台台完好，处于精良的技术状态之中。

③ 设备的科学检修。目前我国工业企业中设备管理方面工作量最大的是设备的检查和修理。设备的检查是对机器设备的运行情况、工作精度、磨损程度进行检查和校验，通过修理和更换已磨损、腐蚀的零部件，使设备的效能得到恢复。设备在修理之前，为了掌握设备的技术状态，就必须进行检查，然后决定采用什么样的维修方式。并能及时地查明和消除设备的隐患，针对检查中发现的问题，提出改善的措施，从而提高设备修理的质量，缩短修理周期和延长设备使用寿命。同时，逐步建立以设备状态为基础的维修方式。

④ 设备的更新改造。依据发展新产品和改革老产品的需要，有计划、有重点地对现有设备进行技术改造和更新，包括编制设备更新规划、方案，筹措更新改造资金，选购和评价新设备，合理处理老设备等。

⑤ 设备的安全经济运行。对于设备都要达到安全经济运行。特别是动力设备管理要贯彻安全、可靠、经济、合理的方针，为此，应健全岗位责任制，严格执行运行规程，加强巡回检查，保证动力设备安全正常运行，防止和杜绝跑冒滴漏，做好节能工作。锅炉、压力容器、压力管道和防爆设备，应严格按照国家颁发的有关规定进行使用，定期检测和维修。水、气、电、蒸汽的生产和使用，都要制订各类消耗定额，严格实行经济核算。

1.2 国外设备管理科学的进展

人类很早就使用各种手工工具和简单机械进行生产劳动，但在生产中大量使用机械设备，则是 18 世纪末的第一次产业革命以后才出现的。

最初使用的生产设备结构简单，生产效率很低，一般都由操作工人兼管设备的修理。在这种手工业作坊式的生产时期，设备无专职的维修和管理人员，也没有产生设备管理这门科学。随着科学技术和社会生产力的发展，生产规模不断扩大，生产设备不断改善。

19世纪40年代，蒸汽机、铁路和转炉炼钢的产生，使社会生产力有了巨大的提高，工业生产凭借新的动力和运输手段以前所未有的速度蓬勃发展。生产设备的增加和结构的日趋复杂，产生了专职的设备维修和管理人员，并在长期的设备维修和管理的实践中，逐步形成和发展了设备管理科学。

1.2.1　设备管理的发展

（1）经验管理阶段（19世纪中叶—末叶）

随着科学技术和生产设备的发展，设备的维修工作逐渐从产品生产工作中分离出来，19世纪的电力的发明和应用为标志的第二次技术革命后，由于内燃机、电动机的广泛使用，生产设备的类型逐渐增多，结构日趋复杂，一般的操作工人已不可能再兼顾维修了，而出现了专门负责检查和修理生产设备的工程师、机械师和维修工等，这些专业人员主要依靠本身的工作经验进行设备的维修和管理，维修的一般方式为事后维修，在这一时期尚未形成系统的科学的设备管理理论。

（2）科学管理阶段（20世纪初—中叶）

20世纪初，汽车、高分子材料等的发展和生产规模的迅速扩大，使得设备的状态对生产的影响越来越大，设备维修工作量迅速增加，设备管理工作也开始受到重视。一些先进工业国家通过长期的经验积累和探索研究，形成了设备的计划预修理制度（计划维修），即为防止设备的意外损坏而按照预定计划进行的全部预防性的修理、维护、监督和保养的组织措施和技术措施。对设备进行定期检查、小修、中修、大修的修理周期结构和设备修理复杂系数的确定是计划维修的两大支柱。这一设备管理制度是建立在设备磨损理论和实际使用经验理论上的，具有一定的科学性和合理性。但它所规定的设备修理周期结构和设备修理复杂系数又过于死板，缺乏必要的灵活性，忽视设备操作人员的作用和设备的日常维护保养，易造成设备的“过剩维修”和“不足维修”，维修费用高，经济效益差，且使设备的制造与使用维修相互脱节，不利于设备的技术进步。

美国在20世纪50年代初全面推广了设备的预防维修（Preventive Maintenance）制，即对设备的定期清洗、维修、检查，并按需要进行大修理。随后又发展了生产维修制（Productive Maintenance），即对主要设备实行预防维修，而对一般设备实行事后维修，从而使故障损失和维修费用总和为最小的经济维修方式。另外还实行了以减少设备故障、改进设备技术性能为目的的改善性维修（Corrective Maintenance），这些设备管理制度在我国的工业企业中得到了一定的应用。这些制度注重于使用阶段的经济效益，但也缺乏对设备运动全过程经济效益的总体考虑。

（3）现代管理阶段（20世纪60年代后）

由于以原子能、计算机和空间技术为代表的现代工业的不断进步，工业生产设备的技术水平飞速提高，不断向自动化、连续化和电子化方向发展，生产效率和产品质量不断提高。但同时也带来一系列新问题：生产设备的性能和质量、设备的正确使用和维修对企业生产计划的完成和经济效益的提高影响日益增大，对资源和能源的消耗也日益增加，设备的事故造成的损失也日益严重，工业生产造成的严重环境污染和公害危及人类健康和生态平衡。再加上产品迅速更新换代和激烈竞争，都对设备管理工作提出了更高的要求，这就是现代设备管理科学产生的社会基础。

而现代设备管理科学的产生又为解决这些问题创造了条件。人们认识到，要解决大工业生产所造成的这些问题，一是仅仅对设备使用阶段进行管理还不够，必须从设备的设计制造阶段开始进行全过程管理；二是只注重维修技术还不够，必须注重设备的经济效益；三是只依靠部分职工和职能部门进行设备管理还不够，必须动员全社会和全体员工来参与设备管理。这样从技术和经济两方面对设备进行全过程管理就形成了设备工程。

1.2.2 现代设备管理思想的产生

英国的丹尼斯·派克斯（Dennis Parkes）在20世纪70年代初提出了“设备综合工程学”（Terotechnology），形成了现代设备管理的科学理论。依据这一科学理论，各个发达工业国家也都纷纷研究和提出各自的设备管理和维修制度（如日本的全员生产维修制度TPM等），对社会工业生产起了有力的促进作用。

（1）设备综合管理出现的背景

① 设备的高度现代化所带来的一系列新问题

a. 事故和公害：由于设备的大型、高级和连续化，为高效率地创造物质财富创造了条件，但也使设备的事故损失和公害变得极其严重。例如：

大型化：日本最大的炼铁高炉体积达5070m³，产量10000t/d，宝钢的高炉体积约4063m³，这样大的设备，一旦出了故障，损失会是惨重的。轻则打乱了生产计划、影响交付期，重则影响企业的兴衰。

高级化：设备精度的提高，高速、高温、高压对设备管理提出了更高的要求，为了保证安全生产，必须采取有效措施防止锅炉爆炸等重大事故的发生。特别是在化工、钢铁、冶炼等流程工厂，由于管理不善造成设备泄漏、爆炸、火灾，不仅损失巨大，而且给人类带来极大的灾难。例如1984年底印度中央邦首府博帕尔，美国人开设的联合碳化物印度公司剧毒原料异氰酸甲酯泄漏，使20万人受害，其中3000多人死亡，5000多人眼睛受伤，造成震惊世界的公害惨案。

连续化：作业连续化、工序流程化以后，生产率大为提高，但是出了事故影响面大、损失大。连续化、自动化生产线要求均衡生产，故障是破坏均衡生产的主要因素，在机械流程企业和化工、石油等流程企业中，减少故障和降低停产损失成为重要管理环节。

b. 腐蚀、磨损、环境污染严重：由于化学工业的发展，设备腐蚀问题也日趋恶化，高温、高速、高压不仅加速了腐蚀，而且加剧了磨损，特别在化工、石油、纺织、钢铁等行业，设备腐蚀及磨损情况尤为严重。据报告，美国国内每年因腐蚀造成的损失达700亿美元。另外由于废水废气中的氰化物、二氧化硫等不能有效处理，致使谷物、蔬菜受污染，各种酸气、化学烟雾在人口密集的城市上空盘旋等等间接或直接损害人体健康。减少腐蚀，防止污染和公害已经成为企业及设备管理中较为严重的问题。

由于现代设备技术先进、性能高级、结构复杂、设计和制造费用很高，故设备投资费用的数额巨大。现在，大型、精密设备的价格一般都达数十万元之多，进口的先进、高级设备价格更加昂贵，有的高达数百万美元。因此建设一个现代化工厂所需的投资相当可观。比如上海宝山钢铁厂的一期建设工程，年产铁300万吨、钢320万吨，需要投资160亿元。在现代企业里，设备投资一般要占固定资产总额的60%～70%，成为企业建设投资的主要开支项目。

据统计，1968年英国制造业全年的维修费总额为11亿英镑，英国全国高达110亿英镑，约占英国国民生产总值的8%。比英国制造业同年新投资总额的两倍还多。日本钢铁企业的维修费用约占生产成本的12%，德国钢铁企业的维修费用约占生产成本的10%；我国冶金企业的维修费一般也占生产成本的8%～10%，全国大中型冶金企业每年的维修费总额不下数十亿元，我国许多大型企业（如二汽、兰州炼油厂等）每年的设备维修费都在几千万元以上。

现代设备往往是在向高速、高负荷、高温、高压状态下运行，设备承受的应力大，设备的磨损、腐蚀也大大增加。一旦发生事故，极易造成设备损坏、人员伤亡、环境污染，导致灾难性的后果。如1986年的原苏联切尔诺贝利核电站2号反应堆发生严重故障，造成80亿卢布的重大经济损失，严重的环境污染和社会灾难。

c. 能源的浪费：因设备高级化后相应的管理措施不力，使用部门普遍存在着跑冒滴漏的现象，加上设备效率低，因此造成能源上的巨大浪费，同时，环境污染在世界各国及我国都是有待解决的问题。

d. 电子化：电子技术的迅速发展，各种类型电子计算机被广泛的采用，使设备控制进入了一个新时期，这对于工业生产的变革具有极其重要的作用，然而电子设备机电一体化程度较高，设备结构复杂，要求维修人员懂电、机械、工艺、测量等全面的现代化知识和技能。

e. 法制要求：设备现代化程度愈来愈高，工业愈加发达，带来了环境污染的问题，大气污染（如毒气、烟、灰尘）、水质污染（如电镀中的有害物氰等）、噪声（飞机铆接噪声、发动机试车等）、振动（空气压缩机的振动）等等都已成为公害，各国都很重视这一问题，要求加强设备管理，并且从法律的角度出发加以限制，各企业必须设置机构，投入资金搞好环境工作。否则，法律限制和巨额罚金将使企业无法立足。

f. 生产成本问题：现代化设备愈先进、成本愈高，往往一台设备几十万、几百万元，这是企业应极其重视的问题。台湾一家工厂，因买设备不当，导致工厂倒闭。所以，企业购买设备投资的多少，设备运转期维护、修理、改造及能源消耗的多少，都直接关系到企业的竞争和生存。

总之，设备现代化程度愈高，愈需要用现代化科学技术全面地、有效地对设备进行综合管理，从而保证生产正常进行、防止故障、事故、污染对人类的危害和影响。

② 企业间的竞争加剧，要求提高设备管理的经济效益。某厂因产品更新换代，需要技术改造，工厂提出投资一亿三千万元的改造规划，因国家压缩资金，无法解决，工厂重新研究，确定“以改造和自制设备为主，购置为辅的原则”，重新制定了计划，原准备向国外订购450台精密设备减为购38台，自制101台，国内购入新设备320台，修理老设备157台，共耗费资金三千万元，节省了一亿元。由此可见，在少花钱、多办事，节约资金方面，设备的潜力是很大的。

③ 设备社会化程度提高以后，要求系统管理、综合管理。目前设备社会化程度比以往大大提高了，环节也多了，各环节相互制约和影响，设备中体现的科学技术门类也愈来愈多，因此，要求系统管理、综合管理。

所谓社会化，主要指设备结构复杂，例如：

液压机——有机械部分、电器部分、液囊等，这就需要机械厂、液压附件厂、电器元件厂和橡胶厂大力协作共同完成。

一台造纸机——由许多部件组合而成，如机架、湿部、压榨部、干燥部、压光部、卷取部等部件，分别由各车间或分厂制造，最后总装起来，成为一台造纸机。没有科学的、系统的管理，要完成这些任务是不可想象的。

④ 设备高度现代化，要求保护操作人员的安全和情绪饱满。如有害作业的遥控，计算机管理、控制生产流程和安全措施等，另外为了保障人身安全和工作情绪饱满，在设计阶段就要研究人机学，行为科学，使设备结构合理，易于操作，不出或少出误操作事件。

上述几个方面总体来看，就是设备制造的高度现代化和社会化，除了对生产的发展起了巨大的作用以外，也因事故和公害影响着人的安全和企业的发展。所以，采用先进理论，科学技术和手段，搞好设备综合管理，是历史发展的必然结果，这就是设备综合管理时期产生的历史背景。

(2) 传统设备管理的局限性

① 传统的设备管理只管设备后半生使用和维修，不管前半生的设计制造。在前半生的设计制造中所形成的结构不合理、材质低劣或能源消耗大，不安全，不易维修等性能不仅使得设备在使用中故障频繁、效率低，而且光靠维修管理工作也难于解决上述问题。设备管理工作应包括从设备的调研开始直到报废为止的全部管理工作，而只管维修一段是局部的狭隘的管理。

② 传统管理设计与使用分家，互不通信息。使用中发现的设备毛病不能及时反馈给设计部门，而设计工作由于不了解现有设备的使用及维修往往带有盲目性，致使设备设计质量不高，在它的使用中后患无穷。另一方面修理和改造分家，过去忽视设备改造，只按照修理周期结构或定期要求修理设备，恢复其精度，往往是顾此失彼，大修成了古董复制，越修越不好用，造成很大的浪费，更阻碍了设备技术水平的提高。

③ 传统管理重技术、轻管理。过去无论是企业还是设备部门，或多或少地存在着重技术、轻管理的现象，事实证明管理工作有着重要的作用，不少企业设备的质量和数量都不错，但由于管理混乱，常使企业亏损，甚至倒闭。

④ 传统管理技术管理和经济管理分家。就是把设备的实物形态和价值形态分割开来，多数情况下不算经济账，不重视经济效益。从本质上讲，设备具有两种形态运动：一个物质运动：它包括设备的购置（或设计制造）、调试、使用、维修、更新、改造直到报废的运动，这种物质运动形态形成了设备的技术管理；另一个是价值运动，设备从规划开始就要有较大的投资，投产使用后一方面为企业生产产品、创造价值，另一方面为了保持设备完好状态和提高其性能仍要不断投入维修费、改造更新费等。因此设备技术管理工作中始终伴随着经济问题。

传统设备管理只有机修人员、设备管理人员参加，企业其他人员很少过问。传统设备管理的局限性限制了现代化设备的有效利用，并阻碍了设备技术水平的提高，远远不能适应现代化企业管理的要求，不能适应企业竞争和克服事故与公害的要求，因此人们提出了设备综合管理的观念，开展了设备管理的改革。

1.2.3 国外设备管理科学的进展

1.2.3.1 英国的设备综合工程学简介

设备综合工程学，原英文名——Terotechnology，意思是指“具有实用价值或工业用途的科学技术”。

(1) 设备综合工程学的产生

设备综合工程学是现代管理的一门新兴科学。1970 年英国维修保养技术杂志主编丹尼斯·派克斯在国际设备工程年会上发表一篇论文，题目是“设备综合工程学——设备工程的改革”，提出了这门新兴科学。英工商部设备综合工程委员会事务局的负责人海洛柯说“由英国人兴起的产业革命扩展到全世界，引起了公害相事故，特别影响了人与人之间的关系，要解决这些问题，是英国人的责任，因此，我们提倡设备综合工程学”。

英国在政府机构工商部内，设置专门的设备综合工程学委员会，对设备管理工作进行组织领导，这是英国设备管理工作的特点，该委员会设置过程如下：

① 设置维修保养技术部：1967年在丹尼斯·派克斯的建议下，英国政府设立了维修保养技术部，专门负责维修保养工作。

② 对英国制造业设备维修保养情况进行调查：1968年对515家企业的修理工作进行调查，并详细调查了80家工厂维修保养情况：

a. 英国制造业的设备维修保养直接费用，每年约花费11亿英镑；

b. 如果改善设备管理工作，每年维修保养费用可减少2亿～2.5亿英镑；

c. 因维修保养不好而影响生产，每年约损失2亿～3亿英镑。

③ 维修保养技术部向英工商部提出建议：

a. 设置“经管委员会”指导维修保养活动；

b. 应尽早注意综合性维修技术培训；

c. 为协调、交流维修保养情报，应该建立全国性的维修保养中心；

d. 研究集团化维修保养资源（Grouped Maintenance Resources）利用的可能性；

e. 立即开展维修保养技术所有领域的研究工作。

根据上述五项建议，1970年英国在工商部下，设立了“经管委员会”，该委员会于1970年5月改名为“设备综合工程学委员会”。

1975年4月英国政府成立了“国家设备综合工程学中心”简称NTC（National Terotechnology Center），由丹尼斯·派克斯任所长，该中心通过并介绍设备综合工程实施事例，发行设备综合工程刊物，召开各种研讨会等方式推动设备综合工程学的发展，并为执行这门学科而提供帮助。

总之，设备综合工程学是为了消除工业革命带来的悲剧，对设备实行一生全过程管理，以实现设备寿命周期费用最经济的目的。也就是，实行设备综合管理，做到无事故、无公害、低能耗、高效率、高收益，为企业的生存和发展提供条件。

(2) 设备综合工程学的要点

根据设备综合工程学的定义，可归纳为以下五个要点：

① 追求寿命周期费用最经济；

② 从工程技术、财务分析、组织管理三个方面对设备进行综合管理；

③ 重点研究可靠性、维修性设计；

④ 它是以系统工程的观点研究设备一生管理的科学；

⑤ 它是关于设计、使用、费用信息反馈的管理学。

设备综合工程学是在维修的基础上发展起来的，它重点研究可靠性与维修性设计。对于设备的一生，也可分为三个方面，即设计工程、制造工程与维修工程。

除了设备的设计工程和制造工程之外，维修工程也是设备工程中不可缺少的组成部分，对一般设备来说，不管设计制造得多么完美，在使用过程中总会出故障，出了故障就需要修复。在解决故障与修复这一对矛盾的长期实践中就逐步发展了可靠性和维修性理论，同时也相应地发展了可靠性工程和维修性工程。

概括地说，机械设备应具有三个方面的性能：机械性能（如精度、准确度等）、可靠性和可维修性。

静态的可靠性是指机械设备具有足够的机械性能及耐用、安全、可靠的使用性能。动态的可靠性是指设备使用时利用各种规章制度、技术措施和管理职能来保证设备的正常运行。动态的可靠性属于可靠性管理范围。

可维修性是指机械设备易于进行维修的性能，如设备结构简单、合理、易于检查和排除故障，易接近性，互换性好，标准化程度高等。

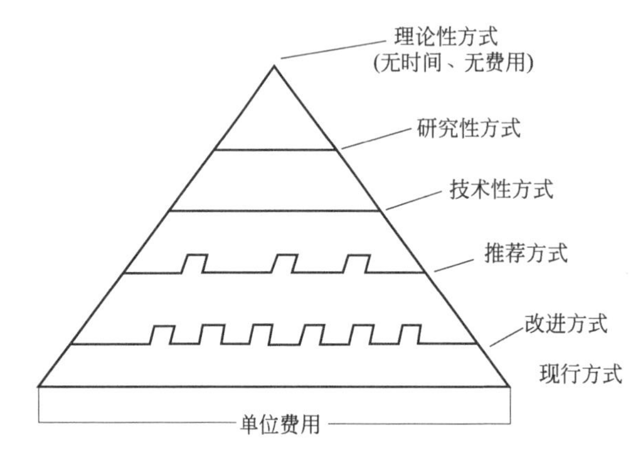

图 1-1　无维修设计示意图

无维修设计是指在规定的寿命周期内，设备不需要维修。无维修设计是可靠性、维修性设计的理想结果。它是设备综合工程学的重要概念，也是其追求的理想目标。美国威斯康星大学教授纳德勒建立了一个向无维修设计过渡的模式，如图 1-1 所示，三角形的顶点是理想极限，无需时间与经费，底边最大，就是说单位产品维修费用最大。

有些家用电器，如电冰箱、洗衣机，在规定的使用期限内已达到了无维修设计的水平。机械设备也向着无维修设计发展。

(3) 设备综合工程学的发展

① 设备综合工程学在英国国内的推广。设备综合工程学在英国国内之所以能够得到推广，一方面是由于政府的大力提倡，设立机构如“设备综合工程委员会”和“国家设备综合工程学中心”，出版刊物，在大学中设置专业，积极推动这一设备改革运动的发展。另一方面，由于设备综合工程学的观点，是基于现代设备管理工作的特点、规律和要求提出的，运用设备综合工程学的观点，可以发现企业设备周期中的薄弱环节，有针对性地采取有效措施，保证预期提出的寿命周期费用最经济的目标得以实现，因此引起了各企业主的兴趣和各方面的关注，加之通过实践，给各企业带来了好处，设备综合工程学也就为更多的厂长、经理和工程师们所接受，现根据英国情况举例说明：

a. 可以减少费用：一家制浆造纸厂采纳设备综合工程学后，减少了项目的基建费用，加速了设备的安装。同时由于可靠性和维修性都比较好，因而还提高了生产率。

b. 可提高设备利用率：一家从事制浆造纸生产的小公司，对一些复杂的机器按设备综合工程学的原则进行了数据分析，使机器的利用率提高了 25%。一家制浆造纸厂在状态检测维修中，实行“检查——修理”方法后，设备的性能和利用率都得到了提高。

c. 缩短工期：英国钢铁公司董事长蒙蒂·费尼斯顿在皇家协会举行的一次设备综合工程学会议上，接受了会议的建议，在建设萨里巴钢材厂时，应用了设备综合工程学的原则，仅用 11 个月的时间就完成了试车工作，比原计划提前三年多，生产率也超过原定目标。

d. 从设备一生管理出发，制造厂和使用厂均受益匪浅：

一家印刷机制造厂采纳维修工程师反映的意见有效地改善了研制和销售情况。

一家造船厂利用出售军舰时提供全部维修保养和培训的计划，而赢得了向一个外国海军供应军舰的合同。

一个世界上主要的生产塑料管子的厂商，由于采用预防维修保养技术而节约了大量的机器备件。

一家机床制造厂，根据自己用户的“综合要求”按设备综合工程学的原则编制了一个检查清单来提供设备。

e. 在加工工业中，价值工程部门对寿命周期费用的研究为今后的决策提供了依据，上述实例说明，设备综合工程学的实施过程中，正在产生着巨大的效果。

② 设备综合工程学在国际上的进展

a. 日本不仅接受了综合工程学的观点和学说，而且近年来发展极其迅速，专门组织开展寿命周期费用和状态监测的研究工作并取得很大的成就。

b. 在南斯拉夫组织的“有效维修管理及其在设备综合工程学中的作用”的专题讲座，引起了很多人的重视。

c. 在印度举行的某国际会议上，设备综合工程学已同摩擦技术联合在一起，题目是“通过摩擦技术，设备综合工程学和维修管理实行资产和费用的最佳利用”。

d. 在西班牙举行的首届“西班牙——美国维修会议”上进行了两项以设备综合工程学为主的技术交流活动。

e. 对设备综合工程学的普及做出重大贡献的 Eutectic Castolin 研究院，在世界有 120 多个从事设备综合工程学的教育、培训和研究中心。主要进行经济地延长机器零件使用寿命方面的研究工作。

f. 瑞典把设备综合工程学的有关内容写在技术文件上，随同出售的设备一起交付买方，使用户了解寿命周期费用、维修建议、备件存储、设备维修保养培训指导，以及改进维修状态的建议。

g. 意大利的阿斯托里奥·白尔丁把设备综合工程学在控制日益增长的设置费用和维修费用方面起的关键作用作为它的主要课题。挪威设备结合工程学中心的莱德·卡尔森呼吁在设备综合工程学的各个方面进行更大的国际合作。巴西的阿尔杜·祖卡预言设备综合工程学将会在许多发展中国家飞速发展。

1.2.3.2 美国的后勤学简介

(1) 美国的预防维修

美国 1925 年提出预防维修（Preventive Maintenance，简称 PM)。其出发点是防患于未然，防止故障的产生，减少停机损失，减少维修费用，提高效益。到了 1954 年，又提出生产维修（Productive Maintenance)。

生产维修除了坚持日常保养外，包含下列四种维修方式：事后维修（Breakdown Maintenance)、预防维修、改善维修（Corrective Maintenance）和维修预防（MP)。针对不同设备及其使用情况，分别采取不同的维修方式。例如，对重点设备实行预防维修，对一般设备则可事后维修，其目的是提高设备维修的经济性。

实践证明，为了减少设备故障，单纯的预防维修还是不够的。要从根本上解决问题，必须提高设备的可靠性和维修性，就是要改进设备的设计和制造质量。这对于使用中的设备来说，是改善维修（CM)；对于新设计的设备，则是实行维修预防（MP)，以消除或减少维修需要的活动。

(2) 美国后勤学的概念

美国后勤学起源于军事工程，是研究武器和器材供应、储存、输送、修理及补给的学问，在此基础上，吸取了寿命周期和可靠性，维修性工程等现代理论而形成后勤工程学，它是20世纪60年代，在美国兴起的一门新兴学科，简称为后勤学（Logistics）。

美国早于英国提出寿命周期费用，而且把后勤保障作为寿命周期费用的一个组成部分，后勤学的内容也更加广泛，它包括基本系统和后勤支援。

1.2.3.3 日本的TPM简介

(1) 日本设备管理的发展过程

第一阶段 事后维修（BM）：即故障产生后才修理。战后日本工业瘫痪，设备状况不佳，影响它的经济恢复。20世纪50年代以前日本实行这一制度，故障多、事故多、停产多、费用高、损失很大。

第二阶段 预防维修（PM）：20世纪50年代初日本引进美国预防维修，是从预防的角度出发，对设备故障早期发现、早期治疗，故障大大减少，成本降低，企业受益很大，特别是石油、钢铁、化工、造纸等流程工厂。

第三阶段 生产维修（PM）：这种维修是以提高企业生产效能为目的的维修方式，1957年日本引进美国的生产维修，这种维修方式主要是从实际情况出发，对一部分不重要的设备实行事后维修，减少所有设备均进行预防维修在技术上和经费上的浪费，避免了维修过剩，同时为了提高设备性能，在修理过程中采用新技术、新工艺对设备进行改善维修，即CM。

1960年，日本重视了在设备设计阶段的可靠性、可维修性设计，因此也实行了维修预防的作法。维修预防，即MP，就是在设备设计时赋予设备高的可靠性、维修性、经济性以减少或消灭使用中的维修，达到无维修设计，20世纪60年代是日本现代化急剧发展的10年，称“3C时代”（Car，Cooler，Color Television），实现了无维修设计。

第四阶段 全员参加的生产维修，简称TPM（Total Productive Maintenance）。在生产维修的基础上，日本吸收了美国后勤学、英国综合工程学及我国鞍钢宪法中工人参加管理、合理化建议和劳动竞赛等的管理方法，于20世纪70年代形成了TPM维修制度。

(2) TPM的定义及特点

① 以达到设备综合效率最高为目标；

② 确立以设备一生为对象的全系统的预防维修；

③ 涉及设备的计划、使用、维修等所有部门；

④ 从领导到第一线职工全体参加；

⑤ 机动管理，即通过开展小组自主活动推进PM。

TMP的“T”字有三个含义：

a. 全效率：即全效率的研究LCC评价，追求经济性（盈利）。

b. 全系统：即指设备制造以前的维修预防，投入使用以后的预防维修PM，改善维修CM，在某些设备上也应用事后维修BM，这就是它的全系统。

c. 全员参加：全体人员参加，主要是操作者的自主维修活动（小组活动）。

(3) PM小组自主活动

日本于1960年从美国引进质量管理QC小组活动，1962年又学习美国的ZD无缺点运动，1971年开展TPM活动以后，把QC、ZD和TPM三者结合起来，统称“小组自主管理活动”，它包括无废品、无故障、无灾害、无公害、无工作差错等多样小组活动。

① 小组的组成。生产工人按车间编成组，成员为3～10人，民主选举组长，每周一次例会，活动时间为0.5～1小时，公司TPM大会每年两次，活动开展得好，可按人数比例

得奖奖金存入小组，作为小组娱乐、图书、会议等活动的基金。

② 小组活动的主要内容

a. 根据上级PM方针制定小组共同奋斗目标；

b. 提出减少故障停机的建议、措施，每个人都要完成规定的目标，并分析故障，加以解决；

c. 认真填写设备状况记录表，对数据所反映的设备实际性能进行分析、研究；

d. 定期开会评议目标完成情况，一经完成，经小组讨论通过后便向上级汇报；

e. 评价成果、制定新目标。

(4) TMP开展程序

TMP开展程序步骤见表1-1。

表1-1　TMP开展程序的十二个步骤

阶段	步　骤	要　点
引进准备阶段	1. 领导宣传引进TPM的决心 2. FPM的引进教育和宣传活动 3. 建立TPM推进机构 4. 制定TPM的基本方针和目标 5. 制定开展TPM的基本计划	在公司内通过TPM的讲演会发表宣言，在公司报纸上刊登 干部：按级别集中进修。一般人员开展幻灯放映会，成立委员会，专业分会，事务局 预测基准点和目标的效果 从引进设备开始到接受审查止
引进开始	6. TPM起步	订货单位，关系公司，协作公司(招待)
引进实施阶段	7. 提高设备效率的局部改善 8. 建立自主维修体制 9. 建立维修部门的计划维修体制 10. 提高运行，维修技术的培训 11. 建立初期设备管理体制	选定典型设备，成立设计小组步骤方式、诊断和合格证 定期维修，预知维修，备品，工具，图纸管理，施工领导人集中受训，向一般人员传达和进行教育 MP设计，初期管理，LCC
巩固阶段	12. 全面实施TPM并提高水平	接受PM奖审查，向更高目标挑战

(5) 5S活动的推行

5S是指“整理、整顿、清洁、清扫、素养”。这是工厂管理的基础工作，也是开展TPM的基础。

整理——把紊乱的东西整理好，不用的丢掉，有用的有秩序地放好。

整顿——把物品分类整齐地安放。

清洁——没有污染。

清扫——打扫得干干净净。

素养——要有良好的举止、作风和生活习惯，遵守制度等。

(6) 设备的点检

① 从医学观点看设备预防维修。在医学方面，对于防病、治病的管理有着一整套的方法、制度和技术，日本工程师学会秘书长中岛清一将设备的预防维修与人体的预防医疗加以对比。对于预防医学有日常预防、健康检查、早期治疗，对于设备预防维修有日常维护（防止劣化）、设备检查（测定劣化）、预防修理（修复劣化）。也就是说，为了防止突发故障或劣化造成停机损失，最好进行早期检查、诊断和治疗，把设备故障消灭在发生之前。

设备状态监测及诊断技术为设备的预防医学提供了科学的手段。提出设备医学的观点，给人以启示：如果能把人类医学领域中的理论、临床应用、会诊等管理制度用于设备医学，必然对预防维修的发展产生深刻的影响，以延长设备使用期和提高效率带来好处。

② 设备的点检。在前面谈到的日常维护中，点检和清扫、加油一样是一项重要的措施。

所谓设备的点检就是按照一定的标准，对设备的规定部位进行检测，使设备的异常或劣化能早期发现、早期预防、早期治疗，以便保持设备规定的性能。设备点检分为两类：一是日常点检，由操作工人负责进行；二是定期点检，按规定期限由维修人员进行。

点检后必须作记录，作为维修工作及管理的依据，目前我国有些工厂也在结合我国特点研究这一措施的效能。

(7) 以设备综合效率最高为目标

追求综合效率最高是 TPM 的主要目标，目前日本 PM 奖得奖单位设备综合效率已到85%以上，这是很高的标准，从下面计算公式可以了解这点。

① 时间开动率(或称设备开动率)＝工作时间×100%/负荷时间＝(负荷时间－停机时间)/负荷时间×100%

按一天工作 8h，除 20min 计划停机外负荷时间＝460min，停机（故障停机 20min，换刀具 20min，作业调整 20min）60min，则

时间开动率＝(460－60)/460×100%＝87%

② 性能开动率＝速度开动率×净开动率

＝(理论周期×加工数量×实际周期)×100%/(实际周期×开动时间)

若理论周期为一件 0.5min，实际周期为 0.8min，加工数量为 400 件，开动时间为400min。则性能开动率＝0.5/0.8×100%×(400 件×0.8min/件×100%)/400min＝50%。

③ 合格品率＝(加工数量－不合格数量)/加工数量×100%。

④ 设备综合效率＝时间开动率×性能开动率×合格品率

若合格品率为 98%，则设备综合效率＝87%×50%×98%＝42.6%。

由上例可知，日本计算综合效率是重视设备实际开动时间、实际加工周期及最终产品质量。TPM 活动中，希望企业能达到以下指标：设备开动率＞90%；性能开动率＞95%；合格品率＞99%。这样设备综合效率才能达到 85%。不难看出上例中的 42.6%是很低的。

(8) 实行 TPM 的效果

近年来提倡 TPM 以后，许多单位纷纷进行全员生产维修，同时争当先进单位。因为TPM 可以取得实际效果，受到企业领导的欢迎。TPM 是向消灭故障、消灭缺陷挑战。若能消灭故障和缺陷，则能提高设备开动率、降低成本，减少库存，最后提高了劳动生产率。TPM 奖受奖单位有的突发事故次数降低到 1/50，有的设备开动率提高了 17%～26%，有的工程能力不良率降到了 1/10，劳动生产率提高了 1.4～1.5 倍。

爱心精机的西尾泵工厂被称为“客厅工厂”。因为它开展了 5S 活动（在 5S 基础上又增加了“认真干”），该厂于 1972 年和 1977 年获企业管理奖后，1979 年开始推行 TPM，1982年又获 PM 奖。同时，产品质量显著提高，创造了生产 100 万台泵，次品不到 11 件的惊人成绩。

总之，日本在学习美国预防维修、英国综合工程学结合本国情况、民族特点及各方面的条件加速设备管理改革，创出独具一格的全员生产维修制度。20 世纪 80 年代可以说是进入了以状态检测为基础的 TPM 时代，向预知维修发展。而 TPM 由于受到企业领导的欢迎而向全国进一步发展。

1.2.3.4 苏联的设备计划预修理制度

经历了 20 世纪 60 年代和 70 年代的实践和总结，苏联的计划预修理制度在名称、术语、具体做法等方面都有较大改变，但这一制度的基本理论基础仍未改变。因此，修理周期结构

和以设备复杂系数为主要内容的修理定额，仍是前苏联设备管理维修制度的支柱。它还吸取了某些西方工业国家注重设备监测技术、状态检查、故障理论、数理分析、快速排除故障方法、计算机技术应用等做法。

前苏联现行设备管理维修制的主要变化有：

(1) 改进维修方式和维修制度

① 在设备维修活动中强调操作工人参加，改变过去把操作工人被严格排除在修理之外的做法。

② 改进修理周期结构。在确定修理周期结构时，除了原有的规定外，还进一步考虑到设备重量级别、出厂年限、修理次数、精度要求、单台和联动等多种因素，这样，使确定的修理周期结构更符合设备的实际运动规律。

③ 延长修理间隔期。决定修理间隔期的因素也有增加，如结构特点、导轨材料、维护水平、维修特点等因素。实际上经修改后的修理间隔期延长了，增加了设备有效利用时间，减少了原来的过剩维修。

④ 修理劳动工时定额下降。1967年的修理工时定额比1955年下降了61%，这主要是通过提高修理工作机械化水平采取合理的技术组织措施，改善劳动组织，采用现代管理方法之后才达到的。

⑤ 在新制度中取消中修。过去实施的中修，实际上是简化的不完整的大修，已无存在必要。

(2) 对更新改造予以重视

① 逐步改变以扩大设备拥有量为主的做法。进入20世纪60年代后，开始提出设备更新比率。1967年至1980年，前苏联决定把这段时间内生产的新机床中的50%用于更新。

② 合理调整加工设备的结构。增加热加工和毛坯加工设备的比重，尽量采用少切削，无切削和半精加工的设备。增加特种加工设备的比重，如电加工设备，在1962年至1975年的10多年中增加了4倍，成为世界上仅次于美国的国家。

③ 大幅度增加高效和自动化设备的数量和比重。1965年至1974年自动化生产线由2696条增加8116条，为原来的3倍以上。

④ 重视旧设备的改造工作，改造工作多数是采用集中化和专业化方式，并尽可能结合大修理进行，对于标准和通用设备，其改造方案均采用由专业设计院设计的典型结构，所需的零件和部件都由专业化工厂以大批量生产方式制造和供应。

(3) 加强设备的技术维护，推行技术维护和修理的规程化

① 技术维护。所谓设备技术维护（PTO），按苏联国家标准（FOCT 18322—78）应理解为：当产品（指设备）按规定用途使用、待用、存放和运输时，为保持产品的工作能力或良好状态而进行的一整套作业或某项作业。因此，除了按计划预修理制度所规定的维修外，还应重视计划外的修理工作（相当于故障修理）。计划外作业的大部分原因是由于设备的可靠性较差，或由于不遵守设备使用规程而造成的。实践证明，即使在计划维修组织最好的工厂中，进行适度的计划外修理作业也是免不了的。

② 开展了规程化技术维护和规程化修理。过去，完成各项维修作业的方法和顺序，通常是由修理人员在修理工长（技师）和车间机械员的指导下进行的，其效果主要决定于修理人员的技术水平和经验。为了减少主观因素对技术维护和修理的影响，近年来，在某些条件较好的企业和部门开展了规程化的技术维护和规程化的修理，取得了成效。

规程化技术维护是一种标准，在技术文件中加以规定，并按一定的间隔期进行的技术维护，其工程量按文件的规定确定，而与技术维护开始瞬间的产品的技术状态无关。

同样，规程化修理同产品开始修理时的技术状态无关，只按运行（使用）文件中所规定的间隔期和工作量进行计划修理。

（4）设备修理工作集中化和专业化

① 跨部门的集中化。跨部门集中化可以使修理工作的专业化达到极高的水平，从而保证大幅度降低设备修理劳动消耗，并改善修理质量。

前苏联成立全苏生产组合机床修理联合企业，为实现部分适用设备的跨部门集中化服务。由若干专业化修理厂来集中完成某些固定机型的修理工作，可使这些专业修理厂采用大批量生产的方法，从而使修理成本大大下降。

② 修理工作的部门集中化。各产业部门通过批量生产，提供各种备件和配件以及测试器具，使各工厂的修理，逐步过渡到按指导性的工艺规程来完成大修。在这方面起步早的是石油化工机械部和拖拉农机制造部。据统计，这些大批量生产备件和配件，其成本可降低1/3～2/3。

③ 修理工作的厂内集中化。这主要是对大型企业而言，就是将修理工作集中到机修车间或修理分厂来完成。因为最有可能采用设备修理专业途径的是大型工厂，其次是中型工厂，而小型工厂的这种可能性最小。所以，大型工厂设备修理工作的各项技术经济指标应比小型工厂的要求要高。

尽管如此，迄今为止，计划预修理制度从本质上看，仍属科学管理阶段（或叫做传统管理阶段），因为这一制度的主体是一整套维修管理的定额标准，而定额标准是“科学管理之父”泰罗及其制度所倡导与规定的重要内容。

1.3 我国设备管理的历史与现状

1.3.1 新中国成立以来设备管理工作概况

新中国建立以来，经过60余年的建设，建成了一批技术装备先进的现代化大型工业企业。我国的设备管理工作，随着经济建设也经历了曲折的过程，但总的来说，成绩是巨大的，总结60年的设备管理工作，大体上经历了三个阶段。

（1）初创阶段（1949—1958年）

新中国建立后，经过三年经济恢复时间，1953年开始执行第一个五年计划，重点工程和大（中）型现代化企业相继建立，与之相应的企业管理水平也得到了提高。

1956年，在设备管理方面引进了前苏联的计划预修理制度，如前介绍，计划预修理制度是一套较先进、完整和实用的管理体制，与我国当时的状况基本上是适应的。通过几年的学习和运用，培养了我国的设备工程师、管理干部和维修技工，建立和健全了相应的设备管理组织，从而为企业设备管理工作打下了基础。

（2）曲折阶段（1958—1976年）

1958年，“大跃进”时期，有些企业主观蛮干，不按科学规律办事，使设备和设备管理受到了破坏。在此期间所生产的机器设备，在质量和配套方面也有明显下降。

三年调整时期，国民经济又逐渐恢复提高，企业的设备管理工作，在原有基础上也有所创新，主要表现在：

① 设备管理维修的方针和原则是“以预防为主，维护与计划检修并重”，“先维修，后生产”，“专业管理和群众管理相结合”等。

② 创立了“三级保养大修制”，以及“三好四会”、“润滑五定”、“对事故三不放过”等规章制度。

③ 在组织形式上，除了精简、健全专业管理外，还设立了专群结合的管理组织，实现厂“专管成线，群管成网”，经常开展设备评比检查活动。

④ 开展地区性的设备管理活动。建立设备专业修理厂、维修站、备件定点厂和备件总库等，但是，“文革”期间，设备管理工作又遭到了极大地破坏而损失惨重。

(3) 振兴阶段（1977以后）

党的十一届三中全会后，全党的工作转移到“经济建设为中心的轨道上来”，国民经济迅速发展，1979年开始陆续从国外引进“设备综合工程学”、“全员生产维修”、“后勤学”等现代设备管理科学；1982年成立中国设备管理协会，特别是1987年7月国务院发布《全民所有制工业交通设备管理条例》（以下简称《设备管理条例》），使我国的设备管理工作又得到了划时代的发展，开始进入现代化管理的新阶段。其主要表现为：

① 改变了旧的设备管理概念，开始树立新的设备综合管理概念，在一些工业部门和城市以及大（中）型企业中，参照设备综合管理体制进行了实践和试点，初步克服了过去由于买、用、修、改造各个环节互相脱节造成的浪费现象。

② 改变了过去以修理为主的模式，树立了修理与改造、更新相结合的做法。更新和改造开始得到重视，企业的技术装备素质，得到初步改善。

③ 建立了多种形式的设备维修经济责任制，初步改变了吃大锅饭的状态。把设备管理维修工作与企业承包经营责任制结合起来，使企业设备管理的经济效益有所提高。

④ 初步建立了设备预防维修制度。这种新体制根据设备的技术状态，与计划维修相结合，采用了较为灵活的维修方式，从而使设备经常保持完好状态。

⑤ 学习和推广了科学管理方法和先进修理技术。近年来，在这方面作了不少工作，如举办设备管理学习班，开办维修新技术训练，开展设备管理现代化的学术研讨，以及开展设备管理评价和技术咨询服务等。

⑥ 在全国范围内开展了设备管理评优活动。历次的各级设备管理评优工作，有效地促进了企业及主管部门提高设备管理水平的积极性，增强了管理意识和效益观念。

1.3.2　当前我国设备管理的主要目标和任务

新中国成立60余年来的事实说明，尽管设备管理工作经历了曲折的发展过程，单就金属加工的设备拥有量来说，已跃居世界第三位，设备界的从业人数为世界的第二位。可见，我国的机械设备基础已相当强大雄厚。但是就劳动生产率、设备效率和经济效益等主要指标与世界先进水平相比，还是相当落后的，有的相差几倍，甚至十几倍。这就说明，必须在设备管理方面，努力学习和推广国内外的科学理论和先进经验，进一步改善设备工程和设备管理，使之符合现代化生产的要求。

(1) 总体指导思想与任务

① 战略目标。我国设备管理现代化的战略目标是，全面深化改革，不断改善和提高企业设备管理现代化水平，奠定具有中国特色的设备管理现代化基础，以保证国民经济持续、稳定、协调地发展。

② 总体任务。继续改革企业设备管理体制，建立相适应的设备管理现代化体系，使企

业不断提高设备综合效率，不断降低设备寿命周期费用，促进企业提高经济效益和技术装备水平。

③ 体系内容。设备管理现代化体系包括：装备水平现代化、管理水平现代化、人员素质现代化、组织体制现代化、管理方法和手段现代化。

④ 管理思想和实施要点

a. 对设备寿命周期进行全过程管理；

b. 追求设备最佳综合效率和最经济的寿命周期费用；

c. 建立全部信息系统与反馈机制；

d. 组织企业全员参加设备管理；

e. 应用现代化方法与手段，经济合理地组织维修；

f. 实现“五个结合”。

⑤ 责任考核。适应企业经营承包的需要，把设备管理的主要技术经济指标列入厂长任期责任目标进行考核，防止企业在承包中出现的不良短期行为。

（2）设备的综合管理

① 寿命周期费用分析。有条件的企业可对重点设备建立寿命周期费用百分统计分析系统，对费用进行估算和核算，从而开展设备经济寿命、综合效率的计算和分析。

② 建立和健全综合管理组织和体制。大中型企业均应建立和健全旨在推进设备综合管理和管理现代化的相应管理组织和体制，并在实践中逐步完善。

③ 设备“一生”管理与前期管理

a. 有关部门和行业应创造条件，努力做好行业内和跨行业的信息交流，逐步实现设计、制造与使用相结合的方针。

b. 设备的设计制造部门应当与用户建立设备使用信息反馈制度，努力提供设备售后服务。

c. 当前应做好设备前期管理工作，明确企业设备管理部门参与设备的规划选购及安装工作，把好设备选型关，逐步改善设备的构成和素质。

④ 依靠技术进步进行技术改造和更新

a. 用当代新兴技术（如数控技术、数显技术、静压技术等）对设备进行技术改造；

b. 对老旧设备分期分批进行报废更新；

c. 结合大修理进行必要的改造。

⑤ 技术经济分析和资产管理

a. 要完善和发展设备寿命周期的理论，运用寿命周期评价法对大修、改造与更新进行技术经济分析、论证和决策。

b. 企业要加强对各项与设备有关的资金（基本折旧基金、大修理基金、技改基金、备件资金和维修费用等）的管理，逐步降低设备修理费用在产品成本中的比重。

c. 完善对设备资产的管理。

（3）设备的维修管理

① 选择设备维修方式。企业应根据维修理论、行业特点、设备特性及其在生产中的作用等因素进行维修方式的决策，包括事后维修、预防维修、计划维修和状态维修等，逐步形成一种科学的新维修制度。

② 设备使用和维护。设备使用和维护包括三级保养、点检、定期维护和巡回检查等形

式的日常维护和整洁文明生产。

③ 设备的故障管理。积极研究故障机理，及时排除故障和隐患，不断改善和提高设备的可靠性和维修性，大力推广无维修设计。

④ 重点设备管理。对重点设备应加强管理，逐步推广状态监测和诊断技术，保证其经常处于正常技术状态。

(4) 现代设备管理手段的应用

① 推广设备状态监测和诊断技术。在推广实用、简易价廉诊断技术的同时，重点抓好重点设备状态监测与故障诊断仪器仪表的开发和应用。

② 计算机辅助设备管理。企业根据需要应积极应用微机或计算机联机辅助设备管理，逐步完善设备管理信息系统。

③ 动力站的自动监控。在贯彻“安全、可靠，经济、合理”方针的同时，对动力站房的设备和运行管理，逐步实现微机自动监测和自动控制。

④ 现代管理方法的应用。结合企业实际情况，运用各种现代管理方法如网络计划、价值工程、技术经济分析、全面质量管理等，有效地改进设备管理方法。

(5) 设备管理的基础工作

① 完善设备信息管理，包括数据的收集、处理、反馈，做到数据规范准确，传递及时，反馈畅通。

② 建立设备管理和维修工作标准，包括各种技术管理标准、经济管理标准、维修技术标准、设备管理人员的工作标准，以及检修的各种定额等。

③ 健全设备管理的规章制度，包括前期管理、维修管理、更新改造等各种规章制度。

④ 加强设备的档案管理，包括技术档案与管理档案，并发挥档案在综合管理中的作用。

(6) 组织机构和人员培训

① 企业设备管理机构。根据企业规模、生产特点和设备复杂程度等因素，由企业自行配置机构，以符合设备综合管理的需要。

② 管理干部培养。在充分发挥大专院校作用，培养青年干部的同时，加强对在职干部的业务知识教育。

③ 维修工人培训。特别注意培养掌握机、电、仪一体化设备的中高级维修技工。

1.4　9S管理

1.4.1　9S管理的内容

(1) 整理（Seiri）

整理就是将混乱的现场的状态收拾成井然有序的状态。9S管理体系是为了改善整个企业的体质，整理也是为了改善企业的体质，因此，在工作场所里没有用处的东西就不必配备。也就是说，首先判断哪些是不必要的东西，再将这些不必要的东西丢掉。

(2) 整顿（Seiton）

整顿，就是整理散乱的东西，使其处于整齐的状态。目的是在必要的时候能迅速找到需要的东西。整顿比整理更深入一步，其表示：

① 能迅速取出。

② 能立即使用。

③ 处于能节约的状态。

(3) 清扫 (Seiso)

清扫就是清除垃圾、污物、异物等，把工作场所打扫得干干净净，工厂推行9S运动时，清扫的对象是：

① 地板、天花板、墙壁、工具架、橱柜等。

② 机器、工具、测量仪器等。

(4) 清洁 (Seiketsu)

清洁就是保持工作场所没有污物，非常干净的状态，即：一直保持清扫后的状态。通过一次又一次的清扫，使地板和机器都保持干干净净，让人看了之后受到感动。

(5) 节约 (Saving)

节约，即为减少浪费，降低成本。随着产品的成熟，成本趋向稳定。相同的品质下，谁的成本越低，谁的产品竞争能力就越强，谁就有生存下去的可能。通过节约活动可以减低各种浪费、勉强、不均衡，提高效率，从而达成最优化。

推行节约活动可以避免场地浪费，提高利用率；减少物品的库存量；减少不良的产品数；减少动作浪费，提高作业效率；减少故障发生，提高设备运行效率等。

节约活动能减少库存量，排除过剩产品，避免零件、半成品、成品在库过多；避免库房、货架、天棚过剩；避免卡板、台车、叉车等搬运工具过剩；避免购置不必要的机器、设备；避免“寻找”“等待”“避让”等动作引起的浪费；消除“拿起”“放下”“清点”“搬运”等无附加价值的动作；避免出现多余的文具、桌、椅等办公设备。所有这些都能够降低企业的成本，改善企业经营效益。

(6) 安全 (Safety)

安全活动是指为了使劳动过程在符合安全要求的物质条件和工作秩序下进行，防止伤亡事故、设备事故及各种灾害的发生，保障劳动者的安全健康和生产、劳动过程的正常进行而采取的各种措施和从事的一切活动。

在作业现场彻底推行安全活动，使员工对于安全用电、确保消防通道畅通、佩带安全帽、遵守搬用物品的要点养成习惯，建立有规律的作业现场，那么安全事故次数必定大大降低。干净的场所，物品摆放井然有序，通道畅通，能很好地避免意外事故的发生。安全活动的目的还在于对员工的培养，员工建立了自律的心态，养成认真对待工作的态度，必能极大地减少由于工作马虎而引起的安全事故。

通过开展安全活动后，通道和休息场所等不会被占用；物品放置、搬用方法和积载高度考虑了安全因素；工作场所安全、明亮、使物流一目了然；人车分流、通道畅通；“危险”、“注意”等警示明确；员工正确使用保护器具，不会违规作业；所有设备都进行清洁、检修，能预先发现存在的问题，从而消除安全隐患；消防设施设备、灭火器设置位置、逃生路线明确，万一发生火灾或地震时，员工生命安全有保障。

(7) 服务 (Service)

服务是指要经常站在客户（外部客户、内部客户）的立场思考问题，并努力满足客户要求。作为一个企业，服务意识必须作为对其员工的基本素质要求来加以重视，每一个员工也必须树立自己的服务意识。

许多企业都非常重视外部客户的服务意识，却忽视对内部客户（后道工序）的服务，甚至认为都是同事，谈什么服务。而在9S活动中的服务，尤其是工厂管理中，须注意内部客户（后道工序）的服务。服务不是对客户说的，而是要向客户实实在在的做的，要深入到企业方方面面。让他们从心里接受客户就是上帝的观念并身体力行，而不是停留在口头上。

（8）满意度（Satisfication）

满意是指客户（外部客户、内部客户）接受有形产品和无形服务后感到需求得到满足的状态。满意活动是指企业开展一系列活动以使各有关方满意。

① 投资者的满意。通过 9S，使企业达到更高的生产及管理境界，投资者可以获得更大的利润和回报。

② 客户满意。客户满意表现为高质量、低成本、交货期准、技术水平高、生产弹性高等特点。

③ 员工满意。效益好，员工生活富裕、人性化管理使每个员工可获得安全、尊重和成就感；一目了然的工作场所，没有浪费、勉强、不均衡等弊端；明亮、干净、无灰尘、无垃圾的工作场所让人心情愉快，不会让人疲倦和烦恼；人人都亲自动手进行改善，在有活力的一流环境工作，员工都会感到自豪和骄傲。

④ 社会满意。热心公众事业，支持环境保护，这样的企业会有良好的社会形象。

（9）素养（Shitsuke）

素养就是在仪表和礼仪两方面做得好，严格遵守企业推行 9S 运动规定，并养成良好 9S 运动习惯。

素养是“9S”活动核心，没有人员素质的提高，各项活动就不能顺利开展，就是开展了也坚持不了。

9S 是 5S 的深入、拓展和升华。5S 是通过培养个体的自觉意识，来促进工作环境的美化。9S 不仅包含了 5S 的全部内容，而且还增加了 4 个 S，使得 5S 的核心思想发生了升华。9S 既讲究个体素养的培养和提高，又强调相互间的团结协作，促进组织方方面面的满意。

1.4.2　9S 管理的关键

① 建立管理者的权威；

② 管理者要进行经常性的现场巡查；

③ 全员参与；

④ 提升员工品性。

1.4.3　9S 管理的目的

① 促成效率的提高；

② 改善零件在库周转率；

③ 降低生产成本；

④ 缩短作业周期，确保交货期；

⑤ 减少直至消除故障，保障品质；

⑥ 保障企业安全生产；

⑦ 提高服务水平，赢得客户青睐；

⑧ 改善员工精神面貌，使组织充满活力；

⑨ 强化自主管理。

1.4.4　案例：普洛康裕制药拓展 6S 为 9S 管理

普洛康裕制药有限公司为更好地提升管理水平，降低消耗、提升品质，适应企业发展的需要，共同构建更强大的企业核心竞争力，着手导入6S管理系统，并在此基础上拓展节约、服务意识，提高顾客满意度，形成普洛康裕制药独特的9S管理系统，以夯实现场管理平台。

普洛康裕制药为推动此项工作，加强了9S相关知识的宣传贯彻，采用内部分级宣贯、培训的方式，动员全体员工都参与到9S管理活动中来，并成立了9S管理领导小组和9S管理工作推进办，由公司总经理任组长，制定了《9S管理制度》，详细规定了公司9S管理工作的管理职能、目标、管理内容与方法、报告与记录、检查与考核等内容。公司定于每月15日、30日为中层骨干9S管理例会，以检查培训记录、现场的方式随时抽查9S管理的贯彻、落实情况及9S管理行动计划、不足之处的整改落实情况，同时要求各部门、科室制定出详细的推进计划和检查标准及考核细则，公司组织检查小组定期或不定期地进行检查，检查结果与工资奖金挂钩，并将结果进行通报。

思　考　题

1. 什么是设备？现代工业企业的生产设备有哪些特点？
2. 什么是设备综合管理？它的基本内容是什么？实行设备综合管理有何重要意义？
3. 现代设备管理科学是如何逐步发展和形成的？它的发展有什么规律？
4. 美国后勤学、英国设备综合工程学、日本TPM维修制度的定义分别是什么？它们之间的关系如何？
5. 英国设备综合工程学的要点是什么？
6. 日本TPM维修制度的要点是什么？
7. 我国传统设备管理体制存在哪些弊端？原因是什么？你认为应该如何克服？
8. 设备管理在企业中的地位作用是什么？

第2章 设备综合管理的基本理论方法

2.1 设备经济评价（设备的寿命周期费用评价法）

2.1.1 概述

（1）寿命周期费用评价法的意义

企业设置有形固定资产以后，从投入使用到最后报废，通常要经历相当长的时间。随着技术更新速度的加快，固定资产因技术陈旧而更新的速度也相应加快。更新周期一般为五到十年。

作为用户，在设置资产的阶段要支出设置费，此后，在该项资产报废前的使用过程中，还需支付包括运行费和维修费在内的维持费，这就是说，当用户使用某项资产以达到某一目的时，比如生产产品并通过出售产品而获得利润，就需要投入设置费和维持费。

1950年，根据美国进行的调查指出：五年间用于运行和维修的维持费达到了设置费的10倍以上。据美国国防部提出的报告，维修费用在预算中所占的比重至少在25%以上。

1969年，在英国也进行了调查，结果表明：英国制造业由于对维修工作认识不足，一年内浪费的维持费达5.5亿英镑。事实证明，现在的问题已经不是把资产的设置费和维持费分别加以管理，而是要把两者合起来作为寿命周期费用进行综合的管理。

因此，在设置阶段应该进行透彻的研究：是减少维持费，还是减少设置费而将费用转移到维持费方面更为适宜？对此要加以权衡（Trade-off），这是一项很重要的工作。

（2）寿命周期费用评价的发展史

寿命周期费用评价法来源于费用效益分析（Cost-Benefit Analysis）。费用效益分析开始时被应用于民生领域的经济问题，从20世纪30年代后半期，美国开始用于各个领域，并逐渐被改称为费用效果分析（Cost-Effectiveness Analysis）。

在1960～1965年间，后勤管理研究所（Logistic Management Institute）受国防部的委托，进行了寿命周期费用的研究。从那时起，开始使用了寿命周期费用评价法（Life Cycle Costing）这个词。

美国是从1970年开始，才真正进入寿命周期费用评价法的时期。现在，寿命周期费用评价法不仅用于军事方面，而且在公共事业（水源开发、道路规划、防止交通事故、城市规划、土地利用、机场规划、保健问题、教育问题等等）和民用产业领域中也在广泛应用。

2.1.2 寿命周期费用评价法的基础

（1）寿命周期费用评价法的定义

寿命周期费用评价法是在系统（设备、产品、其他）的目的和目标确定之后，计算出系统效率和费用，并在两者之间进行权衡（在设置费和维持费之间进行权衡），以期找到最佳方案的分析方法。

(2) 寿命周期费用评价法要点

① 当选择系统时，不仅考虑设置费，也要将所有的费用放在相应的位置上加以研究。

② 在系统开发的初期考虑寿命周期费用。

③ 进行“费用设计”，就是像对系统的性能、精度、重量、容积、可靠性、维修性等技术规定一样，也把寿命周期费用作为系统开发的主要因素。

④ 透彻地进行设置费和维持费之间的权衡，系统效率（系统的输出）和寿命周期费用之间的权衡，以及开发、设置所需的时间（日程表）和寿命周期费用之间的权衡。

⑤ 为了更好地进行权衡，对系统各组成部分要考虑多种方案，以便从中选择最佳方案。

⑥ 要准备好可以有效地加以利用的费用数据库。

(3) 寿命周期费用评价中的费用设计

“费用设计”（Design to Cost）是指在进行设备或系统的设计时，对系统的精度、速度、容积、重量、可靠性、维修性等设计做出规定的同时，对系统的寿命周期费用也作为设计的一项要素来加以考虑并进行设计。

在美国，费用设计是在20世纪60年代末期开始得到重视的，它可以说是一种新的概念。1970年，国防部设置了制造技术服务部，在决定军需品的供应时，首先要进行费用设计。

费用设计的优点：

① 由于费用的数额明确，便于对费用进行管理；

② 费用高的部分一目了然，便于尽早采取必要的对策；

③ 可以实现目标费用；

④ 可以获得性能和费用相平衡的较好的系统，可以提高寿命周期费用的经济性。

在日本，接受订货的工厂从订货价格减去利润就得出“允许成本”。而根据过去的经验则可算出估算成本，对于“允许成本”和“估算成本”之间的差额，一般情况下都是估算成本较高，要研究如何消灭的方法，也就是采取从下而上地算出总费用的办法。因为“费用设计”的办法是从上而下将费用分配下去，它同日本所实行的方法完全相反。

(4) 寿命周期费用评价法的实施步骤

① 以最重要的评价要素为依据，对各方案进行一次评价，将评价显然不高的方案排除掉。以电气吸尘器为例，它的主要性能是吸尘能力，假如这项性能非常低，那么无论它搬运起来多么方便，尘土如何易于排掉，这样的方案还是必须舍弃的。

对多种方案进行处理是一件重要的事情，然而，对有效度显然很低的方案进行详细研究无疑是不经济的，所以，要通过这个阶段进行“粗筛选”。

② 对经过“粗筛选”剩下的方案进行有效度和费用的详细估算。在这个步骤中，除了机械、电气、物理、化学等技术外，还必须同时综合运用可靠性和维修性工程、人机学、工业管理学、运筹学、成本估算等管理技术。

③ 用固定费用法和固定效率法进行评价。所谓固定费用法（Fixed Cost Approach），是将费用值固定下来，然后选出能得到最佳效率的方法。反之，固定效率法（Fixed Effectiveness Approach）是将效率值固定下来，然后选出能达到这个效率而费用最低的方案。

各种方案都可用这两种评价法进行比较。比如，厂房的预算只有一个规定的数额，要根据这个规定数额的预算选出效果最佳的方案，就可采取固定费用法。又如，要开发一个供应1000名职工的给水系统，可以在完成供水任务的前提下选取费用最低的方案，这就是固定效率法。根据系统情况的不同，有的只需采用固定费用法或固定效率法即可，有的则需两者同时运用，从效率和费用两个方面对系统进行详细的比较、研究，选出最佳方案。

2.1.3　评价设备寿命周期费用的方法

2.1.3.1　寿命周期费用（LCC）

设备的寿命周期费用是指设备一生花费的全部费用。确切地讲，就是设备在确定的寿命周期内，需要支付的设置费和维持费的总和。

寿命周期费用＝设置费＋维持费

设置费：也称原始费，用 AC 表示；维持费：也称使用费，用 SC 表示。

$$LCC=AC+SC$$

经过调查，大量的实例说明设备维持费是惊人的，把设置费与维持费分别考虑和管理是很不合理的，必须把两者结合起来，综合规划、管理，特别是大设备设置阶段，必须把维护费同时加以考虑，在设计阶段如果考虑到可靠性和维修性，虽然前半生的购置费用或设计制造费有所增加。但因性能提高，在后半生的运行中故障少、维修少，降低了维修费用和停机损失费，见图 2-1 中之曲线 A。如果在设备的规划设计阶段，没有考虑运行中的可靠性和维修性，则设备一生费用情况如图 2-1 中曲线 B 所示，设备使用时间短，维持费用高。为了保持设备良好状态，必须加强维修，并且进行改善性修理，以改善其性能，延长使用期，虽然花费了一些改善维修费，但降低了整个阶段的总的维持费，如图 2-1 中之曲线 C，效果比 B 要好，因此结合修理同时进行设备改造是提高设备技术性能降低寿命周期费用的有效途径。

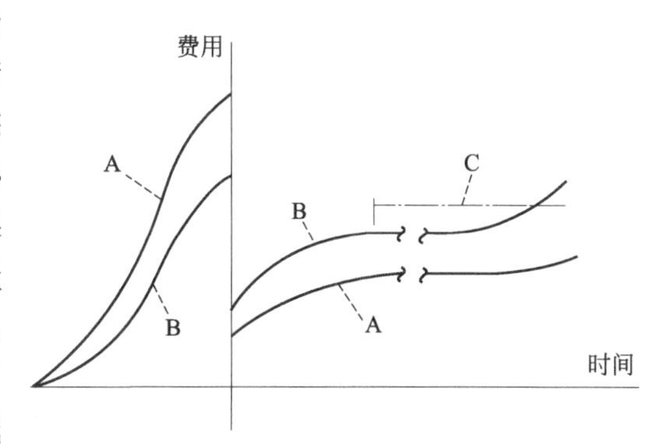

图 2-1　设备的设置费与维持费

研究寿命周期费用最经济，包括两方面的内容，那就是要用较少的寿命周期费用获得较高的设备综合效率。在设备规划阶段，对准备选购或研制的几个设备方案进行寿命周期费用的比较和评价，对设备的综合效率进行计算和权衡，综合定量的计算和定性的分析，选出最佳方案，达到寿命周期费用最经济的目的。

2.1.3.2　寿命周期费用评价法的计算

设备的寿命周期费用由设置费和维持费两部分组成，设置费一般为一次性投资，而维持费则是贯穿在整个寿命周期内逐渐投入的资金。两种资金在时间概念上是不同的。为了研究寿命周期费用的评价，首先要讨论一下资金的时间价值。

（1）资金的时间价值

同样的资金，时间不同，它的价值也不相同，即资金具有“时间价值”。例如，今年的 1000 元，与五年后的 1000 元不同，若考虑年利息为 10％时，今年的 1000 元，五年以后为 1610 元，价值不同了，五年后有了增值，由此可见，由于社会上存在利息，所以就产生了资金随时间的变化问题。

在用寿命周期费用评价法评价不同方案时，必须求出各个方案的费用总和，也就是把设置费和维持费相加起来，否则将无法比较，由于资金存在着时间价值，一次性投资的设置费和逐年花费的维持费不能直接相加，必须通过折算统一后，才能相加，也才能对各方案进行比较。

(2) 复利的计算

① 求终值系数（或称复利系数）及现值系数

有现金1000元，存入银行，年利息为10%=0.1则有：

一年后本利和为：$1000+1000\times0.1=1000(1+0.1)=1100$ 元

两年后本利和为：$1100+1100\times0.1=1000(1+0.1)^2=1210$ 元

三年后本利和为：$1000(1+0.1)^3=1331$ 元

假设令 P 表示现有资金，i 表示年利率，n 表示年限，S 表示 n 年后的本利和，根据上例，不难得出

$$S=P(1+i)^n \tag{2-1}$$

式中，$(1+i)^n$ 称为终值系数（或复利系数）。

将（2-1)式两边同时除以 $(1+i)^n$ 则得

$$P=\frac{1}{(1+i)^n}\times S \tag{2-2}$$

式中，$\frac{1}{(1+i)^n}$称为现值系数。利用上面两个系数，可将某一时刻的资金价值，换算成任何时刻的价值。

例1 某设备第三年的维持费为2500元，问它相当于设备购置时的多少钱？（年利率 $i=10\%$）

由题意知：设备第三年的维持费花了2500元，即 $n=3$，$S=2500$ 元，这2500元，是在第三年实际支出的维持费，要求计算这个维持费相当于设备购置时的多少钱，也就是说，它与三年前的多少钱是等价的，本题是求 P 值，可根据公式(2-2) $P=\frac{1}{(1+i)^n}\times S$ 求解。

现值系数$\frac{1}{(1+i)^n}=\frac{1}{(1+0.1)^3}\approx0.7513$，所以 $P=0.7513\times2500\approx1878.25$ 元

即该设备第三年花的2500元维持费与设备购置时候的1878.25元是等价的，这是由于存在着利息而形成的，换句话说，如果在设备购置的那一时刻，便投入第三年的维持费，则只需1878.25元，而不是2500元。

② 资本回收系数和等额现值系数

若向银行借 P 元购置设备，拟每年偿还给银行 R 元，年利率 $i=0.08$，根据（2-2)式，将某 K 年后的 R 元，换算成现在（即开始年）的现值 P_1，则有 $P_1=\frac{R}{(1+i)^1}$，若规定借款 n 年还清，求每年偿还多少元（即 R)？

由上式知：当第一年时 $K=1$，则 $P_1=\frac{R}{(1+i)^1}$表示第一年还 R 元时相当开始年的现值，当第二年时 $K=2$ 则 $P_2=\frac{R}{(1+i)^2}$表示第二年还 R 元时相当于开始年的现值，当第 n 年时 $K=n$，则 $P_n=\frac{R}{(1+i)^n}$表示第 n 年还 R 元时相当开始年的现值。

$$P=P_1+P_2+P_3+\cdots+P_n\text{(向银行所借款=各年偿还值的现值的总和)}$$

则
$$P=\frac{R}{(1+i)^1}+\frac{R}{(1+i)^2}+\cdots\frac{R}{(1+i)^n}$$
$$P=R\left[\frac{1}{(1+i)^1}+\cdots+\frac{1}{(1+i)^n}\right]$$

式中［　］内为等比级数，$\frac{1}{(1+i)}$为公比，若将上式写成 $P=RC$ 的形式，则有：

$$C=\left[\frac{1}{(1+i)^1}+\cdots+\frac{1}{(1+i)^n}\right] \tag{2-3}$$

上式两边同时乘以$\frac{1}{(1+i)}$

则
$$\frac{1}{(1+i)}C=\frac{1}{(1+i)^2}+\cdots+\frac{1}{(1+i)^{n+1}} \tag{2-4}$$

(2-3)式－(2-4)式，则

$$C-\frac{C}{(1+i)}=\frac{1}{(1+i)}-\frac{1}{(1+i)^{n+1}}$$

整理化简，则：$C=\frac{(1+i)^n-1}{(1+i)^n i}$

$$P=R\times\frac{(1+i)^n-1}{(1+i)^n i} \tag{2-5}$$

式中，$\frac{(1+i)^n-1}{(1+i)^n i}$称为等额现值系数，所谓等额是指每年偿还给银行的钱是相等的，即 R 元。

当知道等额现值系数后（即已知 i 和 n），则可由年平均投资额 R 求总现值 P。

将（2-5)式两边除以$\frac{(1+i)^n-1}{(1+i)^n i}$

得

$$R=P\times\frac{(1+i)^n i}{(1+i)^n-1} \tag{2-6}$$

式中，$\frac{(1+i)^n i}{(1+i)^n-1}$称资本回收系数。当知道资本回收系数，则可由总现值 P 求年平均投资额 R。

例 2　若投资 1000 元，年利息为 10%，计划在 5 年内收回，每年的收回额是多少？所谓投资 1000 元，显然是一次性的支出，即 $P=1000$ 元，每年的回收额是指年平均回收额，即 R。已知 $i=10\%$，$n=5$，根据公式(2-6）求资本回收系数。

$$\frac{(1+i)^n i}{(1+i)^n-1}=\frac{(1+0.1)^5\times 0.1}{(1+0.1)^5-1}=\frac{0.161}{0.61}\approx 0.2638$$

$R=1000\times 0.2638=263.8$ 元，每年平均收回 263.8 元，而不是 200 元（因为有利息的缘故)。

2.1.3.3　设备寿命周期费用评价法

(1）设备维持费每年相等时的评价方法（年费法和现值法）

在设备的选择方案阶段（购置或研制前）评价设备，可利用寿命周期费用比较的方法。

例如：有 A、B 两台设备，购置费 A 为 1000 元，B 为 700 元，年均维持费 A 为 300 元，B 为 600 元，费用列于表 2-1，问当规定使用年限为 5 年时，哪一台设备总投资较少？

表 2-1　A、B 购置与维持费用表

费用项目	设备 A	设备 B
设备一次投资(购置费)/元	1000	700
平均每年支出(维持费)/元	300	600

① 年费法：即把一次性投资（购置费）折算成每年平均投资多少以后，再与每年支出的维持费相加，算出年平均总费用，列于表 2-2。再把各方案加以比较。

由例题已知 $n=5$，$i=0.1$，根据公式 $R=P\times\frac{(1+i)^n i}{(1+i)^n-1}$ 求得资本回收系数 $\frac{(1+i)^n i}{(1+i)^n-1}=0.2638$。

表 2-2　A、B 购置与维持费用年值表

费用项目	设备 A	设备 B
购置费转化成平均每年投资/元	$R_A=1000\times0.2638$ $=263.8$	$R_B=700\times0.2638$ $=184.66$
平均每年维持费/元	300	600
平均每年总费用/元	563.8	784.66

② 现值法：即把平均每年的维持费，变成一次性投资的当量，然后再与一次性投资相加，求出总费用，列于表 2-3，进行各方案的比较。为了把 A、B 设备的平均费变为一次投资，首先求出现值系数，由公式 $P=R\times\frac{(1+i)^n-1}{(1+i)^n i}$ 知，现值系数 $\frac{(1+i)^n-1}{(1+i)^n i}=3.791$。

表 2-3　A、B 购置与维持费用现值表

费用项目	设备 A	设备 B
维持费现值/元	$P_A=300\times3.791$ $=1137.3$	$P_B=600\times3.791$ $=2274.6$
购置费现值/元	1000	700
总现值/元	2137.3	2974.6
结论	设备 A 比设备 B 便宜	

(2) 设备维持费每年不相等时的评价方法（费用曲线法与损益分歧点法）

由于每年所需耗费的维持费不相等，在折算费用时要麻烦一些，为了直观和方便，可把需要对比的方案的费用、列表计算（见表 2-4），并绘成曲线图形（图 2-2）进行对比。

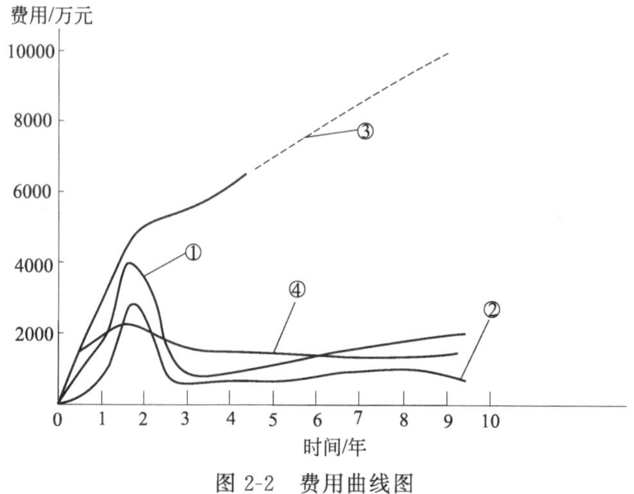

图 2-2　费用曲线图

① 费用曲线——即寿命周期费用曲线（图 2-2）

定义：设备的寿命周期费用在各年份内的状态图称费用曲线。

费用的折算及曲线图：根据已知历年费用和折算系数算出现值，累计现值和年平均费用，并列入表 2-1 中，以表 2-4 中数据绘出费用曲线图 2-2，现举四种曲线的折算方法和图形。

表 2-4　费用曲线计算数值表

曲线①		现值系数	曲线②	曲线③	资本回收系数	曲线④
年	费用		现值	累计现值		年平均费用
n	S	$\frac{1}{(1+i)^n}$	P	ΣP	$\frac{(1+i)^n i}{(1+i)^n-1}$	R
1	1500	0.9091	1364	1364	1.1000	1500
2	4000	0.8264	3306	4670	0.5762	2691
3	800	0.7513	601	5271	0.4021	2119
4	1000	0.683	683	5954	0.3155	1878
5	1200	0.6209	745	6699	0.2638	1767
6	1400	0.5645	790	7489	0.2296	1719
7	1450	0.5132	744	8233	0.2054	1691
8	1750	0.4665	816	9049	0.1874	1696
9	1850	0.4241	785	9834	0.1736	1707
10	2000	0.3855	771	10605	0.1628	1726

注：$i=10\%$。

第一种：年实际费用曲线①，分别表示各年份的费用，它的来源，一是实际的购置费或研制费，二是长期基础工作积累起来的每年的维持费，均为已知。

第二种：经折算的费用曲线②，它是把历年的费用①，应用公式(2-2) 换算成现值（即设备开始年度的值)，也就是说：开始年度的现值=①×现值系数，即 $P=\frac{S}{(1+i)}$，如表 2-4 中第五年折算出现值 P 为 1200×0.6209=745 元。

第三种：累计费用曲线③，即将折算后的曲线②各值，累加到所计算的年度总值（总现值)，如表 2-4 中，第三年的累积现值 $P=P_1+P_2+P_3=1364+3306+601=5271$ 元。

第四种：年平均费用曲线④，将累计费用③乘以某年的资本回收系数，就得出该年度的平均费用，也就是说，费用③就是总现值，在此年平均费用

$R=\frac{(1+i)^n i}{(1+i)^n-1}\times\Sigma(P)$，如：第三年的年平均费用为

$$0.4201\times5271=2119 \text{ 元}$$

上述曲线常用的为第③和第④种。

可根据费用曲线，对可供选择的设备方案进行比较，并做出合理的决策。

② 损益分歧点法。以某点（金额、年数、其他）为界来区分损益分歧点（Break-even Point，BEP)。在寿命周期费用评价法中，有以下两种情况运用损益分歧点：

a. 将可供选择方案进行比较时；

b. 根据收入测算某系统的寿命周期费用回收期时。

下面，按顺序加以说明。

根据损益分歧点对可供选择的方案进行比较。设被比的方案为 A 与 B。两种方案应按表 2-5 所示，做出累计费用曲线和年平均费用曲线，费用曲线见图 2-3，可据以做出如下

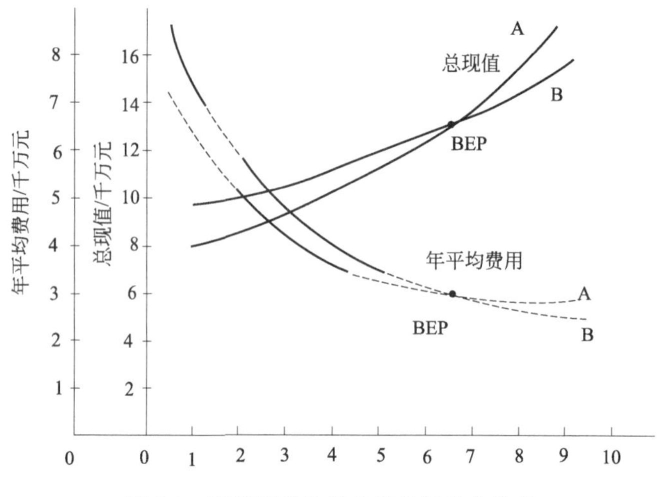

图 2-3 两种可供选择方案的损益分歧点

判断。

a. 方案 A、B 的损益分歧点约在 6.5 年处。因此，若使用期比 6.5 年长，B 方案是经济的；反之，若使用期短于 6.5 年，则 A 方案经济。

b. 如果使用期为 10 年，方案 B 比 A 总现值约便宜 1000 万元。

c. 从年平均费用来看，和总现值的曲线一样，得出 6.5 年为损益分歧点。所以，使用期在 6.5 年以上时，B 方案是经济的；而且，使用期为 9 年时的年平均费用最低。如使用期为 9 年，方案 B 与 A 相比，平均每年可少花 140 万元。

表 2-5 绘制图计算表（$i=10\%$） 单位：万元

年	现值系数	资本回收系数	方案 A				方案 B			
			费用	现值	累计现值	年平均数	费用	现值	累计现值	年平均数
0	1.0000	1.0000	7000	7000	7000	7000	9000	9000	9000	9000
1	0.9091	1.1000	800	727	7727	8500	500	455	9455	10401
2	0.8264	0.5762	1000	826	8554	4929	600	496	9950	5733
3	0.7513	0.4021	1200	902	9455	3802	700	526	10476	4212
4	0.6830	0.3155	1400	956	10441	3285	900	615	11091	3499
5	0.6209	0.2638	1600	993	11405	3009	1100	683	11774	3106
6	0.5645	0.2296	1800	1016	12421	2852	1300	734	12508	2872
7	0.5132	0.2054	2100	1078	13449	2773	1500	770	13278	2727
8	0.4665	0.1874	2500	1166	14665	2747	1900	886	14164	2653
9	0.4241	0.1736	3000	1272	15937	2767	2300	975	15139	2628
10	0.3855	0.1628	3500	1349	17297	2814	2800	1079	16218	2640

（3）固定效率法和固定费用法的计算

有时，可固定设备的寿命周期费用，比较不同设备方案的效率，或反过来固定设备的效率而比较不同设备方案的寿命周期费用来比较设备方案的优劣，这样的评价方法称为固定费用法和固定效率法。例如，S 公司为了制定 PX 化学药品制造设备的投资方案，成立了一个规划小组。这种药品的制造方法基本上有 A 和 B 两种。投资方案的系统效率（SE）以日产量表示：寿命周期费用则以相同使用年限的年平均费用表示。

研究的结果，提出了采用 A 方法的 A 方案和采用 B 方法的 B 方案。A 方案日产 375

吨，寿命周期费用 300 万元。B 方案日产 330 吨，寿命周期费用也是 300 万元。考虑到产量 330 吨也可以满足要求，又采用 A 方法拟订了规模较小的 A′方案。A′方案的日产量为 330 吨，其寿命周期费用为 275 万元，将这三个方案列成表格，如表 2-6 所示。

表 2-6　三个方案的 SE 与 LCC 的比较

方案	系统效率 SE/(吨/天)	寿命周期费用 LCC/元
A	375	300
B	330	300
A′	330	275

将研究结果提交设备委员会审查时，由于考虑到今后出口的需要，在费用相同的情况下选用了生产量多的 A 方案。这便是固定费用法。假如日产量达到 330 吨就足够了，那么，在能完成 330 吨日产量的前提下，就选中了比 B 方案费用低的 A′方案。这就是固定效率法。无论采用哪种方法，B 方案都未被选中。

2.1.3.4　设备效率分析

(1) 综合效率

所谓综合效率，就是在生产过程中，要求产量（Production）高，质量（Quality）好，成本（Cost）低，按期交货（Delivery），安全生产（Safety），工人操作情绪饱满（Morale），也就是说，要完成六个方面的任务，简称 P、Q、C、D、S、M，其中 P、Q、C 是主要的，而 D、S、M 则是完成 P、Q、C 的保证。

综合效率公式

$$\eta=\frac{y_2}{y_1}=1+\frac{y}{y_1} \tag{2-7}$$

式中　η——设备综合效率；

y_1——总输入，＝LCC；

y_2——总输出 P、Q、C、D、S、M；

y——利益。

设备效率与输出输入有关，希望 y_1 最小而 y_2 愈大愈好，具体地讲 y_1，就是设备寿命周期费用（设置费＋维持费），而 y_2 是综合的，与产量、质量、安全环境等定量和定性的因素有关。

(2) 费用有效度（Cost Effectiveness，简称 CE，也称费用效率）

① 费用有效度，它是用系统效率（System Effectiveness，简称 SE）与寿命周期费用之比来表示：

即　费用有效度＝系统效率/寿命周期费用，或

$$CE=SE/LCC \tag{2-8}$$

式中，系统效率 SE 可用产量、产值、利润等表示，也可用可靠性、维修性、维修效率、舒适性、可使用性等指标表示。计算 SE 是比较复杂的，要根据不同的设备系统确定其计算方法。设备投资的目的是多种多样的，当计算费用有效度 CE 时，哪些应作为投资效果计入系统效率 SE，哪些应计入寿命周期费用 LCC，常常难以区分。一般计算中 SE 多用具体量表示。

例如：现有 A、B、C 三套装置，已知它们的寿命周期费用和生产率，求费用有效度。在该例中，给出的是费用和生产效率，主要是提高生产效率的问题，故应以生产效率为衡量

系统效率的指标，求得投资效益，根据 CE＝SE/LCC 分别求出三套装置的 CE，列于表 2-7。

表 2-7　三套设备的 CE 计算表

装置名称	LCC/万元	SE/(吨/年)	CE/[吨/(万元・年)]	评价
A	120	1620	13.5	最差
B	110	1510	13.7	一般
C	100	1410	14.1	最好

由表得知同样投资一万元，而装置 C 的效益最好，效率最高，也就是说选择三套装置中的 C 装置可以做到寿命周期费用最少，综合效率最高。在实际的管理工作中，很少能得到费用最少而效率最高的方案，有时费用最低但效率不一定最好，必须在选择的方案中对费用与效率进行权衡。

② 系统效率与寿命周期费用之间的权衡。如何提高费用效率，发展生产是企业较关心的问题，下面利用公式 CE＝SE/LCC＝SE/(AC＋SC) 加以讨论。

现举例说明：

a. 购置费 AC 与维持费 SC 之间的权衡（收益相同）

某生产线 AC＝100 万元，SC＝200 万元，SE＝600 万元

$$CE_1=SE/(AC+SC)=600/300=2$$

若提高 AC＝150 万元（购置费提高了），换来降低 SC＝120 万元，维持费降低了，则

$$CE_2=600/270=2.22>CE_1$$

所以费用效率提高了。这是着眼于提高流水生产线的设计性能，以减少维修工作，采用可靠性设计，可维修性设计，节能设计，在设计阶段考虑防止操作失误或维修失误的可能性等，这样便在设备创造的收益不变情况下，也能提高效率。

b. 系统效率 SE 与购置费 AC 维持费 SC 之间的权衡

若 AC 由 100 万元提高到 120 万元，SC 由 200 万元提高到 210 万元，其结果是设备性能提高、故障少、修理少，维护工作搞得更好，设备好用，致使产品产量质量等提高。系统效率 SE 由 600 万元，提高到 720 万元，这时

$$CE_3=720/330=2.18>CE_1$$

这一权衡，着眼于提高设备的设计性能，增强运转中的可靠性，虽然购置费和维修费都有所增加，但设备能力增大（如产量），产品精度提高，从而产品售价售量可以提高而获得更多利益，致使费用有效度增长。

总之，研究寿命周期费用最经济，目的是在设备的使用期内效率最高，费用最经济。我们的工厂，过去多年的设备工作何尝不是为了这个目的，但由于传统的设备管理体制只管后半生，无法全面考虑有效利用设备和最大限度地发挥设备投资效益的问题。设备综合管理提供了这一条件。

近年来研究寿命周期费用的问题已被许多企业所重视，局部地开展了一些工作，取得良好效果。

例如：大连化学工业公司碱厂应用寿命周期费用评价法，对碳化塔改造前、后的系统效率进行比较，是把现代设备管理理论用于实践的良好开端。

纯碱生产碳化塔，目前仍沿用以灰口铸铁为主要材料，一般情况下，塔体寿命比较长，实际运行达 20 年左右，而铸铁冷却管一般只能用 3 年左右，造成了设备连续运转的时间短，检修时间长，材料能源浪费大。为了延长冷却管寿命，达到部件均寿命化，设备匹配完善，

提高经济效率，该厂采用腐蚀率只有铸铁管 1/639 的全钛管代替了铸铁管，估计全钛管寿命将超过 20 年，与塔体匹配是有余的。经改造后，钛管碳化塔 1982 年投产使用，效果良好。改造前后的寿命周期及寿命周期费用状况列于表 2-8 中。

若以一生产量利润为系统效率进行费用有效度的计算，从而对比两个方案的投资效果。根据：$费用有效度=\dfrac{系统效率}{寿命周期费用}=\dfrac{系统效率}{(购置费+维持费)}$

表 2-8　寿命周期与费用表

类别	序号	项目	代号	铸管①	全钛管②	说　　明
固定资产	1	固定资产值/万元	P	52	105	①折旧年限按化工部 1983 年规定
	2	折旧年限/年	n	12	12	
	3	残值/万元	S	5	5	
寿命周期	1	大修周期/年		8	12	①大修 45 天/次 ②大修 30 天/次 ①堵漏 16 次/年×7.5 小时 ②堵漏 2 次/年×6 小时 ①清扫 2 次/年×2 天 ②清扫 2 次/年×1 天 ①②系统大停 7 天/3 年
	2	一生大修时间/天		135	30	
	3	一生堵漏时间/天		60	12	
	4	一生清扫时间/天		48	48	
	5	系统大停时间/天		28	56	
	6	一生停机时间/天		274	158	
	7	一生开机时间/天	T	4106	8602	
可比维持费/万元	1	一生大修费		40.5	4	
	2	一生清扫费		1.3	0.26	
	3	一生堵漏费		19.3	3.86	
	4	一生结疤损失		70.6	14	
	5	Σ	C_n	132	22	
可比利润	1	一生产量利润/万元	C_i	3593	7527	企业界限利润率 $i=87.5/429\approx20\%$

将表中参数代入可得：

$$\text{CE}(费用有效度)=\frac{C_1}{P+\dfrac{C_n}{n}\times\dfrac{(1+i)^n-1}{(1+i)^n i}}$$

式中，$\dfrac{(1+i)^n-1}{(1+i)^n i}$为等额现值系数，$i=20\%$。

根据上述公式求得铸铁管型塔的费用有效度 $\text{CE}_{铁}$

$$\text{CE}_{铁}=\frac{3595}{52+\dfrac{132}{12}\times\dfrac{(1+0.2)^{12}-1}{(1+0.2)^{12}\times0.2}}=\frac{3595}{101}=35.6$$

根据上述公式求得全钛管型塔的费用有效度 $\text{CE}_{钛}$

$$\text{CE}_{钛}=\frac{7527}{105+\dfrac{22}{24}\times\dfrac{(1+0.2)^{24}-1}{(1+0.2)^{24}\times0.2}}=\frac{7527}{109.5}=68.7$$

$$\text{CE}_{钛}>\text{CE}_{铁},\ \frac{\text{CE}_{钛}}{\text{CE}_{铁}}=\frac{68.7}{35.6}=1.93$$

结论：

a. 全钛型塔的费用有效度比改造前铸铁型塔的费用有效度高出近一倍；

b. 由图 2-4 看出，虽然钛管型塔一次性投资（设置费）比铸铁型塔高出一倍多$\left(\dfrac{105}{52}=2.02\right)$，

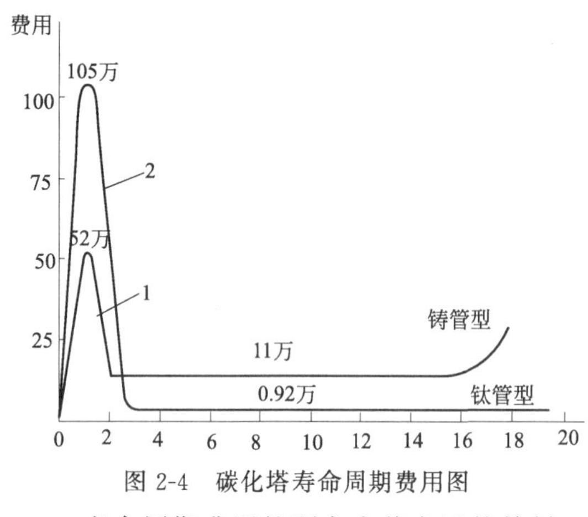

图 2-4　碳化塔寿命周期费用图

但因钛管抗腐蚀性极强，大大降低了一生的维持费，铸铁管年均维持费 11 万元，而钛管型平均维修费只有 0.92 万元，为铸铁管型的 1/12。

这一事例表明：

a. 在设备的设置、改造或更新时不能只考虑一次性投资的购置费或改造费，必须同时考虑使用中的维持费；

b. 不能只考虑费用，必须同时考虑费用效率，才能实现寿命周期费用的最经济，综合效率最高；

c. 寿命周期费用的研究有着广泛的前景，它给企业带来实在的好处。

2.1.3.5　设备寿命周期费用评价的不准确性

(1) 费用的不准确性和不确定性

寿命周期费用评价法，必须在准确的数据基础上进行各种费用的估算，评价对设备购置或系统的设计规划才有实际意义。但是从费用的构成便可看到，它们多为估计值，存在着不准确性，也存在着不稳定性，因此在评价过程中，应该给予重视并作出具体的分析。费用类型大多分为以下几项：

① 准确值的不确定性。在费用数据中，有一部分是准确值，如某一时期某种设备的购置费、能源（电、燃料、油料）费等。但这种费用会随着时间不同价格有所浮动有时会涨价或跌价，故存在着不确定性，在评价时的价格可能与过去统计数据不相符合。

② 不准确值。在费用数据中，一部分数据本身就存在着不准确性，如维修费配件加工费等，因为它们是多种因素（或费用）的综合，这些因素是维修工时定额、工人实际修理时间、各种修理材料等，在统计时都会因这样或那样的原因不准确。

③ 变动值。如使用期（寿命周期）的缩短或延长，利率的变化，各种税金的变动等。

对上述因素的分析有两种情况：

一是对变量的概率分布有所了解，但是由于无规律因素的存在，不能准确地估算和评价，应进行“风险分析”；另一个是因为没有足够的数据和信息，不掌握某种变量的概率分布，应进行“不确定性分析”。

只有判定了估算值的准确程度，才能对寿命周期费用作出恰如其分的评价，进而做出正确的决策。

(2) 不确定性的分析

现仅以对不确定性的分析，说明研究寿命费用必须具有动态观点，以期达到实际效果。

不确定性分析也称敏感度分析。所谓敏感度分析，是指对设备的决策产生影响的重要因素发生变化时，对决策影响程度的分析。

分析步骤：

① 确定方案，即经过费用、效率评价后，选定某一较理想的方案；

② 逐个改变重要影响因素，并检查这些因素对方案的影响的程度；

③ 挑出对系统效率和费用影响最大的重要因素，将评价工作更进一步深化，减少误差，接近实际，取得好效果。

现以 NPV 法研究准确值的不确定性和变动值对现值的影响。至于不准确值，应从加强基础工作，提高管理水平方面去解决。

检查对净总现值影响程度的方法，也称 NPV 法（Net Present Value）或净总现值法。现举例说明（见表 2-9）。

有一成套设备，购置费为 1000 万元，寿命周期为 10 年，投入使用后，每年净利润（净收入）现金见表 2-9 中①，10 年总共收入现金 2100 万元（利润），若已知各年份的现值系数②，则可求得各年份的现值③＝①×②，将各年现值相加，共得净现值（除去上缴利润和购置费）1000 万元。

表 2-9 中的数据是过去积累的，随着时间的变化，许多重要因素发生了变化，如购置费涨价，由于产品销售的减少而使现金收入减少等，在寿命周期费用评价时，应注意变化因素对现值收入的影响。

表 2-9　净总现值计算模型

年	①收入现金/万元	②现值系数(i=10%)	③=①×现值/万元
0	－1000(购置费)	1.0000	－1000(购置费)
1	400	0.9091	363.6
2	380	0.8264	314
3	360	0.7513	270.5
4	340	0.683	232.2
5	320	0.6209	198.7
6	300	0.5645	169.4
7	280	0.5132	143.7
8	260	0.4665	121.8
9	240	0.4241	101.8
10	220	0.3855	84.8
实际总收入	2100		1000

现研究表 2-10 中各重要因素变化时对净现值的影响。

① 若购置费提高 5%

则

$$\text{购置费提高现值额}=\Delta NPV=1000\times5\%=50\text{ 万元}$$

$$\text{提高后的购置费现值}=NPV(\text{新})=1000+\Delta NPV=1050\text{ 元}$$

$$\text{净现值}=950\text{ 万元}$$

$$\text{现值变化率(提高率)}=\frac{\Delta NPV}{NPV(\text{原})}=\frac{50}{1000}=0.050$$

② 若将使用年限缩短两年

原来 10 年收入总现值为 1000 万元，去掉两年收入 186.6 万元（第 9 年 101.8 万元，第 10 年 84.8 万元），收入总现值只有 813.4 万元。

$$\text{现值减少 }\Delta NPV=101.8+84.8=186.6\text{ 万元}$$

$$\text{现值变化率}=\frac{\Delta NPV}{NPV(\text{原})}=\frac{186.6}{1000}\approx0.187$$

③ 若现金收入减少 10%

在 2000 万元总收入现值中（未扣除设置费）减少了 1000 万元购置费，则收入总现值只有 800 万元。

则

$$\text{现值变化率}=\frac{\Delta NPV}{NPV(\text{原})}=\frac{200}{1000}=0.2$$

④ 所得税若提高3%

2000万元总现值收入是上缴了50%的所得税2000万元以后剩下的，故原利润共为4000万元。现增加3%的所得税，ΔNPV＝4000×0.3＝120万元。从2000万元收入中减去1000万元购置费和新增加的所得税120万元，只收入880万元。

则
$$现值变化率=\frac{\Delta NPV}{NPV(原)}=\frac{120}{1000}=0.120$$

从上面计算得知：在其他条件不变的情况下，将表2-10中四个重要因素分别加以变动，经计算得出新的ΔNPV净现值和变化率ΔNPV/NPV的值，从表中知，现金收入减少10%一项，变化率值最大。也就是说，在四个重要因素中，它的影响最大，其次是使用年限缩短两年的影响，第三是所得税提高的影响，最后才是购置费提高的影响。

因此，对现金收入降低的问题要着重研究，针对主要影响因素采取提高产品质量降低成本，扩大销售额等措施增加总现值收入。总之，寿命周期费用评价的方法是建立在数据统计的基础上，是动态的方法，必须实事求是地运用它分析、研究和解决问题，才会卓有成效。

表2-10 敏感度的分析

序号	重要因素	①NPV/万元	②ΔNPV/NPV	③重要性顺序	附 注
0	基本方案	1000			
1	设置价格提高5%	950	50/1000＝0.050	第四	
2	使用年限缩短2年(由10年缩短到8年)	813.4	186.6/1000＝0.187	第二	缩短使用年限两年,减少近20%的收入
3	现金收入减少10%	800	200/1000＝0.200	第一	影响因素多,应进一步分析
4	所得税率提高3%(50%～58%)	880	120/1000＝0.120	第三	提高后为100,则增加6%

2.1.4 寿命周期费用评价法实例（作业用工具车的选定）

（1）事例的简要说明

这个事例是关于地面作业和联络用的工具车，主要从寿命周期费用的角度，对过去使用的安装汽油机和柴油机的工具车的优劣加以比较研究。近来，随着燃料价格的上涨，对汽车用柴油机的看法有了改变，它们在普通轿车上也逐渐推广使用了。汽油机和柴油机的优劣，当然不能只凭寿命周期费用来决定，这里是在单纯化的条件下进行考虑的。

（2）评价要素

在吨位大致相同的情况下，装汽油机的汽车和装柴油机的汽车一般应按下列项目进行评价。

① 起动性（起动的难易）；

② 舒适性（噪声、振动等）；

③ 性能（加速性能，最高速度等）；

④ 经济性（购置价格，维修费，燃料费，寿命等）。

首先是起动性，柴油机因其特有的预热操作稍稍麻烦些，但就车的用途为普通作业和联络而言，加上柴油机的进步，在实用方面几乎不成为问题。在舒适性方面，由于柴油机的噪声和振动较强，这个问题对于轿车必须慎重研究，但这里的使用时间很短，应该是不成问题的。

关于性能，柴油机的输出功率要比相同排气量的汽油机小，故排气量要稍稍加大，然而加速性能和最高速度仍要低些。不过，这一点对于规定的用途还不足以构成缺点。

那么，评价的焦点就是经济性了。所关心的问题是：柴油机工具车购置价的高出部分，要经过多少时间才能由使用时燃料费用的低廉部分来弥补，更进一步则成为有利。随着柴油机的推广使用，其产量增长而价格下降，故购置价格的差别也趋于缩小。

柴油机的特点是：由于压缩比高，故热效率也高，以及用作燃料的轻柴油价格低廉。在日本，大型公共汽车几乎已经柴油机化，使这些特点得到了充分发挥，轿车也在逐步受到这种影响。

(3) 计算寿命周期费用的各要素

在本例的寿命周期费用计算中，提出了以下几个项目。

① 车种对象。作为评价对象的车种是装汽油机（1400 毫升）的小型工具车和大体相同的装柴油机（1600 毫升）的小型工具车。

② 购置价格。在全部价格中包含了购置税和各种经费等。100 万日元左右这一级的汽车，装柴油机的车大约贵 20 万日元。

③ 使用年限。每年的行车距离虽然比较短，但因使用条件很差，根据车身的腐蚀等情况寿命为 7 年左右，它同安装何种发动机无关。

④ 残值。因是供作业用的，使用 7 年后将成为废料，实际的残值定为 5000 日元左右。

⑤ 维持费。在维持费中，除了维修以外还包括保险费、汽车税、载重量税等。在维修费中，除了日常的点检和修理外，还包括进行车检的费用。目前尚无柴油机维修的详细资料，但考虑到现在发动机的可靠性提高了，一般情况下无大修理的必要，故可认为两种发动机的维修费没有差别。

本事例中包括更换一般的部件，所有定期进行的检查和维修，都订有年度合同，装汽油机和装柴油机的车辆费用相同，今后需考察实际的费用情况。

估计的维修费上涨率为 8%。保险费和税金的情况难以清楚地预见，这里将费用的上涨率每三年定为 15%。

⑥ 运行费。在运行费中，除燃料以外还要消耗各种油料，这里只考虑在运行费中占大部分的燃料。每年两种车的行驶距离均为 16700 公里，汽油机工具车的燃料消耗平均为 7.6 公里/升，柴油机工具车平均为 14.0 公里/升，燃料单价：汽油机每升 150 日元，轻柴油每升 80 日元。

燃料单价的今后趋势还不清楚，暂且把价格上涨率定为每年 8%。后面，对价格上涨率的影响也要加以分析。

⑦ 利率。利率按 10%计。计算寿命周期费用的各要素归纳起来，列于表 2-11。

表 2-11　寿命周期费用的各要素　　　金额单位：千日元

<table>
<tr><td colspan="2" rowspan="2">要　素</td><td>A</td><td>B</td><td rowspan="2">备　注</td></tr>
<tr><td>(1400 毫升汽油机工具车)</td><td>(1600 毫升柴油机工具车)</td></tr>
<tr><td rowspan="4">投资额</td><td>工具车本身价格</td><td>857.80</td><td>1087.00</td><td></td></tr>
<tr><td>购置税</td><td>33.85</td><td>45.30</td><td></td></tr>
<tr><td>同购置有关的各项经费</td><td>24.70</td><td>29.40</td><td></td></tr>
<tr><td>小计</td><td>916.35</td><td>1161.70</td><td></td></tr>
<tr><td colspan="2">残值</td><td>5.00</td><td>5.00</td><td></td></tr>
<tr><td colspan="2">使用年限</td><td>7 年</td><td>7 年</td><td></td></tr>
<tr><td rowspan="2">维持费</td><td>维修费
保险费
汽车税
重量税</td><td>275.16/年
19.05/年
10.00/年
8.80/年</td><td>275.16/年
19.05/年 12.60/年
8.80/年</td><td>费用上涨率：
8%/年
费用上涨率：
每 3 年为 15%</td></tr>
<tr><td>小计</td><td>37.85/年</td><td>40.45/年</td><td></td></tr>
</table>

续表

要素		A（1400毫升汽油机工具车）	B（1600毫升柴油机工具车）	备注
运行费	一年内的行驶里程	16700公里	16700公里	费用上涨率：8%/年
	燃料消耗	7.6公里	14.0公里/升	
	燃料单价	150日元/升	80日元/升	
	运行费	329.61/年	95.43/年	
利率		10%	10%	

（4）寿命周期费用的计算结果

根据上述各要素计算出的现值总额和年平均费用的结果，列于表2-12和表2-13。根据以上的表，A（安装汽油机的）和B（安装柴油机的）绘出的寿命周期费用年平均值曲线示于图2-5，寿命周期费用现值总额的曲线示于图2-6。

表2-12　A（安装汽油机）的现值总额与年平均费用　　金额单位：千日元

费用	0	1	2	3	4	5	6	7	现值额（百分比）
投资额	857.80								857.80（18.3%）
残值								5.00	2.57（0.1%）
维修费		275.16	297.16	320.97	346.62	374.35	404.30	436.64	1658.37（35.3%）
保险费和税金		37.85	37.85	37.85	43.53	43.53	43.53	50.06	202.15（4.3%）
运行费		329.61	355.98	384.46	415.21	448.43	484.31	523.05	1986.52（42.3%）
小计	857.80	642.62	691.00	743.28	805.36	866.31	932.14	1004.75	
现值系数	1.0000	0.9091	0.8265	0.7513	0.6830	0.6209	0.5645	0.5132	
现值	858	584	571	558	550	538	526	516	
现值总额	858	1442	2013	2572	3121	3659	4185	4701	
资本回收系数		1.10000	0.57619	0.40211	0.31547	0.26380	0.22961	0.20541	
年平均费用		1586	1160	1034	985	965	961	966	

表2-13　B（安装柴油机）的现值总额与年平均费用　　金额单位：千日元

费用	0	1	2	3	4	5	6	7	现值额百分比
投资额	1161.70								1161.70（32.2%）
残值								5.00	2.57（0.1%）
维修费		275.16	297.17	320.95	346.62	374.35	404.30	436.64	1658.34（46.0%）
保险费和税金		40.45	40.45	40.45	46.52	46.52	46.52	53.50	214.97（6.0%）
运行费		95.43	103.06	111.31	120.21	129.83	140.22	151.44	576.14（15.9%）
小计	1161.70	411.04	440.68	472.71	513.35	550.70	591.04	636.58	
现值系数	1.0000	0.9091	0.8265	0.7513	0.6830	0.6209	0.5645	0.5132	
现值	1162	374	364	355	351	342	334	327	
现值总额	1162	1536	1900	2255	2606	2948	3282	3609	
资本回收系数		1.1000	0.57619	0.40211	0.31547	0.26380	0.22961	0.20541	
年平均费用		1690	1095	10007	822	778	754	741	

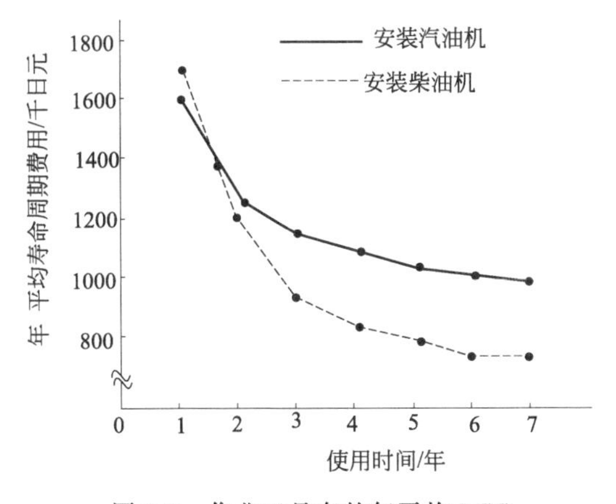

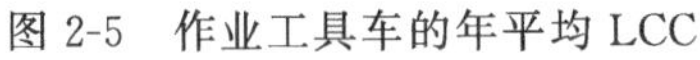
图 2-5　作业工具车的年平均 LCC

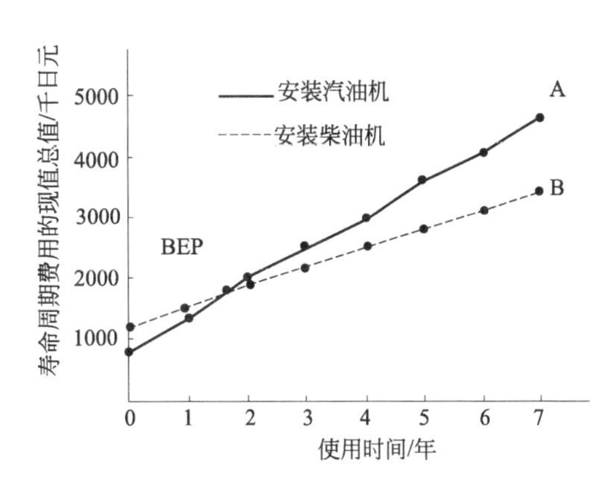

图 2-6　作业工具车的 LCC 的现值总额

(5) 根据寿命周期费用计算作出的分析

首先从表 2-12 和表 2-13 看出现值总额，在 7 年内 A 是 4701 千日元，B 是 3608 千日元，可知 B 的寿命周期费用便宜得多。年平均费用 A 为 996 千日元，B 为 741 千日元。

可见，购置时 B 的费用虽高，但由于柴油机的热效率高和轻柴油价低，运行费降低部分在短时间里就可补偿购置价的高出部分，此后每年都可获利。

那么，在什么时候 B 的费用能够同 A 相等或低于 A 呢？观察图 2-5 的交点就可以判定。在这个图上，1～2 年之间有交点，可知使用 2 年以上 B 有利。这个点称为损益分歧点(Break Even Point)。但是，按照表 2-11 所列的各要素，计算出的所需费用同实际费用会有若干差异，进行判断时，有必要对这个问题加以考虑。

在这项预算中，所用的费用上涨率和利息毕竟是假设的，实际上会有变动。不过，按这些要素对基本的寿命周期费用进行计算之后，可根据需要将一部分要素的数值加以变更再作计算，并对得出的情况进行分析判断。

(6) 根据 LCC 计算作出分析

通过以上的计算，已知了解了寿命周期费用的概要。下面，研究部分要素改变的情况(计算从略)。

表 2-14 中列出了按现值总额计的各项费用的百分比。

表 2-14　各费用项目的百分比

项　目	A(安装汽油机)	B(安装柴油机)
投资额	18.3%	32.2%
残值	0.1%	0.1%
维修费	35.3%	46.0%
保险费和税金	4.3%	6.0%
运行费	42.3%	15.9%

① 柴油机的燃料单价上涨时。柴油机用轻柴油作为燃料，它的单价按 80 日元/升计算(汽油单价为 150 日元/升)。随着柴油机的普及，轻柴油的价格必然要上涨，故改按 100 日元/升来计算。

按照前面介绍的表 2-13（柴油机）的情况，运行费只占现值总额的 15.9%。如轻柴油的单价从 80 日元/升变为 100 日元/升，上涨了 25%。现值总额由 575 千日元变成 719 千日元。运行费也只占现值总额的19.2%，对总体没有大的影响。在图2-6上BEP稍稍向右移动，仍在1与2年之间没有变化，从寿命周期费用来看B（柴油机）有利。

② 柴油机的燃料单价与汽油相同时。作为最极端的情况，设轻柴油的单价与汽油相同，但因柴油机的热效率高，故可节省燃料的消耗。到此，各种情况下寿命周期费用的优势能否保持的问题都已研究过了。

在这种情况下，运行费的现值总额由原来的575千日元增加到1078千日元，而现值总额由原来的3607千日元增加到4111千日元，同A（汽油机）的4701千日元之间的差值有较大缩小，图2-6的BEP仅从1与2年之间移到了2与3年之间，所以，柴油机方案的有利情况不变。

③ 燃料单价的上涨率成倍增加时。在各要素中，燃料单价的上涨率原来按8%计，假如这个上涨率成倍增加为16%，情况又如何呢？结果如表2-15。

表2-15　燃料单价的上涨率为8%和16%时　　　金额单位：千日元

燃料单位的上涨率	8%	16%
A的总现值总额	4701	5188
B的总现值总额	3608	3749
A与B之差	1093	1439

总之，因为单价上涨率成倍增加，A、B两者的运行费的差值越发增大。图2-5上的BEP当然会有某种变动，但仍在1与2年之间。

（7）结论

关于安装汽油机和安装柴油机的工具车的寿命周期费用，根据最初的各要素值进行了计算，然后又将部分要素的值，作若干变化后进行了研究。变化后的条件虽然相当不利，但由于柴油机的油耗低，故运行费便宜，其差额超过了新车购置价的超出部分。不仅在7年役龄期满后寿命周期费用低，实际上，它在3年内的现值总额便已低于汽油机工具车，可知其为有利。

2.2　可靠性维修性工程

2.2.1　概述

（1）可靠性问题的提出

可靠性问题的严重性是在第二次世界大战中反映出来的，从而引起有关国家的军事工业生产和科学研究部门的重视，并作为重大的科学技术问题加以研究。

第二次世界大战末期，德国由于使用V-1火箭中出现失灵的问题，开始进行了可靠性的研究，后因战败而告终。同一时期，美国运到远东的航空设备及电子元器件，在运输和保管过程中有60%失效而不能使用，其余待送到前线岛屿和舰船上时，其中的50%又不能工作。这种不经使用就遭到重大损失，从而导致人员的严重伤亡，甚至影响到某些战役的成败的情形，促使美国投入力量开始进行可靠性研究工作。1943年成立了可靠性研究小组，这就是可靠性研究的开始。到20世纪60年代末，可靠性的研究已从狭义的可靠性发展成广义的可靠性，即包括可靠性、维修性和可用性。今天，可靠性工程已成为多种学科结合的边缘学科，其应用范围从航空、军事、宇宙工业推广到造纸工业。

设备在动态的使用过程中经常要出故障，出了故障总是要修复，以恢复其原有的功能。为了研究故障与修理，逐步发展了可靠性、维修性的理论和工程。可靠性、维修性方面的理论被应用于工程实践的各个领域，由于设备的结构越来越复杂，性能不断向自动化、电子化发展，设备产品升级换代的步伐愈来愈快，可靠性、维修性理论的应用范围也从电子设备扩展到包括机械设备在内的各种类型的设备和系统。现代生产对设备的依赖性增加了，故设备停机的损失也就增加了，可靠性、维修性理论的应用，使各种设备特别是高级设备的故障停机损失大大下降。尤其在近几年来，人们认识到了系统开展设备管理的必要性，按照系统的观点开展设备综合管理来谋求提高设备的综合效率。这就促进了可靠性、维修性理论的发展，而可靠性和维修性管理也逐渐成了设备综合管理的支柱。

(2) 产品不可靠的原因

产品会出现可靠性不高的直接原因和间接原因很多。但其主要因素，有以下 4 个方面。

① 人类对自然的认识有限。尽管目前人类在科学技术及生产方面取得了巨大的成就，但人类对自然的认识，对工程技术掌握的程度毕竟是有限的，没有开发和研究的领域很广阔。在产品的规划、设计、研制及生产时，尽管人们事先对各种可靠性都要进行研究和估计，但往往不能做到尽善尽美。人们是以有限的知识进行工作的。在新材料、新工艺、新结构等应用速度大大加快的今天，特别是产品使用的环境条件严酷的情况下，意想不到的现象是常有的。因而，产品不可靠的问题就由此产生。

② 产品的复杂性。若要求产品提高质量或增加功能时，自然一般都要增加结构的复杂性，这也意味着所包含的零部件数量会增多。显然，在设备运行中，任何一个零部件发生故障都会影响到整机的正常运行。一般来说，随着产品在质的方面高水平及量的方面复杂化，总要影响可靠性。

③ 人的差错。产品生产的自动化程度无论怎样提高，也不会把人从生产系统中排除出去。相反，会越来越显示出进行高级判断的人的重要性。然而，人们的能力是有限的。尽管各种标准规范、工艺文件等制订得较为完善，也不能排除人的差错。

若为了避免系统中的人出差错，就要提高操作和检测的自动化水平。这样一来，系统会变得更复杂，系统的可靠性也就会下降。

对人的高级判断的水平要求愈高，则人的差错对系统的影响也就愈大，这种矛盾也越来越显著。

应该指出，在系统中由于人的差错造成的事故也是常见的。

④ 组织的复杂化。许多产品及制造这些产品的生产系统，其工程规模越来越大，生产组织机构也较复杂，产品所牵涉的工业部门也较多。而各技术部门之间及各企业之间的工作协调和技术情报信息的传递等方面的差错，对于产品的可靠性将有很大的影响。

2.2.2　可靠性工作的意义

产品（包括系统、设备、部件）可靠性不高可能会造成经济和人员的重大损失，也可能对军事和政治产生严重后果。

在航空、铁路、公路及航运交通系统中，因设备的不可靠造成的重大事故是惨痛的。制浆造纸厂、化工厂、核电站及各种车辆的动力装置不可靠会使环境产生严重污染。

产品可靠性不能满足顾客的使用要求时，可使产品销路下降，造成产品积压而贬值，并使产品失去信誉和竞争能力。

在造纸生产线上的检测装置和电子计算机失灵时，会在短时间内造成大量废品。

为了具体说明可靠性的重要性，这里引用国外公布的一些统计数字：

1958 年苏联由于产品不可靠，质量低劣而造成 1500 亿～2000 亿卢布的损失；

1976 年澳大利亚因造纸设备质量低劣，可靠性水平不高而损失 8 亿～10 亿美元，约有 15 万家小企业濒于破产；

我国在自己生产和使用产品实践的基础上，吸取了外国的先进经验，开展了可靠性工作。逐步扩大了可靠性工程的应用领域，并在可靠性工作上取得了很大的进展。

2.2.3 可靠性工作的基本内容及一般程序

可靠性工程是一门综合运用多学科知识的工程技术学科。可靠性工作的内容极为广泛，就其基本内容来说，可大致分为：可靠性技术、可靠性基础、可靠性管理。

（1）可靠性技术方面的主要内容

① 零件的可靠性工作；

② 整机的可靠性工作；

③ 使用的可靠性；

④ 可靠性评价工作；

⑤ 可靠性标准工作。

（2）可靠性基础方面的主要内容

① 技术理论基础。可靠性数学；可靠性物理；环境技术；可靠性设计技术；可靠性预测技术；数据处理技术；试验技术等。

② 可靠性研究的基本设备。环境试验设备；可靠性寿命试验设备；特殊检测设备；分析设备；测试设备；辅助设备等。

（3）可靠性管理工作的主要内容

制订可靠性规划；可靠性管理规范；建立可靠性管理体系；可靠性标准；建立可靠性数据交换及反馈制度；可靠性监督与审查；可靠性宣传与技术教育；情报资料及技术交流等。

产品的可靠性是由产品的规划、设计、研制、生产及使用等各阶段所决定的。因而，可靠性牵涉的面很广。就设计及生产而言，它牵涉到原材料、配件、设备及仪器等生产部门。就使用而言，它包括了产品的运输、贮存、应用及维修各阶段的有关部门。在技术上，可靠性是一种综合性技术。因此，所需要具备的基础学科也较为广泛。在组织管理上，则需要从国家工业部至企业单位都设立专门的机构来从事可靠性管理、规划、制订政策及组织领导工作。

可靠性工程投资一般较大，耗时较长。因此，要从社会的总体应用效果来权衡它的经济效果和政治效果。可见，可靠性工作还与国家经济制度、管理政策及国际上的技术标准政策密切相关。

2.2.4 可靠性工程的基本理论

（1）可靠性

可靠性的定义：“产品（设备）在规定的条件下，在给定的使用时间内，完成规定功能的能力。”

可靠性的概念有广义的和狭义的两种：狭义的可靠性概念指的是设备在规定的时间内发生故障的程度，即不发生故障或少发生故障。广义的可靠性概念指的是设备在其整个寿命周期内完成规定功能的能力，它包括狭义的可靠性和维修性，即设备质量高，故障少，工作时间长，出了故障能很快地修复。

（2）可靠度

可靠度定义："产品（设备）在规定的条件下，在规定的使用时间内，完成规定功能的概率。"

概率、功能（良好的性能）、时间和特定运行条件是可靠度的四大要素，下面分别加以说明：

① 概率——第一个要素。为了说明概率这个概念，首先介绍一下随机事件。所谓随机事件，是在一次试验中，可能出现也可能不出现，但在大量重复试验中具有某种规律的事件，称为随机事件。

一个随机事件发生的次数称为频数，这个频数被试验的总次数除，则称为频率。当试验次数足够多时，频率趋于一个常数，称之为概率。

设某随机事件 A 在 n 次试验中，出现 m 次，则称比值 $fn(\mathrm{A})=m/n$ 为事件 A 出现的频率，m 为频数。$0<m<n$，当 n 充分的大的时候，$fn(\mathrm{A})$就稳定在某一个常数 $P(\mathrm{A})$的附近。也就是说 $fn(\mathrm{A})\approx P(\mathrm{A})$，称 $P(\mathrm{A})$ 为随机事件 A 的概率，概率 $P(\mathrm{A})$ 在 0 和 1 之间，因为 $0<m<n$，当 $m=0$ 时，$P(\mathrm{A})=0/n=0$，当 $m=n$ 时，$P(\mathrm{A})=n/n=1$，所以 $0<P(\mathrm{A})<1$。

例如，掷硬币，问正面朝上的概率为多少？正面朝上为随机事件 A，$P(\mathrm{A})$ 表示其概率，当我们取硬币总试验次数 N_0 较小时，不易找出精确的结果，例如：$N_0=10$ 时，可能有 7 个或 3 个或某几个正面朝上，当 N_0 增大时，如取 N_0 为 100，1000，10000，…，甚至更大时，试验结果表明，掷硬币正面朝上这一事件的概率 $P(\mathrm{A})\approx 50\%$。

又如：某设备工作到 80h 的幸存率为 75%，就是表示该设备在 100 次试验中，有 75 次可正常运转 80h，这时的幸存率即该设备运转到 80h 的可靠度，同样也可以用概率表示。以概率表示的可靠性，称为可靠度，用 $R(t)$ 来表示。

② 功能——第二要素。在工程实践中，对于一个系统或是设备，必须规定良好的性能标准，要有定性的、定量的指标。如飞机按照规定的速度、航程等安全航行，机床按其精度、加工范围完成制造产品的任务等。

③ 给定的时间——第三要素。时间是可靠度的重要参量。研究可靠度时，必须明确研究哪一时间内或哪一时刻的可靠度，对于设备可以是寿命周期或规定的某某一段使用时间，设备运行中，指的是可以工作的时间，有时也因使用对象不同而使用次数、周期、运输距离等相当于时间的参量表示，任何一种可靠性的计算，都必须给出时间。

④ 规定的条件——第四个要素。指设备工作的环境条件，如温度、压力、振动、酸、碱溶液、保养状况，正常使用还是超负荷使用等。

（3）可靠性函数

为了可靠性的定量计算，先介绍可靠性的基本函数，也可称之为衡量可靠性的指标。

① 可靠度 $R(t)$。在我国把可靠性用概率表示时，称为可靠度或无故障概率，常用 $R(t)$ 表示。

假如设备规定使用时间为 t，该设备能够连续工作的时间为下，当 $T>t$ 时，称设备在规定的时间内能完成规定的功能，$T>t$ 是一个事件，这个事件有可能实现也有可能实现不了，所谓实现不了，就是说，在规定的时间内不能完成规定的功能，因此它是一个随机事件，用 $P(T>t)$ 表示这一随机事件的概率，也就是设备在规定的使用时间 t 内的可靠度：$R(t)=P(T>t)$。

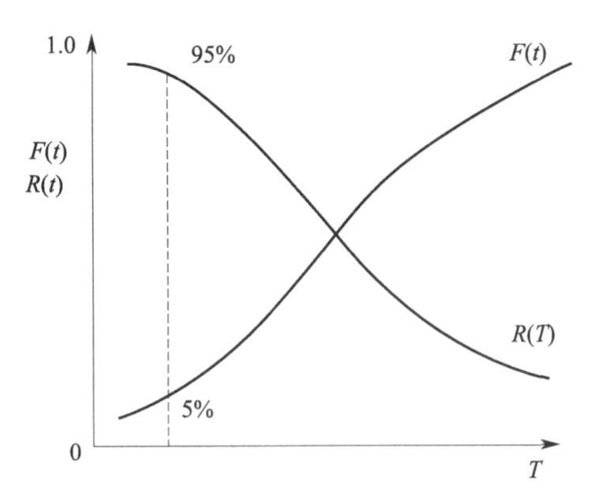

图 2-7　可靠度与不可靠度的关系图

$R(t)$ 是时间的函数，可靠度随时间的延长而降低，根据概率性质，$R(t)_{\max}=1$ 可看做设备100%可靠，$R(t)_{\min}=0$ 可以看做是完全不可靠了。所以有 $0<R(t)<1$ 的性质，如图 2-7。

② 不可靠度 $F(t)$。将不可靠性用概率表示，称为不可靠度。

定义：设备在规定的条件下，在给定的使用时间内，出现故障的概率称为不可靠度，常用 $F(t)$ 来表示。

假如设备规定的使用时间为 t，该设备能够连续工作的时间为 T，当 $T<t$ 时，称设备在规定的时间内不能完成规定的功能，出了故障。这是一个事件，与前相同，这也是一个随机事件。用 $P(T<t)$ 表示其概率，所以 $F(t)$ 表示其概率。所以 $F(t)=P(T<t)$，$F(t)$ 随时间的增大而增大且有 $0<F(t)<1$ 的性质，如图 2-7。

③ 概率密度函数（故障密度函数）$f(t)$。故障密度函数就是不可靠度 $F(t)$ 对时间的微分，用 $f(t)$ 表示：

即

$$f(t)=\mathrm{d}F(t)/\mathrm{d}t \tag{2-9}$$

故障密度函数 $f(t)$ 表示故障随时间的变化规律，用它来描述不可靠度瞬间变化的大小。

假如有 N_0 台同类设备，用它们做试验，设试验开始时间为 0，试验结束时为 t，当试验进行到 t 时刻，有 $N(t)$ 台设备出了故障，若 $N_0\rightarrow\infty$，那么就可用频率代替概率，则可知在 $0\sim t$ 内设备的不可靠度为：

$$F(t)=N_{f(t)}/N_0 \tag{2-10}$$

将（2-10)式代入（2-9)式得：

$$f(t)=1/N_0\cdot \mathrm{d}N_{f(t)}/\mathrm{d}t\ (N_0\rightarrow\infty,\mathrm{d}t\rightarrow 0) \tag{2-11}$$

式中，$\mathrm{d}N_{f(t)}$ 为在 $\mathrm{d}t$ 时间间隔内，设备发生故障的台数。由（2-11)式得知：

故障密度函数 $f(t)$ 的定义就是：在给定的 $0\sim t$ 一段时间内，同种设备在单位时间内发生故障的台数（即 $\mathrm{d}N_{f(t)}/\mathrm{d}t$）与试验设备总数 N_0 之比)。

④ 故障率 $\lambda(t)$。用故障密度函数计算故障度随时间变化的规律有些缺点，那就是

$f(t)=1/N_0\cdot \mathrm{d}N_{f(t)}/\mathrm{d}t$，式中 N_0 是不变的。但是实际上随着故障的出现，无故障设备在不断减少，到了试验的后期，好的设备残存数已很少，在同样一段时间间隔，故障台数 $\mathrm{d}Nf_{(t)}$ 也愈来愈少，最后趋于零，因此（2-11)式不能准确地反映设备的可靠性，所以，又引出了故障率 $\lambda(t)$ 的概念。

定义：设备在某一瞬时 t 的单位时间内，发生故障的概率，称瞬时故障率，也称故障率，用 $\lambda(t)$ 表示。

故障率也是时间的函数：

$$\lambda(t)=1/N_0(t)\cdot \mathrm{d}N_{f(t)}/\mathrm{d}t \tag{2-12}$$

式中，$N_0(t)$ 为 t 时刻没有出现故障的设备台数（残存数)。用某 t 时刻单位时间设备故障数（$\mathrm{d}Nf_{(t)}/\mathrm{d}t$）与该时刻残存设备数 $N_0(t)$ 之比描述故障变化情况或计算可靠度，更

准确些。因为，首先在 $f(t)=1/N_0 \cdot \mathrm{d}N_{f(t)}/\mathrm{d}t$ 与 $\lambda(t)=1/N_0(t) \cdot \mathrm{d}N_{f(t)}/\mathrm{d}t$ 两个表达式中，唯一的区别是 N_0 与 $N_0(t)$，N_0 是 $t=0$ 时设备总台数，$N_0(t)$ 是 t 时刻设备残存数，所以 $N_0>N_0(t)$，故 $\lambda(t)>f(t)$。那就是说 $\lambda(t)$ 反映的故障情况更加灵敏。其次，$f(t)$ 反映设备在所有可工作时间内的故障情况，而 $\lambda(t)$ 反映某一时刻的故障情况。

（4）可靠性函数之间的关系

① 可靠度与故障度之间的关系：

$$R(t)+F(t)=1 \tag{2-13}$$

概率性质中指出，某事件发生的概率与其逆事件（互斥事件）发生的概率之和等于 1。

显然它们是两个互斥事件，因为设备出故障，就不可能完成功能，只有在设备正常状态下才能完成功能。

设备使用几年或几十年之后，$t \to \infty$，则 $R(\infty) \to 0$，设备老化、磨损，精度下降，可靠度大大降低。而 $F(\infty) \to 1$，经常出故障，所以故障度愈来愈大，最后百分之百不可靠。由公式(2-13）得：

$$R(t)=1-F(t) \tag{2-14}$$

$$F(t)=1-R(t) \tag{2-15}$$

② 故障度与故障密度函数的关系。故障度对时间的微分，称为故障密度函数。

$$f(t)=\mathrm{d}F(t)/\mathrm{d}t$$

$$\mathrm{d}F(t)=f(t)\mathrm{d}t$$

$$F(t)=\int_0^t f(t)\mathrm{d}t \tag{2-16}$$

③ 可靠度与故障密度函数的关系。由（2-14)式知

$$R(t)=1-F(t)=1-\int_0^t f(t)\mathrm{d}t$$

$$R(t)=\int_t^{\infty} f(t)\mathrm{d}t \tag{2-17}$$

④ 瞬时故障率、故障密度函数与可靠度的关系。若某台设备在 $0 \sim t$ 时间内的故障度为 $F(t)$，则在 $0 \sim t$ 这段时间内 N 台设备的故障台数为 $N_{f(t)}$，未出故障的设备台数为：

$$N-N_{f(t)}=N[1-F(t)]=N_{R(t)}$$

若某台设备在 t 瞬时，出现故障的可能性就是故障密度函数 $f(t)$，则 N 台设备在 t 瞬时，出故障的台数为 $N_{f(t)}$，前面已讲瞬时故障率 $\lambda(t)$ 是在 t 瞬时出故障数 $N_{f(t)}$ 与处于正常的设备数 $N_{R(t)}$ 之比，即

$$\lambda(t)=N_{f(t)}/N_{R(t)}$$

$$\lambda(t)=f(t)/R(t) \tag{2-18}$$

$$\text{平均故障间隔}\frac{\mathrm{MTTF}}{\mathrm{MTBF}}=\int_0^{\infty} tf(t)\mathrm{d}t=\int_0^{\infty} R(t)\mathrm{d}t \tag{2-19}$$

（5）概率密度函数及其分布

① 概率密度函数。前面我们介绍了可靠性工程中常用的四个基本函数，其中最关键的是概率密度函数 $f(t)$，在可靠性研究中，称为故障密度函数，它是可靠性计算的基础。下面通过一个例子，来阐述概率密度函数的概念。

例 3　对某厂 100 个白炽灯泡进行调查，获得使用中损坏情况的数据。

现知灯泡试验总数为 $N_0=100$ 个，每间隔 100 小时统计一次，共试验统计 $i=10$ 次，所

以共试验 1000 小时，即设 $\Delta t=100$ 小时。

各时间间隔灯泡损坏数为 $\Delta N_{f(t)}$ 或 ΔN_{fi} 即 ΔN_{f1}，ΔN_{f2}，…，ΔN_{f10}，则损坏情况列见表 2-16。

表 2-16　灯泡中损坏表

①时间间隔 Δt/h	②100 个灯泡中损坏数	③$fi(t)$经验故障密度函数
300～400	$\Delta N_{f4}=2$ 个	$f4(300～400)=0.0002$
400～500	$\Delta N_{f5}=9$ 个	$f5(400～500)=0.0009$
500～600	$\Delta N_{f6}=21$ 个	$f6(500～600)=0.0021$
600～700	$\Delta N_{f7}=40$ 个	$f7(600～700)=0.0040$
700～800	$\Delta N_{f8}=19$ 个	$f8(700～800)=0.0019$
800～900	$\Delta N_{f9}=8$ 个	$f9(800～900)=0.0008$
900～1000	$\Delta N_{f10}=1$ 个	$f10(900～1000)=0.0001$

a. 频数分布：根据表中第①②两项给出的不同时间间隔内灯泡损坏个数画出直方图，该图为灯泡损坏之频数图，如图 2-8。

b. 频率与概率分布：在灯泡损坏例子中，我们分十次统计灯泡损坏情况，每次时间间隔为 100h，称为“组距”（即 Δt），试验结果得出各次灯泡损坏的频率（即每次损坏的灯泡个数 ΔN_{fi} 与试验灯泡总数 N_0 之比 $\Delta N_{fi}/N_0$），不难得出：

$$频率/组距=\Delta N_{fi}/N_0/\Delta t=\Delta N_{fi}/\ N_0\cdot\Delta t$$

因为损坏灯泡数随时间而变化

$$频率/组距=\Delta N_{fi}/N_0\Delta t$$

称 $f_i(t)$ 为经验故障密度函数，上式用 $fi(t)$ 表示。

$$fi(t)\ =\Delta N_{fi}/N_0\times\Delta t$$

则

$$fi(t)=\Delta N_{fi}/N_0\times\Delta t(N_0\ 不够大,\Delta t\ 不够小)$$

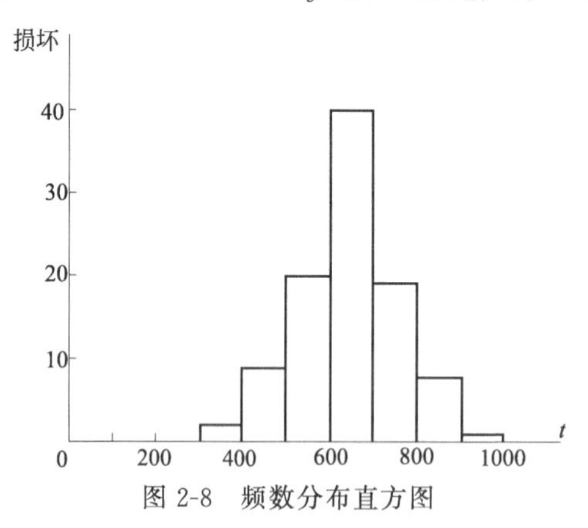

图 2-8　频数分布直方图

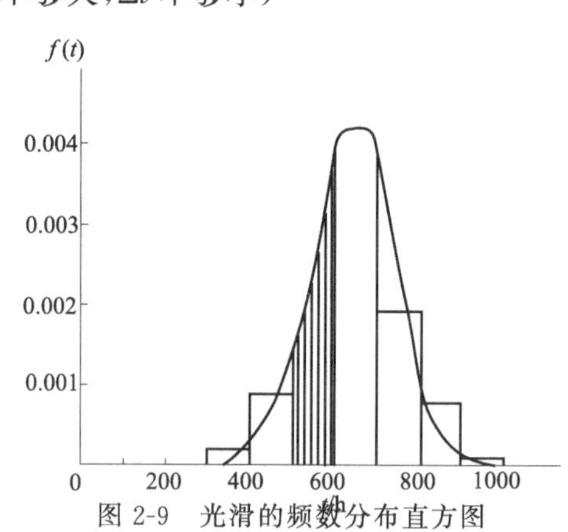

图 2-9　光滑的频数分布直方图

$fi(t)$=频率/组距，根据这二公式算出不同的 $fi(t)$ 列于表 2-16 中，以 $fi(t)$ 为纵坐标时间为横坐标，作出频率分布直方图如图 2-9 中直方图部分，直方图的特点，是利用小矩形的面积反映了频率，因为

$$小矩形的面积=底\times高=组距\times频率/组距=频率$$

如果将时间区间 t（组距）缩小，即试验次数 i 增加，当 $\Delta t\rightarrow 0$，$N_0\rightarrow\infty$时，上述直方图不是阶梯形的，可连成一光滑曲线，这个曲线通常用 $f(t)$ 表示称为概率密度函数，如图 2-9 中所示的光滑曲线，曲线下面与横坐标所包括的面积等于 1。这是概率分布的一个特

点。概率密度函数是总体的频率分布，反映总体的变化规律。通过灯泡试验所作的图形反映了灯泡总的故障规律，它近似于正态分布。从图上故障密度函数随时间的变化情况可知：

a. 在 0～1000h 的范围内，每个不同的时间间隔内（如 0～100h 内，100～200h 内……）灯泡单位时间损坏的数量 $\Delta N_{f(t)}/\Delta t$ 不同，即损坏频率不同，如在 300～400h 的间隔中，损坏频率为 0.02，800～900h 的间隔中，为 0.08，单位时间损坏量 $\Delta N_{f(t)}/\Delta t$ 与 N_0 的比值 $fi(t)$ 也不一样，如 300～400h 的间隔中为 0.0002。

b. 在本例中从 300h 开始出现灯泡损坏现象，直到 1000h 为止，反映了故障出现的时间范围。

故障出现频繁区在 500～800h 之间。并在 600～700h 之间，有故障高峰值。

② 故障密度函数的分布。故障密度函数的分布类型有许多种，在可靠性工程中常用的故障密度函数的分布有二项分布、泊松分布，它们属于离散型分布；还有指数分布、正态分布和威布尔分布，它们属于连续型分布。

(6) 可靠性的分布

在可靠性研究中，正态分布和指数分布用得最多，因此我们对此两种分布作较详细的分析。

① 正态分布。我们介绍了造纸厂白炽灯泡的损坏规律，近似符合正态分布规律，如图 2-10 所示。因此我们就可以用概率中的概率密度函数正态分布公式近似地计算 $f(t)$ 的值，从而进一步计算灯泡的可靠度和故障度。

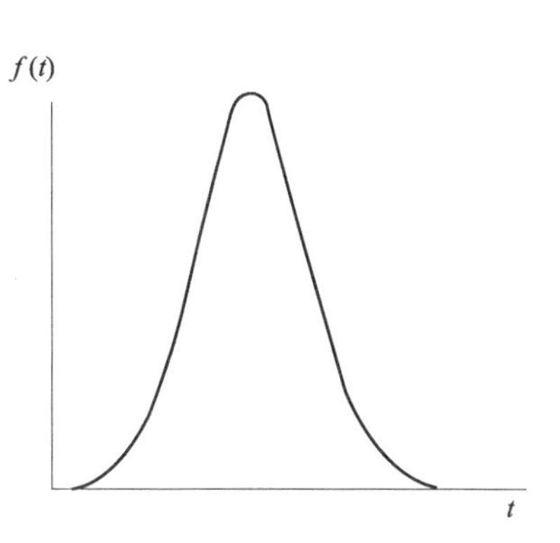

图 2-10　正态分布图

正态分布时：

$$f(t)=\frac{1}{\sigma\sqrt{2\pi}}e^{-\frac{(t-m)^2}{2\sigma^2}} \tag{2-20}$$

式中　e——取 2.7183；

t——某一时刻；

$f(t)$——在可靠性计算中为某时刻 t 的故障密度函数；

m——均值；

σ^2——方差；

σ——标准偏差。

在计算 $f(t)$ 过程中，e 为已知，当给出某一规定时间 t 时，还不能求得结果，必须知道参数 m 和 σ 才能计算出 $f(t)$。下面计算参量 m、σ^2 及 σ。

a. 均值的含义及计算：在可靠性研究中，均值的含义，指的是平均时间，我们结合灯泡损坏的例子，加以讨论。

在灯泡损坏例子中，灯泡寿命不一样，有的使用 300 多小时就坏了，有的使用 900 小时还没坏，如果问某厂出品的灯泡质量如何？或说寿命如何？那么总不能用某一个或某几个灯泡使用多少时间来描述，总要有个宏观的概念，因此往往用平均的使用时间（寿命）来表示这批灯泡的质量，这就是概率中的数学期望（均值），在灯泡的例子中，均值 m 指的是平均时间。

其计算方法为：

$$m=\frac{\sum \Delta t_i \cdot \Delta N_{fi}}{N_0} \tag{2-21}$$

式中 Δt_i——某一时刻；

$\sum$——总和；

ΔN_{fi}——某时刻的灯泡故障数；

N_0——试验灯泡总数，100 个。

ΔN_{fi}和 Δt_i 的值，由表 2-17 可知，为了便于计算，我们在每个时间间隔内取中值即表 2-17 所示。

表 2-17　时间间隔中值表

时间/h	Δt_1 50	Δt_2 150	Δt_3 250	Δt_4 350	Δt_5 450	Δt_6 550	Δt_7 650	Δt_8 750	Δt_9 850	Δt_{10} 950
故障数	ΔN_{f1} 0	ΔN_{f2} 0	ΔN_{f3} 0	ΔN_{f4} 2	ΔN_{f5} 9	ΔN_{f6} 21	ΔN_{f7} 40	ΔN_{f8} 19	ΔN_{f9} 8	ΔN_{f10} 1

由公式(2-20) 得知

$$m=(\Delta t_1\times\Delta N_{f1}+\Delta t_2\times\Delta N_{f2}+\cdots+\Delta t_{10}\times\Delta N_{f10})/N_0$$

$$=(50\times0+150\times0+250\times0+350\times2+450\times9+550\times21+650\times40+750\times19+850\times8+950\times1)/100$$

=630h(灯泡的平均寿命为 643h)

在讨论设备可靠性问题中，常使用 MTBF 这一指标。

MTBF 是 Mean Time Between Failures 四个字的缩写，平均无故障工作时间 MTBF 是可修复系统（设备或产品）在相邻两次故障间工作时间的均值。例如，某设备，工作了 60h 后出了故障，经修复后又继续使用，工作 40h 后又出现了故障，又修复再工作 50h，又出故障，则在这段时间内设备故障三次，总工作时间为 150h，所以该设备的平均时间 MTBF=(60+40+50)/3=50h，因此，平均无故障工作时间的定义就是设备工作总时间与这段时间内故障次数之比，用下式表示：

$$\text{MTBF}=\frac{t}{N_{f(t)}} \tag{2-22}$$

式中 t——设备工作的总时间；

$N_{f(t)}$——设备在 0 到 t 时间内的故障次数。

MTBF 也是衡量设备可靠性的重要指标之一。

我们再回到造纸厂灯泡的例子中，643h，反映了这种类型的灯泡，无故障工作时间的集中趋势，也就是反映了产品的质量。

b. 方差（σ^2）的含义及计算

均值反映产品或设备在使用期内的宏观情况，但实际上，从微观上看，各个产品、设备损坏不可能一样，灯泡有的使用 300h 左右就坏了，有的则使用 800 多小时还好，这就是说，个别灯泡，相对于均值（643h）有偏差，因此还要研究灯泡寿命的离散程度，这就提出了 σ^2 的概念。

在数学中，方差有许多种求法，如极差法、标准偏差法等，下面我们仅仅介绍可靠性最常用的标准偏差法。

在数学中方差公式为：$\sigma^2=\dfrac{\sum(x_i-x)^2}{n}$

在可靠性研究中因多数情况研究可靠性与时间的关系，即自变量为时间 t。所以我们可以写成：

$$\sigma^2=\frac{\sum(t_i-t)^2}{N_0}=\frac{\sum(t_i-m)^2}{N_0} \tag{2-23}$$

式中　t_i——各不同时刻的时间值，如灯泡例子中的 350、450、…等；

$m=t$——平均时间，如灯泡例子中的 643h；

N_0——试验灯泡总数，如例中的 100 个；

$\sum$——总和。

当试验数目 N_0 很大时，用上式。但当 N_0 不够大时，上式计算结果误差较大，一般多用下式

$$\sigma^2=\frac{1}{N_0-1}(\sum t_i^2-nm^2) \tag{2-24}$$

(2-22)式中 $(t_i-m)^2$ 与 (2-23)式中 $(\sum t_i^2-nm^2)$ 相等，但后者便于计算，且不易出错。

在灯泡例子中利用公式可算得：

$$\sigma^2=[2(350-643)^2+9(450-643)^2+21(550-643)^2+40(650-643)^2+19(750-643)^2+8(850-643)+1(950-643)^2]/100=13451(\mathrm{h})^2$$

由于用 $(\mathrm{h})^2$ 作为表示时间的单位，很不方便，所以又提出用 σ——标准偏差，表示偏差程度。本例中

$$\sigma=\sqrt{\sigma^2}=\sqrt{1351}=116\mathrm{h}$$

116h 反映了这一批灯泡寿命的离散程度，也就是偏离 643h 的程度，离散度愈大，说明产品质量愈不稳定。

产品质量稳定程度，也是用户最关心的问题，因为产品质量不稳定，可能买一台、两台设备或一两个灯泡就会碰到质量较差的产品。

在上例中，$\sigma=116\mathrm{h}$，可能另一厂 $\sigma=90\mathrm{h}$，或者还有一先进厂 $\sigma=50\mathrm{h}$，这表明偏离程度不同，当然 σ 愈小愈好，质量愈稳定。

例 4　如农业生产队生产粮食，如表 2-18 所示。

现在再回到正态分布，知 m 后，则在公式(2-18) 中，只有一个未知数 t，当给出一个 t 值就可求得 $f(t)$，有了 $f(t)$，则根据可靠性函数间关系式，进而求出某时刻的可靠度和故障度。

表 2-18　产量标准偏差表

时间	甲队		乙队	结论
第一年	产量	1000 斤	950 斤	甲队平均产量偏高，偏离度小，稳产、高产。乙队，虽有一年高产，但总的看低于甲队，且不稳定。
第二年		1100 斤	1200 斤	
第三年		986 斤	800 斤均值	
均值	1029 斤		>983 斤，甲比乙多 46 斤	
标准偏差	50.8 斤		<165 斤，甲比乙少 114.2 斤	

② 指数分布。此种故障密度函数分布符合指数规律，许多设备和元件的故障与时间函数曲线符合指数规律。指数分布有时也称负指数分布。

指数分布公式：在可靠性中，其表达式为

$$f(t)=\lambda e^{-\lambda t} \tag{2-25}$$

式中，λ＝故障率，在前面的讨论中可知，λ 也为时间的函数，即表示为 $\lambda(t)$。但在指数分布时，在可靠性中，证明得知 λ 不随时间变化，为一常数，定义为：

$$\lambda=N_t(t)/t=\text{故障次数}/\text{总的运行时间} \tag{2-26}$$

将（2-25）式与（2-17）式对比，的 $\lambda=1/\text{MTBF}$（即 $=1/m$），在指数分布中，故障率是平均无故障时间（以 m 表示）的倒数，代入公式(2-25）得：

$$f(t)=\frac{1}{m}e^{-\frac{t}{m}} \tag{2-27}$$

在指数分布中 e 为常数，当知道参量 m（或 λ）后，给出一个时间 t，便可求得 $f(t)$，进而可根据可靠性函数关系进行可靠度计算等。

在可靠性理论中，指数分布应用得最普遍，它只有一个参数 λ 或 MTBF 能够较简便地求出无故障工作概率或计算复杂系统的可靠度，故障率和平均无故障工作时间 MTBF 的概念，广泛用于电子设备可靠性的评价，也应用于许多机械设备可靠度的分析。

③ 威布尔分布。在可靠性中也常用到威布尔分布，例如链条，轴承的故障规律多属此种，在强度方面用得更多些。

这些分布比较复杂，是威布尔经过大量试验，推导出的半经验公式，其表达式：

$$f(t)=\frac{\beta(t-\gamma)^{\beta-1}}{\alpha}e^{-\left(\frac{t-\gamma}{\alpha}\right)\beta} \tag{2-28}$$

该分布不同于前面两种分布，而是由 α、β、γ 三个参数来描述，当知道 α、β、γ 三个参量后，给出一个时间 t，就可求得 $f(t)$，进而计算可靠度等。

当 $\alpha=1$，$\gamma=0$ 时，

若 $\beta=1$，则是一种特殊的威布尔分布——即指数分布；

若 $\beta=10/3$，则是另一种特殊的威布尔分布——接近正态分布。

由于篇幅所限，其他分布不再介绍。

到此，我们不仅了解了可靠性研究中的四个基本函数 $R(t)$、$F(t)$、$f(t)$ 和 $\lambda(t)$ 与可靠性函数间的关系，而且介绍了故障密度函数值 $f(t)$ 的几种常用分布。

可靠性工程在设备管理中的应用，最终目的就是利用这些分布预测设备故障，通过故障分布函数去计算设备无故障工作时间的概率。计算可靠度和故障度，参照生产实际进行维修，从而克服设备维修管理中的盲目性。

在可靠性工程的应用过程中，最关键的问题是故障分布属于哪种类型。如何确定设备或零件故障分布的类型。大致有两种方法：一种方法是通过故障物理分析，证实故障型式和故障机理，判断故障属于哪种类型，也就是通过研究设备工作能力损耗和故障发展的规律。如在各种使用条件下材料性能和状态的变化规律，材料老化过程规律等，进而判断其故障类型。另一种方法对设备进行寿命试验，统计无故障工作时间，利用数理统计的方法判断设备故障属于哪种类型。这种方法便于在生产实践中研究设备故障规律，控制故障，搞好维修工作，并为设计部门提供可靠性设计的依据。这种方法将在后面章节中通过实例加以说明。

（7）故障率曲线（澡盆曲线）

① 故障率曲线的形成。在研究各种设备的故障规律时，通过对大量的实验数据和统计资料的分析，得知设备一生之中各阶段的故障率，形成一条曲线，这条曲线形似澡盆，故也称澡盆曲线。

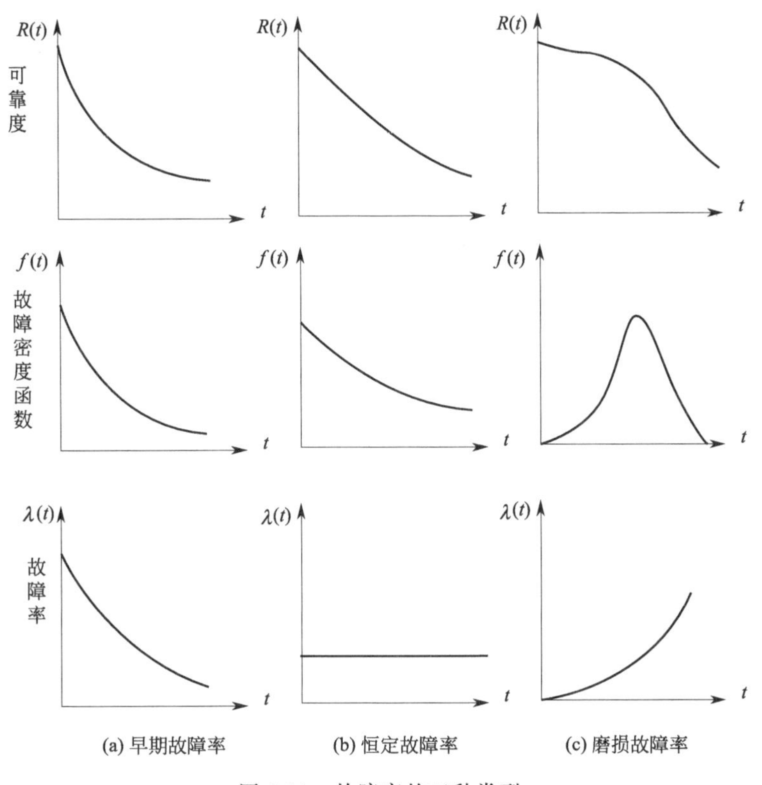

图 2-11　故障率的三种类型

澡盆曲线是如何作出的呢？让我们加以说明：根据上面介绍的几种函数及计算公式，可画出各函数随时间变化的图形，如图 2-11 中画出可靠度、故障密度函数和故障率三组曲线，曲线组中：

第一行：为与三种不同分布相对应的可靠度曲线。

第二行：为故障密度函数曲线，从左到右是三种分布即超指数分布、指数分布和正态分布，代表这三种不同故障的模式，对于一台设备来说，它们正代表着使用过程的三个不同时间：早期故障期（即设备试运转期），偶发故障期（即运转故障期）和耗损故障期（老化期）。

第三行：为与三种不同分布相对应的瞬时故障率曲线，中间一个曲线因 $\lambda(t)$＝常数，故为一水平直线。

把第三行三个曲线图凑起来，画在一个图上，如图 2-12 由于形似澡盆，故称“澡盆曲线”。

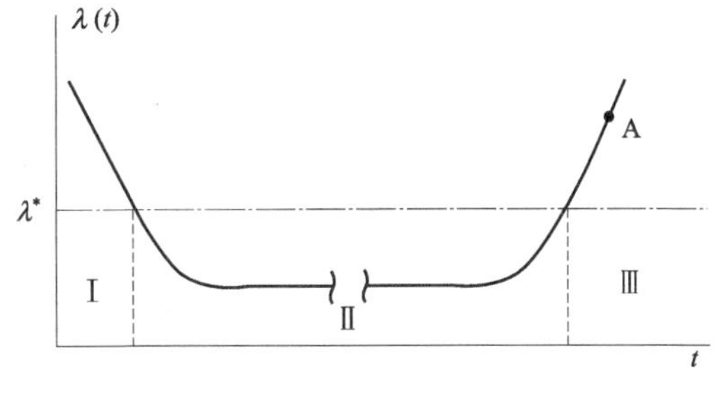

图 2-12　澡盆曲线

该曲线反映了一台设备在三个不同使用阶段的故障特征，之所以在不同阶段有不同的故障规律，主要是由于造成故障的原因不同，因此防止和克服故障的措施也各不相同。

② 设备故障特征及其应用

在图 2-12 中：

Ⅰ——早期故障期，就是设备投产初期的故障情况，这个时间的故障率是下降型的。

早期故障主要是由于设备的设计和制造的原因引起的，如设计不当，材料缺陷，零件制造，装配工艺过程把关不严，元件筛选不严，质量检验不认真等。在此阶段，故障率开始时较高，如能迅速找出故障，排除装配差错，找出不合格零件等，设备的故障率可大大下降，对于大修后的设备，故障多为装配不当而引起，也属于这种类型。

对于此时期的故障，应采取试运转，进行磨合，严格检查和验收，将故障消除在正式投入使用之前，经过调试和试运转的设备，投入使用后故障基本趋于稳定。

Ⅱ——偶发故障期（也称随机故障期或运转故障期），这一时期是设备的使用寿命期，故障率比较低，而且稳定。由于故障是由偶然的因素引起的，与时间无关，故称偶发故障期。它是由于使用不当，维修不良，早期缺陷未被发现，润滑、密封不好，以及操作失误等原因引起的，相应的采取措施，如严格操作规程，加强维护、保养、润滑工作，可以推迟和防止故障的出现。

Ⅲ——耗损故障期，这一时期是设备使用寿命的末期，故障随时间的增加而增加，造成故障的原因是疲劳、磨损、腐蚀和老化。防止故障的措施，对被腐蚀和磨损的零件，提前换掉或通过可靠性预测，进行预防维修。

上述三个时期故障率分布不同，早期故障率属于超指数分布，使用期故障率属于指数分布，老化损耗期故障属于正态分布。因此，可根据已使用的时间判断不同的故障类型，并将之作为可靠性分析和定量计算的依据。

(8) 可靠性的应用

① 可靠度的计算

例 5 抽 5 台仪器进行寿命试验，该仪器故障模式符合正态分布。

已知各台仪器寿命为：$t_1=10.5\times10^3\text{h}$

$t_2=11.0\times10^3\text{h}$

$t_3=11.2\times10^3\text{h}$

$t_4=12.5\times10^3\text{h}$

$t_5=12.8\times10^3\text{h}$

设备台数：$n=5$ 台

求：$t=12$ 千小时的可靠度。

解：

a. 我们在故障密度函数的分布一节里讲了正态分布，其故障表达式为：

$$F(t)=\int_0^t f(t)\mathrm{d}t=\int_0^t \frac{1}{\sigma\sqrt{2\pi}}\mathrm{e}^{\frac{(t-m)^2}{2\sigma^2}}\mathrm{d}t$$

该式不易积分求解，故作如下代换：$F(t)=\Phi\left(\frac{t-m}{\sigma}\right)$

所以

$$R(t)=1-\Phi\left(\frac{t-m}{\sigma}\right) \tag{2-29}$$

在 σ 与 m 已知的情况下，$\Phi\left(\frac{t-m}{\sigma}\right)$是时间 t 的函数，具体计算时可给出时间 t，算出$\left(\frac{t-m}{\sigma}\right)$的值$\left(\frac{t-m}{\sigma}\right.$即附录二中 x 项$\Big)$。根据此值，查附录二求得 $\Phi\left(\frac{t-m}{\sigma}\right)$的值。此值就是在 t 时刻的故障度 $F(t)$，应用式(2-22) 求得可靠度。本例中仪器故障符合正态分布，故可应用关系式 $R(t)=1-\Phi\left(\frac{t-m}{\sigma}\right)$求解。

b. 求均值 m 及标准偏差 σ

$$
\begin{aligned}
m &= (t_1+t_2+t_3+t_4+t_5)\times10^3/n \\
&= (10.5+11+11.2+12.5+12.8)\times10^3/5 \\
&= 11.6\times10^3(\mathrm{h})
\end{aligned}
$$

$\sigma^2=\dfrac{1}{n-1}(\sum t_i^2-nm^2)$，因 n 较小，即测试台数较小，故用此式较准确。

$$\sigma^2=\frac{1}{5-1}[(10.5^2+11.0^2+11.2^2+12.5^2+12.8^2)-5\times11.6^2]=0.995$$

$$\sigma=\sqrt{0.995}=0.997$$

c. 求 12×10^3 的可靠度

由式(2-22) 知：$R(t)=1-\Phi\left(\dfrac{t-m}{\sigma}\right)$

所以：$R(12)=1-\Phi\left(\dfrac{12-11.6}{0.997}\right)=1-\Phi(0.4)$

根据 0.4 数值，查附表（正态分布数值表），当 $x=0.4$ 时，

$$\Phi(0.4)=0.6554=F(12)$$

$$R(12)=1-0.6554=0.345$$

d. 结论：0.345 为该仪器在 12 千小时时的可靠度，即一台仪器只有 0.345 的可靠性，对 100 台仪器来说，只有 34.5 台能工作到 12 千小时。

例 6　一个厂的设备，经 7000h 观察，出现 10 次故障，设备故障符合指数分布，问在 1000h 和 500h 的可靠度和不可靠度。

解：a. 求平均无故障工作时间（均值）

$$m=\frac{7000}{10}=700\mathrm{h}\left(\text{或 }\lambda=\frac{1}{700}\right)$$

b. 在指数分布时：$f(t)=\lambda\mathrm{e}^{-\lambda t}$

则

$$F(t)=\int_0^t\lambda\mathrm{e}^{-\lambda t}\,\mathrm{d}t$$

$$R(t)=1-\int_0^t\lambda\mathrm{e}^{-\lambda t}\,\mathrm{d}t$$

根据定积分公式 $\int_0^t\mathrm{e}^{\alpha x}\,\mathrm{d}x=\dfrac{\mathrm{e}^{\alpha x}}{\alpha}\Big|_0^t$

有

$$
\begin{aligned}
R(t) &= 1-\left[\lambda\frac{\mathrm{e}(-\lambda t)}{(-\lambda)}\Big|_0^t\right]=1-[-\mathrm{e}^{(-\lambda t)}-(-\mathrm{e}^{(-\lambda\cdot0)})] \\
&= 1-(-\mathrm{e}^{-\lambda t}+1)=1+\mathrm{e}^{\lambda t}-1
\end{aligned}
$$

或：

$$R(t)=\mathrm{e}^{-\lambda t}$$

$$R(t)=\frac{\mathrm{e}^{-t}}{m} \tag{2-30}$$

当 $t=1000\mathrm{h}$，$R(1000)=\mathrm{e}^{-\frac{1000}{700}}=\mathrm{e}^{-1.429}=0.239\approx0.24$

当 $t=500\mathrm{h}$，$R(500)=\mathrm{e}^{-\frac{500}{700}}=\mathrm{e}^{-0.701}=0.496\approx0.50$

c. $F(1000)=1-R(1000)=76.1\%$

$F(500)=1-R(500)=50\%$

d. 结论：该设备在1000h时，可靠度只有23.9%，也可说100台设备，约有24台可工作到1000h。

设备在500h时，可靠度为49.6%，即100台设备中，约有50台可工作到500h。时间越长，可靠性越低。使用时间越短，可靠性越高，如：

当$t=240\text{h}$，$R(240)=e^{-\frac{240}{700}}=0.7079=71\%$

当$t=0.5\text{h}$，$R(0.5)=e^{-\frac{0.5}{700}}=0.999=99.9\%$

通过上面简单的例子可以看出，不论是工厂的电子元件、仪器还是机械设备，当知道它在某段时间的故障规律时，就可进行定量的可靠度计算，预测可靠性和故障的发生。

② 可靠性工程在设备故障与维修管理中的应用。利用可靠性的计算，对设备修理周期进行预测，现举例说明：

例7 某机械厂有55台机床，在6个月的统计中，有25台出了故障，如表2-19所示（停机1h以上算故障），若机床故障属于指数分布类型，试讨论其修理周期。

讨论：因故障符合指数规律，故可利用关系式(2-23)：$R(t)=e^{-\frac{t}{m}}$求得可靠度，此式中的m为均值，在求$R(t)$前必需求得m值，见表2-20。

表2-19 机床故障情况表

普通机床	总台数	各月份出故障台数						六个月故障总台数
		1月	2月	3月	4月	5月	6月	
专用车床	13	2	2	2	2	2	1	11
专用铣床	12	0	1	2	0	1	1	5
专用刨床	6	1	2	1	0	1	1	6
专用磨床	24	1	0	2	0	0	0	3
合计	55	4	5	7	2	4	3	25

表2-20 机床检查周期及可靠度表

设备类别	均值m	维修(检查)周期T_m	可靠度
专用车床	3.9月	4月	$R(4)=0.3358$
专用铣床	11.7月	12月	$R(12)=0.358$
专用磨床	2.7月	3月	$R(3)=0.38$
专用刨床	43.8月	$M/2=22$	$R(22)=0.60$
机床(综合)	9.94月	10月	$R(10)=0.366$

此例与灯泡损坏不一样，灯泡例中，100个灯泡在1000h的试验中，全部损坏。在此例中，55台设备，只有25台出故障，并未全部损坏（还有30台设备使用到6个月），这时的均值采用公式：

$$m=\frac{\sum t_i\gamma_i+(n-R_i)t_0}{R_i} \tag{2-31}$$

式中 t_i——各损坏时间，如1月份，2月份，……，为了便于计算，取各月份的中间为损坏时间，如0.5月，1.5月……5.5月；

R_i——各种不同机床在6个月中的故障总台数，$R_i=\sum_{i=1}^{6}r_i$；

γ_i——在时间为t_i时，发生故障的台数。如2.5月时，车床2台，刨床故障1台；

n——设备总台数；

t_0——统计的时间，在此为6个月。

将表 2-19 中各数据分别代入（2-24）式中，求得各类机床，平均无故障工作时间。

$m_{总}=[0.5\times4+1.5\times5+2.5\times7+3.5\times2+4.5\times4+5.5\times3+(55-25)\times6]/25=9.94\approx10$ 月

$m_{车}=[0.5\times2+1.5\times2+2.5\times7+3.5\times2+4.5\times2+5.5\times1+(13-11)\times6]/11=3.9\approx4$ 月

$m_{铣}=[0.5\times0+1.5\times1+2.5\times2+3.5\times0+4.5\times1+5.5\times1+(12-5)\times6]/5=11.7\approx12$ 月

$m_{刨}=[0.5\times1+1.5\times2+2.5\times1+3.5\times0+4.5\times1+5.5\times1+(6-6)\times6]/6=2.7\approx3$ 月

$m_{磨}=[0.5\times1+1.5\times0+2.5\times2+3.5\times0+4.5\times0+5.5\times0+(24-3)\times6]/3=43.8\approx44$ 月

若设 T_m 为维修检查期

对于所有各类机床设维修检查期为 $T_{m总}$

若取 $T_{m总}=10$ 个月

则：$R_{总}(10)=e^{-\frac{10}{9.94}}=0.366=36.6\%$

这就是说，从各类机床总体来看，平均无故障工作时间为 9.94 个月，若在接近 9.94 个月时（10 个月时）进行检修，那么这个时候的机床可靠度只有 36.6%。

对于车床，$T_{m车}$，若取检修期 $T_{m车}=4$ 个月

则：$R_{车}(4)=e^{-\frac{4}{3.9}}=0.358=35.8\%$

若取检修期 $T_{m铣}=12$ 个月

则：$R_{铣}(12)=e^{-\frac{12}{11.7}}=0.358=35.8\%$

对于刨床，$T_{m刨}$，若取检修期 $T_{m刨}=3$ 个月

则：$R_{刨}(3)=e^{-\frac{3}{2.7}}=0.33=33\%$

对于磨床，$T_{m磨}$，若取检修期 $T_{m磨}=22$ 个月（平均无故障工作时间的二分之一）。

则：$R_{磨}(22)=e^{-\frac{22}{43.8}}=0.60=60\%$

结论：对于专用机床若取接近平均无故障工作时间为修理周期，此时的可靠度大多在 35%左右，绝大多数床子应检修。如果任务很重，各专用机床的负载都很大，那么就应该将检修期缩短，如 10 个月缩到 7 个月甚至 5 个月，否则设备会经常出故障，而影响生产。根据实情，如果生产任务不饱满，机床利用率不高，那么，检修期间也可以延长。

对于贵重些的设备，如专用磨床、非标准设备、关键设备，按照平均无故障工作时间的一半，如专用磨床取 43.8/2=22 个月作为检修期，此时的可靠度达 60%，如果有些大、精、专门设备或完成任务的关键设备不允许出故障，那么检修期还要缩短，以保证可靠地完成任务。

例 8　已知某厂单元的可靠度是依从指数分布，请回答以下各项：

a. 设在工作时间 10^3h，要保证可靠度 $R(t)=0.99$，问单元的 λ 和 MTBF 应为多少？

b. 在 $t=$MTBF 的时刻，$R(t)$ 是多少？

c. $R(t)=0.9$ 的时间 t，是 MTBF 的几分之一？

解：a. 在可靠度高的情况下（这里为 0.99）

$$R(t)=e^{-\lambda t}=0.99$$

$$\lambda t=0.01$$

将工作时间 $t=10^3$ 小时代入式中

$$\lambda\times10^3=0.01$$

$$\lambda=10^{-5}(1/h)$$

由式 MTBF$=1/\lambda$ 可知

$$MTBF=10^5(h)$$

b. $R(t)=e^{-\lambda t}=e^{-\lambda \cdot \mathrm{MTBF}}=e^{-1}=0.368$

c. $R(t)=e^{-\lambda t}=0.9$

$$\lambda t=0.105$$

$$t=0.105/\lambda=0.105\times \mathrm{MTBF}$$

即 t 为 MTBF 的约 1/10 的时刻，$R=0.9$

2.2.5 维修性（Maintainability）原理

(1) 可维修度的定义

① 定义。在给定的时间内，需维修的设备，能够恢复到规定工作状态的概率。这种概率表示的可维修性称为可维修度，用 $M(t)$ 表示。

② 可维修度 $M(t)$ 与可靠度 $R(t)$ 之异同。$M(t)$ 是概率，自变量是 t，$M(t)$ 也是一个随机变量。故障不同，维修时间也不同，时间的变化与可靠度相似，也遵循着某种分布规律——如正态分布，指数分布，对数正态分布等。维修度与时间的对应关系如图 2-13 所示。

但 $M(t)$ 与 $R(t)$ 又不相同：

a. 可维修度 $M(t)$ 中自变量总是时间 t，可靠度 $R(t)$ 中自变量可以是时间程、循环次数或试验成功数等。

b. 可维修度 $M(t)$ 是一个事件（完成维修）在规定时间内出现的概率，如从故障的角度出发，可靠度 $R(t)$ 是一个事件（故障）在规定时间内，不出故障的概率。

c. 完成维修的时间事先可以提出，而故障发生时间无法规定，只能设法控制、拖延。

(2) 可维修性函数

其参数如下：

$M(t)$——可维修度，以概率表示的可维修性。

$M'(t)$——不可维修度，以概率表示的不可维修性，$M'(t)=1-M(t)$

$m(t)$——维修密度函数，有多种分布，$m(t)=\mathrm{d}M(t)/\mathrm{d}t$

$\mu(t)$——修复率，即一个维修系统，在 t 时刻后能修复的概率。

$$\mu(t)=\frac{m(t)}{1-M(t)}$$

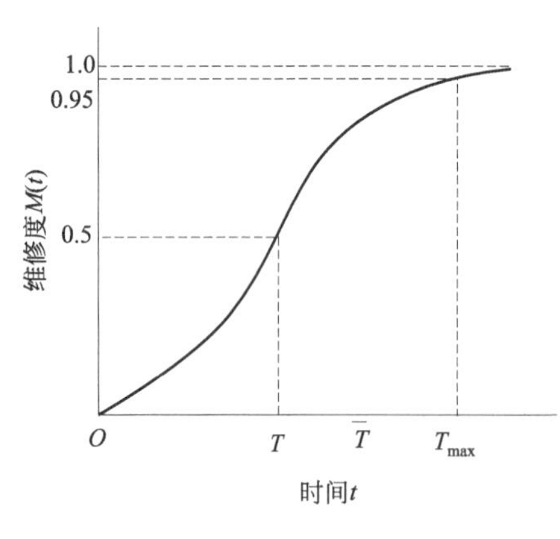

图 2-13 维修度与时间的对应关系
T：一般维修时间；$\bar{T}$：平均维修时间；
T_{max}：最大维修时间

(3) 维修时间

在可维修性研究中，维修时间是极其重要的参数，也是研究的对象。

时间分为：使用时间（≠工作时间）

停歇时间（≠停机时间）

维修中主要研究停机时间，包括维修时间，等待时间。

a. 修理时间

b. 等待时间：故障检查，故障报告，缺陷查找，查找备件，试验等。

下面介绍几种维修时间：

MDT——平均停机时间（Mean Down Time）。

MWT——平均等待时间（Mean Wait Time）。

MTTR——平均修复时间（Mean Time to Repare）。

$$平均修复时间=\frac{各次修理时间的总和}{修理次数}$$

上述这些时间是很重要的，它们是研究可维修性的基础，也是改善维修管理的基础。

（4）指数分布时的维修度

维修度函数指数分布图见图 2-14。指数分布时可维修度表达式为：

$$M(t)=1-e^{-\frac{t}{MTTR}}=1-e^{-\mu t} \tag{2-32}$$

$$\mu=\frac{1}{MTTR}$$

例 9　维修时间按指数分布，$M(t)=1-e^{-\frac{1}{MTTR}}$，已知：$M_{max}=1h$，MTTR＝20min。求：可维修度 $M(t)$

解：$M(t)=1-e^{-\frac{M_{max}}{MTTR}}=1-e^{-\frac{60}{26}}=1-0.09949\approx 0.9=90\%$

当平均修复时间为 20min 时维修度达 90％，最大维修时间为 1h。

定量计算可维修度的目的：

① 根据使用单位反馈数据，经过分析，提出定量的可维修性设计要求，为改进产品设计（可维修性设计）提供依据；

② 作为维修计划和维修工作预测的依据；

③ 作为试验和鉴定设备维修性能的依据。

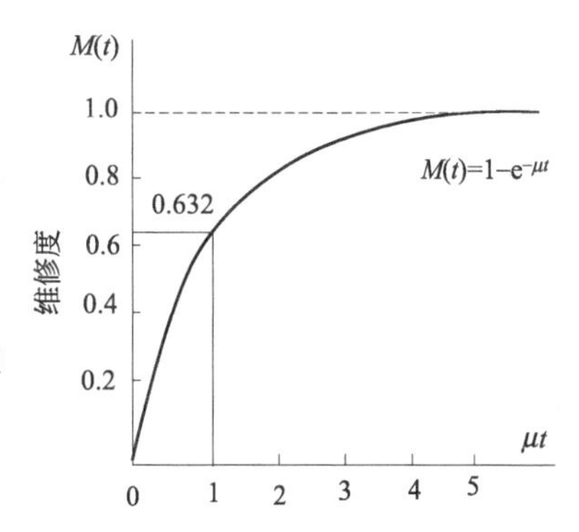

图 2-14　维修度函数呈指数分布

2.2.6　可靠性可维修性设计

2.2.6.1　设备的固有可靠性维修性与使用可靠性维修性

日本工程师协会秘书长中岛清一提出了设备医学观点，他认为设备的可靠性维修性可分为固有的（即先天的）和使用中的（即后天的）可靠性维修性。两种设备在设计、制造过程中获得的可靠性维修性称为设备的固有可靠性维修性（先天具有的可靠性维修性），设备在使用过程中由于操作和维修而获得的可靠性维修性称为使用可靠性维修性（后天获得的可靠性维修性）。

在设备一生的可靠性维修性中，固有可靠性维修性是具有决定意义的。也就是说，设备的固有可靠性维修性高，在使用中也易于获得高的可靠性维修性，若设备的固有可靠性维修性差，即使在使用和维修中做出很大努力也很难获得高的可靠性维修性。另一方面，对于已具有较高的固有可靠性维修性的设备，还必须在使用中注意操作和维修的技术和质量，即力争有高的使用可靠性维修性，才能使设备获得较高的总体可靠性维修性。

提高设备的总体可靠性维修性必须从提高设备的固有可靠性维修性和使用可靠性维修性着手。提高设备固有可靠性维修性应从设备的开发研究、设计、制造、试验改进、使用信息反馈、技术改造及基建时的设备选型等环节着手；而提高设备的使用可靠性维修性又应从设备的使用环境、操作技术、维护保养、故障监测、维修技术、备品备件、使用信息的收集与反馈等环节着手。

2.2.6.2　设备的平均有效度

在追求设备的总体可靠性维修性的同时，企业也要求得到较好的经济效益。因此，对于一般企业的生产设备，都不可能不计成本费用来追求设备的可靠性维修性。一般设备在设计时应考虑在一定的寿命周期费用的前提下去争取设备最高的可靠性和维修性。

设备可靠性和维修性的综合指标是设备的有效度（Availability），也称为设备可利用率，它表示设备在特定的时刻能维持其所需功能的概率。通常我们并不注意设备有效度的某个瞬间值，而注重设备在长时间使用中的平均有效度。即有：

设备平均有效度 A=可工作时间(MTBF)/[MTBF+不可工作时间(MTTR)]

式中，MTBF（Mean Time Between Failure），称为设备的平均无故障工作时间或平均故障间隔期，它表示可修复设备从这次故障修复后到下一次故障发生时的时间间隔；MTTR（Mean Time To Repair），称为平均故障修复时间，它表示可修复设备发生故障后的事后维修时间。

由此式可知，要使设备有较高的有效度 A，一是要延长设备的无故障工作时间（MTBF）也就是要提高设备的可靠性；二是要缩短设备的故障修复时间（MTTR），也就是要求设备有良好的维修性，一旦有了故障可很快修复。

2.2.6.3 设备的可靠性设计

构成系统的基本单元是机械零件和电子元器件等。系统的可靠性则取决于这些零件和元器件的可靠性及系统的可靠性设计。

（1）可靠性设计的一般程序

① 确定零部件的可靠性指标。

② 按分配给零件的可靠性指标进行零件的可靠性设计。

③ 对产品进行质量（包括可靠性）控制和可靠性试验。

由于制造的原因往往产品的可靠性指标达不到设计的要求，为此，要求在生产过程中进行质量控制，并且通过可靠性试验来判断是否符合可靠性设计要求。

前述工厂灯泡例子中，m=643h，平均寿命643h这个数值不算高，σ=116h，说明灯泡质量离散度不小，由此计算出的可靠度也较低，假如企业为了给消费者提供更高质量的产品（灯泡），同时在企业之间的竞争中取胜，那么就要提高可靠性设计，从根本上提高质量。

首先，提高可靠性指标，即提高 $R(t)$ 和 m，降低 σ 的指标，如 m 由643h提高到800h，σ 由116h降低到100h等。

其次，分析各个灯泡损坏的原因。如灯丝耐高温性，灯口密封技术及其他因素等。

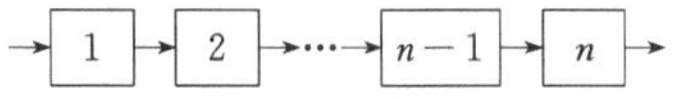

最后，制订改进措施，进行一系列可靠性设计工作。

→ 1 → 2 →…→ $n-1$ → n →

图 2-15 串联系统

（2）系统的可靠度

① 串联系统的可靠度。对于一个系统，如果只要有一个元件发生故障就导致整个系统发生故障，这种系统称串联系统。设串联系统共有 n 个元件，我们把它们串联起来，如图2-15所示。

串联系统的可靠度等于系统诸元件可靠度函数的乘积

即：$R_s(t)=R_1(t)\cdot R_2(t)\cdots R_n(t)$

例 10 $R_1=0.9$，$R_2=0.93$，$R_3=0.78$

解：$$R_s=0.9\times0.93\times0.78=0.65$$

即整个串联系统的可靠度低于系统中任一元件的可靠度。

当：$R_1(t)=R_2(t)\cdots=R_n(t)$时，

则：$R_s(t)=[R(t)]^n$。

在工厂电子设备中，各单元参数是单一的，参数变化只影响自身工作能力，单元故障可视为独立事件，恢复其工作能力，只通过更换失效元件即可。

在串联系统中，一个元件故障将导致整个系统的故障。

② 并联系统的可靠度。串联系统的可靠度较低，为了提高系统的可靠性，常采用冗余技术或贮备的办法，即增加一个备件，若设并联系统有 n 个元件，如图 2-16。

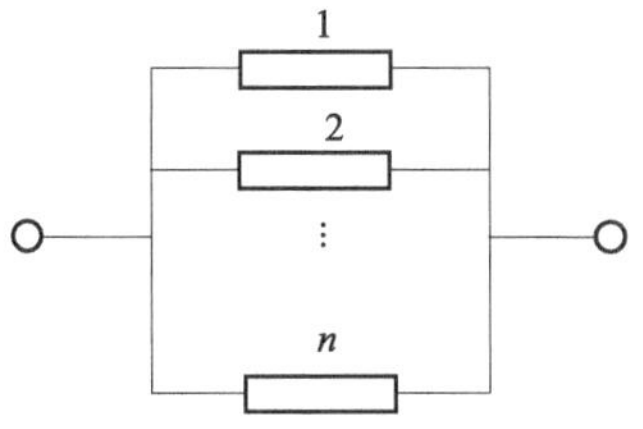

系统中只要有一个元件没有发生故障，则整个系统仍能正常工作，其可靠度公式为

$$R_s(t)=1-[1-R_1(t)][1-R_2(t)]\cdots\cdots[1-R_n(t)]$$

图 2-16　并联系统

例 11　$R_1=0.9$，$R_2=0.93$，$R_3=0.78$

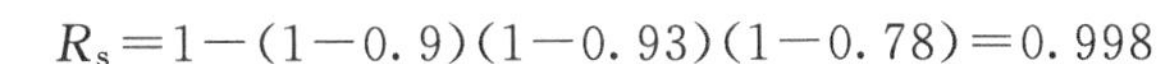

解：　$R_s=1-(1-0.9)(1-0.93)(1-0.78)=0.998$

这说明并联系统中，系统的可靠度比任意一个组成元件的可靠度都高。

(3) 可靠性设计的内容

① 应力设计：

环境应力——温度、湿度、化学气体、放射能。

使用应力——振动、冲击、电压、电流、频率、自身发热。

② 余量选择：指零部件规格选用要留有余量。

③ 减额使用：如电子系统元器件，使它们在低于额定载荷条件下工作。

④ 冗余性：所谓冗余性是指两种手段完成同一功能。如自行车的前后刹车，造纸厂的并联旋翼筛、抽浆泵等全有应急系统。

⑤ 可靠度分配：对串联系统进行可靠度分配，如一个部件（机构）要求 95%的可靠度，其两个组成零件，必须有 97%、98%的可靠度指标，才能实现部件 95%的可靠性要求（0.95=0.98×0.97）。

对系统中的薄弱环节要进行分析，计算其可靠度。当不能满足整个系统要求时，要提高其可靠性要求，并在设计中给予保证。

例 12　工厂三台设备串联系统，它们的故障率分别服从指数分布，经若干次统计得知泵 A 的平均寿命 $m_A=3500\text{h}$，泵 C 的平均寿命 $m_C=4000\text{h}$，而蒸煮锅 B 的平均寿命 $m_B=1000\text{h}$，今要求需要连续生产 14 天（336h），试求各设备的可靠度。

解：

$$R(t)=e^{-\frac{t}{m}}$$

$$R_A(336)=e^{-\frac{336}{3500}}=91\%$$

$$R_B(336)=e^{-\frac{336}{1000}}=71.5\%$$

$$R_C(336)=e^{-\frac{336}{4000}}=92\%$$

$$R_S(336)=R_A\cdot R_B\cdot R_C=0.91\times0.715\times0.92=0.60=60\%$$

由上计算知系统可靠度 R_S 太低，主要因 R_B 太低所致，为了保证生产，若将系统可靠度由 60%提高到 80%。

则
$$R_B=\frac{R_s}{R_AR_C}=\frac{0.80}{0.91\times0.92}\approx96\%$$

即蒸煮锅可靠度，必须提高到 96%才能保证系统获得 80%的可靠度。

⑥ 结合部分的可靠度：螺栓紧固，铆接，焊接，插座，电线连接等连接要可靠。

⑦ 安全系数：安全阀、卸荷装置（锅炉……）、防护装置（冲击保护装置）等都必须在设计时考虑。

⑧ 人机因素：操作省劲，误操作保护（停机）等。

⑨ 维修性：易接近性、互换性，备有测量装置。

⑩ 经济性：寿命周期费用较小，效率较高。

2.2.6.4 设备的可维修性设计

可维修性设计的最终目的是使设备具有好的维修性，以便最大限度地节省维修时间，进而提高设备利用率，降低成本。

可以从以下几方面着手进行可维修性设计：

① 易接近性

结构开敞：易于接近需维修部位。

开观测孔：操作窗口，如烘缸、蒸球、浆池等均有许多维修检查口盖。

② 易拆装性。电机的皮带轮难拆，应采用滑销可卸连接，用快卸装置。

③ 尽量采用互换性标准件，备件拿来即可换上。

④ 装配性，应易于装配，尺寸合理，间隙适当，零件结构易于各件组合。

⑤ 采用新工艺。如减少机床导轨接触面，采用小面积接触的镶条，待磨损后易于修理且减少钳工刮研工作量；采用滚动轴承，摩擦力小，磨损小；采用新技术，如刷镀等。

⑥ 改进润滑

例如，有一台加工造纸机底轨的专用设备。加工精度达不到要求，两丝杆温度升高不一样。经检查，才知道问题在于机械润滑不好，弧形件内存不住润滑液而发生于摩擦，最后采用 MoS_2 粉剂解决了这一关键问题，由此可见，油液是机构的血液，花很少的投资和力量，能得到很好的效果。

⑦ 专用设备难于修理或结构特殊之处，应事先设计好专用修理工具。

可维修性设计，只能解决维修时间减少问题，而不能影响设备维修过程中的等待时间，等待时间的减少，必须着眼于维修管理的科学化、现代化，以及管理人员素质的提高。

2.2.7 设备的可靠性试验

（1）可靠性试验的目的

所谓可靠性试验，是指为评价、分析产品的可靠性而进行的试验的总称。可靠性试验的目的是评价产品的可靠性水平，即通过规定的试验方法进行可靠性试验，并对获得的试验数据进行统计分析，从而得出该产品的可靠性指标，为产品的研制、设计和使用提出依据。同时，还可以通过试验对失效产品进行分析，找出其失效原因，采取相应的改进措施，就能达到提高产品可靠性的目的。

（2）可靠性试验分类

根据试验应力大小、特征值、程序和目的要求的不同，可靠性试验的种类是多种多样的。可靠性试验可分为现场使用试验和模拟试验两大类，如表 2-21 所示。

表 2-21 可靠性试验的分类

<table>
<tr><td rowspan="7">可靠性试验</td><td rowspan="2">现场使用试验</td><td rowspan="2"></td><td rowspan="3">寿命试验</td><td>正常使用状态试验</td></tr>
<tr><td rowspan="2">加速寿命试验</td></tr>
<tr><td rowspan="5">模拟试验</td><td rowspan="2">破坏性实验</td></tr>
<tr><td>临界试验</td><td>放置试验</td></tr>
<tr><td rowspan="3">非破坏性实验</td><td>功能试验</td><td></td></tr>
<tr><td rowspan="2">放置试验</td><td>环境试验</td></tr>
<tr><td>正常使用状态试验</td></tr>
</table>

现场使用试验是最符合实际情况的试验。当样机研制出来后，应送现场（典型的或有代表性的）进行实际的运行考验。只有当它们基本满足使用要求之后，才能正式成批生产。现场使用试验应该作为整机研制过程中的一个不可缺少的环节。长期的现场使用试验最好由使用部门协助进行，并按设计制造部门统一编制的履历表、使用报告及故障报告表填写。这种试验是现场使用数据收集的主要来源。

模拟试验是将产品在工厂或实验室模拟实际工作状态进行试验。模拟试验可分为破坏性和非破坏性两种。非破坏性试验多用于较贵重的设备或系统的可靠性评价。它是当前可靠性试验研究的一个课题。对于不太贵重的产品，多采用破坏性试验的方法。它又分为寿命试验和临界试验两种。破坏性寿命试验主要是在规定的条件下投入一定数量的样品（抽样）进行寿命试验。然后，分别记录它们的失效时间，并利用这些数据来分析产品的失效分布和各项可靠性指标。

临界试验用来评定产品承受工作应力和环境应力影响的极限能力。

根据施加在产品上的负荷和环境劣化强度的不同，可以分为正常使用状态试验和加速寿命试验。

根据负荷和环境应力随时间的关系，又可分为恒定试验和变动负荷试验，以及无负荷状态下的试验。按照试验的目的，可分为筛选试验、鉴定验收试验及专门试验。

(3) 环境试验

产品在贮存、运输和使用过程中，经常受到周围环绕有害因素的影响，有的影响产品工作性能，有的影响产品的使用可靠性和寿命。

评价、分析环境对产品性能影响的试验，称为环境试验。

① 环境条件及其对产品的影响。环境大致可分为四大类：工业环境、自然环境、人为环境和特殊使用环境。环境条件对产品的影响简述如下：

高温条件下，材料软化使结构强度减弱，化学分解和老化使电气化元件性能变坏，甚至损坏；设备过热使焊点脱开，焊锡缝开裂；润滑油黏度降低使轴承和高负荷的摩擦件损坏；金属膨胀不均使活动部分被卡住；紧回件出现松动，接触装置出现接触不良，金属氧化加快使接点接触电阻增大，金属材料表面电阻增大。

低温条件下，材料变脆使结构强度减弱，橡胶发脆，润滑油和润滑脂黏度增大使轴承及开关等产生“黏滞”现象；材料收缩使活动件被卡死，接触件接触不良；低温使电子元件性能改变；密封橡胶硬化使气密设备的泄漏率增大。

高低温循环变化，剧烈的膨胀与收缩产生内应力，交替的冷凝、冻结和热烤使材料损伤，加速电子元件的电性能的改变。

高湿条件下，使元件材料表面电阻和体积电阻下降，发生漏电、短路、击穿及接触不良；金属材料加速腐蚀，一般金属的临界腐蚀湿度：铁为 70%～75%，锌为 66%，铝为 60%～65%，当湿度超过了金属的临界腐蚀湿度时，其腐蚀速度将成倍增加；某些化学材料发生熔解或化学变化；若湿热交替变化将产生材料毛细管的“呼吸”作用，这会加速材料的吸潮和腐蚀过程及绝缘材料的老化；高湿还能使霉菌孢子发芽生长，在相对湿度为 85%～90%，温度为 25～30℃时，将使霉菌旺盛繁殖，破坏了产品的外观和标志等。

高气压条件下，增加了气密设备的内外压力差，易造成结构的损坏和泄漏。

低气压条件下，空气抗电强度降低，使电子设备产生飞弧、电晕等现象；空气介电常数减小，使元件电参数发生变化；气密设备中应力增大，使密封外壳变形、焊缝开裂、结构损坏及泄漏；低气压使用散热困难，导致设备内温度升高。

盐雾条件下，海洋的激浪冲击岩岸时，使飞溅的水沫成为雾状而进入空气，这种在空气中悬浮的氯化物液体微粒称为盐雾。根据沿海地区的地形、地貌及风力不同，盐雾可随风深入到离沿海 30～50 公里处。

盐雾对产品的影响与周围环境中的空气湿度有密切的关系。干的盐粒对产品的影响极微，而盐粒被溶解于水中呈离子状态时，才具有导电性和腐蚀作用。所以，盐雾对金属及金属镀层的腐蚀主要是氯离子的作用，因氯离子的直径较小，易穿透和破坏保护膜。同时，氯离子具有亲水性，易于被受潮的金属表面所吸附，破坏金属表面镀层的钝化膜而导致金属腐蚀。盐雾也腐蚀绝缘材料，使表面电阻和抗电强度降低，降低了绝缘性能。

大气污染条件下，加速金属件的腐蚀，使某些塑料件膨胀和变形。

沙尘条件下，易使轴承和摩擦件、开关、电位器及继电器等损坏或电接触不良，静电荷增大而产生电噪声；由于灰尘吸附水分而降低元件和材料的绝缘性能，加速金属件的腐蚀和有利于霉菌的生长。

大风雪条件下，对于室外构件（如天线）增加了负荷，易损坏。

机械振动条件下，产品不仅会受到外界环境对它不同程度的振动影响，而且本身在工作过程中也会产生振动。一般造纸机振动的最大加速度小于 $59m/s^2$，振动频率范围在 1～1000Hz；双盘磨在运行时，振动加速度达到 $109m/s^2$ 左右，振动频率范围在 10～500Hz。

机械冲击条件下，产品在运输、碰撞、跌落等情况下，会遇到各种程度不同的机械冲击。例如：在造纸厂铁路和公路运输中，通常可能遇到的冲击加速度为 $7\sim10m/s^2$；造纸机事故停车时最大冲击加速度为 $25\sim30m/s^2$；冲击使电子设备引起突然失效，元器件、组件从整机上脱落等。

太阳辐射条件下，造成造纸厂设备过热及光化效应，使有机材料加速老化和分解；油漆退色和剥落；软橡胶变硬开裂，抗张强度降低；电子元件易损坏等。

电的条件下，包括电场、磁场、闪电、雷击、电晕及放电等现象发生的场合下，在造纸厂电子设备内部和外部都会产生电磁波。除电子设备所要接收的信息外，其余的外部电磁波属于电磁干扰或称外部干扰。电子设备内部，电磁能量除通过正常途径传输外，还存在着通过不正常途径的传输，或称内部干扰。电子设备受干扰后，会使输出噪声增大，工作不稳定，甚至完全不能工作。

② 环境试验方法的分类和一般程序

环境试验方法分为：a. 现场使用试验；b. 自然暴露试验；c. 人工模拟试验。

环境试验的一般程序为：

a. 样品选择。供环境试验用的样品的基本性能必须符合该产品的技术要求，并应具备所需的有关原始资料（如选用的材料及工艺资料等），以便能正确分析试验结果。环境试验一般只需要 2～3 件。

b. 环境条件的确定。不是所有的环境条件都需要模拟试验，因为有的环境条件对某些产品的性能和可靠性的影响可以忽略不计。所以，每种环境试验所选择的考核项目（环境因素和等级）应根据被试样品的使用特点及对它起主要影响的因素来确定。

产品基本环境技术要求等级和试验方法都有标准可遵循。

c. 预处理。是为消除样品在试验前因运输、贮存过程中受到种种环境因素作用而对试验样品特性参数的影响而进行的处理。它是在进行试验之前，将样品在某一规定的环境条件下（一般为正常的大气条件）放置一定的时间。

d. 初始检测。经预处理后，在试验前对样品进行的外观检查及电气和机械性能的测试。

e. 试验。把样品放在规定的试验条件下按有关技术规范提出的试验程序做各项环境试验。

f. 中间检测。在试验过程中对样品进行的外观检查及电气和机械性能的测试。

g. 恢复处理。为使样品在环境试验后，进行最后检测前的性能得到稳定而进行的处理。一般在正常大气条件下恢复 1～2h。

h. 最后检测。按有关技术规定，在试验结束后对样品进行外观检查及电气和机械性能的测试。

（4）加速寿命试验

为了加快寿命试验的进程，节省时间，减少人力和物资的消耗，目前广泛采用加速寿命试验的方法。对于那些寿命特别长的零部件来说，尤为重要。

所谓加速寿命试验的方法就是用增大应力的办法促使样品失效时间缩短，以便在短时间内根据加速寿命试验所得的数据来预测出正常条件下的寿命特征。

加速寿命试验的方法最早用在金属材料和机械零件的疲劳试验方面，而后被逐渐应用到其他领域（包括电子元器件）。

按施加应力方式来区分，有恒定应力、步进应力和序进应力三种方式。将样品分为若干组，每组固定一个保持不变的应力（高于正常条件下的应力），这种试验称为恒定应力加速寿命试验；若随时间分阶段逐步增加应力的试验则称为步进应力加速寿命试验；若随时间而连续增加应力的试验则称为序进应力加速寿命试验。上述三种方式比较起来，恒定应力加速寿命试验由于应力稳定，造成失效的因素较单一，准确度高，试验简便而且较容易取得成功，但试验时间相对来说较长，此种方法被广泛采用。

2.3　设备品牌评价

2.3.1　简介

品牌是重要的无形资产。

随着经济全球化的发展，企业生存的环境和市场发生了变化，企业面临新的威胁，随时会受到来自全世界其他市场或其他产品中的品牌和企业的冲击。

而科技的发展又使得规模化经济和营销效率的需求开始促使很多企业向全球竞争态势迈进，于是，全球性的品牌兼并、收购和合资热潮兴起，这也使得许多企业意识到对现有的品牌资产的价值进行更好的掌握是必须的，对兼并、收购的企业品牌价值掌握也同样重要。

2.3.2　品牌评估内容

（1）品牌寿命

存在时间长对品牌形象力大有帮助。如果是同类产品中的第一个品牌则更加重要。许多排名前 100 位的品牌在一定市场领域内已存在 25 至 50 年，甚至更长，品牌资产，如同经济上的资产一样，是随时间而建构起来的。

（2）品牌名称

品牌名称是赋予商品的文字符号，它以简洁的文字概括了商品的特性。评价一个品牌是否是一个好的名称，应主要考虑，该品牌是否能引起消费者的注意和兴趣？是否能使消费者感到有魅力、有特征、有新鲜感？是否能刺激消费者的好奇心？是否能使消费者容易理解、易读、易懂、易分辨？是否能使消费者对之产生好感？等等。

（3）商标

商标是用来帮助人们识别商品的几何图形及文字组合，它以简洁的线条组合，反映公司和商品的特性，起到明示和凸显商品特点的作用。判断一个商标是否价值较高应考虑：是否能引起消费者注目，能适合社会的消费潮流，反映商品的特性？是否有欣赏价值，使人看了能产生一种愉快、轻松的感觉？其设计的具体性和整体性是否能明显体现出来？该商标是否能使人产生好感，是否能满足商品持有者的各种心理需要？等等。

（4）品牌个性和意象

理想上，一个品牌不仅仅只有识别产品的作用。许多强有力的品牌几乎成为产品类别的代名词，甚至人们可以仅仅通过品牌名称来识别它们的产品或服务。

（5）品牌产品类别

一些产品类别更容易引起消费者关注。它们趋向于为产品制造更高的知名度和推崇程度。因此，一个品牌的产品或服务类别在很大程度上对品牌形象力的等级起到帮助或妨碍作用。娱乐、食品、饮料和汽车等类别都有使品牌形象力排名靠前的趋势。

（6）品牌产品功能

使用该品牌的消费者对其产品的功能了解多少，知道而未使用该品牌的消费者对其产品功能了解多少，如果对产品品质功能有了解，在其产生需要时，可能会产生指名购买。以及品牌下产品的使用功能、特点、外观如何都是影响品牌创立的重要因素。

（7）品牌产品质量

虽然这个因素似乎很明显，但质量和可靠性是每个品牌建立大众信誉的基础。无论公司或产品代表什么，它首先必须“如它所期望的那样”。这就要考虑品牌的质量信赖度如何，产品的耐用度如何等因素。

（8）消费者态度

消费者通过有关媒体对该产品的介绍，通过亲属和朋友的推荐，以及自己使用该产品，会对该产品形成一种态度。这种态度对产品市场表现影响很大。对之的评价主要注重：消费者对该品牌产品在技术水平、质量和价格比、功能和价格比等方面的产品认识；对该品牌所代表产品的情绪体验，包括在以往使用该产品过程中的情绪体验，该产品带给消费者心理上的满足，对群体心理的适应，其售后服务对客户要求的满足程度，等等。

（9）品牌认知

因为按照一般人的购买习惯，在购买商品时，总是先在自己叫得出名字、外观包装也舒服的品牌中选购自己所需要的产品，所以，好名字，设计美观的商标就是一项无形资产。对于这项指标还有一些具体的衡量标准如：品牌认知度在其知名度不同的消费者中现在处于何种状态；相竞争品牌的品牌认知度如何。造成目前品牌认知度的办法及其主要原因。竞争品牌提高认知度的办法主要是什么？如：建立与目标消费群的沟通机制。该品牌在建立其认知度中应主要倡导什么、表达什么。消费者一般从什么渠道获取关于品牌认知度的信息。

（10）品牌连续性

即便一个品牌已经有长达100年的历史，继承或者说连续性对一个品牌保持时间发展上的相关性仍是必要的。关键是信息的连续性，而非执行的相同性。

(11) 消费者购买倾向

经过各种影响过程，如果形成了消费者对该品牌产品的依赖性，那么，一旦感到需要，就会去购买该品牌产品，这就是说，消费者对该品牌形成了比较稳定的购买倾向。

(12) 品牌媒体支持

媒体的支持保证了品牌在市场上的可见性。像麦当劳，由于它在一些人流大的地理位置设立分店，这也增加了它的可见性。有一些品牌虽然广告花费很少，但排名也很靠前。不过一般来说，品牌要保持它在市场上的巨大影响，必须始终得到媒体投入的支持。

(13) 品牌产品的市场表现

这主要是考虑该品牌产品近年的盈亏情况，该品牌产品市场特点及发展动向，与同行业最先进企业的差距，该品牌产品竞争能力，等等。

(14) 品牌产品的服务

品牌服务度如何。品牌对消费者在品质上有何承诺。品牌产品在品质上有何发展创新？

(15) 品牌更新程度

如同投掷一枚硬币，相反的一面也是真实存在的。这就是说，品牌除了保持连续性外，还必须时常更新自己，使自己能符合新一代消费者的要求。

(16) 品牌忠诚度

消费者能够持续地购买使用同一品牌，即为品牌忠诚。主要包括谁是品牌的忠诚消费者？品牌为忠诚消费者提供的差异性附加值是什么？品牌对忠诚消费者的承诺兑现如何？品牌如何与消费者沟通、建立感情？忠诚消费者的需求是什么？有何变化？是否满足了他们这种要求？忠诚消费者对品牌推出的新产品是否偏好？品牌忠诚消费者更喜欢哪种公关、促销活动？为什么？效果评估如何？发现哪些问题？品牌的转换成本如何？怎样制造转换成本？是否因产品延伸而动摇了忠诚消费者？如何挽回这种损失？品牌是否有转换惰性？现状如何？与品牌相竞争的品牌的忠诚度如何？品牌忠诚消费者对其（品牌）产品有何期望？品牌忠诚消费者的分布区域如何？与区域文化有何关联？品牌的现状、忠诚度的建设有多长时间？等等问题都是解决之关键。

(17) 品牌联想度

透过品牌，联想到品牌形象，这一形象正是消费者所需的，便会通过购买来满足需求。这个指标的因素包括：品牌首先会使消费者产生何种联想？品牌的消费者利益是什么？品牌会使消费者联想到产品的什么样价格层面？品牌会使消费者联想到何种使用方式？品牌消费者的生活方式如何？品牌属于何种产品品类？品牌与同类品牌的差异点在哪儿？品牌为消费者提供了何种购物理由？品牌的产品有何附加值？品牌附着了何种内涵？品牌内涵发掘度如何？能够对该品牌产生一点、两点、三点……的又是什么人？占的比例是多少？能够对该品牌产生一点、两点……不同深广度联想的这些人在哪里，他们对此类品牌产品有什么期望？对他们的生活的影响程度如何？

(18) 专利权价值

对于有的大企业，专利权是非常重要的一个环节，对之的评估，应包括如下内容：

a. 产权归属。说明专利的专利证书权人、专利权所有人和本资产评估的委托方所属性质，是否有专利的使用权。

b. 名称，保护年限，已使用年份。

c. 该专利作为解决某类问题的方法或可以生产的产品的社会作用。

d. 该专利评估的目的，如用于拍卖或转让，作价入股等。

e. 该专利适用的条件。

f. 该专利的特点或替代原有专利的特点。

g. 该专利评估假定的条件。

2.3.3 品牌评估方法

对于具体的评估方法，大致可以从企业的成本、盈利、市值等方面去考虑，总体而言，对于我国现在的企业品牌评估则可以着重参照如下几种方法：

(1) 成本计量法

对于一个企业品牌而言，其资产的原始成本占着不可替代的重要地位，因此我们对一个企业品牌的评估应从品牌资产的购置或开发的全部原始价值，以及考虑品牌再开发成本与各项损耗价值之差两个方面考虑，为此，前一种方法又称之为历史成本法，后一种方法又称之为重置成本法。

评估品牌最直接的方法莫过于计算其历史成本，而历史成本法就考虑的是直接依据企业品牌资产的购置或开发的全部原始价值进行估价。最直接的做法是计算对该品牌的投资，包括设计、创意、广告、促销、研究、开发、分销、商标注册，甚至专属于创建该品牌的专利申请费等一系列开支等。对于一个品牌，其成功主要归因于公司各方面的配合，我们很难计算出真正的成本。因为我们已经把这些费用计入了产品成本或期间费用，怎样把这些费用再区分出来是一个颇费周折的事情，而且没有考察投资的质量和成果，即使可以，历史成本的方法也存在一个最大的问题，它无法反映现在的价值。因为它未曾将过去投资的质量和成效考虑进去。使用这种方法，会高估失败或较不成功的品牌价值。因此应用这种方法的主要问题是如何确定哪些成本需要考虑进去，例如管理时间费用的计算必要，具体计算方法等都是一个难题。另外，这种方法也没有涵盖品牌的未来的获利能力。

重置成本法主要考虑因素：品牌重置成本和成新率，此二者的乘积即是品牌价值。重置成本是第三者愿意出的钱，相当于重新建立一个全新品牌所需的成本。按来源渠道，品牌可能是自创或外购的。其重置的成本的构成是不同的。企业自创品牌由于财会制度的制约，一般没有账面价值，则只能按照现时费用的标准估算其重置的价格总额。外购品牌的重置成本一般以可靠品牌的账面价值为论据，用物价指数高速计算。而成新率是反映品牌的现行价值与全新状态重置价值的比率。一般采用专家鉴定法和剩余经济寿命预测法。

重置成本法的基本计算公式为：

$$品牌评估价值=品牌重置成本\times成新率$$

其中：

$$品牌重置成本=品牌账面原值\times(评估时物价指数\div品牌购置时物价指数)$$

$$品牌成新率=剩余使用年限\div(已使用所限+剩余使用年限)\times100\%$$

使用这种方法的一个最大弊端是：重新模拟创建一个与被评估品牌相同或相似的品牌的可能性很小，可行性不大。理由很简单，这样做太浪费时间。因为品牌的创建受多种因素的影响。

此外，对于评估品牌，更注重的应是其价值，而不是成本。而且，成本法没有把市场竞争力作为评定品牌价值的对象，因此，在现在已经很少使用成本法评估品牌了。

（2）市价计量法

这种方法是资产评估中最方便的方法，如今也有人将其适用于品牌评估之中，它是通过市场调查，选择一个或几个与评估品牌相类似的品牌作为比较对象，分析比较对象的成交价格和交易条件，进行对比高速估算出品牌价值。参考的数据有市场占有率、知名度、形象或偏好度等。应用市场价格法，必须具备两个前提条件：一是要有一个活跃、公开、公平的市场；二是必须有一个近期、可比的交易对照物。

这种方法最大的困难在于执行，因为对市场定义不同，所产生的市场占有率也就不同，且品牌的获利情况和市场占有率、普及率、重复购买率等因素并没有必然的相关性。这些市场资料虽然有价值，但对品牌的财务价值的计算上却用处不大。同时，我国目前还没有一个品牌交易的市场，品牌交易成功只是买卖双方协商的结果搜集，而且某一个品牌的实施许可、使用权转让受其他品牌交易影响不大，被评估的资产的参照物及可比较的指标、技术参数资料也相当困难，还没有人专门从事这类工作，这些都使得用市价计量法评估品牌的价值在目前几乎很难行的通。

（3）收益计量法

收益法又称收益现值法，是通过估算未来的预期收益（一般是“税后利润”指标），并采用适宜的贴现率折算成现值，然后累加求和，借以确定品牌价值的一种方法。其主要影响因素有：

① 超额利润；

② 折现系数或本金化率；

③ 收益期限。

它是目前应用最广泛的方法，因为对于品牌的拥有者来说，未来的获利能力才是真正的价值，试图计算品牌的未来收益或现金流量。因此该种方法通常是根据品牌的收益趋势，以未来每年的预算利润加以折现，具体则是先制订业务量（生产量或销售量）计划，然后根据单价计算出收入，再扣除成本费用计算利润，最后折现相加。

在对品牌未来收益的评估中，有两个相互独立的过程，第一是分离出品牌的净收益；第二是预测品牌的未来收益。

收益法计算的品牌价值由两部分组成，一是品牌过去的终值（过去某一时间段上发生收益价值的总和），二是品牌未来的现值（将来某一时间段上产生收益价值的总和）。其计算公式为这相应两部分的相加。

然而，对于收益计量法，存在的问题是：其一是它在预计现金流量时，虽然重视了品牌竞争力的因素，但没有考虑外部因素影响收益的变化，从而无法将竞争对手新开发的优秀产品考虑在内，而且我们无法将被评估品牌的未来现金流量从该企业其他品牌的现金流量中分离出来，因为他们共享一个生产、分销资源；其二是贴现率选取和时间段选取的主观性较大；其三是在目前情况小，不存在评估品牌的市场力量因素。

（4）十要素综合评估法

此方法是由大卫·艾克提出的，他通过对涉及品牌的诸多要素而将其分为 5 组 10 类，并作了新的综合，从而提出了“品牌资产评估十要”的指标系统。该评估系统兼顾了两套评估标准：基于长期发展的品牌强度指标，以及短期性的财务指标。这 5 个组别，前 4 组代表消费者对品牌的认知，该认知系根据品牌资产的 4 个面相：忠诚度、品质认知、联想度、知名度。第 5 组则是两种市场状况，代表团来自于市场而非消费者的信息。

2.4 设备综合评价

2.4.1 设备性能评价

① 生产性（产品产量，吨/日）。
② 可靠性（成品率，%）。
③ 安全性（安全装置自动化程度）。
④ 节能性（单位产品耗电量，度/吨）。
⑤ 耐用性（寿命期，年）。
⑥ 维修性（维修难易程度）。
⑦ 环保性（有无消声装置和废水处理装置）。
⑧ 成套性（附件）。
⑨ 灵活性（机械装置）。
以上几方面进行综合考虑。

2.4.2 设备综合评价

设备综合评价包含设备性能（技术）、经济性、管理等几方面综合考虑。

思 考 题

1. 已知某现金流量如表 2-22 所示，试求其现值、终值和年值。

2. 设有两种可供选择的设备方案 1 和方案 2，它们是互斥方案，均能满足同样的工作要求，其有关数据如表 2-22 所示，若 $i_c=12\%$，试选择最优方案。

表 2-22 两方案的原始数据表 单位：万元

项目 / 方案	投资（寿命期初投入）	年经营成本	净残值	使用寿命/年
方案一	3000	2000	500	3
方案二	4000	1600	100	5

3. 互斥方案 A、B、C、的现金流量表如表 2-23 所示，若 $i_c=10\%$，试选择最优方案。

表 2-23 互斥方案 A、B、C、的现金流量表 单位：万元

年份 / 方案	0	1	2	3	4
A	−300	120	150	150	180
B	−160	90	100	100	120
C	−140	80	85	85	100

4. 两个寿命不等的互斥方案，其现金流量如表 2-24 所示，若 $i_c=10\%$，试选择最优方案。

表 2-24 各方案现金流量表 单位：万元

年份 / 方案	0	1	2	3	4	5
1	−250	80	80	80	80	80
2	−180	55	55	55	55	

5. 某工程项目设计方案的现金流量如表 2-25 所示。设基准收益率为 10%。

表 2-25　某工程项目设计方案的现金流量　　单位：万元

年份	年收入	年支出	年份	年收入	年支出
0	0	100	3	100	5
1	5	20	4	100	5
2	25	5	5	100	5

要求：

(1) 画出现金流量图；

(2) 计算该方案的净现值、净现值比率；

(3) 计算该方案的内部收益率；

(4) 若基准投资回收期为 4 年，试判断该方案是否可行。

6. 现有 A、B 两套方案，其现金流量如表 2-26 所示。设 $i_0=12\%$，基准投资回收期为 3 年。

表 2-26　各方案的现金流量表　　单位：万元

年份	方案 A	方案 B	年份	方案 A	方案 B
0	−10000	−1000	3	5000	300
1	5000	100	4	5000	400
2	5000	200	5	5000	500

试求 A、B 方案的如下内容：

(1) 净现值；

(2) 静态和动态投资回收期；

(3) 内部投资收益率，并判断项目是否可行。

7. 某化工厂在进行技术改造时，备选两个方案技术经济数据如表 2-27 所示，若折现率为 10%，请选择最佳方案。

表 2-27　各方案的现金流量表　　单位：万元

年份	方案 A	方案 B	年份	方案 A	方案 B
0	−100	−80	5	50	42
1	50	42	6	50	42
2	50	42	7	50	42
3	50	42	8	50	42
4	50	42			

8. 某工厂生产一种化工原料，设计生产能力为月产 6000 吨，产品售价为 1300 元/吨。每月的固定成本为 145 万元。单位产品变动成本为 930 元/吨，试分别画出月固定成本、月变动成本、单位产品固定成本、单位产品变动成本与月产量的关系曲线，并求出以月产量、生产能力利用率、销售价格、单位产品变动成本表示的盈亏平衡点。

9. 加工某种产品有两种备选设备，若选用设备 A 需初始投资 20 万元，加工每件产品的费用为 8 万元；若选用 B 需初始投资 30 万元，加工每件产品的费用为 6 万元。假定任何一年的设备残值均为零，试回答下列问题：

(1) 若设备使用年限为 8 年，基准折现率为多少时选用设备 A 比较有利？

(2) 若设备使用年限为 8 年，年产量 13000 件，基准折现率在什么范围内选用设备 A 比较有利？

(3) 若年产量 15000 件，基准折现率为 12%，设备使用年限多长时选用设备 A 比较有利？

第3章　设备作为系统的基本理论

3.1　系统概述

（1）系统的概念

系统是由互相关联的，多个元素集合而成的，是指具有整体性、关联性、动态性、有序性、目的性并具有特定功能的有机整体。系统有自然结合的人体系统、半自然结合的社会系统，以及人为组合的工业系统、管理系统等。宇宙中太阳系、飞机、机床、各种规章制度、组织体系都是一个系统。

（2）系统的特征

① 集合性。系统是由两个或两个以上可以相互区别的元素组合而成。这些元素不是简单的组合，而是按照系统特定的目的有秩序地组合而成，从微观上来分析每个部分的每个元素都有各自独立的特性，而在宏观上又是一个统一整体不可分割，作为一个整体来体现其特有的存在作用。

② 相关性。是指系统中各个元素之间具有相互依存、相互作用和相互制约的关系。

③ 目的性。每一个系统的建立都是取决于它的存在性价值，所以每一个系统都要有明确的目的性体现，例如一个组织系统的建立可能是为了完成某项工程，一个技术系统的建立，其目的是达到给定的性能指标等。

④ 整体性。整体性就体现在总系统的目标是分系统目标的总和，这说明具有独立功能的各个分系统以及它们之间的关系和分布，只能按照一定的逻辑统一和协调于总系统的整体之中，任何一个分系统不能脱离开整体去研究。系统的总体性应解决在系统的目标下的任务。

⑤ 适应性。系统存在于环境中，任何一个系统与外部环境隔绝都将丧失生命力。对于企业要了解掌握商品市场动态、物资货源情况、技术资料信息等，以不断适应外界环境的变化，完成生产工作。能够与外部环境经常保持最佳状态的系统是理想系统，不能适应外部环境变化的系统是没有生命力的。因此就如同达尔文的生物进化论——适者生存，系统也是需要随着外界的发展而进行适当的调整，以一当十和一成不变的系统设计原则在这里是行不通的。

3.2　系统工程概述

（1）系统工程的概念和性质

系统工程是应用系统的观点，结合信息论、控制论、经济管理科学、技术管理科学、现代数学方法和电子计算机手段，为了更好地达到系统目标。它也是系统科学的一个分支，是系统科学的实际应用。可以用于一切有大系统的方面，包括人类社会、生态环境、自然现象、组织管理等，如环境污染、人口增长、交通事故、军备竞赛、化工过程、信息网络等。

系统工程大致可分为系统开发、系统制造和系统运用等 3 个阶段，而每一个阶段又可分为若干小的阶段或步骤。

按照系统开发的程序和方法去研究和建立最优化系统的一门综合性管理科学。

系统工程在学科上有自己的特殊性能，包括：①系统性；②综合性；③科学性；④实践性。

(2) 设备管理与系统工程

由于系统管理理论的出现及日趋成熟，给综合了设备的技术和经济许多方面的管理工作走向科学化、现代化提供了有利的条件和实践的可能。完全凭经验管理的时代已经过去，企业管理及设备管理都要求运用系统的方法研究和处理管理中出现的问题，要求运用线性规划、动态规划、库存、排队、模拟和计划网络等运筹学的模型对所研究的问题进行定量的系统分析、决策和优化。

(3) 系统工程在设备管理中的应用实例

天津化工厂设备大修理中系统工程的应用。

天津化工厂是生产盐酸、烧碱和聚乙烯等化工产品的一家化工厂。按照规定，全厂设备每年要进行一次停产检修。一般与天津化工厂同等规模的化工厂实现这样的设备停产大检修需要停产的时间至少为 7～10 天。但天津化工厂在 1987 年度的停产：检修时却只用了一天就完成了全部检修项目。据统计，天津化工厂在这一天完成的设备检修项目有 1007 项，共消耗钢材 237t，修理各种管道 8709m，花费资金 170 万余元。这样高速度、高效率的设备检修使企业的停产损失降低到最低限度（以全厂每天产值 30 万元计）。可减少停产损失产值 200 万元以上。

总结天津化工厂的设备停产检修管理经验，就是运用系统工程的观点和方法来进行设备检修的计划、准备和指挥调度，在资金，原材料、备品备件、施工设备，施工方案和人员配备等系列环节上进行系统的优化管理，从而使全厂的设备检修系统处于最佳。

3.3　系统的预测方法

预测是指预先推测或测定，或者是事前的推测与测定。

系统预测是根据已有的信息来进行推测，是根据客观的历史资料，进行逻辑推理，找出系统的发展规律，并以此为基础进行预测。

3.3.1　预测及其作用

21 世纪是一个崭新的世纪。伴随着信息、生物和新材料等高技术的迅猛发展，世界经济、产业格局正在发生重大变化，科技经济一体化趋势加强，科技日益成为经济和社会发展的决定性力量，发展高技术已成为各国变革经济结构的强大动力，成为国家战略制高点。

面对新的机遇和挑战，美国、日本、英国、德国和韩国等国家高度重视科技发展战略与政策的制定，积极开展技术预测和关键技术选择等前瞻性研究，以期把握未来科技发展趋势及其对经济和社会发展的影响，通过确定重点研发领域，构建符合未来发展的国家创新体系。与此同时，部分发展中国家也开展了技术预测研究，从本国实际情况出发，综合分析优势和劣势，确定研发重点，使有限资源得到优化配置和利用，力争在激烈的竞争中寻找发展之路。

技术预测是针对未来较长时期的科学、技术、经济和社会发展所进行的系统研究，其目标是确定具有战略性的研究领域，选择对经济和社会利益具有最大贡献的技术群。通过采用科学、规范的调查研究方法，综合集成社会各方面专家的创造性智慧，形成战略性智力，为正确把握国家的技术发展方向奠定基础。

3.3.2　预测的分类及特点

随着预测技术的不断发展，预测技术的种类繁多，分类的方法也各种各样，就预测的对象与内容分为：社会预测，科学技术预测，经济预测，环境预测，军事预测等；就预测的时间来分为：长期预测（一般五年以上），中期预测（一般三年左右）和短期预测（一年以内）。

根据预测内容的不同，采用的方法也不相同，一般可分为：

（1）定性预测

指利用直观材料，依靠经验的主观判断和分析能力，对未来的发展进行预测，常用的方法有专家座谈法、德尔菲法、主观概率法、相关分析法等。

（2）定量预测

根据历史数据，应用数理统计方法来预测事物的发展规律，或者利用事物内部发展因素的因果关系预测未来。定量预测往往不直接依靠人们的主观判断，而主要依靠充分的历史资料，计算出来事件可能出现的结果，因此一般说它比定性预测来得精准。

（3）综合预测

综合预测主要指两种以上方法的综合运用。这种综合有时是定性方法与定量方法的综合，它兼有定性预测和定量预测的长处。因此，预测的精度和可靠性较高。

在应用预测技术时，我们既要看到它的科学性，也要看到它的近似性和局限性。

3.3.3　常见的预测方法

（1）回归分析预测法

① 概述。处在一个系统中的各种变量。一般来说可以有两类关系：一种称函数关系，一种称相关关系，当事物之间具有确定关系，则变量间就表现为某种函数关系，即变量之间的关系可用确定的函数关系表达出来。但是有些事物，虽然它们之间有着密切的联系，却不能准确地用一函数确定其间的关系，回归分析法就是处理变量间这种相关关系的重要方法。

具有相关关系的变量，虽不能用准确的函数把它们之间的关系表达出来，然而却可以通过对大量实验数据的统计分析，找出各相关因素的内在规律，从而近似地确定出变量间的函数关系，这就是回归分析法的基本思想与方法。

因此它是以大量统计数据为基础，寻求出事物变化的因果关系而进行预测的一种数理统计方法。它不仅提供了建立变量间关系的数学表达式——通常称为经验公式的一般方法，而且帮助实际工作者如何去判明所建立的经验公式的有效性，以及如何利用所得到的经验公式去达到预测、控制等目的。因此，回归分析法得到越来越广泛的应用，而方法本身也在不断丰富和发展。

本节我们将详细地讨论一元线性回归。

② 一元线性回归分析法

a. 回归方程的建立。运用回归分析法进行预测的关键是建立回归方程，在一元线性回归分析里，我们要考察的是：随机变量 Y 与一个普通量 X 的联系。

对于有一定联系的两个变量：X 和 Y，在观测或实验中得到若干对数据。

$(X_1,Y_1),(X_2,Y_2),\cdots,(X_N,Y_N)$ 的基础上，用什么方法来获得这两个变量之间（Y 对 X）的经验公式呢？为说明问题先分析一个例子。

例 1　某地工业部门要求预测 1990 年轻工产品的销售总额。根据初步分析，销售总额直接同本地区的职工工资总额有关，现已知 1975 年至 1985 年逐年的产品销售总额和职工工资总额的数据。如表 3-1 所示，同时对本地区职工工资总额可能增加的比率做了测算。预计 1990 年比 1985 年增加 30%。要求应用回归分析法进行预测。

表 3-1　销售总额和职工工资总额

年　　份	1975	1976	1977	1978	1979	1980
年销售总额 Y(10 万元)	19.5	22.2	24.9	25.2	29.1	34.5
职工工资总额 X(10 万元)	61	75	94	107	146	174
年　　份	1981	1982	1983	1984	1985	平均值
年销售总额 Y(10 万元)	41.1	46.2	53.1	61.55	66.9	38.6
职工工资总额 X(10 万元)	211	244	298	349	380	1945

我们希望能从上述历史数据中，首先找出 X，Y 的关系式，然后利用已找到的规律——回归方程，来进行预测。

如果我们把表所给出的 11 对数据标在一直角坐标系中，这 11 对数据就分别对应到平面上的 11 个点。此图我们称它为散点图（略）。散点图可以帮助我们粗略地了解用什么形式的函数来描述 Y 与 X 的关系较为合适。这些点虽然是散乱的，但大体上散布在某条直线的周围，也就是说年销售总额大体上与职工工资总额成线性关系：

$$\hat{Y}=a+bX \tag{3-1}$$

这里，在 Y 上加符号是为了区别于 Y 的实际值，因为 Y 与 X 之间一般不具有函数关系。在散点图的启示下，我们就可以确定回归方程的形式是线性的，可以用（3-1）式来表示，要完全确定该方程，只需确定式中的 a 和 b。这里我们将 a，b 通常叫做回归系数。

为了使预测线（回归直线）上的预测值更加接近于实际值，要求拟合直线应尽可能地通过各个数据点，或尽可能地接近各个点、使它们的总偏差值最小，这就是确定回归方程系数 a，b 值的根据。

偏差值（δ）就是实际值 Y_i 同预测曲线上的预测值 Y_i 在 Y 轴上的偏差。

δ 值可能有三种情况：实际点在回归线上，则 $\delta=0$；实际点在回归线的上部，则 $\delta>0$；实际点在回归线的下方，则 $\delta<0$，这样求得各数据点的总偏差为：

$$\sum_{i=1}^{m}\delta_i=\delta_1+\delta_2+\cdots+\delta_i+\cdots+\delta_n \tag{3-2}$$

由于各点偏差有正有负，为了避免求和过程中正负相消，从而反映不出总偏差的真实状况，因此提出了偏差平方和的概念，即令：

$$Q=\sum_{i=1}^{n}\delta_i^2 \tag{3-3}$$

已知 $\delta_i=Y_i-\hat{Y}_i$ 将其代入上式

则

$$Q=\sum_{i=1}^{n}(Y_i-\hat{Y}_i)^2 \tag{3-4}$$

再将预测值 $r_i=a+bX_i$ 代入上式得

$$Q = \sum_{i=1}^{n}[Y_i - (a + bX_i)]^2 \tag{3-5}$$

式中，Y_i，X_i 为已知的数据点坐标。因此（3-3）式所表示的总偏差平方和这个量是随直线的不同而不同，即随不同的 a 与 b 而变化，也就是说它是以 a,b 为变量的二元函数，记为 $Q(a,b)$，即有：

$$Q(a,b) = \sum_{i=1}^{n}[Y_i - (a + bX_i)]^2 \tag{3-6}$$

为了使总偏差平方和最小，只需令二元函数 $Q(a,b)$ 的两个偏差导数为零。

有：

$$\frac{\partial Q}{\partial a} = -2\sum_{i=1}^{n}(Y_i - a - bX_i) = 0$$

$$\frac{\partial Q}{\partial b} = -2\sum_{i=1}^{n}(Y_i - a - bX_i)X_i = 0$$

解上式即得：

$$a = \overline{Y} - b\overline{X} \tag{3-7}$$

$$b = \frac{n\sum(X_iY_i) - X\sum Y_i}{\sum X_i^2 - X\sum X_i} \tag{3-8}$$

$$\overline{X} = \frac{1}{n}\sum X_i Y = \frac{1}{n}\sum Y_i (4-16) \tag{3-9}$$

$$\overline{Y} = \overline{Y} - b(\overline{X} - X) \tag{3-10}$$

为了利用公式计算 a，b 值，通常列表计算如表 3-2 所示。

表 3-2　列表计算值

年　份	商品销售额 Y	工资总额 X	XY	X^2	Y^2
1975	19.5	61	1189.5	3721	380.3
1976	22.2	75	1665.0	5625	492.8
1977	24.9	94	2430.6	8836	620.0
1978	25.2	107	2696.4	11449	635.0
1979	29.1	146	4248.6	21316	846.8
1980	34.5	174	6003.0	30276	1190.3
1981	41.1	211	8672.1	44821	1689.2
1982	46.2	244	11272.8	59836	2134.4
1983	53.1	298	15823.8	88804	2816.6
1984	61.5	349	21463.5	121801	3782.3
1985	66.9	380	25422.0	144400	4475.6
$\sum$	$\sum Y=424.2$ $\overline{Y}=38.6$	$\sum X=2139$ $\overline{X}=194.5$	$\sum(X,Y)=100797$	$\sum X^2=540285$	$\sum Y^2=19063.3$

$$b=(11\times100797-424.2\times2139)/[11\times540285-(2139)^2]=0.147$$

$$a=38.6-0.147\times194.5=10$$

将 a，b 值代入方程得回归方程为：

$$Y=10+0.147X$$

这里回归系数 b 等于 0.147，它的意义是：职工工资总额每增加一个单位，商品销售总额平均增加 0.147 个单位。

b. 进行相关性检验。建立了上述回归方程后，是否就可用它来进行预测和控制呢？要注意的是，我们从任意一组数据（X_1,Y_1），（X_2,Y_2），…，（X_N,Y_N）出发，建立起回归方程，但是 Y 和 X 是否真有近似的线性关系呢？还没有判明，因此，首先要判别 Y 与 X 之间是否近似线性相关。只有确实判明了 Y 与 X 间具有近似线性关系后，才能用线性回归方程进行预测。

为了判别 Y 与 X 的线性相关程度，我们这里采用相关系数检验法——即根据已知数据求一个相关系数 γ（γ 的具体推理复杂，故略去）。然后根据 γ 的大小来进行判定，通常把它叫做相关性检验。

相关系数 γ 的计算公式为：

$$\gamma=\frac{n\sum(xy)-\sum x\sum y}{\sqrt{[n\sum X^2-(\sum x)^2][n\sum y^2-(\sum y)^2]}} \tag{3-11}$$

γ 值的大小，反映了 y 与 x 的线性相关程度，其值一般为 $-1<\gamma<1$，γ 符号的正负决定回归直线的趋向。

当 $\gamma\approx1$ 或 $\gamma\approx-1$ 时，y 与密切线性相关。

为了保证回归方程最低程度的线性关系，要求计算出的 γ 值大于最低数值 γ_a（也叫临界值），这个最低值 γ 就是相关性检验的标准，可通过查表 3-3 找出，表给出了部分 γ_a 值。

表 3-3　相关系数 γ_a

$f=n-2$	$\alpha=0.005$	$\alpha=0.01$	$f=n-2$	$\alpha=0.005$	$\alpha=0.01$
5	0.754	0.874	20	0.423	0.537
6	0.707	0.834	21	0.413	0.526
7	0.666	0.798	22	0.404	0.515
8	0.623	0.765	23	0.396	0.505
9	0.602	0.735	24	0.388	0.496
10	0.576	0.708	25	0.381	0.487
11	0.553	0.684	30	0.349	0.449
12	0.532	0.661	35	0.325	0.438
13	0.512	0.641	40	0.304	0.393
14	0.497	0.632	45	0.286	0.372
15	0.482	0.606	50	0.273	0.354
16	0.468	0.590	100	0.195	0.254
17	0.456	0.575	200	0.138	0.181
18	0.444	0.561	300	0.113	0.148
19	0.433	0.549	1000	0.062	0.081

表内 α 叫显著性水平或检验水平，α 越小表示要求判断错误的概率越小，也就是要求检验水平越严格，一般取 $\alpha=0.01$，0.02，0.05，0.10 几种情况，显然：$100\times(1-\alpha)\%$就代表 Y 与 X 线性相关关系的置信水平，如 $\alpha=0.05$ 时，置信水平为：$100\times(1-0.05)\%=95\%$。

表中的 f 叫自由度，它等于数据点个数减回归方程的变量数（本例为 $f=n-2$），当我们选定好检验水平 α（例如等于 0.05）并算出 $f=n-2$ 后，便可查表 3-3，找出对应的临界值 γ_a，然后再与计算出的 γ 值进行比较，若有：$|\gamma|>\gamma_a$ 就表示 y 与 x 之间存在满足检验水平 α 的线性相关关系——线性相关性检验通过。如果 $|\gamma|<\gamma_a$ 就认为线性相关检验不通过，此时的原因可能有如下几种：影响 y 的除 x 外，还有其他不可忽略的因素；y 与 x 的关系不是线性的，而是存在着其他关系；y 与 x 相关。

遇到这种情况，当然不能利用回归方程进行预测了，（如果 $|\gamma|=\gamma_a$，有时可以放宽检验水平，即取较大的 α，以通过线性相关性检验，当然这要看具体要求而定）。

现就本例进行相关性检验：

$$\gamma=\frac{11\times100797-2139\times424.2}{\sqrt{(11\times540285-2139)^2(11\times19063.3-424.2^2)}}$$

查表：$f=n-2=11-2=9$，若取 $\alpha=0.05$ 查表 3-3 可得 $\gamma_2=0.602$，那么有：$\gamma(0.998)>\gamma_a(0.602)$ 即：线性相关检验通过。

c. 利用回归方程进行预测，并确定置信区间。

所建立的回归方程通过线性相关检验后，即可用它来进行预测。

仍以上题为例。

已知 1990 年工资总额为 1985 年的 130%，刚 1990 年的工资总额为

$$3800\text{ 万元}\times130\%=4940\text{ 万元}$$

将 1990 年工资总额代入预测回归方程就可预测出 1990 年产品销售总额为：

$$y=10+0.147\times494=82.6(10\text{ 万元})$$

但是人们在进行预测时，常不以得到近似的预测值为满足，还需要估计误差，要求更确切地知道近似值的精确程度，即所求真值所在的范围。并希望知道这个范围包含真值的可靠程度，这样的范围通常用置信区间的形式给出，同时还要给出此区间的置信度，当 n 很大，预测值的置信度为 95%时的置信区间（又称预测区间）可近似地取为：

$$(y-2\delta,y+2\delta)$$

式中，δ 为标准离差：

$$\delta=\sqrt{\frac{1}{n-2}\sum(y-y)^2} \tag{3-12}$$

或者

$$\delta=\sqrt{\frac{(1-r^2)[\sum y^2-(\sum y)^2/n]}{n-2}} \tag{3-13}$$

将本例的数据代入上式可得：

置信上限，$y_上=y+2\delta=82.6+2.2=84.8(10\text{ 万元})$

置信下限，$y_下=y-2\delta=82.6-2.2=80.4(10\text{ 万元})$

（2）时间序列预测法

时间序列就是按时间顺序排列的同一现象的数字序列，如工业部门按年度排列的年产量。商业部门按月份或季度排列的销售额等等，它们是日常经济工作中的统计数据，按时间序列分析就是根据预测对象的这些数据。利用数理统计方法予以处理，来预测事物发展趋势的一种方法，利用时间序列来预测事物的基本根据和思想是：

① 事物的发展总是同它的过去有着密切的联系，它的过去必然会延续发展到未来，因此利用它过去的时间序列数据进行统计分析，就能推测事物的发展趋势，做出定性预测。

② 在事物发展的过程中，往往存在一些随机因素的影响和干扰，为了消除事物发展的这种不规律性影响，这种方法把时间序列作为随机变量序列。运用数学平均或加权平均的方法，做出趋势预测。

由于事物影响发展因素很多，因此时间序列的组成形式十分复杂。大致可分为：长期趋势分量（T），季节性变动分量（S），周期性变动分量（C），随机变动分量（I），因此整个时间序列的适当模型为一复合形式，其模型为：

$$Y=T\times S\times C\times I$$

通过对预测目标本身的时间序列的处理，研究预测目标的变化趋势。包括平滑预测法、趋势外推预测模型等。

该法预测须具备的条件：一是预测变量的过去、现在和将来的客观条件基本保持不变，历史数据解释的规律可以延续到未来。二是预测变量的发展过程是渐变的，而不是跳跃式的或大起大落的。

（3）移动平均法

以过去某一段时期的数据平均值作为将来某时期的预测值的一种方法。该方法是用分段逐点推移的平衡方法对时间序列数据进行处理，找出预测对象的历史变动趋势，并据以建立预测模型。

$$F_{t+1}=\frac{1}{n}\sum_{i=t-n+1}^{t}x_i \tag{3-14}$$

为进行预测，需要对每一个 t 计算出相应的 F_{t+1}，所计算得出的数据形成一个新的数据系列。经过几次同样的处理，这种变化趋势较原始数据幅度变小。该法预测时，n 的选择很重要。n 值越小，表明对近期观测值预测作用越重视，预测值对数据变化反应速度也越快，但预测的修正程度较低，估计值的精度可能降低。反之亦然。n 值视序列长度和预测目标而定。实践中，可取多个 n 值，分别计算其预测误差，选择预测误差最小的那个 n 值。

（4）指数平滑法

该法是移动平均法的改进，其思路是在预测研究中，越近期越应受到重视。

简单指数平滑，也称一次指数平滑，适用于市场观测呈水平波动，无明显上升或下降趋势情况下的预测。

一次指数平滑值公式

$$y_t^{(1)}=ay_t+(1-a)y_{t-1}^{(1)} \tag{3-15}$$

其中，$y_t^{(1)}=y_t+1$　$y_{t-1}^{(1)}=y_t$

$$F_{t+1}=aY_t+(1-a)F_t \tag{3-16}$$

式中　F_{t+1}——$t+1$ 期时间序列的预测值；

Y_t——t 期时间序列的实际值；

F_t——t 期时间序列的预测值；

a——平滑常数（$0\leqslant a\leqslant 1$）。

① 两种极端情况。$a=1$，取本期观测值；$a=0$，取本期预测值。

② 一般，观测值成较稳定的水平发展，a 取值 0.1～0.3；观测值波动较大，a 取值 0.3～0.5；观测值波动很大，a 取值 0.5～0.8。

③ 初始值 F_0 的确定。当观测数据 20 个以上，初始值对预测结果影响较小，可用第一期的观测值代替，即 $F_0=X_1$；小于 20 个，可取前 3～5 个观测值的平均值代替，如 $F_0=(x_1+x_2+x_3)/3$。

前述预测公式只能预测一期，为适应更一般的情况，还有以下几种预测公式：

二次指数平滑值公式：

$$y_t^{(2)}=ay_t^{(1)}+(1-a)y_{t-1}^{(2)} \tag{3-17}$$

二次指数平滑法预测值公式：

$$\hat{y}_{t+T}=a_t+b_tT \tag{3-18}$$

参数估计公式：

$$a_t=2y_t^{(1)}-y_t^{(2)}$$

$$b_t=\frac{\alpha}{1-\alpha}[y_t^{(1)}-y_t^{(2)}] \tag{3-19}$$

(5) 趋势外推法

① 线性模型

a. 模型：$\hat{y}=a+bt$。

b. 曲线特征：曲线上的纵坐标呈现出一次差分（逐期增长量）大致相等。

c. 参数估计方法：参见回归模型和平滑法。

② 非线性模型

a. 二次抛物线：$\hat{y}_t=a+bt+ct^2$，曲线上的纵坐标呈现出二次差分（二级增长量）大致相等。

b. 指数曲线：$\hat{y}_t=ab^t$，曲线上点的纵坐标呈现出逐期环比系数相等，即环比速度为一常数。因此它适用于时序环比速度大体相等的预测目标。

c. 三次抛物线：$\hat{y}_t=a+bt+ct^2+dt^3$，曲线上的纵坐标呈现出三次差（三级增长量）相等。所以，二次抛物线适用于三级增长量大体相等的预测目标。

d. 修正指数曲线：$y_t=k+ab'$，其中，k、a、b 是待估参数，且可 $k>0$，$a<0$，$0<b<1$。修正指数曲线用于描述这样一类现象：初期增长迅速，随后增长率逐渐降低，最终则以 K 为增长极限。

e. 双指数模型：$y_t=ka^{b^t}$，初期增长缓慢，以后逐渐加快，当达到一定程度后，增长率又逐渐下降，最后接近一条水平线。该曲线的两端都有渐进线，其上渐进线为 $Y=K$，下渐进线为 $Y=0$。该曲线多用于新产品的研制、发展、成熟和衰退分析，工业生产的增长、产品的寿命周期、一定时期内人口增长等现象也适合该曲线。

f. 皮尔曲线：$y_t=\frac{1}{k+ab^t}$，倒数的一阶差分的环比大致为一常数。描述耐用消费品的普及过程，以及技术的发展过程等。

3.4 系统工程的决策

3.4.1 概述

(1) 决策的作用

所谓决策就是为实现某一目的。经过调查研究，根据实际与可能，拟定多个可行方案，运用科学方法，选定最佳方案的全过程。或者说，决策就是决策者经过各种考虑和比较之后，对应当做什么和应当怎样做所作的决定。广义地讲，任何一个人对所从事的工作，都在经常不断地作出各种决定，因此决策是人类社会的一种重要活动，关系到人类生活的各个环节和领域，人和集体的各种行动和行动方式，都要受决策的支配，所以决策是行为的基础，正确的决策产生正确的行动，取得最佳的效果：错误的决策产生错误的行动和不好的效果。在同样条件下，决策水平不同得出的结果也不同。在有利时机，决策不当也会造成失败；不利时机，决策正确也会取得胜利，所以，决策是否正确，是否合理，小则关系到能否达到预期的目的，大则决定企业的成败，关系到部门、地区以至全国经济的盛衰，甚至会给国家的政治、经济造成巨大的损失。

在企业管理中，管理的关键在于决策。决策贯穿于经营管理工作的各个方面，它包括战略性的经营决策，战术性的资源开发利用决策，以及生产技术管理和设备的选型，配套方面的决策等。因此，决策是企业管理人员经常面临的，不可缺少的工作。作为一个企业的领导，在社会事义经营方针指导下，如何根据国家计划的要求和国内外市场需求，从全局出发，应用决策科学的理论和方法，集中各方面的意见和建议，及时做出科学的决策，作为企业的一般管理人员，应熟练掌握和运用决策技术，在复杂情况下，提供可行的备选方案和必要的定量数据，协助领导作出正确的决策，这是当前企业管理工作的重要任务。

随着科学技术的高度发展和经济建设规模的空前庞大，需要决策的问题非常复杂，时间紧迫，要求又高，涉及的问题面又宽，光凭经验决策是很不够的，必须运用科学的决策技术帮助决策者作出正确、及时的决策，为此，必须掌握决策对象的规律，占有必要的资料和信息；熟悉决策的技术和方法；遵循必要的决策程序和步骤，所有这些已成为高级管理人员的必修课程，得到了广泛的重视和应用。

（2）决策过程

决策过程是一个系统的逻辑分析与综合判断的过程。一般分以下几个阶段。

① 确定目的：决策就是要达到目的，所以确定目的是决策的前提，如果目的确定的不合适或不明确，将直接影响决策的正确性。目的的确定，必有正确的指导思想，要有全局观点，在调查确定的基础上，根据需要与可能，把长远利益和眼前利益结合起来考虑，目的应有主次之分，要尽可能具体明确，避免抽象、含糊。

② 收集信息和预测：要进行决策，必须尽可能地收集与决策有关的各种信息，信息是否充足及其可靠，直接影响决策的准确性，如果收集的信息都是过去和现在的数据，决策所需要的条件和环境又存在不少随机因素，就必须根据已收集的信息进行对未来的预测，预测能为决策提供科学的根据，因此，要用各种预测技术，为决策提供尽可能多的来来信息，这样才能有效地提高决策质量。

③ 拟定各种可行方案：根据决策的目的和具备的信息，就可以拟定可行方案，要从各个角度提出各种可行方案，作为备选方案，方案拟定时要深刻了解对实现目的起决定性作用和限制作用的因素，了解得越清楚，方案拟定的可行性越大。

制定可行方案，一般要进行可行性研究和系统分析，在分析研究过程中一定要遵循整体和局部相结合，长远和当前相结合，系统外部和内部相结合，定性和定量相结合的原则。要强调经济效益，要讲究投资效果，要做动态分析。

④ 预测可能发生的自然状态（决策时不以人们意志为转移的状态）：计算不同方案在不同自然状态下的收益值（或损失值）。编制决策收益表（或损失表）。

⑤ 选择最佳方案：以决策收益表为根据，运用不同的决策方法、选择最佳方案，这就基本上完成了决策。

⑥ 控制决策效果：决策付诸行动以后，可能按照预料的那样成功的进行，也可能出现未曾预料的问题，因此需要随时掌握决策执行中的情况，采取各种应急措施来对付可能发生的问题，不断做出符合实际情况的修正决策。所以要建立控制制度和报告制度，以保证决策的实施。

（3）决策的分类

① 按性质的重要程度分类，将决策分为战略决策、策略决策和执行决策。

② 按决策过程的连续性分类，可分为单项决策和序贯决策。

③ 按定量和定性分类，分为定量决策和定性决策。

④ 按决策环境分类，分为确定型、不确定型和风险型。

决策分析着重研究风险型和不确定型决策。

3.4.2 概率决策方法

概率决策是一切决策方法的基础，只有掌握它才能做出最佳的决策。

(1) 条件概率和独立事件

例 2 某种产品可由 A、B、C 三种不同的机床进行加工，已知机床 A 的次品率为 2%，机床 B、C 的次品率分别为 5% 和 3%；每天生产的产品中，机床 A 的产品占 50%，B 占 30%，C 占 20%。

当产品出售给某零售商时，他抽查到次品的概率为各个机床次品率的加权平均值，若以 $P(\mathrm{D})$ 表示这个概率，则有

$$\begin{aligned} P(\mathrm{D}) &= (0.5)(0.02)+(0.3)(0.05)+(0.2)(0.03) \\ &= 0.031 \end{aligned}$$

也就是说当不清楚产品是哪台机床生产出来时，上述关于次品率 3.1% 才是合用的，如果我们另外还可知道有关产品是哪台机床生产的，那么概率就应为：

如果产品是由机床 A 加工的：$P(\mathrm{D})=0.02$

如果产品是由机床 B 加工的：$P(\mathrm{D})=0.05$

如果产品是由机床 C 加工的：$P(\mathrm{D})=0.03$

这些概率就称为条件概率。

我们可以如下定义条件概率：

给定两个事件 A 和 B，且 $P(\mathrm{A})>0$，那么 A 已发生的条件下，事件 B 发生的概率可写成：

$$P(\mathrm{B/A})=P(\mathrm{AB})/P(\mathrm{A})$$

如果存在一种无论 A 事件是否发生，B 事件均发生，也就是说如果 $P(\mathrm{B/A})=P(\mathrm{B})$ 成立，即说明 A 对 B 没有影响，那么代入公式得：

$$P(\mathrm{B})=P(\mathrm{AB})/P(\mathrm{A})$$

即：

$$P(\mathrm{AB})=P(\mathrm{A})P(\mathrm{B})$$

此时称 A 与 B 是相互独立的事件。

以上题为例可算出检查到一个由机床 A 加工的产品的次品率为：

$$P(\mathrm{B/A})=\frac{P(\mathrm{BA})}{P(\mathrm{A})}=\frac{(0.5)(0.02)}{(0.5)}=0.02$$

那么 A 的正品率为：

$$P(\mathrm{G/A})=\frac{P(\mathrm{GA})}{P(\mathrm{A})}=\frac{(0.5)(0.98)}{(0.5)}=0.98$$

(2) 贝叶斯定理

例 3 已知居民中女性占 51%，男性占 49%，而男性中有 1%、女性中 0.5% 是酒徒，要问随机选取一人，此人为酒徒的概率是多少？

为了方便，采用下列记号，F=女性，M=男，A=酒徒，例题告诉了我们下列信息。

$$P(\mathrm{F})=0.51 \qquad P(\mathrm{M})=0.49$$

$$P(\mathrm{A/F})=0.005 \quad P(\mathrm{A/M})=0.01$$

有：

$$\begin{aligned}P(\mathrm{A}) &= P(\mathrm{AF})+P(\mathrm{AM})\\ &= P(\mathrm{A/F})P(\mathrm{F})+P(\mathrm{A/M})P(\mathrm{M})\\ &= (0.005)(0.51)+(0.01)(0.49)\\ &= 0.745\%\end{aligned}$$

如果情况相反，已发现随机选取的人是一位酒徒，而我们要问此人是男性的概率应为多少？

注意，这里所考虑的事件与前面的性质相反，问题是已知某人是酒徒，而要求概率 $P(\mathrm{M/A})$，那么应有：

$$\begin{aligned}P(\mathrm{M/A}) &= \frac{P(\mathrm{MA})}{P(\mathrm{A})}=\frac{P(\mathrm{A/M})P(\mathrm{M})}{P(\mathrm{A})}\\ &= \frac{(0.01)(0.49)}{0.00745}=65.77\%\end{aligned}$$

它说明，如果随机选取的人是一位酒徒，那么有 65.77%的可能性此人是男性，原来男性概率为 49%，女性的概率为 51%，而在随机事件（选取的是一个酒徒）已发生的基础上这两个概率现在应分别为 65.77%和 34.23%。

上述两种概率分别称先验概率和后验概率，确定后验概率的方法是由贝叶斯定理（Bayes theorem）形式给出的。

设 $\mathrm{A}_1,\mathrm{A}_2,\cdots,\mathrm{A}_N$ 是样本空间 s 内互不相容且分组穷举的事件，$P(\mathrm{A}_1)$，$P(\mathrm{A}_2)$，…，$P(\mathrm{A}_N)$ 是它们的先验概率，B 为样本空间内的某一事件。则当事件 B 已发生后，事件 A_1，A_2，…，A_N 的后验概率为：

$$P(\mathrm{A}_i/\mathrm{B})=\frac{P(\mathrm{B/A}_i)P(\mathrm{A}_i)}{\sum\limits_{i=1}^{n}P(\mathrm{B/A}_r)P(\mathrm{A}_r)}\quad(i=1,2,\cdots,n)\tag{3-20}$$

例 4　在例 2 中的 A、B、C 三台机床已加工了一批产品。已知从这批产品中随机抽取的一个样品为次品，要问这个次品是由机床 A 或 B 或 C 加工的概率各为多少？

以 D 表示抽到的产品为次品：

$$\begin{aligned}&P(\mathrm{A})=0.5,\ P(\mathrm{B})=0.3,\ P(\mathrm{C})=0.2\\ &P(\mathrm{D/A})=0.02,\ P(\mathrm{D/B})=0.05,\\ &P(\mathrm{D/C})=0.03\end{aligned}$$

现要求概率 $P(\mathrm{A/D})$，$P(\mathrm{B/D})$ 和 $P(\mathrm{C/D})$。

可得：

$$\begin{aligned}P(\mathrm{A/D}) &= \frac{P(\mathrm{AD})}{P(\mathrm{D})}\\ &= \frac{P(\mathrm{D/A})P(\mathrm{A})}{P(\mathrm{D/A})P(\mathrm{A})+P(\mathrm{D/B})P(\mathrm{B})+P(\mathrm{D/C})P(\mathrm{C})}=0.323\end{aligned}$$

$$P(\mathrm{B/D})=\frac{P(\mathrm{D/B})P(\mathrm{B})}{P(\mathrm{D})}=\frac{0.015}{0.031}=0.484$$

$$P(\mathrm{C/D})=\frac{P(\mathrm{D/C})P(\mathrm{C})}{P(\mathrm{D})}=\frac{0.006}{0.031}$$

在这类问题中，虽然起初我们很可能判断这个次品是由机床 B 加工的，但机会亦仅为 48.4%。

（3）利用期望值决策

如果具备了完全的信息后再作决策是很容易的，但是现实问题总是面临在信息还不完全时需要作出选择、表示赞同、进行推断等情况，我们通常试图用过去的经验和良好的判断力来弥补信息上的不完全，下述过程类似于建立一个概率模型。

我们将应用期望值作为进行决策的手段，如果 x 是一个离散的变量，它的概率质量函数为 P_x，x 的期望值 $E[x]$ 定义为

$$E[x]=\sum_{x\in S}xP_x \tag{3-21}$$

其中，s 是随机变量 x 取值的集合（为简单起见，在本节中我们仅用到离散型随机变量，关于连续型随机变量同样可提出类似于本节所讨论的问题）。

在许多情况中，随机变量的概率分布是被清楚地指明的，但在很多其他情况中，这些概率值则由决策者运用他过去的经验或他可依赖的任何其他手段来提供，现举以下例子。

例 5　现有 500000 张 1.00 美元的彩票售出，有头等奖一个，奖金为 100000 美元，二等奖一个，奖金为 50000 美元，三等奖一个，奖金为 20000 美元，四等奖三个，奖金各为 5000 美元。要问购一张彩票的利润值是多少？

一张彩票可能获得的利润是

头等奖（100000－1)＝99999 美元

二等奖（50000－1)＝49999 美元

三等奖（20000－1)＝19999 美元

四等奖（5000－1)＝4999 美元

假设全部 500000 张彩票中奖的机会都是相等的，获得各种利润率为：

头等奖$\frac{1}{500000}$

二等奖$\frac{499999}{500000}\times\frac{1}{499999}=\frac{1}{500000}$

三等奖$\frac{499999}{500000}\times\frac{499998}{499998}\times\frac{1}{499998}=\frac{1}{500000}$

我们应注意到，一张彩票如在第 n 次被抽到，则它在前 $n-1$ 次都未被抽到，我们发现，不管 n 值为多少，彩票在第 n 次被抽到的概率都为$\frac{1}{500000}$，因而利润的概率分布可给出如表 3-4 所示。

表 3-4　利润的概率分布

利润/美元	概　　率	利润/美元	概　　率
99999	1/500000	4999	3/500000
49999	1/500000	−1	499994/500000
19999	1/500000		

计算它的期望值得：

$$E[\text{利润}]=(99999+49999+19999+3\times4999)\times\frac{1}{500000}+(-1)\times\frac{499994}{500000}=-0.63\text{ 美元}$$

此结果说明，对于购买彩票者是不合算的。

既然如此，人们为什么还要去买彩票呢？

答案就在与效用函数的概念，购买一张彩票在大损失仅为 1.00 美元。如果购买者中了任意奖，利润都是非常巨大的，因此，当人们购买彩票时，所做的决策是出于对效用主观估

计而不是出于利润的概率结构，效用函数是因人而异的，有这方面感兴趣的读者，可参考更深刻的书籍。

例 6　12 月 23 日 L 先生想到他还必须给他的妻子购买一件圣诞节礼物，他所选中的礼品现有两种形式，普通形式的售价 27.95 美元，高级形式的售价 39.95 美元，一般来说，到最后一天很可能会削价，这位先生估计在 12 月 24 日再购买普通形式削价为 25.95 美元的可能性有 50%。然而如果他等到 24 日再购买，那么他亦可能会买不到价廉的那一种，这将迫使他去购买价高的形式，他估计这种可能性为 20%，在这种情况下，他应采取的正确的决策是什么？

如果 L 先生决定等到 12 月 24 日，他将支付

25.95 美元，其概率为 0.5

27.95 美元，其概率为 0.3

39.95 美元，其概率为 0.2

与现销价 27.95 美元相比，他将节省

+2.00 美元，其概率为 0.5

0 美元，其概率为 0.3

−12 美元，其概率为 0.2

那么节省的期望值为：$2\times(0.5)-12\times(0.2)=-1.4$ 美元，显然，最好的选择应是立即购买礼品。

3.4.3　风险型决策

(1) 期望值法（略）。

(2) 决策树法

决策树，也称树型决策网络，是分析复杂风险问题，尤其是涉及序贯决策和时间价值因素风险问题的一种有效工具，因其具有多个方案分枝及每一方案相应的概率分枝的外貌形状而得名。决策树法，就是把各方案的损益值同决策树的每一分支形象化地联系起来，并估出各种可能发生的状态概率，根据各方案的损益期望值作出最佳决策。决策树法有利于决策者分清主次，把复杂的问题系统化，找出重点，最终作出科学的决策。

决策树技术的优点主要有：

① 利于决策者有次序、直观且周密地考虑各种情况和各种因素，逐步完成决策过程；

② 进行复杂的多级决策；

③ 利于集体讨论、集体决策。

决策树法在风险决策中的应用可分为单级决策和多级决策。若决策树只在根部有一个决策点，称为单级决策；当决策树不但根部有一个决策点，而且在树的中部也有决策点时，称为多级决策。

决策树法中常用的符号说明如下。

□　表示决策点，从决策点引出的每一分枝表示一个可供选择的方案 A_i；

○　表示状态点，从状态点引出的每一分枝表示一种可能发生的状态 S_i，分枝上标明了该状态发生的概率；

△　表示状态分枝末端，旁边标明了备选方案在该状态下的损益值。

计算时，在状态点上，计算方案的损益值期望值并标注出来；在决策点上，比较各方案的期望值，择优选择。如果损益值采用的是效益，应取期望值最大的方案；如果损益值采用

的是费用，应取期望值最小的方案。因此，决策树法的决策过程，是从树的末端开始向根部方向顺序进行的。

例 7 某企业计划开拓新产品，研制费估计 7 万元，新产品可能获得的利润取决于如下三种情况：

① 是否有竞争对手同本企业开展竞争；

② 本企业推销活动规模：大规模、正常规模或小规模；

③ 竞争对手采取的推销活动的规模：大规模、正常规模或小规模。

如果没有竞争对手，本企业采取大规模的推销活动，就能获得最大的利润，如果有竞争对手，开拓新产品的利润就决定于本企业和竞争对手所采取的推销活动的结果。现要求应用决策树作出新产品试制的决策，并计算出可能获得的经济效益。

首先，根据上述说明和市场调查研究的资料数据，画出决策树。(略)

第一次决策：企业是否开发新产品。如果不开发新产品，仍然维持老产品的生产，企业无新收益。如果开发新产品。这时企业就会面临两个状态：一是有竞争对手，概率为 0.6；一是无竞争对手，独家经营，概率为 0.4。

第二次决策是在两种状态下企业采取推销活动规模的决策：大规模、正常规模还是小规模。

a. 如果无竞争对手，本企业独家经营，本企业采用的推销活动可不受干扰和影响，不同规模的活动就会取得相应的效果。如采取大规模的推销活动就会获得最大的利润 20 万元。

b. 如果有竞争对手，则本企业采用推销活动规模的效果就会受到竞争对手所采用竞争对策的影响，从而不同规模活动所获得的利润会相应减小。本企业采取的三种推销规模，与竞争对手可能采取的三种对策活动的概率值和收益值。例如，若企业采用大规模的推销活动时，预测竞争对手采取的三种竞争策略的概率为 0.5，0.4，0.1。在这种情况下，本企业的收益值分别为 4 万元，6 万元，12 万元，大大低于无竞争对手时所获得的最大利润值。根据决策树的资料数据，就可算出不同方案结点的利润期望值。

可知此问题的最佳决策是投入科研费 7 万元开发新产品；当有竞争对手时，采取小规模推销活动，否则采取大规模推销活动，这样当年只能获得利润 5.8 万元。

(3) 贝叶斯法

前面在用期望值来进行决策时，我们看到在计算各可行方案的期望值所用的概率值，对决策的准确程序有着重要的影响。如果能设法把各自然状态发生的概率估计得越准确，则据其做出的决策将越符合实际。然而那里所用的概率，却大多数是根据过去的经验作出的估计，未能利用新的信息加以检验和修正，在前面我们称其为先验概率。

为了进一步提高决策质量，使做出的决策更符合实际一些，我们往往采用一些行之有效的手段，例如进一步的调查研究，试产试销，抽样等，以使对各自然状态获得一些新的信息，利用这些新信息，借助于概率论中的贝叶斯公式，来修正先行估计的概率。这种在得到新的信息之后再重新加以修正的概率叫后验概率，然后根据修正概率计算各可行方案的效应期望值来进行决策，这种决策方法我们称之为贝叶斯法。

从上面的叙述中，我们看到在用贝叶斯法进行时，应考虑两个问题，一是如何利用新的信息或新的情报资料来修正先行估计的概率，以提高决策的准确度，显然决策的准确度越高，所获得的收益也越多。但是另一方面，为了获得新的情报资料和信息，一般都要耗费必要的人力和财力，从而有得有失，需要进行得失的权衡，因此就有必要对获得的新情报资料和信息的价值事先进行估计。

下面说明贝叶斯决策方法。

例 8　某水泵维修组根据经验发现水泵维修主要集中地上，下部两个阀门上，其中修理上部阀门的机会为 60%，修理下部阀门的机会为 40%. 上部阀门拆卸、检修简单，一次只需修理费 40 元。下部阀门的修理，先要卸掉上部阀，然后才能对下部阀进行检修、调整等，每次需修理费 100 元。但如果先修上部阀，修好后，发现故障出自下部阀再修下部阀时，那么上部阀修理的功夫等于白费。这样就需修理费 140 元。这种返修现象的出现，主要是由于故障诊断资料不完善。经过调查研究结果发现配合压力试验，可以获得诊断下部阀门故障的补充资料，当下部阀无故障时，压力试验的高读数的概率为 2/3，中读数概率为 1/4，低读数概率为 1/12，当下部阀门有故障时，高读数的概率为 1/4，中读数概率为 3/8，低读数的概率为 3/8。已知压力试验费用每台次 5 元。现有两个问题需要决策：

① 有没有必要每次都花 5 元进行压力试验，以进一步了解下部阀门的故障情况；

② 如果不采用或采用压力试验，修理方案如何确定，才能使总修理费用最小。

类似本题的决策，其一般步骤如下：

a. 计算具有完整资料情况下，水泵修理费用和在现有条件下获得新情报资料的价值。

在现有条件下（不进行压试验）选择水泵修理方案的决策树，如图 3-1 所示。

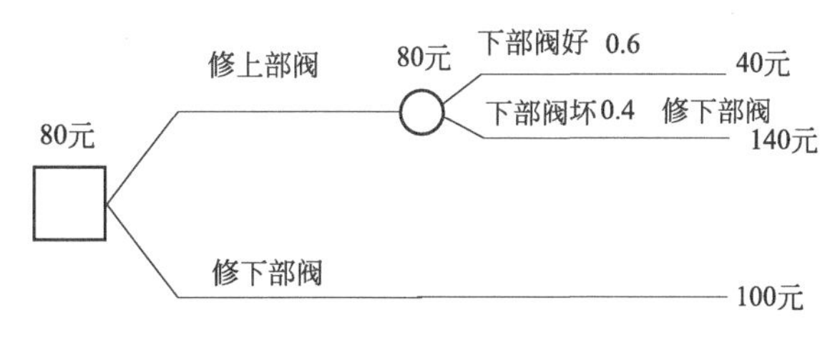

图 3-1　水泵修理方案决策树

根据图 3-1 决策树的计算，每台水泵期望修理费为 80 元，如果能获得新的情报资料，准确诊断故障的部位，出现返修时的最小期望修理费则为：

$$40\times0.6+100\times0.4=64$$

那么，在现有资料情况下，获取新资料的价值为：

$$80-64=16\text{ 元(每台)}$$

上述数据说明，在现有情况下，获取新的情报资料，准确诊断故障部位，修理费用的潜力可观。如果通过压力测试取得新情报资料的价值，补偿了压力试验费用后尚有盈余。

那么应选择进行压力试验的方案。

b. 计算通过压力试验取得新情报资料的价值，是进行压力试验及修理方案的决策分析，如图 3-2 决策树所示。

图 3-2 所示的决策树是一个完整的决策树，但图中采用压力试验方案（即具有新消息时）的三个不同读数的状态概率没有数据，需要根据新的消息加以补充。在具有新信息（压力读数高，中，低）的条件下，下部阀好和坏的概率，需根据新的信息加以修正，只有所有状态枝上概率值都补充完整之后，才能计算期望值进行决策，下面讨论对上述概率如何进行补充和修正。

ⓐ 三种状态的概率。通过压力试验，我们获得了下部阀好、坏两种状态下，各种读数（高、中、低）发生的概率。根据全概率公式，即可计算出各种读数发生的概率。

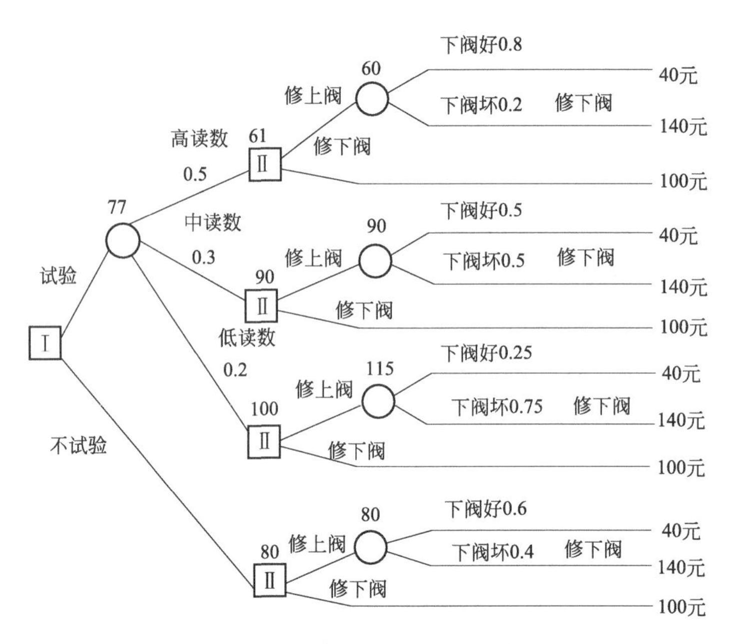

图 3-2　水泵修理方案完整的决策树

$$
\begin{aligned}
P(\text{高}) &= P(\text{高}/\text{好})\times P(\text{好})+P(\text{高}/\text{坏})\times P(\text{坏}) \\
&= \frac{2}{3}\times 0.6+\frac{1}{4}\times 0.4 \\
&= 0.5
\end{aligned}
$$

$$
\begin{aligned}
P(\text{中}) &= P(\text{中}/\text{好})\times P(\text{好})+P(\text{中}/\text{坏})\times P(\text{坏}) \\
&= \frac{1}{4}\times 0.6+\frac{3}{8}\times 0.4 \\
&= 0.3
\end{aligned}
$$

$$
\begin{aligned}
P(\text{低}) &= P(\text{低}/\text{好})\times P(\text{好})+P(\text{低}/\text{坏})\times P(\text{坏}) \\
&= \frac{1}{12}\times 0.6+\frac{3}{8}\times 0.4 \\
&= 0.2
\end{aligned}
$$

ⓑ 在获得新信息（压力试验高、中、低读数）的条件下，对下部阀好和坏的修正：

根据贝叶斯公式可算得：

$$
\begin{aligned}
P(\text{高}/\text{好}) &= \frac{P(\text{高}/\text{好})\times P(\text{好})}{P(\text{高}/\text{好})\times P(\text{好})+P(\text{高}/\text{坏})\times P(\text{坏})} \\
&= \frac{P(\text{高}/\text{好})\times P(\text{好})}{P(\text{高})} = \left(\frac{2}{3}\times 0.6\right)/0.5 = 0.2
\end{aligned}
$$

$$
P(\text{坏}/\text{高}) = \frac{P(\text{高}/\text{坏})\times P(\text{坏})}{P(\text{高})} = \left(\frac{1}{4}\times 0.4\right)/0.5 = 0.2
$$

同理可算得：

$$
P(\text{好}/\text{中}) = P(\text{坏}/\text{中}) = 0.5
$$

$$
P(\text{好}/\text{低}) = 0.25;P(\text{坏}/\text{低}) = 0.75
$$

这样，经过上述计算，概率树上所有状态枝上所需概率值均已齐全，将其填入图中，并经决策分析和计算可得决策树。

c. 决策。从图中的决策树可知，采用压力试验后提供的补充材料，使修理费的期望值由原来的 80 元降到 77 元，因此，压力试验提供的新的补充材料的价值为 3 元，而压力试验每台次平均费用为 5 元，得不偿失。因此，采用压力试验获取新的补充材料的方案不可取。采取不进行压力试验，先修上部阀，如果故障不在上部阀，再修下部阀，修理费用期望值为每台 80 元。

应该指出，这个问题应用各种手段获取新信息以降低修理费用的潜力很大，这从进一步的分析中可以看到。例如改进压力试验，是压力试验能进一步反应下部阀好、坏的信息，或采用其他方法，只要所获新情报资料的价值大于应用该方法时支付的费用，在经济上就是可取的。

(4) 最大可能法

由于一个事件的概率越大，其发生的可能性也就越大，基于这一点。在风险决策中，就选择一个概率最大的状态进行决策，而不管其他自然状态，从而把风险决策问题转化为确定型决策问题来处理，这就是最大可能法。

需要指出，只有当自然状态发生的概率比其他状态大得多，而它们的效应值又相差不大时，应用最大可能法的效果才较好，如果自然状态变化大，数目多，且各自发生的概率相差很小，效应值又相差较大，在此情况下采用此法，效果是不好的，甚至会引起严重错误。

(5) 敏感分析与转化概率的确定

决策中，由于自然状态概率的预测和效应值的计算都不会十分准确，因此，往往有必要对这些数据的变动是否影响最优方案的选择进行分析，这种分析叫敏感性分析或灵敏度分析，如果最优方案允许数据变动范围小，稍有变动，最优方案发生变化，方案就比较稳定；如果最优方案允许数值变动范围小，稍有变动，最优方案发生变化，从一个变到另一个，这个方案就不稳定，值得进一步深入分析。举例说明如下：

例 9　某公司为适应国际市场的需求，拟扩大一种名牌产品。经研究计算后，编制的决策收益表如表 3-5 所示。

表 3-5　决策收益表

状态与概率 / 期望值		国际市场销售状态		收益期望值
		适销	滞销	
		0.7	0.3	
方案	新建	500 万	－200 万	290 万
	扩建	300 万	－100 万	180 万
最大期望值				290 万

由于国际市场销售状态的预测和收益期望值的计算可能有偏差，故要求对最优决策方案进行敏感性分析。

① 应用期望值法确定最优方案：根据表 3-5 的计算结果，选定新建方案为最优方案，此时收益期望值最大，为 290 万元。

② 进行敏感性分析：现对两种销售状态的概率做些变动，经过反复验算，逐步探索敏感范围。

a. 假设国际市场的适销状态由 0.7 变动到 0.8，则两个方案的收益期望值变化为：

新建方案：$500\times0.8+(1-0.8)\times(-200)=360$ 万

扩建方案：$300\times0.8+(1-0.8)\times(-100)=220$ 万

新建方案仍为最优方案，而且两个方案的收益期望值差为 360－220＝140 万，比原方案两者之差 290－180＝110 万更大，说明适销状态的概率向增大方向变动，不影响最优方案。

b. 假设国际商场适销状态概率由 0.7 减小到 0.4，则两方案的收益期望值变化为：

新建方案：500×0.4＋(1－0.4)×(－200)＝80 万

扩建方案：300×0.4＋(1－0.4)×(－100)＝60 万

两个方案的收益值的差额缩小，由原来的 110 万缩小到 80－60＝20 万，因此，可以肯定适销状态概率值向着减小的方向变动，将会影响最优方案。

3.4.4 不确定型决策

如果一个项目具有多个备选方案，并存在着两个或两个以上的自然状态，各方案在不同状态下的损益值是已知的，但各种自然状态的概率是未知的，这种情况为不确定性决策问题。

不同的决策者，因分析问题的思路和出发点不同，其评价策略方案所用的准则也不一样，即使对同一个问题，采用不同的决策准则可能有不同的选择结果。实际决策中，应根据问题的性质，选择合适的决策方法。常见的不确定性决策准则有如下几种。

(1) 悲观法

当损益值为收益时，先找出方案在各种状态下的最小收益值，再找出各最小收益中的最大值，相对方案为最优方案。

当损益值为费用时，先找出方案在各种状态下的最大费用值，再找出各最大费用，相应的方案为最优方案。

以上关系可用下式表示：

$$\max_i[\min_j(R_{ij})] \quad (R_{ij}\text{为收益时}) \tag{3-22}$$

$$\min_i[\max_j(R_{ij})] \quad (R_{ij}\text{为费用时}) \tag{3-23}$$

满足上式方案则为最优方案。

小中取大或大中取小准则亦称悲观准则。决策人对客观情况总是采取保守估计，为保险起见，先考虑各方案不利情况下的收益（或费用），然后比较这些最小收益（或费用），找出不最不利情况下的最优方案。

(2) 乐观法

对于收益，先求每个方案在各种自然状态下的最大收益，然后再求各最大收益中的最大值，相应的方案为最优方案。

对于费用，先求每个方案在各种自然状态下的最小费用，然后再求各最小费用中的最小值，相应的方案为最优方案。

大中取大或小中取小准则亦称乐观准则。这种准则的思想基础是对客观情况总是持乐观估计，总希望在最有利的条件下获得最大的收益。

满足下式的方案力量优方案：

$$\max_i[\max_j(R_{ij})] \quad (R_{ij}\text{为收益时}) \tag{3-24}$$

$$\min_i[\max_j(R_{ij})] \quad (R_{ij}\text{为费用时}) \tag{3-25}$$

表 3-6　方案决策

方案 \ 净现值	自然状态			
	S_1	S_2	S_3	S_4
A_1	160	110	60	10
A_2	210	140	70	0
A_3	200	130	60	−10

在表 3-6 的决策问题中，因为

$i=1$ 时，$\max\limits_{j}(R_{ij})=160$

$i=2$ 时，$\max\limits_{j}(R_{ij})=210$

$i=3$ 时，$\max\limits_{j}(R_{ij})=200$

$$\max_{i}[\max_{j}(R_{ij})]=\max[160,210,200]=210$$

对应着方案 A_2 为最优方案。

(3) 折衷法

该法则亦称 a 法则，其基本思想是把决策者的目标放在悲观准则和乐观准则之间。使用这种准则可以反映悲观和乐观的不同水平，赫威茨准则规定一个从 0 到 1 的乐观指数 a，$a=0$ 表示毫不乐观（即极端悲观），$a=1$ 表示极端乐观。

根据下式计算每一方案的损益值 R：

$$R=a\times(\text{最乐观的损益值})+(1-a)(\text{最悲观的损益值}) \tag{3-26}$$

若损益值为收益时，取 R 值最大的方案，若损益值为费用时，取 R 值最小的方案。

上表所示的决策问题，若取 $a=0.7$，则

方案 A_1　$R=160\times0.7+0.3\times10=115$

方案 A_2　$R=210\times0.7+0.3\times0=147$

方案 A_3　$R=200\times0.7+0.3\times(-10)=137$。

因为方案也 A_2 的损益值最大，故最优方案是 A_2。

(4) 等可能准则

等可能准则亦称拉普拉斯准则，是法国数学家拉普拉斯首先提出的。在决策过程中，当决策者不能肯定哪种状态最容易出现，哪种状态不容易出现，则认为这些自然状态出现的概率是相等的。如果有 n 个自然状态，则每个自然状态的概率为 $1/n$，然后按风险型决策问题的期望值准则进行决策。

例如，表 3-6 中的不确定性决策问题，则等可能准则的决策结果如下：

$$E(A_1)=160\times\frac{1}{4}+110\times\frac{1}{4}+60\times\frac{1}{4}+10\times\frac{1}{4}=85$$

$$E(A_2)=210\times\frac{1}{4}+140\times\frac{1}{4}+70\times\frac{1}{4}+0=105$$

$$E(A_3)=200\times\frac{1}{4}+130\times\frac{1}{4}+60\times\frac{1}{4}-10\times\frac{1}{4}=95$$

显然，方案 A_2 为最优方案。

(5) 后悔值准则

决策者在决策之后，若认为情况不太理想，必然产生后悔的感觉。将各种自然状态的最大值（损益值为收益时）或最小值（损益值为费用时）定为该状态的理想目标，并将该状态中的其他值与最高值相减，所得之差为未达到理想的后悔值。对各方案的最大或最小后悔值

(分别对应着收益与费用)进行比较,后悔值最小的方案为最优方案。

用后悔值准则和表 3-7 的不确定性决策问题的计算结果见表 3-7。

方案 A_2 的后悔值最小,因而是最优方案。

表 3-8 汇总了用 5 种不同的准则得到的决策结果。

表 3-7 后悔值准则决策

方案	自然状态				后悔值
	S_1	S_2	S_3	S_4	
A_1	(210－160)＝50	30	10	0	50
A_2	(210－210)＝0	0	0	10	10
A_3	(210－200)＝10	10	10	20	20

表 3-8 五种方案对比

决策准则	最优方案	期望的收益值	决策准则	最优方案	期望的收益值
小中取大准则	A_1	10	等可能准则	A_2	105
大中取大准则	A_2	210	后悔值准则	A_2	—
a 准则	A_2	147			

可以看出,对于不确定性决策问题,采用的决策准则不同,其结果可能是不一样的。很难说明哪一种准则比较合理,决策只能根据实际情况选用。例如,在考虑灾害性情况(地震、洪水等)时,应估计最不利的情况,采用小中取大准则。使用这个准则,风险较小,为决策者所乐于接受。对一般的决策问题,可多用几种准策进行决策,在多种决策结果中,出现最多的可作为最终决策。在表 3-4～表 3-7 中看出,4 种决策结果都显示方案 A_2 为最优方案,可见最终应该选择方案 A_2。

3.5 网络计划技术

网络计划技术所包含的内容有网络计划的概念、绘制、时间参数的计算 、网络计划的控制、网络计划的优化等几部分。在网络计划的概念、绘制、时间参数的计算中会涉及到双代号网络图、单代号网络图、双代号时标网络图、搭接网络图。网络计划的控制中有 S 形曲线比较法 、香蕉形曲线比较法、前锋线比较法 。网络计划的优化可以分为工期优化 、费用优化 、资源优化(资源有限、工期最短、工期固定、资源均衡)。

3.5.1 概述

网络技术是把一项任务的工作(管理)过程,作为一个系统加以处理,其基本原理是将组成系统的各项任务,细分为不同层次和不同阶段。按照任务的相互关联和先后顺序,用网络的形式表达出来,形成工程问题或管理问题的一种确切的数学模型,用以求解系统中的各种实际问题,它是系统工程中获得广泛应用的一种方法,在国内外都很流行。

网络技术常用的有 PERT 和 CPM 两种。PERT 是 Program Eualuation and Review Technique 的缩写,译为“计划协调技术”。CPM 是 Critical path Method 的缩写,译为“关键路线法”。现在多统称为 PERT/CPM。

计划协调技术取源于美国,是系统工程的理论与方法之一。它通过计划流程图(英文简写 PERT,俗称“苹果树”),形象地反映事物的内部规律,帮助人们事先了解计划执行过程中的张弛程度,便于采取有效措施;它可以预计各项工作计划的确切日期及其把握性;并且能够及时提供计划网络中的“临界路线”，提示系统工程的主要矛盾。计划协调技术不仅在工程技术方面得到广泛应用，而且在社会、经济等领域也有广阔的应用前景。计划和工程部门按照技术上和组织上的各种时序联系和逻辑联系形成计划流程图，运用数学方法进行计划和工程的分析预测，分清主次，明确关键，寻求人才资源和物资资源利用的最优方案。美国将“计划协调技术（PERT）”运用于北极星导弹核潜艇的研制工程，使研制生产周期缩短了将近三分之一。钱学森将“计划协调技术（PERT）”引入我国的“两弹一星”等国防科研任务中，多次使计划提前完成。

关键路线法也起源于美国，最早出现于 20 世纪 50 年代，由雷明顿-兰德公司（Remington- Rand）的 JE 克里（JE Kelly）和杜邦公司的 MR 沃尔克（MR Walker）在 1957 年提出的，用于对化工工厂的维护项目进行日程安排。这种方法产生的背景是，在当时出现了许多庞大而复杂的科研和工程项目，这些项目常常需要运用大量的人力、物力和财力，因此如何合理而有效地对这些项目进行组织，在有限资源下以最短的时间和最低的成本费用下完成整个项目就成为一个突出的问题，这样 CPM 就应运而生了。

20 世纪 60 年代初，我国著名数学家华罗庚曾综合以上两种方法的优点，创造出统筹方法，在生产中取得了一定效果。

3.5.2　网络技术的内容

在系统地讲解网络理论之前，拟以大修镗床为例，具体说明如何在实际问题中实现系统思想，建立系统模型和进行系统分析。

（1）实例

某厂大修一台镗床，根据该厂情况，各工序所需工时如表 3-9 所示。

表 3-9　各工序所需工时

工序代号	维修内容	所需工时/天	工序代号	维修内容	所需工时/天
A	拆卸	2	F	零件修理	3
B	清洗	2	G	零件加工	8
C	检查	3	H	变速箱组装	3
D	电器维修与安装	2	I	部件组装	4
E	床身与工作台研合	5	J	总装及试车	4

现提出下述人们关心的问题：

① 如果各维修环节（简称工序或作业）全部按上述时间完成，问共需修多少天（简称总工期）？

② 如果要求把总工期缩短，问应如何下手——缩短哪些作业的工时才是有效的？

③ 根据本厂所能采取的措施，总工期最短可缩成多少天？

显然，如果没有一套科学的分析方法，上述三个问题都不是一下子可以回答的。

（2）建立系统模型

要解决上述问题，显然必须深入地分析镗床大修中各作业之间的相互依存关系，找到对总工期有直接影响的那些关键作业，问题才能解决。怎样解决呢？下面我们直接用系统的定义及其思想来解决。

由于总工期是我们这里最关心的问题，所以我们把它作为这个问题的总目标——系统的目标（或功能）。利用各作业之间在时间顺序和工作关系之间的相互联系，把所有作业联接起来构成一个有机的整体——系统。

下面我们用箭头（→）代表作业，用圆圈代表各作业间的衔接点，以反映它们之间的依从关系，从而把所有作业根据它们在维修进程中所处的不同地位联接起来，形成如下所示的整体。

图 3-3 是镗床大修的系统模型。

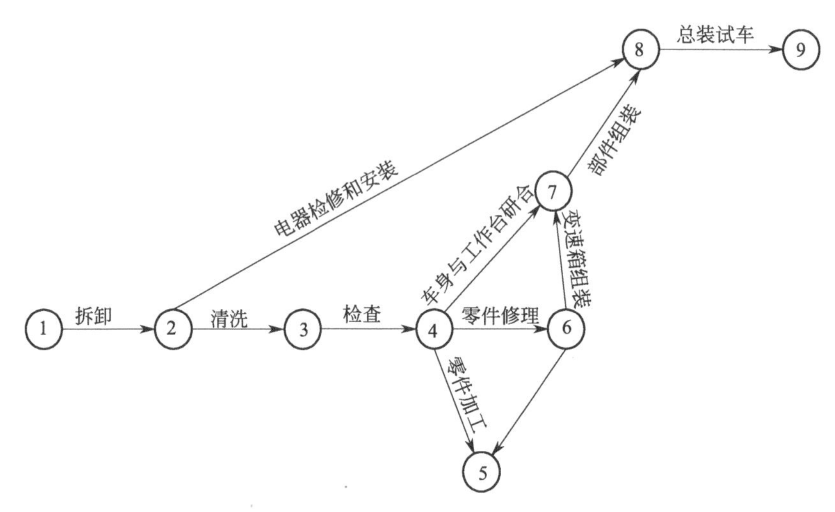

图 3-3　镗床大修系统模型

（3）分析

上述图形是在系统思想指导下，把实际问题转换成一个清晰、形象的系统模型，即把大修镗床的具体问题转换成对一个系统进行分析。这一转换对我们分析、认识问题带来了极大的方便，使我们有可能利用上述图形明确而科学地来回答上述问题。

① 按照上述网络图，我们可以很容易地回答大修镗床的总工期为 26 天。因为路线（1，2，3，4，5，6，7，8，9）是网络图中工期最长的一条路线。只要这条路线上的所有作业都完工了，整个任务就完成了，因此总工期由这条路线（称为关键路线）上的总工时所确定。显然，这条路线上的作业是直接影响总工期的作业，称为关键作业。

② 第二个问题的回答就更容易了——设法缩短关键路线上可能缩短（根据各厂情况）工时的作业，才是有效的。因为缩短非关键路线上的作业工时，对总工期毫无影响。

③ 第三个问题的回答要根据各厂具体情况而定。我们看到作业 G 所需工时为 8 天，如果可能，我们把零件加工改为两个作业组同时进行，假定各为 4 天，则网络图如图 3-4 所示。

从上图我们看到虽然此时有两条关键路线，但总工期却缩短了 4 天，变成 22 天。

这里又一次看到，指导思想和工作方法对我们处理问题、解决问题是多么重要。本来不好回答的问题一下子就迎刃而解了，为什么能这样呢？这是因为：

① 我们根据大修镗床时，各维修环节在维修过程中的不同地位，组成了一个目标明确的有机整体，即建立了它的系统模型。从而各作业间的相互依存关系及其在整体中所处的地位，以及其对整体目标的影响，也就是各作业的系统属性，在网络图中都显示得一清二楚，为我们对系统进行深入的分析提供了根据和可靠的模型。

② 网络图不仅反映了系统的整体功能，而且为我们进一步改善或提高这一整体功能指出了方向。因此网络图实质上是用图解形式来表示一个任务或工程项目中各组成要素之间的

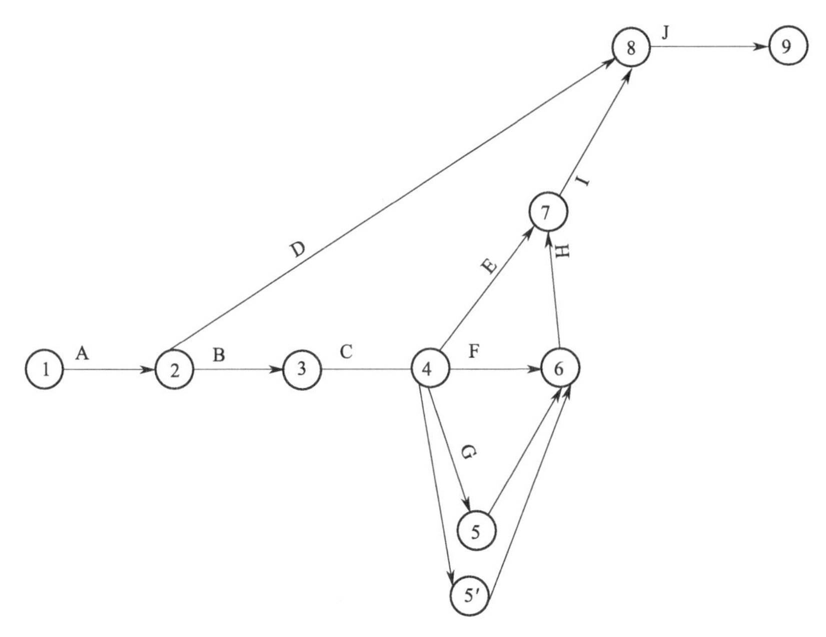

图 3-4　镗床大修网络图

逻辑关系，并形成时间流的流程图。应用其解决实际问题的大体步骤是：首先建立实际问题的网络图（即该问题的网络模型），然后进行网络分析，找出关键路线等，最后进行网络调整与优化。下面将按这一顺序对网络理论进行系统的介绍。

3.5.3　网络图的组成及编绘

（1）网络图的组成

网络图由事项（即图中的圆圈）、作业（即图中的箭线）及线路（即从始点至终点的各条通路）所组成。

① 作业。作业是泛指一项需要消耗人力、物资和时间的具体活动过程，又称工序或活动，在网络图中用箭线（→）表示，如图 3-5 所示。

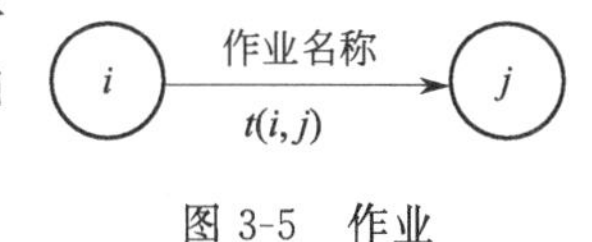

图 3-5　作业

箭尾 i 表示该作业开始，箭头 j 表示该作业结束。在箭线的上面标注该项作业的名称或代号，箭线下面标注该项作业持续时间。

a. 紧前作业：紧接在某作业之前的作业，一般以 $(h)\rightarrow(i)$ 或作业 (h,i) 表示。

b. 紧后作业：它是紧接在某项作业之后的作业，一般以 $(j)\rightarrow(k)$ 或作业 (j,k) 表示。

c. 平行作业：它是指与本作业具有相同始结点的同时进行的作业。

d. 交叉作业：它是相互交替进行的作业。

e. 虚作业：它是指不耗用人力、物资，也不需要时间的一种虚拟作业。它只表示前后两个作业之间的逻辑关系，在图中用虚箭线表示（-----►），有时也用带 0 的实箭线（→）表示。

② 事项。事项表示作业的开始和结束，在网络图中用圆圈（○）表示，有时也称结点，起作业之间的承前继后及集散作用，是作业相互衔接的枢纽，反映了作业之间的联系；它不消耗人力、资源和时间；但有明确的时间概念。对某一特定的事项，它既表示前个作业的完

成，又表示后个作业的开始。因此事项在网络图中具有衔接性、瞬时性和易检性。

根据事项间的相互关系，分为前置事项、后继事项、起点事项和终点事项。

③ 线路与关键线路。从图 3-6 始点顺着所指方向，通过一系列的事项和箭线，连续不断到达终点的一条通路称为线路。

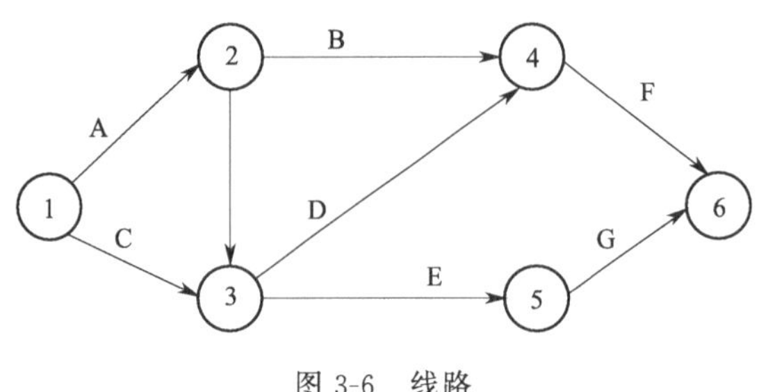

图 3-6　线路

线路：①→②→④→⑥　20

①→②→③→④→⑥　22

①→②→③→⑤→⑥　17

①→③→④→⑥　20

①→③→⑤→⑥　15

关键线路：时间最长的线路（决定了工期）。

次关键线路：时间仅次于关键线路的线路。

关键工作：关键线路上的各项工作。

在网络图中，箭线的长短与该箭线所表示作业的时间长短无关。在一个网络图中，往往有多条线路，每条线路的路长不一，其中路长最长的线路称为关键路线。

利用网络图的组成元素，正确地表达网络中各作业之间的逻辑关系是非常重要的，下面举例说明，见图 3-7～图 3-11。

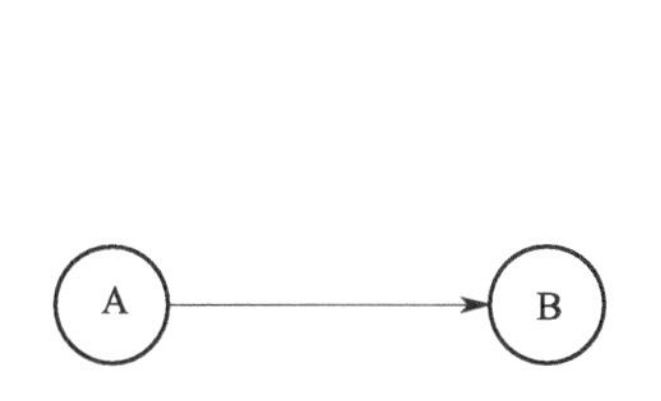

图 3-7　A 完成后进行 B

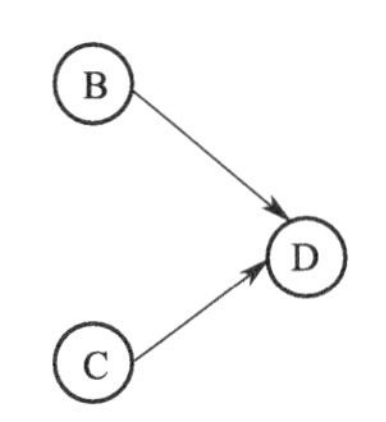

图 3-8　B、C 完成后进行 D

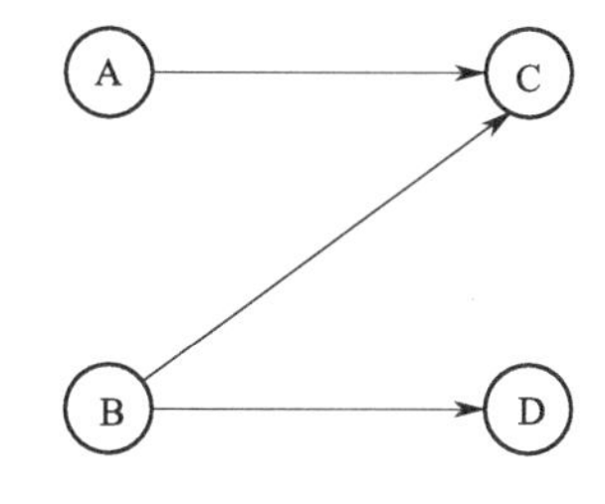

图 3-9　A 完成后进行 C，B 完成后进行 C、D

a. 不允许出现循环线路；

b. 不允许出现代号相同的工作；

c. 不允许出现双箭头箭线或无箭头的线段；

d. 只能有一个起始节点和一个终了节点。若缺少起始节点或终止节点时，应虚拟补之。如：某工程只有 A、B 两项工作，它们同时开始，同时结束。

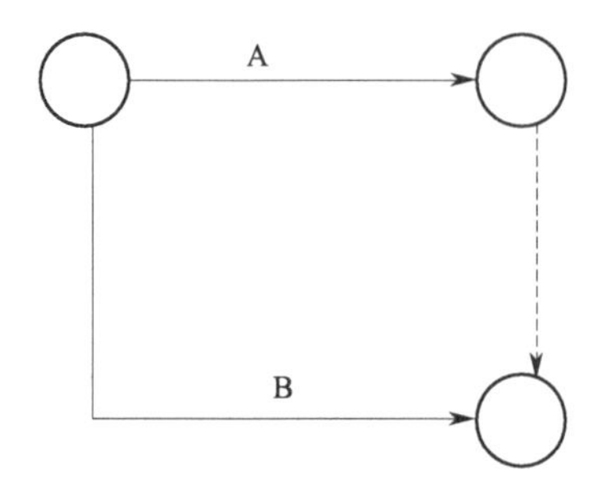

图 3-10　虚作业

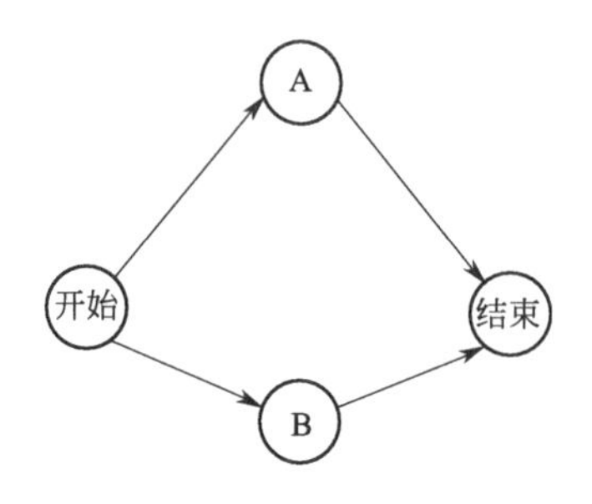

图 3-11　A、B 同时开始、同时结束

虚作业完全是为了表达作业之间的某种逻辑关系而引入的实际上并不存在的作业，但在网络中，一经引入就必须承认它的存在，将其理解为作业时间为零的作业，它同样构成网络中的通路。编绘网络图时，虚作业的引入必须恰到好处，初学者的通病往往是不必要的虚作业引入过多。

（2）绘制网络图的基本规则

① 必须正确表达已定的逻辑关系；

② 网络图中，严禁出现循环回路；

③ 在网络图中，只允许有一个起点节点，不允许出现没有前导工作的“尾部”节点；

④ 在单目标网络图中，只允许有一个终点节点，不允许出现没有后续工作的“尽头”节点；

⑤ 在网络图中，不允许出现重复编号的工作；

⑥ 在网络图中，不允许出现没有开始节点的工作。

网络图绘制的基本方法

① 网络图的布图技巧

a. 网络图的布局要条理清晰，重点突出；

b. 关键工作、关键线路尽可能布置在中心位置；

c. 密切相关的工作，尽可能相邻布置，尽量减少箭杆交叉；

d. 尽量采用水平箭杆，减少倾斜箭杆。

② 交叉箭杆的画法

a. 暗桥法（图 3-12）。

b. 断线法（图 3-13）。

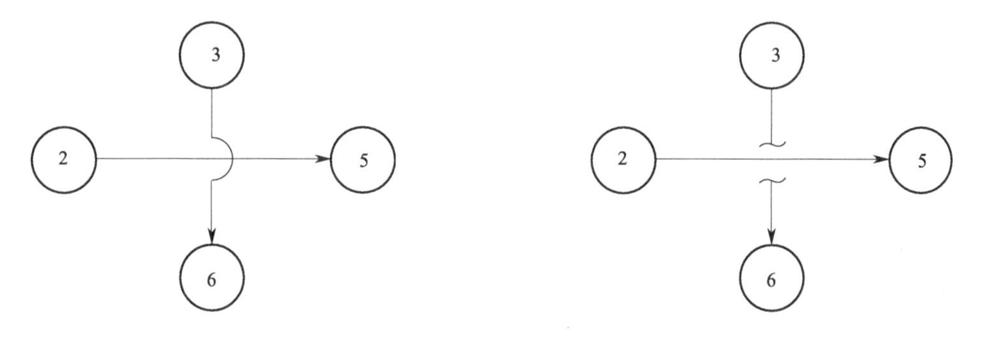

图 3-12　暗桥法　　　　图 3-13　断线法

（3）网络图全图的绘制

① 网络图的有向性与不可逆性：上述网络图是一种有向无回路网络图。其每条箭线分别表示一项作业。作业是需要消耗时间的，而时间是不可逆的。网络图上的作业，只能随着时间的推移而向前（即向右）推进，不能逆向来做，任何一项作业（i,j），其结点 i 的实现时刻必定不能迟于结点 j 的实现时刻，这就是网络图的不可逆性。

② 网络图的连通性或连续性：网络图必须是从起点到终点经各个中间结点连通，而不应有中断的作业或前后无关联的孤立的结点，这就是网络图的连续性。

③ 网络图的封闭性：封闭性是说一张网络图只能有一个始点，一个终点；当始点（或终点）不止一个时，应引入虚作业使其归一而封闭。

④ 网络图的合理布局：应尽量避免箭线转折与交叉，以免含混不清。只要合理布局，有些转折与交叉是可以避免的。

⑤ 网络图全图画好以后，应遵循以下原则，对所有结点统一编号：

a. 从始点开始，一个结点一个号，不要重复，按从左到右的顺序编排；

b. 每一个作业的箭头结点号应大于箭尾结点号；

c. 可以适当留出空号以便留有余地，作中间调整；

d. 当任务复杂，结点众多，涉及多个单位和系统时，可以用一串数码编号。

总之，网络图应尽量清晰、明确、整齐、匀称。绘制时需要一定的经验与技巧，一般要经过多次调整，简化和修改，才能绘制出好的网络图。

(4) 结点的编号方法

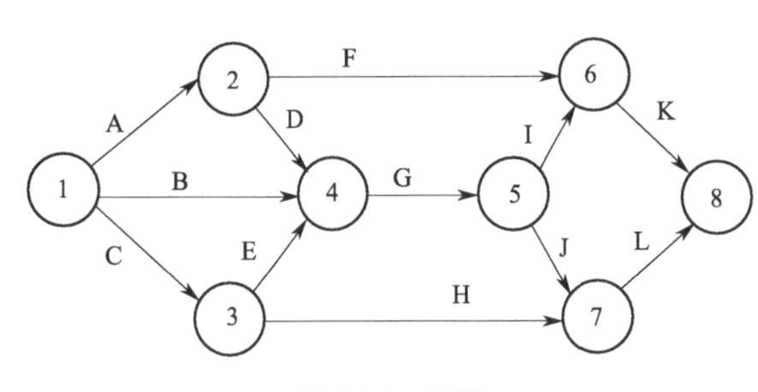

图 3-14　图例

当一张网络图上结点数目不很多时，可以凭直观编号，使得箭尾号 i 小于箭头号 j 即可，当结点数目很多时，直观就很困难，这时就要采用一定的规律来对结点进行编号，实现结点编号 $i<j$ 的方法很多，这里仅介绍一种：起点编号为 1 号："擦掉"（仅是一种形象的说法而已）从结点 1 出来的箭头，将没有箭头进入的后续结点依次编为 2，3，…，K；再擦掉从结点 2，3，…，K 出来的箭头，对没有箭头进入的后续结点继续编号，直至终结点。

例 10　用上述方法验证图 3-14 中的编号是否正确。

解：① 对起点编为 1 号；

② "擦掉"从结点 1 出来的箭头 A、B、C 以后，两个没有箭头进入的后续结点分别编为 2 号和 3 号；

③ 再"擦掉"从结点 2 与 3 出来的箭头 D、F、E 与 H，则只有一个后续结点没有箭头进入，将它编为 4 号；

④ 重复以上过程直至终点结点，可知图 3-14 的编号是正确的，箭尾号均小于其箭头点。显然结点的正确编号并非唯一。例如同一图中的各结点 2 与 3；6 与 7 的编号均可以相互对换，仍能满足编号原则：$i<j$。

3.5.4　网络的分析计算

本节主要阐述网络分析理论。它是把时间作为参数，作为揭示系统内各要素之间内在联系的手段和纽带，以暴露各要素（作业）及各可行路线在系统网络中所处地位及其对系统整体功能的影响，进而找出该网络所有关键路线，并为进一步优化网络奠定基础，指出方向。这是分析大型网络的常用方法。学习时应把精力集中在：它是如何通过时间参数揭示出系统的内在矛盾而把整套网络理论建立起来的；各个时间参数应着重理解其本质意义。

(1) 作业的时间估计

绘制网络图时，要对作业作出时间估计，在网络图上标注作业完成周期。在介绍时间参数之前，先介绍一下作业时间的一般估计方法。

根据工程的不同情况，PERT/CPM 确定提出确定时间常有的两种不同方法：

① 对于常规工程，正常作业具有劳动定额或不具备定额但占有同类作业时间消耗的统计资料，这是可作出经验的确切估计时间值。

② 对于新的开发性工程（包括科学研究，初次试制项目和复杂系统），面对许多未知因素和不确定的情况，作业时间难于作出确切的估计。下面给出对于这类作业进行时间估计的方法。

(2) 三点估计法

所谓三点估计法，就是将作业分成三种情况，取三种情况下的时间估计，给以加权平均取得一个较为接近现实的估计值。

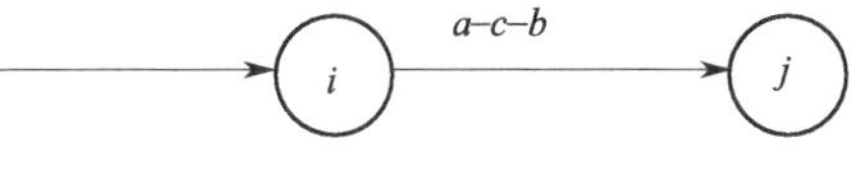

图 3-15　三点估计法

在图 3-15 中，a 即 $a(i,j)$：表示作业 (i,j) 的最短工时，或称乐观估计，是该作业在最顺利情况下所需花费的时间；b 即 $b(i,j)$：表示作业 (i,j) 的最长工时，或称悲观估计，是该作业在最困难情况下所需花费的时间。c 即 $c(i,j)$：表示作业 (i,j) 的最可能工时，或称正常估计，是该作业在正常情况下所需花费的时间。

三点估计法对作业 (i,j) 所需平均工时的计算公式是：

$$\mathrm{TE}(i,j)=a+4c+b/6 \tag{3-27}$$

其均方差 σ 为：

$$\sigma=\sqrt{\left(\frac{b-a}{6}\right)^2} \tag{3-28}$$

(3) 作业的时间参数

计算作业的时间参数有两种方法：其一是利用上述计算 TE 与 TL(i) 的结果，计算作业的时间参数，将结果直接标注在图上（但不需全部都标注），故称图上计算法，另一种是利用作业之间的相互关系列表进行计算，故称表上计算法。

① 作业的最早开始时间 ES(i,j)：作业 (i,j) 的最早开始时间显然等于箭尾结点 i 的最早开始时间。

② 作业的最早完成时间 EF(i,j)：在正常情况下，作业 (i,j) 若能在最早开始时间开始，就有一个最早完成时间，该最早完成时间为箭尾结点的最早时间加上作业 (i,j) 所需的工时，即

$$\mathrm{EF}(i,j)=\mathrm{ES}(i)+t(i,j) \tag{3-29}$$

③ 作业的最迟完成时间 LF(i,j)：作业的最迟完成时间等于箭头结点 j 的最迟完成时间。

④ 作业的最迟开始时间 LS(i,j)：在正常情况下，作业 (i,j) 完成的最迟是因为开工迟，所以对应于最迟完成时间 LF(i,j)，就有一个最迟开始时间 LS(i,j)，它等于作业 (i,j) 的箭头结点 j 的最迟完成时间减去作业自身所消耗的工时。

(4) 工序时间参数计算

以工序为对象计算：最早开始时间、最早完成时间、最迟开始时间、最迟完成时间、工序总时差、自由时差。

网络计划时间参数计算的基础：工序作业持续时间方法：手工计算法（表上计算法、图

上计算法），电算法。

① 工序的最早开始时间 $ES_{(i)}$。也叫最早开始时间，是指一个工序在具备了一定工作条件和资源条件后可以开始工作的最早时间。在工作程序上，它要等紧前工序完成以后方能开始。

$$ES_{(i)}=\max\{ES_{(i-1)}+T_{(i-1,i)}\} \tag{3-30}$$

式中，max 代表最大值的符号；$ES_{(i)}$ 代表箭头节点 i 的最早开始时间；$ES_{(i-1)}$ 代表箭尾节点 $i-1$ 的最早开始时间；$T_{(i-1,i)}$ 代表工序（作业）$i-1$ 到 i 的作业时间。

最早开始时间算完以后即可计算网络计划的总工期。

总工期计算方法：将所有与终点节点联系的工序分别求出最早开始时间与持续时间之和，其值之最大值即为本计划的总工期。

② 工序的最迟开始和结束时间。最迟必须开始时间，是指一个工序在不影响工程按总工期完成的条件下最迟必须完成的时间，它必须在紧后工序开始之前完成。

计算：从终点节点逆箭线方向向起点节点逐项计算。

先计算紧后工序，然后计算本工序。是一个减法过程。

要点：总工期是与终点节点相连的各最后工序的最迟完成时间。如有规定的总工期就按照规定的工期计算，否则按所求出的计划总工期计算。

最后工序最迟开始时间＝完成时间－本身的持续时间

其他工序最迟开始时间＝各紧后工序最迟开始时间的最小值－本工序的作业持续时间，网络图中的节点 j 的最迟结束时间计算公式：

$$LF_{(j)}=\min\{LS_{(j,j+k)}\}=\min\{LF_{(j+k)}-T_{(j,j+k)}\} \tag{3-31}$$

③ 工序的总时差。工序的总时差是指一个工序所拥有的机动时间的极限值。一个工序的活动范围受紧前紧后工序的约束，它的极限活动范围是从其最早开始时间到最先完成时间这段时间中，从中扣除本身作业必须占用的时间之后，其所余时间便可机动使用，它可以推迟开工或提前完成，如可能，它也可以断续施工或延长其作业时间以节约从人力或设备。

工序的自由时差：是总时差的一个部分，指一个工序在不影响其紧后工序按最早开始时间开始工作的条件可以机动灵活使用的时间。

3.5.5 关键路线的确定

（1）关键路线（Critical Path）

在网络图始点与终点之间多条作业路线中，总工时最长的路线称关键路线。

关键路线可能不止一条，但不管几条，其总工时必须相等，整个任务的总工时是关键路线的总工时，如果关键路线上的作业拖延，则整个任务的总工期必然拖延。所以我们有必要突出并重视关键路线，在网络图上用粗线或双线、红线表示之。要千方百计保证关键路线上的各项作业如期完成。

随着计划的执行，网络方案的关键路线是不断变化的，关键路线可以变成非关键路线，非关键路线可以变成关键路线。关键路线是在分析时间量的基础上找出来的。

（2）根据作业时差来寻找关键路线

总时差为零的作业组成的路线必为关键路线。

(3) 用破圈法找关键路线

如果我们暂时不必计算节点与作业的时差，只需找出关键路线，则可采用“破圈法”。

这里所说的“圈”，应理解为网络图的相伴无向图上的圈，找圈时应注意流程的有向性。

第4章 设备的故障监测和诊断理论

现代机械发展的一个明显的趋势是向大型化、高速化、连续化和自动化方向发展。由此而使设备的功能愈来愈多，性能指标愈来愈高，组成和结构愈来愈复杂，同时对设备管理与维修人员的素质要求也愈来愈高。一方面大大促进了生产的发展，主要表现在提高了生产率，改善了产品质量，降低了成本和改善了工人劳动条件，同时也节约了能源和精简了人员。另一方面也潜伏着一个很大的危机，即一旦发生故障所造成的直接、间接损失将是十分严重的。

所有这些，都促使机械故障诊断这门技术得到快速的应用。这门新的技术和学科的根本宗旨就是运用当代科技的新成就发现设备的隐患，以期对设备事故防患于未然。近年来这一技术发展迅速，已对保障生产安全，提高生产率起到了良好的作用，同时也成了现代设备管理与维修人员必备的基础知识之一。

4.1 机械故障诊断的基本理论

(1) 基本原理

一台设备，有的由成千上万个零件组成，经过一段时间运转，有的零件就会失效，造成故障。有的机器只用了两三天就坏了，有的机器却连续用了四五年，这是怎么回事？事实上，设计合理的机器不应当出现较多的早期故障。设备维修工程中根据统计得出一般机械设备劣化进程的规律如第2章的图2-12所示的澡盆曲线所示。

诊断的基本概念来源于医学，我国中医的“望、闻、问、切，辨证施治”八字诀极其精辟地总结了医学诊断的基本过程和原理。若用现代科技语言来表达。所谓“诊”就是提取信号特征进行状态分析（望闻问切），而“断”就是进行状态识别和决策（辨症施治）。具体来说，制浆造纸机械的故障诊断就是在动态情况下，利用制浆造纸设备劣化进程中产生的信息（即振动、噪声、压力、温度、流量、润滑状态及其他指标等）来进行状态分析和故障诊断的。

(2) 基本内容

① 设备运行状态的监测。根据机械设备在运行时产生的信息判断设备是否运行正常，其目的是为了早期发现设备故障的苗头。

② 设备运行状态的趋势预报。在状态监测的基础上进一步对设备运行状态的发展趋势进行预测，其目的是为了预知设备劣化的速度以便为生产安排和维修计划提前做好准备。

③ 故障类型、程度、部位、原因的确定。最重要的是故障类型的确定，它是在状态监测的基础上，当确认机器已处于异常状态时所需要进一步解决的问题，其目的是为最后的诊断决策提供依据。

(3) 基本方法

① 简易诊断法。主要采用便携式的简易诊断仪器，如测振仪、工业内窥镜、红外测温仪对设备进行人工巡回监测，根据设定的标准或人的经验分析，了解制浆造纸设备是否处于

正常状态。若发现异常则通过监测数据进一步了解其发展的趋势。因此，简易诊断法主要解决的是状态监测和一般的趋势预报问题。

② 精密诊断法。对已产生异常状态的原因采用精密诊断仪器和各种分析手段（包括计算机辅助分析方法、诊断专家系统等）进行综合分析，以期了解故障的类型、程度、部位和产生的原因及故障发展的趋势等问题。由此可见，精密诊断法主要解决的问题是分析故障原因和较准确地确定发展趋势。

③ 直接观察法。传统的直接观察法如“听、摸、看、闻”是早已存在的古老方法，并一直沿用到现在，在一些情况下仍然十分有效。但因其主要依靠人的感觉和经验，故有较大的局限性。随着技术的发展和进步，目前出现的光纤内窥镜、电子听诊仪、红外热像仪、激光全息摄影等现代手段，大大延长了人的感观器官，成为一种有效的诊断方法。

④ 振动噪声测定法。机械设备在动态下都会产生振动和噪声。进一步的研究还表明，振动和噪声的强弱及其包含的主要频率成分和故障的类型、程度、部位和原因等有着密切的联系。因此利用这种信息进行故障诊断是比较有效的方法，也是目前发展比较成熟的方法。其中特别是振动法，由于不受背景噪声干扰的影响，使信号处理比较容易，因此应用更加普遍。

⑤ 无损检验。是在不破坏材料表面及内部结构的情况下检验机械零部件缺陷的方法。它使用的手段包括超声、红外、X射线、γ射线、声发射、渗透染色等。这一套方法目前已发展成一个独立的分支，在检验由裂纹、砂眼、缩孔等缺陷造成的设备故障时比较有效。其局限性主要是其某些方法如超声、射线检测等时不便于在动态下进行。

⑥ 磨损残余物测定法。机械设备润滑系统或液压系统的循环油路中携带着大量的磨损残余物（磨粒）。它们的数量、大小、几何形状及成分反映了机器的磨损部位、程度和性质，根据这些信息可以有效地诊断设备的磨损状态。

⑦ 机器性能参数测定法。机器的性能参数主要包括显示机器主要功能的一些数据，如浆泵的扬程，专用机床的精度，压缩机的压力、流量，碱回收喷射炉的功率、耗油量等。一般这些数据可以直接从机器的仪表上读出，由此可以判定机器的运行状态是否离开正常范周。

⑧ 油膜电阻法。旋转中的滚动轴承，由于在轨道面与滚动体之间形成油膜，在内圈与外圈之间形成油膜，所以在内圈与外圈之间有很大的电阻。在润滑状态恶化或轨道面或滚动面上产生破坏，油膜就破坏而是电阻变小。利用这个性质，就可以对轴承的润滑状态进行诊断。

⑨ 温度诊断法。温度是工业生产中的重要工艺参数，为保证生产工艺在规定的温度下完成，需要对温度进行监测和调节；另一方面，温度也是表征设备运行状态的一个重要指标，设备出现机械、电气故障的一个明显特征就是温度的升高，同时温度的异常变化又是引发设备故障的一个重要因素。有统计资料表明，温度检测约占工业检测总数的50%。因此，温度与设备的运行状态密切相关，温度监测也因此在故障诊断的整个技术体系中占有重要地位。

⑩ 声学诊断法。以噪声、声阻、超声、声发射为检验目标，进行声级、声强、声源、声场、声谱分析。超声波诊断法（SSD）、声发射诊断法（AE）属于此类，应用较多。

(4) 开展设备诊断的重大意义

① 预防事故。是开展设备诊断工作的直接目的和基本任务之一。但是对这一问题的深

刻认识却是来之不易的。从某种意义上来说，设备诊断技术是在血和泪的反复教训下成长和发展起来的。

例如 1985 年 12 月 29 日我国山西某电厂一台 20 万千瓦发电机在 40s 内全部损坏，直接损失达 1000 万元以上。

2001 年，陕西汉中白特纸业一台造纸机停产 9h 就造成 40 万元的损失。

1993 年，咸阳造纸厂 1760 造纸机的真空压榨辊损坏，因无备品，返回厂家修理，造成停产一个月，直接经济损失在 750 万元以上。

2000 年四川宜宾纸业连续蒸煮器的高压转子给料阀意外损坏，导致直接经济损失在 100 万美元以上。

鞍钢的半连续热轧板厂，停产一天损失利润 100 万元；武钢的热连轧厂，停产一天损失产量 1 万吨板材，产值 2000 万元；北京燕山石化公司乙烯设备停产一天，损失 400 万元。

类似的设备事故每年都有大量的报道，它反复地提醒人们，为了避免设备事故，保障人身和设备的安全，积极发展设备诊断技术的研究并在现场开展这方面的工作已到了刻不容缓的地步了。

② 推动设备维修制度的改革，使设备维修从原先的事后维修制度出现以下的改善提高。

a. 预防维修制度（PM），又称为以时间为基础的维修制度［简称为 TBM（Time Based Maintenance）］或计划维修制度。

b. 预知维修制度，简称为 PRM（Predictive Maintenance），又称为以状态为基础的维修制度，简称为 CBM（Condition Based Maintenance）。其特点为在状态监测的基础上，根据设备运行状态实际劣化的程度以决定维修时间和维修的规模。显然这种维修方式的主要技术支撑是设备诊断技术，而且是一种比较理想的动态维修制度。它是目前预防维修制度改革的方向。

目前我国机械设备正处于从预防维修制度向预知维修制度逐步过渡的起步阶段。

③ 提高经济效益。开展设备诊断所带来的经济效益应当包括减少可能发生的事故损失和延长检修周期所节约的维修费用等两项。

国外一些调查资料显示，开展设备诊断可带来可观的经济效益。英国曾对制浆造纸设备工厂调查表明，采用设备诊断技术后维修费用每年节约 1 亿英镑，除去诊断技术的费用 0.2 亿英镑外，净获利 0.8 亿英镑。美国 PEKRUL 电厂的调查资料表明，投入 20 万美元的设备诊断费年获利可达 126 万美元。日本的新日铁八幡厂热轧车间在第一年采用诊断技术后，事故率就由原来的 29 次/年降低为 8 次/年。

国内的综合事例表明，采用诊断技术可挽回损失约 30%～40%，其经济效益就相当可观。

(5) 机械故障诊断技术发展概况

二次世界大战中盟军有大量军事装备，由于缺乏诊断技术和维修手段，而造成非战斗性损坏，使人们认识到发展这种技术的极端重要性。但二次世界大战后的多年间这方面的发展并不快，这是因为作为诊断技术基础的电子技术、计算机技术、信号处理技术等尚未获得充分发展。

20 世纪 60 年代以来，由于半导体的发展、集成电路的出现，导致电子技术、计算机技术的更新换代，特别是 1965 年 FFT 方法获得突破性进展后出现了数字信号处理和分析技术的新分支，这为设备诊断技术的发展奠定了直接的和必须的技术基础。

早在 1967 年在美国宇航局（NASA）和海军研究所（ONR）的倡导和组织下就成立了美国机械故障预防小组（MFPG），开始了有组织有计划地对诊断技术分专题进行研究。

在此期间很多学术机构如美国机械工程学会（ASME）、政府部门如国家标准局（NBS）、国家锅炉及高压容器监测中心（NBBI）以及一些高等院校和企业公司都参与或进行了与本行业有关的诊断技术的研究，取得了大量的成果。与此同时还出现了一些专业性的诊断仪器和监测系统制造厂商，如本特利（Bently）公司、科学亚特兰大（Scientific Atlanta）公司、惠普（HP）公司等，对推进诊断技术的应用起到了较大的作用。

英国于 20 世纪 70 年代初成立了机器保健与状态监测协会（MHMG & CMA），到 80 年代初在发展和推广设备诊断技术方面做了大量的工作，起到了积极的促进作用。英国曼彻斯特大学创立的沃森工业维修公司（WIMU）和斯旺西大学的摩擦磨损研究中心在诊断技术研究方面都具有很高的声誉。

欧洲一些国家的诊断技术发展各有特色。如瑞典 SPM 公司的轴承监测技术，AGEMA 公司的红外热像技术，丹麦 B&K 公司的振动、噪声监测技术，挪威的船舶诊断技术等都各有千秋。

日本的诊断技术也在 20 世纪 70 年代中开始起步并发展很快，其特点是在民用工业如钢铁、化工、铁路等部门占有较大的优势。

我国起步较晚，1979 年机械工业部在长春举办的设备科长学习班上，在学习日本的全员生产维修（TPM）时才初步接触到设备诊断技术的概念，而真正的起步应从 1983 年南京首届设备诊断技术专题座谈会开始。与此同时诊断技术的学术研究也在一些高等院校和科研机关风起云涌地开展起来，与此相适应，一些高等院校已成立了有关的专业，并将设备诊断技术列入教学计划，这为设备诊断的后备人才提供了保证。

4.2　信号分析基础

4.2.1　信号的测量、传输及分类

(1) 传感器的种类

机械故障诊断中待研究的许多物理量如力、位移、转角、噪声等通常使用各种传感器将其转换为电压、电流等可测物理量。

传感器的种类很多，按工作原理可分为电感、电阻、电容、电涡流、压电、光电、热电以及霍尔效应等类型的传感器，按被测量对象可分为力、位移、温度、噪声、应变或其组合如阻抗头（可同时测力和加速度）等类型的传感器；按被测量的物体运动状态可分为直线运动、旋转运动及相应的接触式或非接触式等类型的传感器；按被测量物体的工作状态可分为一般工作环境及特殊工作环境如超高压、超高温、超低压、超低温、强磁场、放射性、特殊气体及液体环境等类型的传感器。

这些传感器最重要的指标有：

① 动态范围。动态范围指传感器输出量与物理输入量之间维持线性比例关系的测量范围，一般动态范围越大越好。

② 灵敏度。灵敏度指传感器输出量与物理输入量之比。灵敏度高，不需前置放大器即可进行测量；灵敏度较低，需配接适当的放大器。有些传感器使用时就需配接专用放大器，此时灵敏度也可定义为专用放大器输出量与物理输入量之比。

③ 动态特性。动态特性指传感器的响应时延、幅频特性，相频特性等。一般要求在所测信号的频率范围内幅频特性是平直的，相频特性是线性的，响应时延越小越好，否则转换后的信号是失真的，进一步的分析处理也就失去意义。当然也可能为了特殊目的故意利用传感器的非平坦的幅频特性段，例如进行共振解调，诊断滚动轴承的故障等。

④ 稳定性。稳定性指传感器长时间使用后灵敏度、动态范围、动态特性的变化小，重复精度高，否则要经常进行传感器的标定工作。

(2) 信号传输及干扰噪声

当传感器灵敏度较低时或传感器距分析处理设备较远，通常要使用放大器或长距离电缆，它们也像传感器一样存在灵敏度、动态范围、动态特性及稳定性的问题，在这方面的要求也像传感器一样。传感器输出的信号包括感兴趣的信号和不感兴趣的信号（称为噪声信号），噪声信号通常是由于外界干扰如雷电、空间电磁波、环境温度、湿度、光照、杂质、尘埃等引起，而放大器输出的信号除了传感器输出的信号外，还会附加放大器自身产生的电噪声信号。不论是哪一种噪声，均是有害的，有时甚至会将有用信号完全淹没。动态信号分析中的一个重要内容就是研究这些噪声信号的特点，采用各种处理技术排除这些噪声信号，获得不失真的有用信号。

(3) 信号的分类

信号可分为确定性信号及非确定性信号，所谓确定性信号是指可用数学关系式描述的信号，它又可分为周期信号及非周期信号，正弦波、方波等是典型的周期信号，而阶跃脉冲、半正弦脉冲等是典型的非周期信号。所谓非确定性信号是指不能用数学关系式描述的信号，也无法预知其将来的幅值，又称为随机信号，如电噪声信号。又如在不平坦的道路上行驶的汽车，车内产生的振动就是随机振动，它使乘客感到颠簸。

信号还可按其取值情况分为模拟信号和数字信号。模拟信号一般都是连续的，而数字信号则是离散的。大多数传感器输出的信号是模拟的，如各种压电式、磁电式、电容式、电涡流式及霍尔效应等类型的传感器，少数传感器输出的信号是离散的，如测量转动的圆光栅，其输出信号为脉冲，通过脉冲计数确定转过的角度。现代电子计算机只能处理数字信号，使用模拟/数字（A/D）转换器后才能处理模拟信号。

4.2.2 信号的时域分析

所谓时域是指一个或多个信号其取值大小、相互关系等，可定义为很多不同的时间函数或参数，这些时间函数或参数的集合称为时域。

根据时间函数或参数的不同，时域进一步细分还可以分为幅值域、时差域、倒频域、复时域等。倒频域、复时域将在频域分析内叙述。

4.2.2.1 幅值域

对样本记录的取值进行统计，称为在幅值域内对信号进行研究，此幅值是广义的幅值，即样本记录的一切可能取值。在幅值域内几个最重要的基本概念是概率密度函数、概率分布函数、均值、均方值、方差、歪度、峭度等。

(1) 概率密度函数与概率分布函数

① 随机信号的概率表示。在研究 N 个随机信号样本时，在确定时刻 t_j，随机变量 $X_j(t_j)$ 的大小是不相同的，若能统计出其值在 x 与 $x+\Delta x$ 之间的样本为 n 个，可定义其概率为：

$$P_{\mathrm{rob}}\{x \leqslant X(t) \leqslant x+\Delta x\}=\lim_{N \to \infty}\frac{n}{N} \tag{4-1}$$

② 概率密度函数。随机信号研究中，经常用到概率密度函数，其定义为：

$$P_{(x,t)}=\lim_{\Delta x \to 0}\frac{P_{\mathrm{rob}}\{x \leqslant X(t) \leqslant x+\Delta x\}}{\Delta x} \tag{4-2}$$

即概率密度函数与所研究的时刻有关。

③ 概率分布函数。瞬时值小于或等于某值 x 的概率称为概率分布函数或累积概率分布函数，记作 $P(x,t)$，它与概率密度函数的关系为：

$$P(x,t)=P_{\mathrm{rob}}\{X(t) \leqslant x\}=\int_{-\infty}^{x} p(\xi,t)\mathrm{d}\xi$$

$$p(x,t)=\frac{\partial P(x,t)}{\partial x} \tag{4-3}$$

（2）均值、均方值、方差、歪度与峭度

① 均值。均值用以描述信号的稳定分量，随机过程 $X(t)$ 的均值 $\mu x(t)$ 定义为：

$$\mu x(t)=\lim_{N \to \infty}\frac{1}{N_i}\sum_{i=1}^{N}x_i(t)=E[X(t)] \tag{4-4}$$

式中，$E[\,]$ 表示方括号中内容的数学期望或称为算术平均值。均值 $\mu x(t)$ 的脚标 x 在此实际上是按 t 时刻的随机变量 x 统计的，所以一般随机过程的均值 $\mu x(t)$ 为选定时刻 t 的函数。均值又称为一阶矩。

② 均方值、均方根值。均方值和均方根值用于描述信号的能量，随机过程 $X(t)$ 的均方值 $\Psi_X^2(t)$ 定义为：

$$\Psi_X^2(t)=\lim_{N \to \infty}\frac{1}{N_i}\sum_{i=1}^{N}x_i^2(t)=E[X^2(t)] \tag{4-5}$$

均方根值 $\Psi_X(t)$ 中定义为均方值的正平方根。均方值又称为二阶矩。

③ 方差、标准差。方差和标准差用于描述信号的波动分量，随机过程 $X(t)$ 的方差 $\sigma_X^2(t)$ 定义为：

$$\begin{aligned}\sigma_X^2(t)&=\lim_{N \to \infty}\frac{1}{N_i}\sum_{i=1}^{N}[x_i(t)-\mu_X(t)]^2=E[(X(t)-\mu_X(t))^2]\\&=\Psi_X^2(t)-\mu_X^2(t)\end{aligned} \tag{4-6}$$

标准差 $\sigma_X(t)$ 是方差 $\sigma_X^2(t)$ 的正平方根。方差又称为二阶中心矩。

④ 歪度。歪度反映信号中大幅值成分的影响，随机过程 $X(t)$ 的歪度 $\alpha_X(t)$ 定义为：

$$\alpha_X(t)=\lim_{N \to \infty}\frac{1}{N_i}\sum_{i=1}^{N}x_i^3(t)=E[X^3(t)] \tag{4-7}$$

歪度又称为三阶矩。

⑤ 峭度。峭度反映信号中大幅值成分的影响，随机过程 $X(t)$ 的峭度 $\beta_X(t)$ 定义为：

$$\beta_X(t)=\lim_{N \to \infty}\frac{1}{N_i}\sum_{i=1}^{N}x_i^4(t)=E[X^4(t)] \tag{4-8}$$

峭度又称为四阶矩。

⑥ 均值、均方值、方差、歪度、峭度与概率密度函数之间的关系。当随机过程存在连续的概率密度时，定义积分 $\int_{-\infty}^{\infty} x^n p(x,t)\mathrm{d}x$ 为随机过程 $X(t)$ 的 n 阶矩；定义积分

$\int_{-\infty}^{\infty}[x-\mu_X(t)]^n p(x,t)\mathrm{d}x$ 为随机过程 $X(t)$ 的 n 阶中心矩。

$$\mu x(t)=\int_{-\infty}^{\infty}xp(x,t)\mathrm{d}x \tag{4-9}$$

$$\Psi_X^2(t)=\int_{-\infty}^{\infty}x^2p(x,t)\mathrm{d}x \tag{4-10}$$

$$\sigma_X^2(t)=\int_{-\infty}^{\infty}[x-\mu_X(t)]^2p(x,t)\mathrm{d}x \tag{4-11}$$

$$\alpha_X(t)=\int_{-\infty}^{\infty}x^3p(x,t)\mathrm{d}x \tag{4-12}$$

$$\beta_X(t)-\int_{-\infty}^{\infty}x^4p(x,t)\mathrm{d}x \tag{4-13}$$

4.2.2.2 时差域

对样本记录在不同时刻取值的相关性进行统计，称为在时差域内对信号进行研究。在时差域内几个最重要的基本概念是自相关函数、互相关函数、协方差函数等。

(1) 自相关函数

自相关函数是指用以描述信号自身的相似程度。对于某一个随机过程式(4-8)，若 $X_1(t_1)$ 和 $X_2(t_2)$ 为其任意两个随机变量，其自相关函数定义为：

$$\begin{aligned}R_{XX}(t_1,t_2)&=\lim_{N\to\infty}\frac{1}{N}\sum_{i=1}^{N}x_{1i}(t_1)x_{2i}(t_2)\\&=\int_{-\infty}^{\infty}\int_{-\infty}^{\infty}x_1x_2p(x_1,x_2,t_1,t_2)\mathrm{d}x_1\mathrm{d}x_2\end{aligned} \tag{4-14}$$

式中，$p(x_1,x_2,t_1,t_2)$ 为 $X(t)$ 的二维概率密度函数。

由于周期信号的自相关函数是周期函数，而白噪声信号的自相关函数是 δ 函数，所以进行自相关函数分析，可以发现淹没在噪声中的周期信号。

(2) 互相关函数

互相关函数是指用以描述两个信号之间的相似程度或相关性。对于某二个随机过程 $X(t)$ 和 $Y(t)$，其互相关函数定义为：

$$\begin{aligned}R_{XY}(t_1,t_2)&=\lim_{N\to\infty}\frac{1}{N}\sum_{i=1}^{N}x_i(t_1)y_i(t_2)\\&=\int_{-\infty}^{\infty}\int_{-\infty}^{\infty}x_yp(x_1,x_2,t_1,t_2)\mathrm{d}x\mathrm{d}y\end{aligned} \tag{4-15}$$

式中，$p(x,y,t_1,t_2)$ 为 $X(t)$ 和 $Y(t)$ 的联合概率密度函数。

若互相关函数中出现峰值，则表示这两个信号是相似的，其中一路信号在时间上滞后了峰值所在的时差值。若互相关函数中几乎处处为零，则表示这两个信号互不相关。

(3) 协方差函数

对于随机过程 $X(t)$ 的 n 个不同时刻 t_1，t_2，…，t_n，可定义协方差函数为：

$$\begin{aligned}&C_{X_1X_2\cdots X_n}(t_1t_2\cdots t_n)\\&=\lim_{N\to\infty}\frac{1}{N}\sum_{i=1}^{N}[\prod_{j=1}^{n}(x_{ji}(t_j)\mu_{X_j}(t_j))]\\&=\int_{-\infty}^{\infty}\int_{-\infty}^{\infty}\cdots,\int_{\infty}^{\infty}\prod_{j=1}^{n}[x_j(t_j)-\mu_{X_j}(t_j)]p(x_1,x_2,\cdots,x_n,t_1,t_2,\cdots,t_n)\mathrm{d}x_1\mathrm{d}x_2\cdots\mathrm{d}x_n\end{aligned} \tag{4-16}$$

及相关系数为：

$$\rho_{X_1X_2\cdots X_n}(t_1,t_2,\cdots,t_n)=\frac{C_{X_1X_2\cdots X_n}(t_1,t_2,\cdots,t_n)}{\sigma_{X_1}(t_1)\sigma_{X_2}(t_2)\cdots\sigma_{X_n}(t_n)} \tag{4-17}$$

当 $n=2$ 且随机变量 $X_1(t_1)$ 和 $X_2(t_2)$ 的均值为零时，此协方差函数就等于自相关函数。

对于 n 个随机过程，应当定义自协方差函数和互协方差函数，自协方差函数是相对互协方差函数而命名的，其实就是协方差函数，即当式(4-16) 中的概率密度函数是多维概率密度函数时，式(4-16) 定义了协方差函数。

利用脚标标注，将式(4-16) 中的随机变量 $X(t)$ 视为不同的随机过程，将式(4-16) 中的概率密度函数视为联合概率密度函数时，式(4-16) 定义了互协方差函数。当 $n=2$ 且随机过程 $X(t)$ 和 $Y(t)$ 的均值为零时，此互协方差函数就等于互相关函数。

对应于自相关函数或互相关函数的相关系数称为自相关系数或互相关系数，也称为正则化的自相关函数或互相关函数，其取值总 0～1 之间，0 表示完全不相关，1 则表示完全相关。

4.2.2.3　各态历经过程

为了计算随机过程 $X(t)$ 的统计量，需要知道 $X(t)$ 的全部样本函数或其概率密度函数，实际上是很难做到的。工程中存在一类平稳随机过程，只对其某个样本函数进行研究，就能计算该随机过程 $X(t)$ 的各统计量，这类随机过程就称为各态历经过程。

对于各态历经过程，可不按上述的有关公式计算概率密度函数，概率分布函数、均值、均方值、方差、歪度、峭度、自相关函数和互相关函数等，令 $x(t)$ 为各态历经过程 $X(t)$ 的某一样本函数，令 $y(t)$ 为各态历经过程 $Y(t)$ 的某一样本函数。

(1) 各统计量的新定义为：

① 概率分布函数：

$$P(x)=\lim_{T\to\infty}\frac{1}{T}\sum_{i=1}^{n}\Delta t_j \tag{4-18}$$

② 概率密度函数：

$$p(x)=\frac{\mathrm{d}P(x)}{\mathrm{d}x} \tag{4-19}$$

③ 均值：

$$\mu_x=\lim_{T\to\infty}\frac{1}{T}\int_0^T x(t)\mathrm{d}t \tag{4-20}$$

④ 均方值：

$$\Psi_x^2=\lim_{T\to\infty}\frac{1}{T}\int_0^T x^2(t)\mathrm{d}t \tag{4-21}$$

⑤ 方差：

$$\sigma_x^2=\lim_{T\to\infty}\frac{1}{T}\int_0^T[x(t)-\mu_x]^2\mathrm{d}t \tag{4-22}$$

⑥ 歪度：

$$\alpha_x=\lim_{T\to\infty}\frac{1}{T}\int_0^T x^3(t)\mathrm{d}t \tag{4-23}$$

⑦ 峭度：

$$\beta_x = \lim_{T\to\infty} \frac{1}{T}\int_0^T x^4(t)\mathrm{d}t \tag{4-24}$$

⑧ 自相关函数：

$$R_{xx}(\tau) = \lim_{T\to\infty} \frac{1}{T}\int_0^T x(t)x(t+\tau)\mathrm{d}t \tag{4-25}$$

⑨ 互相关函数：

$$R_{xy}(\tau) = \lim_{T\to\infty} \frac{1}{T}\int_0^T x(t)y(t+\tau)\mathrm{d}t \tag{4-26}$$

$$R_{yx}(\tau) = \lim_{T\to\infty} \frac{1}{T}\int_0^T y(t)x(t+\tau)\mathrm{d}t \tag{4-27}$$

式中　T——样本信号的长度。

(2) 确定性信号中非周期信号的各统计量计算公式与各态历经过程完全相同，对于周期信号，式(4-20)～式(4-29) 中的 T 表示周期信号的周期，不需要取极限过程。

(3) 确定性信号与各态历经过程存在少数不同之处，如在幅值域内可定义以下统计量：

① 峰值。峰值在局部范围内为极大值（对应于正峰值）或极小值（对应于负峰值），对于周期信号，峰值一定会重复出现，对于非周期信号，峰值至少有一个，最大峰值描述信号的最大值。

② 幅值。幅值专用于描述正弦信号的峰值，由于各种周期或非周期信号可表示为无穷多个正弦信号分量之和，所以这些周期或非周期信号的峰值不与其某个正弦信号分量的幅值相等。广义的幅值指信号某瞬间的取值。

③ 有效值。有效值专用于描述正弦信号的均方根值，其大小为正弦信号幅值的 $1/\sqrt{2}$，对于其他信号，均方根值是其峰值的 $1/\sqrt{2}$。在正弦交流电路中，可用电压有效值乘以电流有效值求出电路中的功率。

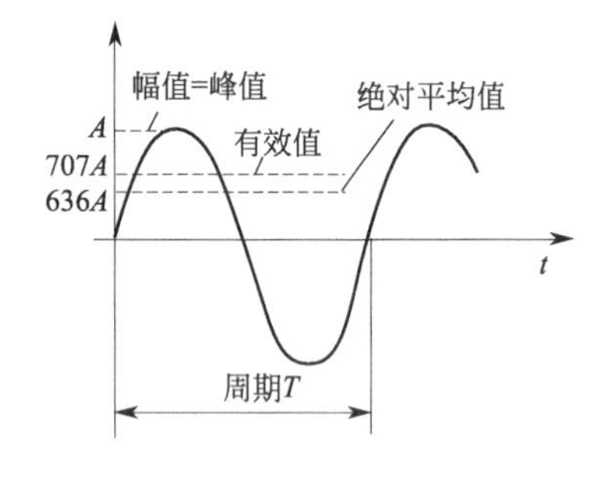

④ 绝对平均值。对于正弦信号等周期信号，采用模拟电路，往往很难求出信号的均方根值，实用中常采用整流电路得到信号的绝对平均值，再通过正弦信号均方根值与绝对平均值之间的关系，得到均方根值。绝对平均值的定义为：

$$x_{abc} = \lim_{T\to\infty} \frac{1}{T}\int_0^T |x(t)|\mathrm{d}t \tag{4-28}$$

对于正弦信号，均方根值与绝对平均值之比为 1.11，对于方波信号，均方根值与绝对平均值之比为 1。由此可见采用这种简单电路测量正弦信号的均方根值是准确的，而测量其他信号的均方根值就可能产生误差。必要时应采用真均方根值测试仪表进行测量。

常见确定信号的时域参数如图 4-1 所示。

图 4-1　常见确定信号的时域参数

4.2.3 信号的频域分析

所谓频域是指将周期信号展开为傅里叶（Fourier）级数，研究其中每个正弦谐波信号的幅值和相位等；或者对非周期信号或各态历经随机信号进行傅里叶变换，变换后的信号是频率的函数，这些频率的函数的集合称为频域。频域分析是指计算这些傅里叶级数或频率函数并进行分析，故频域分析也称为傅里叶分析。

满足狄利克雷（Dirichlet）条件的周期信号 $x(t)$ 的特点：

① $x(t)$ 在一个周期内处处连续或只有有限个不连续点；

② $x(t)$ 在一个周期内只有有限个极大和极小值；

③ $x(t)$ 在一个周期内的积分存在，即 $\int_0^T |x(t)|\mathrm{d}t < \infty$ 。

则周期信号 $x(t)$ 可以展开为傅里叶级数，用实数形式表示的傅里叶级数为：

$$x(t) = \frac{1}{2}a_0 + \sum_{r=1}^{\infty}(a_r\cos 2\pi r f_0 t + b_r \sin 2\pi r f_0 t)$$

$$a_r = \frac{2}{T}\int_0^T x(t)\cos 2\pi r f_0 t\mathrm{d}t,\ r = 0,1,2,\cdots$$

$$b_r = \frac{2}{T}\int_0^T x(t)\sin 2\pi r f_0 t\mathrm{d}t,\ r = 1,2,\cdots \tag{4-29}$$

用复数形式表示的傅里叶级数为：

$$x(t) = \frac{1}{2}C_0 + \sum_{\substack{r=-\infty \\ r\neq 0}}^{\infty} C_r \mathrm{e}^{i2\pi r f_0 i}$$

$$C_r = \frac{2}{T}\int_0^T x(t)\mathrm{e}^{-i2\pi r f_0 t}\mathrm{d}t,\ r = 0, \pm 1, \pm 2\cdots \tag{4-30}$$

式中　$\frac{1}{2}a_0$ 或 $\frac{1}{2}C_0$——稳态分量；

f_0——基波频率；

$\cos 2\pi f_0 t$，$\sin 2\pi f_0 t$ 或 $\mathrm{e}^{i2\pi f_0 t}$——基波；

rf_0——r 次谐波频率；

$\cos 2\pi r f_0 t$，$\sin 2\pi r f_0 t$ 或 $\mathrm{e}^{i2\pi r f_0 t}$——$r$ 次谐波。

将复傅里叶系数 C_r 按频率大小依次排列，可构成一个离散的频率函数，称为线状频谱，研究此频谱中的幅值和相位关系，就能了解信号的频率结构，发现信号产生的原因或采取相应措施加以控制。

一个周期信号的均方值可按傅里叶系数计算，因为按式(4-29）周期信号的均方值可表示为：

$$\Psi_x^2 = \frac{1}{T}\int_0^T x^2(t)\mathrm{d}t$$

$$= \frac{1}{T}\int_0^T \left[\frac{1}{2}a_0 + \sum_{r=1}^{\infty}(a_r\cos 2\pi r f_0 t + b_r\sin 2\pi r f_0 t)\right]^2 \mathrm{d}t \tag{4-31}$$

因为正弦函数的正交性，积分结果为：

$$\Psi_x^2 = \frac{1}{4}a_0^2 + \frac{1}{2}\sum_{r=1}^{\infty}(a_r^2 + b_r^2) \tag{4-32}$$

满足狄利克雷条件的非周期信号或各态历经过程 $x(t)$ 的特点：

① $x(t)$ 处处连续或只有有限个不连续点；

② $x(t)$ 只有有限个极大和极小值；

③ $x(t)$ 整个时域内的积分存在，即 $\int_{-\infty}^{\infty}|x(t)|\mathrm{d}t<\infty$ 。

则非周期信号或各态历经过程工 $x(t)$ 可以进行傅里叶变换，为：

$$X(f)=\int_{-\infty}^{\infty}x(t)\mathrm{e}^{-i2\pi ft}\mathrm{d}t \tag{4-33}$$

相应的逆变换公式为：

$$x(t)=\int_{-\infty}^{\infty}X(f)\mathrm{e}^{i2\pi ft}\mathrm{d}f \tag{4-34}$$

式中，$X(f)$ 称为非周期信号或各态历经随机信号 $x(t)$ 的连续频谱，严格说应称为幅值；密度谱，所谓密度是指 $X(f)$ 的量纲为单位频率上的幅值。若引入 δ 函数，则有些不满足狄利克雷条件的周期或非周期信号或各态历经随机信号的傅里叶变换也是存在的。

δ 函数的定义为：

$$\delta(t)=\lim_{a\to\infty}\frac{\sin at}{\pi t}$$

δ 函数最常用的性质为筛选（或采样性质）和尺度变化性质：

$$\int_{-\infty}^{\infty}\Phi(t)\delta(t-t_0)\mathrm{d}t=\Phi(t_0)$$

$$\delta(at)=\frac{1}{|a|}\delta(t)$$

式中，$\Phi(t)$ 为任意时间函数。

根据以上定义及性质，正弦信号的傅里叶变换为频域上的 δ 函数，又如时域上的常数等。

为了简化，可将式(4-33) 及式(4-34) 的关系用符号◎表示为：

$$x(t)◎X(f)$$

式中，$x(t)$ 和 $X(f)$ 为傅里叶变换对。

频域内最重要的函数是自功率谱密度函数和互功率谱密度函数。也可以定义能量谱密度函数，所谓功率谱密度函数或能量谱密度函数是指其量纲为单位频率上的功率或能量。引入 δ 函数后，在频谱存在的条件下，能量谱或功率谱密度函数也存在，一般习惯称呼为功率谱密度函数，不作严格区分。

(1) 自功率谱密度函数

用于表示信号能量的频率结构。自功率谱密度函数的定义为：

$$S_{xx}(f)=X^{*}(f)X(f) \tag{4-35}$$

式中，$X(f)$ 是时间信号 $x(t)$ 的傅里叶变换，而 $X^{*}(f)$ 是 $X(f)$ 的共轭函数。

(2) 互功率谱密度函数

用于表示两个信号能量之间的频率结构关系，互功率谱密度函数的定义为：

$$S_{xy}(f)=X^{*}(f)Y(f) \tag{4-36}$$

式中，$X(f)$ 是时间信号 $x(t)$ 的傅里叶变换，$Y(f)$ 是时间信号 $y(t)$ 的傅里叶变换叶变换，而 $X^{*}(f)$ 是 $X(f)$ 的共轭函数。

(3) 相关函数与功率谱密度函数的关系

可以证明相关函数与功率谱密度函数的关系是一对傅里叶变换对的关系，即

$$R_{xx}◎S_{xx}(f)$$

$$R_{xy}◎S_{xy}(f) \tag{4-37}$$

式(3-39) 又称为维纳-辛钦关系式。

m 个时间信号 $x(t)$ 的互相关性，可用：互相关矩阵表示为：

$$[R(t)]=\begin{bmatrix} R_{x_1x_1}(t) & R_{x_1x_2}(t) & \cdots & R_{x_1x_m}(t) \\ R_{x_2x_1}(t) & R_{x_2x_2}(t) & \cdots & R_{x_2x_m}(t) \\ \vdots & \vdots & \vdots & \vdots \\ R_{x_mx_1}(t) & R_{x_mx_2}(t) & \cdots & R_{x_mx_m}(t) \end{bmatrix} \tag{4-38}$$

对角线上的元素实际上是自相关函数。

相应的也存在互功率谱密度矩阵：

$$[S(f)]=\begin{bmatrix} S_{x_1x_1}(f) & S_{x_1x_2}(f) & \cdots & S_{x_1x_m}(f) \\ S_{x_2x_1}(f) & S_{x_2x_2}(f) & \cdots & S_{x_2x_m}(f) \\ \vdots & \vdots & \vdots & \vdots \\ S_{x_mx_1}(f) & S_{x_mx_2}(f) & \cdots & S_{x_mx_m}(f) \end{bmatrix} \tag{4-39}$$

同样对角线上的元素实际上是自功率谱密度函数。

(4) 巴什瓦 (Parseval) 定理

可表示为：

$$\int_{-\infty}^{\infty} x^2(t)\mathrm{d}x = \int_{-\infty}^{\infty} S_{xy}(f)\mathrm{d}f \tag{4-40}$$

它表示一个信号在时域中计算出的能量等于在频域中计算出的能量。

(5) 卷积定理

可表示为：

$$x(t)\otimes y(t)\circledcirc X(f)Y(f) \tag{4-41}$$

式中，符号⊗表示卷积，即

$$x(t)\otimes y(t) = \int_{-\infty}^{\infty} x(t)y(t-\tau)\mathrm{d}t = \int_{-\infty}^{\infty} x(t-\tau)y(t)\mathrm{d}t$$

卷积定理表明两个信号在时域内的卷积与两个信号傅里叶变换的乘积为傅里叶变换对。在利用快速傅里叶变换计算卷积时，就要用到卷积定理。表 4-1 为常用的傅里叶变换的性质。

表 4-1　常用的傅里叶变换的性质

时域 $h(t)$	变换性质	频域 $h(t)$
$x(t)+y(t)$	线性性	$X(f)+Y(f)$
$H(t)$	对偶性	$h(-f)$
$h(kt)$	时间尺度改变	$H(f/k)/\|k\|$
$h(t/k)/\|k\|$	频率尺度改变	$H(kf)$
$h(t-t_0)$	时间位移	$H(f)e^{-i2\pi ft_0}$ 相移
$h(t)e^{i2\pi f_0t}$ 调制	频率位移	$H(f-f_0)$
$h_e(t)$ 实偶函数	奇偶性	$H_e(f)=R_e(f)$ 实偶函数
$h_0(t)$ 实奇函数	奇偶性	$H_0(f)=iI_0(f)$ 虚奇函数
$h(t)=h_r(t)$ 实函数	奇偶性	$H(f)=R_r(f)+iI_0(f)$ 实部为偶函数，虚部为奇函数
$h(t)=ih_i(t)$ 虚函数	奇偶性	$H(f)=R_0(f)+iIe(f)$ 实部为奇函数，虚部为偶函数
$\frac{\mathrm{d}^{(n)}x(t)}{\mathrm{d}t^n}$	微分	$(i2\pi f)^nX(f)$

续表

时域 $h(t)$	变换性质	频域 $h(t)$
$\int_{-\infty}^{t} x(\tau)\mathrm{d}\tau$	积分	$\frac{X(f)}{i2\pi f}$
$\int_{-\infty}^{\infty} x(\tau)y(t-\tau)\mathrm{d}\tau$	卷积	$X(f)Y(f)$
$x(t)y(t)$	乘积	$\int_{-\infty}^{\infty} X(\xi)Y(f-\xi)\,\mathrm{d}\xi$

4.2.4 模拟信号分析

(1) 信号放大

以上介绍了传感器的灵敏度、动态范围、动态特性及稳定性的问题，放大器也有类似的要求，理想放大器的动态特性由图 4-2 中的实线所表示。实际上理想放大器是不存在的。工作中放大器的动态特性一般由图 4-2 中的虚线所表示。

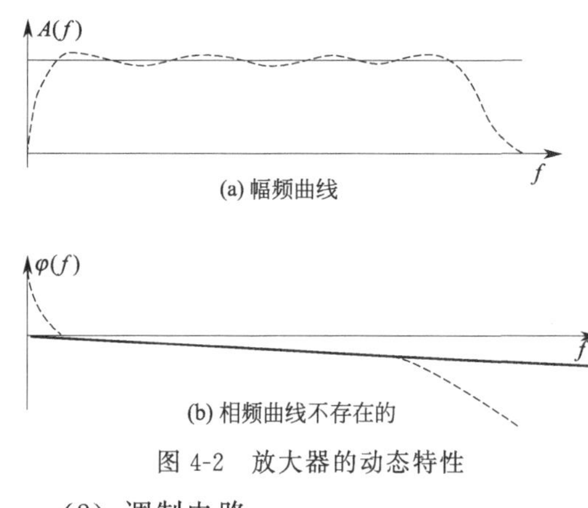

图 4-2 放大器的动态特性

放大器实质上是通带宽度特别宽的带通滤波器，因而关于放大器动态特性的讨论将在本节后部分的滤波中进行。

工程中有时需串联多个放大器进行多级放大，当各级放大器的输出阻抗较小而输入阻抗较大时，可认为总放大倍数（增益）为各级放大器放大倍数（增益）之积，总的通带宽度要小于通带宽度最小的那一级放大器。

(2) 调制电路

可分为调幅、调频、调相等多种电路，也有相应的解调电路。

① 调幅。多用于调调幅电路应用较广，基本原理就是对两路信号进行乘法运算，即设一路信号为 $y(t)=Y\sin\Omega t$，其频率 Ω 较高，称为载波信号；另一路信号为 $x(t)=X\sin(\omega t+\varphi)$，其频率 ω 较低，称为调制信号，两路信号相乘，得

$$\begin{aligned}z(t)&=y(t)x(t)=Y\sin\Omega tX\sin(\omega t+\varphi)\\&=\frac{1}{2}YX\cos[(\Omega-\omega)t-\varphi]-\frac{1}{2}YX\cos[(\Omega+\omega)t+\varphi]\end{aligned}\tag{4-42}$$

调幅后的信号中没有频率为 Ω 的载波信号，只有其附近的一对边频，称为抑制调幅波。若调制信号包含较多的频率成分，调幅后的信号由中心频率 Ω 附近的很多对边频组成。抑制调幅波中包含有调制信号的幅值、相位信息，但必须采用同步解调，才能恢复原调制信号。

另外一种调幅的办法是先将调制信号叠加一个直流分量，为与载波信号相乘后得：

$$x(t)=A+X\sin(\omega t+\varphi)$$

与载波信号相乘后得：

$$\begin{aligned}z(t)&=y(t)x(t)\\&=Y\sin\Omega t[\mathrm{A}+X\sin(\omega t+\varphi)]\\&=YA\sin\Omega t+\frac{1}{2}YX\cos[(\Omega-\omega)t-\varphi]-\frac{1}{2}YX\cos[(\Omega+\omega)t+\varphi]\end{aligned}\tag{4-43}$$

此时调幅后的信号中有频率为 Ω 的载波信号及其附近的一对边频，调幅后信号的包络线就是调制信号，称为非抑制调幅波。非抑制调幅波只要使用简单的包络检波就能恢复原调制信号。

② 调频。正弦波载波的频率按调制信号幅值变化规律而变化的调制过程称为调频，瞬时频率可以定义为角位移 Φ 对时间的导数，即 $\mathrm{d}\Phi/\mathrm{d}t$，正弦波的角位移可表示为 $\Phi=\Omega t+\theta$，$\mathrm{d}\Phi/\mathrm{d}t=\Omega=$常数，调频时瞬间频率为 $\mathrm{d}\Phi/\mathrm{d}t=\Omega[1+x(t)]$，若假定调制信号为：

$$x(t)=X\cos\omega t \tag{4-44}$$

则角位移为：

$$\Phi=\Omega t+\Omega\int x(t)\mathrm{d}t=\Omega t+\frac{\Omega}{\omega}X\sin\omega t$$

调制信号为：

$$\begin{aligned}z(t)&=Y\sin\Phi\\&=Y\sin[\Omega t+m_f\sin\omega t]\\&=Y\sin\Omega t\cos[m_f\sin\omega t]+Y\cos\omega t\sin[m_f\sin\omega t]\end{aligned} \tag{4-45}$$

式中，$m_f=\frac{\Omega}{\omega}X$，称为调频指数。

为了研究调频波的频谱，利用贝塞尔（Bessel）函数将式(4-47) 展开，得

$$\begin{aligned}z(t)=Y[&J_0(m_f)\sin\Omega t+J_1(m_f)\sin(\Omega+\omega)t-J_1(m_f)\sin(\Omega-\omega)t+\\&J_2(m_f)\sin(\Omega+2\omega)t-J_2(m_f)\sin(\Omega-2\omega)t+\cdots+\\&J_n(m_f)\sin(\Omega+n\omega)t-J_n(m_f)\sin(\Omega-n\omega)t+\cdots]\end{aligned} \tag{4-46}$$

式中，$J_n(m_f)$ 是 mf 的 n 阶贝塞尔函数。

式(4-48) 表明，当调制信号仅为单一正弦波时，调频波中也含有无穷多的频率成分，调频比调幅所要求的带宽要大得多，但因为调频信号所携带的信息包含在频率变化中，一般干扰作用主要引起信号幅度变化，对于调频波很容易通过限幅器消除干扰，所以调频能有效地改善信噪比，高性能的磁带记录仪往往采用调频、调相技术。

③ 调相。正弦波载波的相位按调制信号幅值变化规律而变化的调制过程称为调相，当调制信号为：

$$x(t)=X\sin\omega t \tag{4-47}$$

调相波的表达式为：

$$z(t)=Y\sin\Phi=Y\sin[\Omega t+X\sin\omega t] \tag{4-48}$$

式(4-48) 似乎与式(4-45) 完全相同，但物理意义不同，式(4-45) 表明调频过程中引起相位随时间变化，但相位变化规律与原调制信号即式(4-44) 不同，反过来式(4-48) 表明调相过程必然也会引起频率随时间变化，但频率变化规律与原调制信号即式(4-47) 不同。调相与调频在边频、带宽、抗干扰等方面是类似的，在此不重复叙述，不过它们在解调方面是不相同的。

(3) 滤波

模拟滤波器按其频率特性可分为四类，即低通滤波器、高通滤波器、带通滤波器和带阻滤波器。图 4-3(a)、(b)、(c)、(d) 表示了这四种滤波器的理想（实线）和实际（虚线）的幅频曲线。

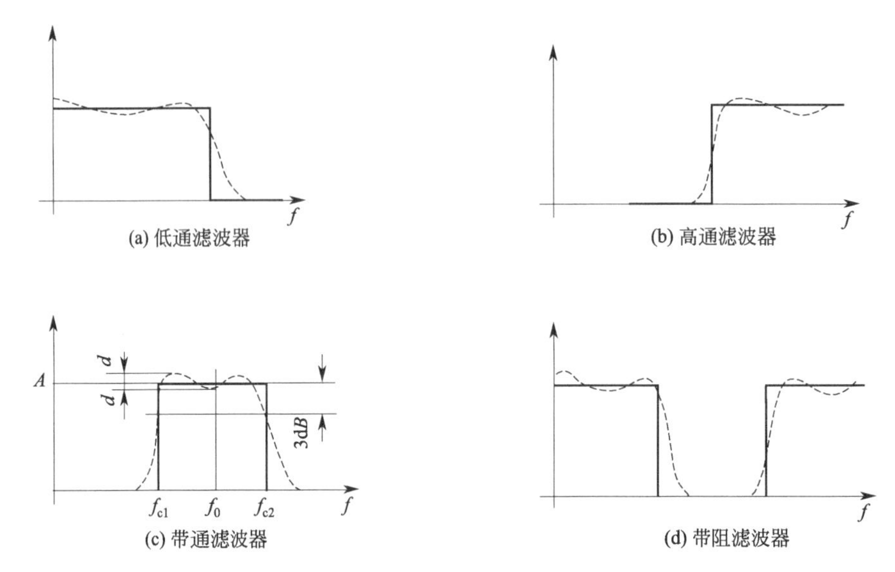

图 4-3　理想和实际的滤波器幅频曲线

实际的滤波器幅频曲线不可能是矩形的，需要用一些特性参数来描述，以图 4-3 中的带通滤波器为例，有以下参数：

① 通带增益 A：通带增益 A 定义为通带内波纹起伏的平均值。

② 带宽 B：比通带增益 A 小 3dB 的点所对应的频率分别为上截止频率 f_2 和下截止频率 f_1，半功率带宽 B 可以定义为：

$$B=f_2-f_1$$

③ 阻带衰减率：一般用每倍频程下降多少 dB 表示，通常阻带衰减率越大，通带内的波纹也越大，这与傅里叶变换中的吉布斯（Gibbs）现象有关。

④ 中心频率：对于带通或带阻滤波器而言，中心频率定义为：

$$f_0=(f_2+f_1)/2$$

实际中常用低通滤波器作为抗混滤波器，用高通滤波器进行宽带解调，用窄带宽带通滤波器进行频谱分析等。

4.2.5　数字信号分析

由于电子计算机的应用与普及，快速傅里叶变换（FFT）技术的出现，数字信号分析发展越来越快，已有完全替代模拟分析的趋势，这是因为数字信号分析在记录、显示、灵活采用多种分析、分辨能力甚至运算速度等方面都优于模拟信号分析。进行数字信号分析，可以采用专用的数据处理机，用硬件进行快速傅里叶变换，也可在普通电子计算机的控制下，先进行模拟/数字（A/D）转换，即采样，再用软件或硬件进行快速傅里叶变换及计算其他函数。

（1）采样、离散傅里叶变换与窗函数

采样就是按规定的时间间隔 Δt 从连续时间信号中抽取一系列离散采样值并量化成数字信号，时间间隔 Δt 必须大于量化一个采样值所需的时间才能保证采样能连续进行下去，$f=1/\Delta t$ 称为采样频率，各种 A/D 转换器件都规定了它能工作的最高采样频率。为了缩短量化一个采样值所需的时间，一般均把采样值经过舍入，变为只有有限个有效数字的整数，这个整数最大为 255 时，用二进制表示有 8bit，最大为 4095 时，用二进制表示有 12bit，分别表示量化能达到的精度。采样后的数据总是离散的及有限的，这就引出了离散傅里叶变换的问题，即希望电子计算机算出的离散傅里叶变换与原信号的连续傅里叶变换是一致的。

离散傅里叶变换式为：

$$X(n)=\sum_{K=0}^{N-1}x(k)\mathrm{e}^{-i2\pi nk/N} \tag{4-49}$$

离散逆傅里叶变换式为

$$x(k)=\frac{1}{N}\sum_{n=0}^{N-1}X(N)\mathrm{e}^{i2\pi nk/N} \tag{4-50}$$

或

$$x(k)=\frac{1}{N}\left[\sum_{n=0}^{N-1}X^{*}(N)\mathrm{e}^{-i2\pi nk/N}\right] \tag{4-51}$$

式(4-51) 的优点是只经过简单的取共轭运算就可用计算傅里叶变换的程序来计算逆傅里叶变换。

简单分析可知，若不希望产生频率混叠现象，采样频率必须大于最高被分析频率两倍以上，或必须将大于 1/2 采样频率以上的频率成分滤掉，即进行抗混滤波，这称为香农(Shannon) 采样定理；若希望减小皱波，则时域中不能突然截断信号，应根据信号的特点，采用不同的窗函数，减小皱波效应。

(2) 时域统计量的离散运算及平均

采样后的信号是离散的，积分相应的要变为求和运算，所以式(4-18)～式(4-28) 均可按下式运算：

① 概率密度函数

$$p(j)=\frac{1}{N}\sum_{K=0}^{N-1}q[x(k)]$$

$$q[x(k)]=\begin{cases}1 & j\Delta x-\dfrac{\Delta x}{2}\leqslant x(k)\leqslant j\Delta x+\dfrac{\Delta x}{2}\\ 0 & 0<j<511\end{cases} \tag{4-52}$$

② 概率分布函数

$$p(j)=\sum_{K=0}^{j}p(k)\qquad 0<j<511 \tag{4-53}$$

③ 均值

$$\mu_x=\frac{1}{N}\sum_{K=0}^{N-1}x(k) \tag{4-54}$$

④ 均方值

$$\Psi_x^2=\frac{1}{N}\sum_{K=0}^{N-1}x^2(k) \tag{4-55}$$

⑤ 方差

$$\sigma_x^2=\frac{1}{N}\sum_{K=0}^{N-1}[x(k)-\mu_x]^2 \tag{4-56}$$

⑥ 歪度

$$\alpha_x=\frac{1}{N}\sum_{K=0}^{N-1}x^3(k) \tag{4-57}$$

⑦ 峭度

$$\beta_x = \frac{1}{N}\sum_{K=0}^{N-1} x^4(k) \tag{4-58}$$

⑧ 自相关函数

$$R_{xx}(n) = \sum_{K=0}^{N-1} x(k)x(k+n)\ , \quad 0 \leqslant n \leqslant N-1 \tag{4-59}$$

⑨ 互相关函数

$$R_{xy}(n) = \sum_{K=0}^{N-1} x(k)y(k+n), \quad 0 \leqslant n \leqslant N-1 \tag{4-60}$$

⑩ 绝对平均值

$$x_{abs} = \frac{1}{N}\sum_{K=0}^{N-1} |x(k)| \tag{4-61}$$

由于数据处理设备的限制，采样后的数据点数 N 不可能非常大，常用的点数一般为1024、2048、4096等，只按一个样本的结果来分析信号，尤其对于平稳随机过程会产生较大的估计误差。解决的办法是，根据数据处理设备的特点，可每次采样 N 点，进行处理并保存中间结果，再采样 N 点，进行处理与前次中间结果平均，就能减少估计误差，这种方法称为集合平均的方法，它是算术平均的一种推广。

常用的平均方法有如下两种。

① 线性平均。假定每次处理的结果为 a_n 平均后的中间结果为 A_n，第 $n-1$ 次算术平均应为：

$$A_{n-1} = \frac{1}{n-1}\sum_{K=1}^{N-1} a_k \tag{4-62}$$

按式(4-62) 计算第 n 次的中间结果：

$$A_n = \left(1-\frac{1}{n}\right)A_{n-1} + \frac{a_n}{n} = \frac{n-1}{n}\,\frac{1}{n-1}\sum_{K=1}^{n-1} a_k + \frac{a_n}{n} = \frac{1}{n}\sum_{K=1}^{n} a_k \tag{4-63}$$

这正是第 n 次算术平均。

线性平均适合于确定性信号及各态历经信号。

② 指数平均：

$$A_n = \left(1-\frac{1}{M}\right)A_{n-1} + \frac{a_n}{n} \tag{4-64}$$

式中，M 为任意正整数，当 $n>M$ 时，可以证明前次的中间结果对当前平均值的影响随平均次数 n 的增加而减弱，M 越大则减弱越慢。指数平均适合渐变的非平稳信号，如用于计算均值、均方值或方差等，可观察到其随时间渐变的过程。在数字数据处理中，平均首先用于功率谱密度函数的平均，其他函数均由功率谱密度函数推导，也就自然经过平均，这称为谱平均方式。在谱平均方式中，有用信号的频率、幅值或两路信号之间的相位差一般不随时间变化，平均后对应谱线的幅值、相位亦不变化，而不需要的信号尤其是随机信号的频率、幅值、相位等随时变化，平均后将趋向对应谱线的均值，因而平均后的谱变得更光滑且保持原有信噪比不变。另一种不同的平均方式称为时域同期平均，这种方式需要与有用信号同步的触发信号，例如需要分析齿轮的啮合频率信号，可在齿轮轴上设置光码盘，利用光码盘的信号启动采样，此时采到的有用信号相位可保持完全一致，对时间信号直接进行平均，就可消除那些相位与触发信号不同步的随机信号，平均后再求功率谱密度函数，可以提高信噪比。

（3）快速傅里叶变换　若用计算机直接计算式(4-49)，需要 N^2 次复数乘法及 $N(N+1)$ 次复数加法，自从 1965 年由美国库利和图基（J. W. Cooley-J. W. Tukey）提出 FFT 算法后，只需 $N\log_2 N$ 数量级的运算，大大地节约了运算时间，被认为是信号分析技术的划时代的标志。FFT 算法有很多变型，也发表过许多编好的程序，对算法感兴趣的读者可参看有关专著。

4.2.6　频率细化分析技术

频率细化分析或称为局部频谱放大，能使某些感兴趣的重点频谱区域得到较高的分辨率，提高了分析的准确性，是 20 世纪 70 年代发展起来的一种新技术。频率细化分析的基本思想是利用频移定理，对被分析信号进行复调制，再重新采样作傅里叶变换，即可得到更高的频率分辨率，其主要计算步骤为：假定要在频带（$f_1 \sim f_2$）范围内进行频率细化，此频带中心频率为 $f_0=(f_1+f_2)/2$ 对被分析信号 $x(k)$ 进行复调制（可以是模拟的也可是数字的），得频移信号：

$$y(k)=x(k)\mathrm{e}^{-i2\pi KL/N}，\ L=\frac{f_0}{\Delta f} \tag{4-65}$$

式中，Δf 是未细化分析前的频率间隔，也可仅为一参考值。

根据频移定理，$Y(n)=X(n+L)$，相当于把 $X(n)$ 中的第 L 条谱线移到 $Y(n)$ 的零谱线位置了。此时降低采样频率为（$2N\Delta f/D$）。对频移信号重采样或对已采样数据频移处理后进行选抽，就能提高频率分辨率 D 倍分析 $Y(n)$ 零谱线附近的频谱，也即 $X(n)$ 中第 L 条谱线附近的频谱。D 是一个比例因子，又称为选抽比或细化倍数，$D=N\Delta f/(f_2-f_1)$。为了保证选抽后不至于产生频混现象，在选抽前应进行抗混滤波，滤波器的截止频率为采样频率的 1/2。

复调制细化包括幅值细化与相位细化，由于复调制过程中需通过数字滤波器，产生附加相移，所以一般要按滤波器的相位特性予以修正。才能得到真实的细化相位谱。

4.3　滚动轴承故障诊断

转动件转子系统故障是机器故障的主要形式之一，而转子系统故障往往与轴承故障密切相关。

4.3.1　滚动轴承的基本概述

（1）滚动轴承的典型结构及工作原理

滚动轴承与滑动轴承相比，它有以下的优点：摩擦系数小、传动效率高；已实现系列化、标准化、通用化，维修方便；用轴承钢制造，高性能、低成本；零件加工精度高；轴承支座结构简单；可以应用到空间任何方位的轴上。下面介绍它的结构和工作原理。

（2）滚动轴承的典型结构

滚动轴承的典型结构如图 4-4 所示，它由内圈、外圈、滚动体和保持架四部分组成。

（3）滚动轴承的基本原理

内圈、外圈分别与轴颈与轴承座孔装配在一起，多数情况是内圈随轴回转，外圈不动；

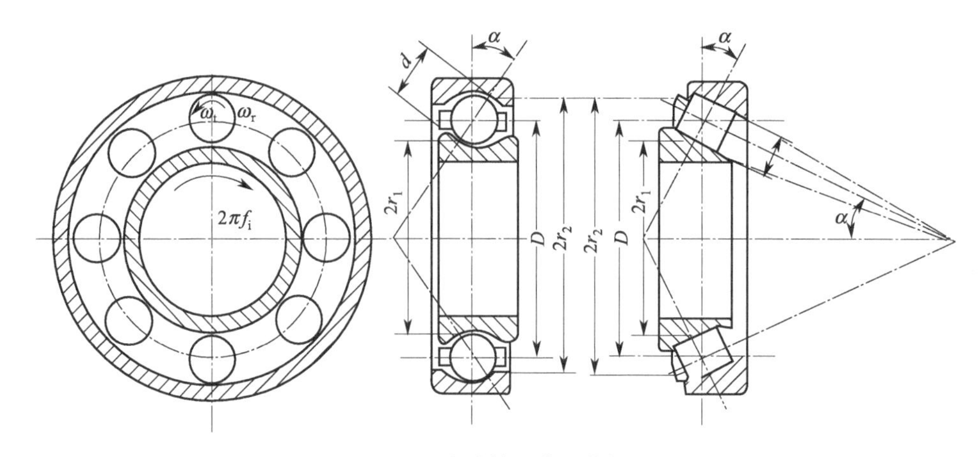

图 4-4　滚动轴承典型结构

但也有外圈回转、内圈不转或外圈分别按不同转速回转等使用情况。滚动体是滚动轴承中的核心元件，它使相对运动表面间的滑动摩擦变为滚动摩擦。滚动体的形状有球形、圆柱体、锥形体、鼓形。在轴承内、外圈上都有凹槽滚道，它起着降低接触应力和限制滚动体轴向移动的作用。保持架是滚动体等距离分布并减少滚动体间的摩擦和磨损。如果没有保持架，相邻滚动体将直接接触，且相对摩擦速度是表面速度的两倍，发热和磨损都较大。

4.3.2　滚动轴承故障失效的主要形式

造成轴承提前损坏的原因有：设备维修时，安装技术不正确；过度或者不适当的润滑是轴承损坏的主因，而过度润滑占了绝大部分；设备所使用的轴承选择不当将会缩短寿命；振动负荷过大会极大的影响轴承的寿命；轴承配合设计不良也会造成损坏。

滚动轴承有很多种损坏形式，主要形式有磨损失效、疲劳失效、断裂失效、压痕失效和胶合失效。

(1) 滚动轴承的磨损失效。

(2) 滚动轴承的疲劳失效。

(3) 滚动轴承的腐蚀失效。

轴承零件表面的腐蚀分为三种类型：

① 化学腐蚀。当水、酸等进入轴承或者使用含酸的润滑剂，都会产生这种腐蚀。

② 电腐蚀。由于轴承表面间有较大电流通过使表面产生点蚀。

③ 微振腐蚀。为轴承套圈在机座座孔中或轴颈上的微小相对运动所致。结果使套圈表面产生红色或是黑色的锈斑，轴承的腐蚀斑则是以后损坏的起点。

(4) 滚动轴承的压痕失效。

(5) 滚动轴承的断裂失效。

(6) 滚动轴承的胶合失效。

4.3.3　滚动轴承造成的振动

(1) 滚动轴承造成的振动

滚动轴承造成的振动，原则上可以分为两类：其一为与轴承的弹性有关的振动；其二为与轴承滚动表面的状况有关的振动。前者代表滚动体的传输振动，由于不管轴承正常还是异常，这种振动都要发生，所以与轴承的异常诊断无关。和轴承异常有关的是第二种振动，这就是在滚动体表面上以某种形式出现的异常。这种振动的发生机理，一般如图 4-5 所示。

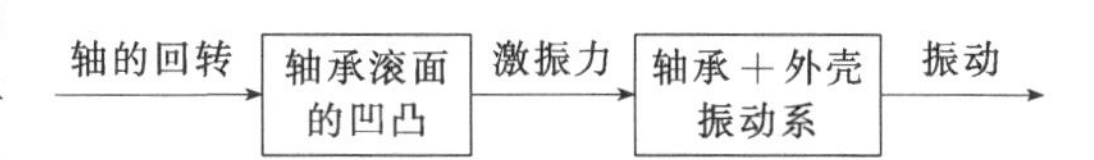

图 4-5　滚动轴承振动发生的机理

首先，由于轴的旋转，滚动体便在内外圈之间滚动。轴承的滚动表面虽然加工的非常平滑，但从微观上来看，仍有小的凹凸。滚动体在这些凹凸面上转动时，产生交变的激振力。通常，由于滚动表面的凹凸形状是不规则的，所以激振力也具有随机的性质，它具有多种频率成分，由轴承和外壳形成的振动系统由于这个力的激振，发生的振动将是由各种频率成分组成的随机振动。

为了加深对滚动轴承振动特性的认识，下面再分别对滚动轴承造成的各种振动作进一步讨论。

（2）滚动轴承的固有振动

滚动轴承在工作时，滚动体与内环或外环之间可能产生冲击而诱发轴承各元件的固有振动。由于各轴承元件的固有频率仅取决于本身的材料、外形和质量，因而和轴的转速无关。

轴承刚度变化引起的振动，当滚动轴承在恒定载荷下运转时，由于其轴承和结构所决定，使系统的刚度参数形成周期的变化，而且是一种对称周期变化，从而使其恢复力呈现非线形的特征，由此便产生了分数谐波振动。

此外，当滚动体处于载荷下非对称位置时，转轴的中心不仅有垂直方向的，而且还有水平方向的移动。这类参数的变化与运动都将引起轴承的振动，也就是随着轴的转动，滚动体通过颈项载荷产生激振力。

这样在滚动轴承运动时，由于刚度参数形成的周期变化和滚动体产生的激振力以及系统存在非线形，便产生多次谐波振动并含有分数谐波成分，不管滚动轴承正常与否，这种振动都会发生。

（3）由滚动轴承的运动副引起的振动

当轴承运转时，滚动体便在内外圈之间滚动。轴承的滚动表面虽加工得非常平滑，但从微观来看，仍高低不平，滚动体在这些凹凸面上转动，则产生交变的激振力。所产生的振动，既是随机的，又含有滚动体的传输振动，其主要是频率成分为滚动轴承的特征频率。

滚动轴承的特征频率（即接触激发的基频），完全可以根据轴承元件之间滚动接触的速度关系建立的方程求得。用它计算的特征频率值往往十分接近测量数值，所以在诊断前总是先算出这些值，作为诊断的依据。

（4）与滚动轴承安装有关的振动

安装滚动轴承的旋转系弯曲，或者不慎将滚动轴承装歪，使保持架座孔和引导面偏载，轴运转时则引起振动。其震动频率成分中含有轴旋转频率的多次谐波。同时，滚动轴承紧固过紧或过松，在滚动体通过特定位置时，即引起振动。其频率与滚动体通过频率相同。

（5）由于轴承各种异常（使用损伤）所产生的振动

① 表面皱裂　在这类异常中，包含如表面皱裂和磨损这类经历时间较长，使轴承滚动面的全周慢慢劣化的异常形态。轴承产生表面皱裂时的异常振动，与正常轴承的振动具有同样的性质，即两者振动的波形都是无规则的，振幅的概率密度分布大概为正态分布。与正常的轴承振动的唯一区别，是表面皱裂伴随着振幅变大这一点。因而，振动的有效值和峰值比正常时大。

表面皱裂不会直接引起轴承的马上破坏，其危害程度要比下面的表面脱落和烧损小的多。但是，表面皱裂不可避免地是引起这些严重异常的导火线。

② 表面剥落。在这类异常中，包含有如表面剥落、裂纹、压痕等滚动面发生局部损伤等异常形态。在滚动轴承产生表面剥落时，会产生如图 4-6 所示的冲击振动。

图 4-6　表面剥落故障及波形

③ 烧损。这种异常是由于润滑状态恶化等原因产生的，它会引起轴承在短时间内迅速恶化。由于从烧损的征兆出现到不能旋转的时间很短，所以，诊断或预知这种异常非常困难，用定期检查发现不了的情况是经常发生的。

但是，完全没有征兆是不可能的。在到达烧损的过程中，伴随着冲击振动，轴承的振动值急速增大。实践的经验告诉我们，从温度的变化可以较早地得知振动方面地异常。由此可知，若经常监测振动，防止烧损事故于未然还是可能的。

4.3.4　滚动轴承几类典型异常的时域特征

（1）轴承内环表面剥落时的振动波形

当内环的某个部分存在剥落、裂纹、压痕、损伤等点蚀情况时，便会发生如图 4-7 所示的振动。

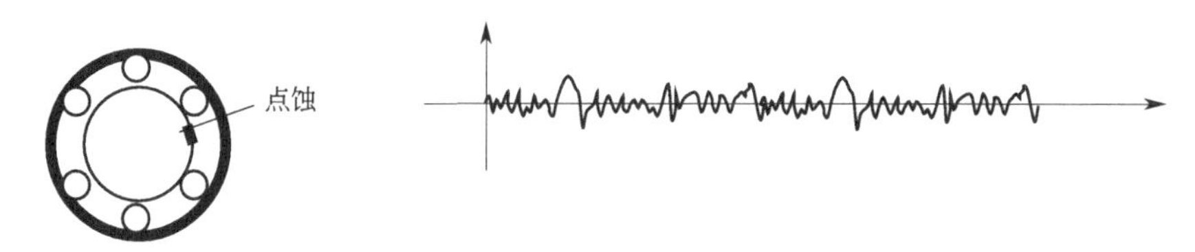

图 4-7　内环表面剥落及振动波形

（2）轴承外环有表面剥落时的振动波形

当轴承外环有表面剥落时，便会发生如图 4-8 所示的振动波形。

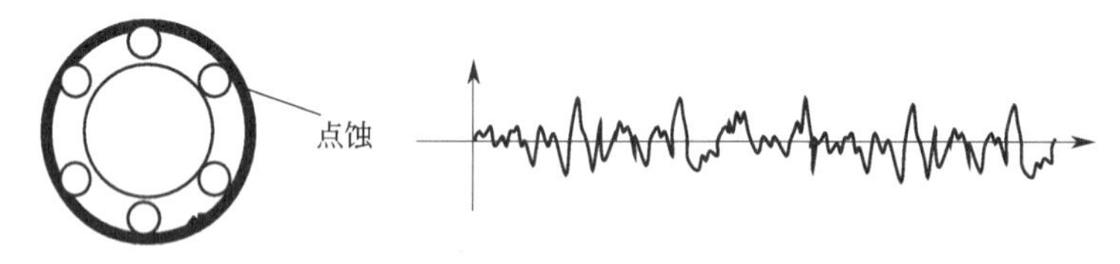

图 4-8　外环表面剥落及振动波形

（3）滚动体有表面剥落时的振动波形

当滚动体有表面剥落时，便会发生如图 4-9 所示的振动波形。

图 4-9　滚动体表面剥落及振动波形

(4) 正常轴承的振动波形

如图 4-10 所示，正常状态的滚动轴承，其振动波形有两个特点。其一是无冲击；其二是变化慢。

图 4-10　正常轴承的振动波形

4.3.5　滚动轴承的振动测试方法

(1) 监测位置和方法的选择

一般情况下，测量点数量及方向的确定应考虑的总原则是：能对设备振动状态做出全面的描述；应是设备振动的敏感点；应是离机械设备核心部位最近的关键点；应是容易产生劣化现象的易损点。此外，在选择测量点时，还应考虑环境因素的影响，尽可能地避免选择高温、高渣、出风口和温度变化剧烈的地方作为测量点，以保证测量结果的有效性。

一般讲，轴承座露在外面的，监测位置应选在轴承座上；轴承座在内部的，监测位置应选在与轴承座联接刚性高的部分或基础上。同时，应在 X、Y、Z 即水平、垂直、轴向三个方向上测定，若有安全或构造等方面的限制，可在水平与轴向或垂直与轴向两个方向测定。如图 4-11 所示。

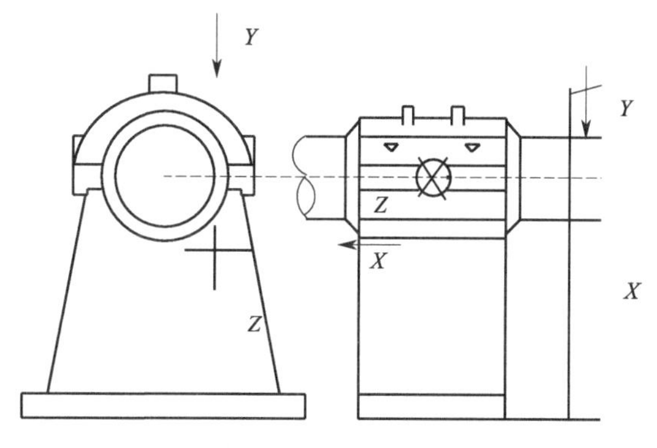

图 4-11　测定位置与方向示意图

最后切记，测量点一经选定，就应进行标记，以保证在同一点进行测量。此外，测定（侧头接触）部分应该是光滑的。

(2) 测定参数选择

滚动轴承发生的振动，包含 1kHz 以下的低频振动和数千赫兹乃至数万赫兹的高频振动。振动的频率范围，与异常的类型有关。当利用振动信号对滚动轴承的故障进行振动时，通常应选振动速度和振动加速度为测定参数。但是必须注意：利用振动速度和振动加速度所能检测出来的异常种类是不同的。

(3) 测定周期确定

为发现初期异常，需要定期测定。很重要的一点是，规定的周期应不至忽略严重的异常情况，并尽可能缩短。但是，如果测定周期缩短到超出实际的需要，那也是不经济的。自然测定周期应根据实际情况，在必要时进行适当的调整，如果情况需要，甚至可以采取连续监测。

(4) 诊断方法

在滚动轴承的振动诊断中，较常用的方法有以下几种：

① 有效值和峰值判别法。滚动轴承振动的瞬时值随着时间而不断的变化。作为表现这种振动变化大小的方法，广泛的使用有效值。有效值是振动振幅的均方根值。

其对具有表面皱纹那样的无规则振动波形的异常可以给出恰当的评价。但是，对表面剥落或伤痕那样的具有瞬变冲击的振动的异常是不适用的。对于这种形态的异常，峰值比有效值适用。峰值是在某个时间内表现出的振幅最大值，它对瞬时现象也可以得出正确的指示值。特别是对初期阶段的表面脱落，非常容易由峰值的变化监测出来。但它也有对轴承内部滚动体对保持器的冲击、灰尘等原因发生的瞬时振动及突发的外部干扰比较敏感的缺点。所以比起有效值来，测定值的变化可能很大。

② 波峰系数法。所谓波峰系数，是指峰值对有效值的比。在轴承异常的检出中，如前所述，对表面剥落伤痕引起的瞬时冲击振动，峰值比有效值的反应灵敏。使用波峰系数就是利用这一性质。

根据振动的波峰系数进行诊断的最大特点，是由于波峰系数得值不受轴承尺寸、转速及负荷的影响，所以正常、异常的判定可以非常单纯地进行。此外，波峰系数不受振动信号的绝对水平所左右，所以，传感器或放大器的灵敏度即使变低，也不会出现测定误差。但这种方法，对表面皱裂或磨耗之类的异常，几乎没有检出能力。

此外，还有振幅概率密度分析法、脉冲诊断法、低频信号接受法、中频带通滤波法、谐振信号接收法、包络法、高通绝对值频率分析法、相位分析或同步分析法、时序模型参数分析法等方法。在以上所说的方法中，有效值和峰值判别法和波峰系数法与本实验联系较为密切，而其他方法只作了解，故不作赘述。

（5）制定标准

为了判定滚动轴承是否正常，要以所测定的振动振幅为依据。而为了做出判断，又必须有标准加以对照。标准有绝对标准和相对标准两大类型。绝对标准，是指用以判断设备状态的振动绝对数值；相对标准，是指设备自身振值变化率的允许值。绝对标准是在规定了正确的测定方法之后制定的标准，所以在应用时必须注意标准适用的频率范围和测定方法。相对标准是振动标准在设备故障诊断中应用的典型，特别适用于尚无适用的振动绝对标准的设备。其应用方法是对设备的同一部位的振动进行定期检测，以设备正常情况下的值为原始值，根据实测值与原始值的比值是否超过标准来判断设备的状态。造纸企业的主要设备都是旋转机械，所以我们主要讨论旋转机械。

通用的标准是ISO 2372系列和ISO 3945，这是针对工业生产中各种机械振动情况制定的一个标准，对不同类型的机械有不同的衡量标准，主要分为大型机械、中型机械、小型机械以及柔性旋转机械和刚性旋转机械。根据振动速度进行是否合格的分类。

现行的国际国内振动评价标准划定的设备种类范围过大，定位不够精确，即使是同类设备，由于在安装基础、结构刚度等方面存在较大的差异，而造成同类型机组在机械阻抗上可能不同，即使同样的激振力产生的振动表现不同。另一方面，随着设备结构设计和制造工艺及使用条件的不同，加之测量仪器的不断发展，所以我们在监测诊断时不能硬套这些绝对标准，必须从具体企业在用设备的状态出发，在参考绝对标准的基础上，建立符合实际的故障诊断相对标准，保证设备的高效、安全和经济运行。

相对标准是以正常状态的测定值为初值，以当前实测数据值达到初值的倍数为阈值来判定设备当前所处的状态。相对标准中初值的确定极为重要，一般至少要取六个有效数据进行平均后作为初值。针对具体机械而制定的相对标准，制定得当，其效果比使用绝对标准要好。标准值的确定根据频率的不同分为低频（＜1000Hz）和高频（＞1000Hz）两段，低频段的依据主要是经验值和人的感觉，而高频段主要是考虑了零件结构的疲劳强度。典型的振动相对标准有日本工业界广泛采用的相对标准，见表 4-2。

表 4-2　日本工业界推荐相对标准

项　　目	低频(<1000Hz)	高频(>1000Hz)
注意区	1.5～2 倍	3 倍
异常区	4 倍	6 倍

在使用这两种标准时，一般文献均建议按如下顺序选择：

绝对标准>相对标准，但相对标准是针对具体设备而定的，则优先采用相对标准。

4.3.6　滚动轴承的其他监测诊断技术

(1) 声学诊断法

由于音响是轴承振动产生的，从本质上来说，它和振动一样，可以说是轴承异常的很好的信号媒介。可是，由于外部杂音的影响，在实际应用中，用耳朵或送话器捕捉轴承的异常声音还是很困难的。

另外，用听音棒直接听取固体中传送的声音，以判别异常的方法很早使用了。由于它不受外部杂音的影响，而且便宜，所以还被广泛应用。但是，要进行正确的判断，需要相当熟练的技巧。同时，它有异常音的级别不易定量化的缺点。除开音响诊断法外，在滚动轴承故障的声学诊断中，近年来还发展了声发射诊断方法，它是利用滚动轴承元件有剥落、裂纹或在运行中由于润滑不足或工作表面咬合时，会产生不同类型的声发射现象的原理进行工作的，是一个很有前途的发展方向。

(2) 温度诊断法

温度监测技术以可观测的机械零件的温度作为信息源，在机器运行过程中，通过温度参数的变化特征来判别机器的运行状态。其中接触式测温多用于需要连续监测或不可观察的部位，如轴承的温度监测；非接触式测温多用于危险部位或不易接近部位。特点是过程简单，诊断结果一目了然。

(3) 磨耗屑的分析

这是分析润滑剂中磨耗屑粉以调查或识别机械状态的方法。

机器的润滑系统或液压系统的循环油路中携带着大量的磨损残余物（磨粒）。它们的数量、大小、几何形状及成分反映了机器的磨损部位、程度和性质，根据这些信息可以有效地诊断设备的磨损状态。对滚动轴承，具有代表性的三种方法是油样光谱分析法、铁谱分析法以及磁塞（磁棒）检查法。

(4) 轴承的间隙测定

滚动轴承的内圈或外圈，即使固定了一个，由于内部有间隙，所以未固定的轨道圈能向一侧作微微移动，这个移动量就叫轴承的间隙。在实际中检查轴的振摆，轴端移动量测量及轴心轨迹测量等方法统称为轴承间隙的间接测量方法。

轴承的间隙测定，对磨耗、电蚀、轨道面或滚动体全圈的异常诊断是有效的，但对表面剥落或压痕等局部异常则无诊断效果。

(5) 油膜电阻法

旋转中的滚动轴承，由于在轨道面与滚动体之间形成油膜，所以在内圈与外圈之间形成油膜，在内圈与外圈之间有很大的电阻。在润滑状态恶化或轨道面或滚动面上产生破坏，油膜就破坏而使电阻变小。利用这个性质，就可以对轴承的润滑状态进行诊断。

油膜电阻的测量分析原理如图 4-12 所示。在内圈和外圈加微小的电压，检查其电压降，这是一种简便的测量方法。在实际应用中。附加电压一般选 1V 左右。

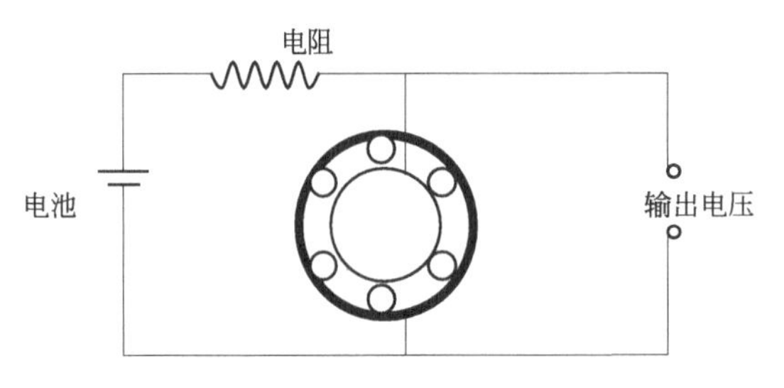

图 4-12 油膜电阻法测定分析原理

(6) 光纤监测技术

光纤监测是一种直接从轴承套圈表面提取信号的诊断技术。用光导纤维束制成的位置传感器，包含有发送光纤维和接收光纤维。光线由发送光纤维经过传感器端面与轴承套圈表面的间隙，反射回来，再由接收光纤维接收，经过光电元件转换为电压输出。间隙量改变时，导光锥照射在轴承表面的面积也随之改变。

4.4 振动监测与诊断

利用振动信号对故障进行诊断，是设备故障诊断方法中最有效，最常用的方法。机械设备和结构系统在运行过程中的振动信息是反映系统及变化规律的主要信号。通过各种动态测试仪器拾取、记录和分析信号，是进行系统状态检测和故障诊断的主要方法。统计资料表明：由于振动而导致设备故障，在各类故障中占 50%以上。据国内外报道，用振动的方法可发现发动机故障的 34%，可节约维修费用 70%。

利用振动检测和分析技术进行故障诊断的信息类型繁多，量值变化范围大，而且是多维的，便于进行识别和决策。随着近代传感技术、电子技术、微处理技术和测试分析技术的发展，国内外已制造了各种专门的振动诊断仪器系列，在设备状态检测中发挥了主要作用。振动检测方法便于自动化、集成化和遥控化，便于在线诊断，工况监测，故障预报和控制，是一种无损检验方法，因此在工程实际中得到了广泛使用。

4.4.1 振动监测系统的组成

振动监测系统由测震传感器、信号调理器和信号记录与处理设备组成，如图 4-13 所示。

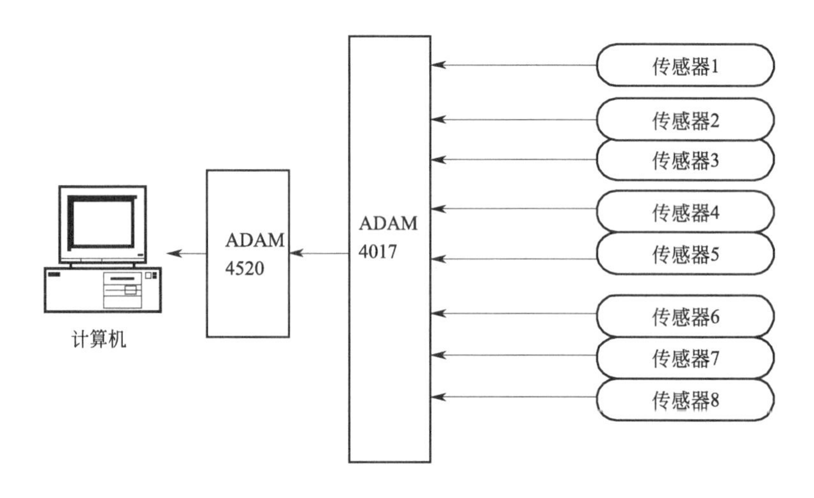

图 4-13 振动测试系统组成

4.4.2 振动诊断技术的实施过程

实践表明，对机器设备实施振动诊断，必须遵循正确的诊断程序，使工作有条不紊地进行，并取得良好的效果。反之，则将影像诊断工作的顺利进行，甚至中途遇挫，无果而终。人们在长期的实践基础上，提出了从简易诊断到精密诊断的诊断策略。本节讲述振动监测与诊断的基本过程。

(1) 诊断对象的确定

诊断对象就是机器设备。在一个企业中，不可能也没必要将全部设备都作为诊断的对象，因为这样会大大增强诊断工作量，降低诊断效率，诊断效果也不会理想。因此，必须经过充分的调查研究，根据企业自身的生产特点以及各类设备实际特点、组成情况，有重点地选定作为诊断对象的设备。通常情况，这些设备有如下情况。

① 一般是连续化和自动化红的关键设备，如石化企业的压缩机、汽轮机等。

② 一旦故障发生后，会造成环境污染，容易造成人身安全事故或损失很大的设备。

③ 价格昂贵或维修费用高的精密和成套设备。

④ 没有备用机组的关键设备。

(2) 诊断方案的确定

① 选择测点。测点就是设备被测量的部位，它是获取诊断信息的窗口，测点选取得正确与否，关系到能否获取真实完整的状态信息，只有对诊断对象的充分了解，才能根据诊断目的很好地就地选择测点。测点应满足以下要求：

a. 对振动反应敏感。选点尽可能靠近振源，避开或减少信号在传递通道上的界面、空档或隔离物，最好让信号直线传播。

b. 信号丰富。选择信号比较集中的地方，以便获得更多的状态信息。

c. 服从诊断目的。诊断目的不同，测点也应随之变化。

d. 适合安置传感器。测点应有足够的空间安装传感器以保证有良好的接触。

e. 符合安全操作。因为现场振动测量是在设备运行的情况下进行的，所以在安装传感器时必须保证操作人员的安全和设备的安全。对不便操作、操作起来有安全隐患的部位，一定要有可靠的保安措施；否则只好放弃。

② 预估频率和振幅。振动测量前，应估计一下所测振动信号的频率范围和幅值的大小，对于选择传感器、测量仪器和测量参数非常必要，同时防止漏检某些可能存在的故障信号。采用以下几种方法：

a. 根据积累的现场诊断经验，对设备常见故障的振动特征频率和振幅作一个基本估计。

b. 根据设备的结构特点、性能参数和工作原理计算出某些可能发生的故障特征频率。

c. 广泛搜集诊断知识，掌握一些常用设备的故障特征频率和相应的幅值大小。

d. 利用便携式振动测量仪，在正式测量前对设备进行重点分块测试，找到一些振动烈度较大的部位，通过改变测量频段和测量参数进一步测量，也可以大致确定其敏感频段和幅值范围。

③ 测量参数的确定。在机械设备振动诊断工作中，位移、速度和加速度是三种可测量的幅值参数。选择时应考虑两方面的因素：一是振动频率的构成；二是主要的振动表象。可根据表 4-3 选择相应的振动监测参数。

表 4-3 根据不同的应用场合选择相应的振动监测参数

测量参数	振动表象	应用场合
位移	位移量或活动量异常	加工机床的振动、旋转轴的摆动
速度	振动能量异常	旋转机械的振动
加速度	冲击力异常	轴承和齿轮的缺陷引起的振动

从频率角度看，高频信号常选加速度作为测量参数，低频信号选位移作为测量参数，居于其间选速度作为参数。

对振动检测最重要的要求之一，就是测量范围应能包含所有主要频率分量的全部信息，包括不平衡、不对中、滚动体损坏、齿轮啮合、叶片共振、轴承元件径向共振、油膜涡动和油膜振荡等有关的频率成分，其频率范围往往超过 1kHz。很多典型的测试结果表明，在机器内部损坏还没有影响到机器的实际工作能力之前，高频分量就已包含了缺损的信息。为了预测机器是否损坏，高频信息是非常重要的。因此，测量加速度值的变化及其频率分析常常成为设备故障诊断的重要手段。

在大多数情况下，评定机械设备的振动量级和诊断机械故障，主要采用速度和加速度的有效值，只有在测量变形破坏时，才采用位移峰值。

④ 选择诊断仪器。测量仪器的选择除了重视质量和可靠性外，还考虑如下两方面：

a. 仪器应有足够宽的频率范围，能覆盖所有重要的振动频率成分，一般范围是 10Hz～10kHz。

b. 仪器要有好的动态范围，在一定的频率内能保证对所有可能出现的振动数值有一定的显示精度。

⑤ 传感器的选择与安装。振动测量的传感器有三种类型，一般都是根据所测量的参数类别采选取：测量位移采用涡流式位移传感器；测量速度采用磁电式速度传感器；测量加速度采用压电式加速度传感器。

⑥ 做好其他相关事项的准备。为可靠地进行工作，最好在正式测量前做一次模拟测试，以检验仪器的状态和准备工作的充分程度。

4.5 现代智能诊断技术

随着人工智能技术的不断发展，以知识处理为核心的智能诊断技术已成为设备故障诊断技术的一个主要发展方向。智能诊断技术是在自动测试技术和信号处理的基础上，将人工智能的理论和方法应用到故障诊断领域，实现诊断过程的智能化。

(1) 神经网络的学习和工作过程

人工神经网络首先要以一定的学习准则进行学习，然后才能工作。现以人工神经网络对手写“A”、“B”两个字母的识别为例进行说明，规定当“A”输入网络时，应该输出“1”，而当输入为“B”时，输出为“0”。所以网络学习的准则应该是：如果网络做出错误的判决，则通过网络的学习，应使得网络减少下次犯同样错误的可能性。首先，给网络的各连接权值赋予 (0，1) 区间内的随机值，将“A”所对应的图像模式输入给网络，网络将输入模式加权求和、与门限比较、再进行非线性运算，得到网络的输出。在此情况下，网络输出为“1”和“0”的概率各为 50%，也就是说是完全随机的。

这时如果输出为“1”(结果正确)，则使连接权值增大，以便使网络再次遇到“A”模式输入时，仍然能做出正确的判断。如果输出为“0”（结果错误），则把网络连接权值朝着减小综合输入加权值的方向调整，其目的在于使网络下次再遇到“A”模式输入时，减小犯同样错误的可能性。如此操作调整，当给网络轮番输入若干个手写字母“A”、“B”后，经过网络按以上学习方法进行若干次学习后，网络判断的正确率将大大提高。这说明网络对这两个模式的学习已经获得了成功，它已将这两个模式分布记忆在网络的各个连接权值上。当网络再次遇到其中任何一个模式时，能够做出迅速、准确的判断和识别。一般说来，网络中所含的神经元个数越多，则它能记忆、识别的模式也就越多。

BP 神经网络的工作过程通常由两个阶段组成：一个阶段是工作期，在这一阶段网络各节点的连接权值固定不变，网络的计算从输入层开始，逐层逐个节点地计算每一个节点的输出，直到输出层中的各节点计算完毕。另一阶段是学习期，在这一阶段，各节点的输出保持不变，网络学习则是从输出层开始，反向逐层逐个节点地计算各连接权值的修改量，以修改各连接的权值，直到输入层为止这两个阶段又称为正向传播和反向传播过程。

在 BP 网络中，输入层的节点通常只是对输入的样本数据进行一些简单的规格化处理，真正的网络计算处理是从第二层开始到输出层结束。

为了便于计算，通常将各处理节点中的阈值也作为一个连接权值，为了做到这一点，只要将各处理节点与一个输出恒为 1 的虚节点相连接即可。

（2）有关需要进一步完善的方面

① 收敛性逆向传播法（BP)。工程中常用的最小均方误差（LMS）算法的一种广义形式，BP 算法采用的梯度搜索技术，从运算过程上来看，收敛速度较慢；在构造或选择连接权值、阈值的代价函数时，弄不好会导致无收敛值。

② 网络模块化。基于神经网络的故障诊断方法其优点在于具有良好的自学习功能，可克服单纯专家系统的知识获取瓶颈问题，对于不完全或者被噪声干扰的数据，在多数情况下也能得到问题的解答。但该方法却存在着网络训练时，需要大量的诊断实例才能使之得出收敛、稳定的诊断结果；并且还必须限制网络的规模，不能使之太大，因而有必要进行神经网络模块化的研究。

③ 网络优化。基于 BP 算法的神经网络，在学习过程中网络的拓扑结构是固定不变的，并且必须事先确定隐层节点数，然后仅能通过训练来改变其连接权值；为此，有必要优化网络的结构，使其把结构的建立与学习训练同步进行。

神经网络应用于设备故障诊断起源于 20 世纪 80 年代末期。尽管二十多年来智能化诊断技术取得了一定的进展，但仍存在着很多问题有待解决。例如：

① 诊断神经网络模型的改进，层数与隐层单元数的设置及迭代步长选取等，这些问题都不同程度地影响了网络的收敛速度以及诊断精度。

② 多故障组合时求解爆炸问题。对于这类问题，故障的组合将使解的搜索空间变得非常的大，从而使诊断求解的工作量增大，甚至达到不现实的程度。

③ 现代设备的特点是复杂化、大型化，一个完整的系统通常都由几个子系统组成。系统的分层、分块特性使得需要检测的部位非常多。

神经网络以后的研究的方向：

① 优化算法。包括各种改进的神经网络结构，或用各种优化工具解决多组合，多参数难以实现的问题。

② 集散监测诊断系统。集散监测诊断系统是受集散控制系统的影响产生的。同一时期，

机械设备在结构和功能上也日益复杂和强大，这样，集散监测诊断系统就应运而生了。

③ 集成神经网络。目前，单个神经网络在设备诊断中已有较广泛的应用。但各个迹象表明，多个神经网络必然有更强的优势。根据钱学森的综合集成思想，在人机结合中，将来自不同设备、不同设备部位的数据，由不同的子神经网络来处理诊断。

4.6 案例

4.6.1 红光造纸厂造纸机故障诊断

实验内容：对正常运转着的纸机的各辊子，用设备对其进行现场的监测，实验过程中，记录下振动曲线和各项指标，分析后对我们怀疑有故障的轴承进行更加深入的研究，最终综合分析得出结论，对轴承做出评价，并把我们的结论反馈给厂家，以利于他们的正常生产。

红光造纸厂造纸机辊子编号对照图如图 4-14 所示。我们测试时，根据生产的需要决定使用流浆箱的数量。我们测试时用了两个流浆箱。

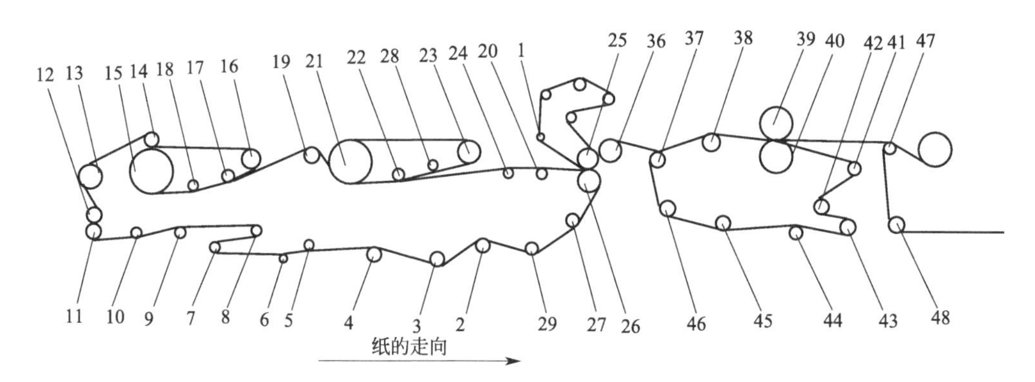

图 4-14　红光造纸厂纸机各辊子相对位置示意图

压榨部：主压 171.3M　　32A　　47.32Hz

纸机幅宽：4.2 米

卷纸机：车速 186.7m/min　　电流 13A　　44.87Hz

(1) 测试的基本考虑

对工作辊工作轴承进行监测时，必须考虑金属结构传递振动信号通道性质，由于轴承安装在轴承座内，而测振传感器只能放在轴承座上接近轴承的表面上，为了消除传递通道的影响，应保证在轴承和传感器之间直接的传递路径。将测点尽量靠近轴承，最好是位于轴承载荷区内，以确保采集的信号能真实反映被检对象的状态，振动测试位置为轴承的轴承盖。

滚动轴承的振动通常具有较高的频率，所以选用加速度传感器。在实验室与现场测试中，我们均采用美国 PCB 公司生产的 608A11 3457 传感器。

(2) 振动的现场监测

利用实验室用来监测轴承状态的整套设备，配合笔记本电脑，对红光造纸厂造纸机工作辊工作轴承进行了现场的振动测试。

(3) 实验结果总结归纳与分析

① 造纸机烘缸轴承振动监测结果归纳。图 4-15 和图 4-16 为部分烘缸和导辊的轴承振动实时曲线，由于篇幅所限，只罗列一少部分。

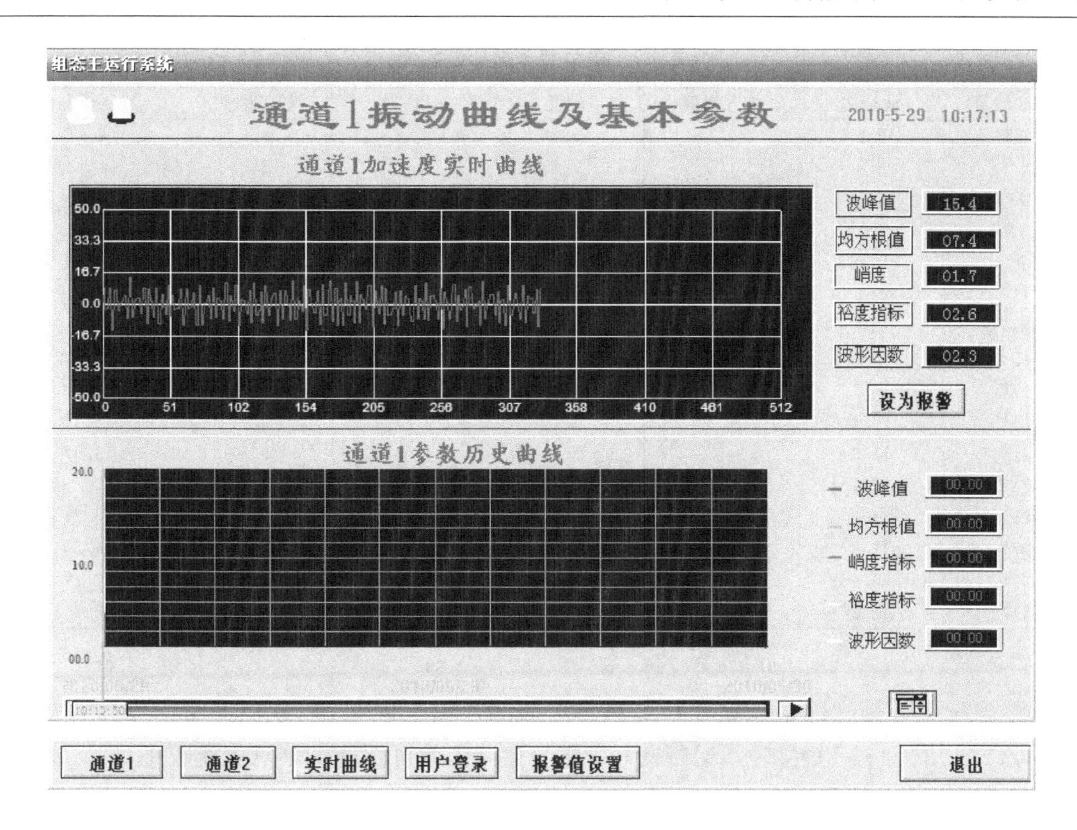

图 4-15　29# 烘缸振动曲线

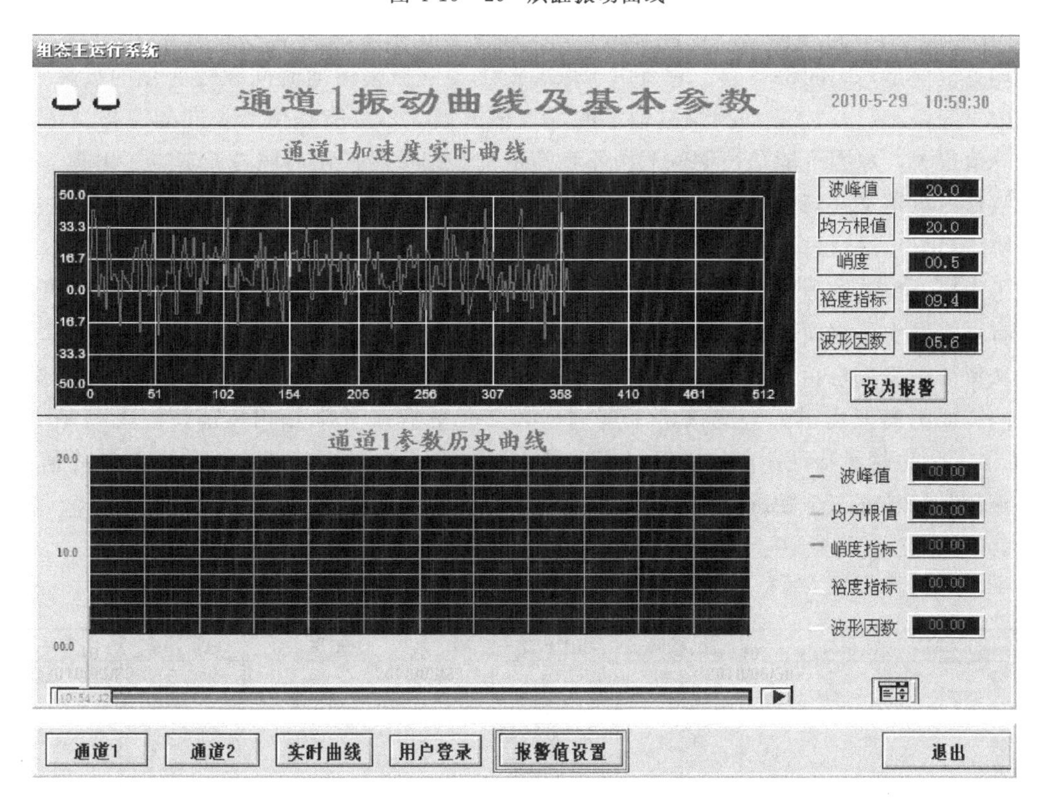

图 4-16　39# 压榨上辊振动曲线

表 4-4 烘缸轴承监测数据表

烘缸编号	波峰值	均方根值	峭度	裕度指标	波形因数	特征距离值
1#	3.5	1.1	3.2	5.4	4.2	4.87
3#	3.8	1.3	2.6	4.2	3.5	4.78
5#	4.5	1.4	3.2	5.1	4.2	4.92
7#	5.3	2.1	2.6	3.8	3.1	6.27
9#	12.1	3.2	4.0	6.2	5.0	13.14
11#	7.1	2.5	2.5	4.0	3.4	7.93
13#	3.0	1.1	2.4	4.7	3.6	4
15#	4.8	1.7	2.8	4.4	3.6	5.81
17#	13.1	3.7	3.4	5.3	4.4	14.03
19#	15.4	4.3	3.7	5.5	4.6	16.41
21#	12.9	4.3	3.2	4.5	3.8	13.97
23#	12.1	4.5	3.0	4.0	3.4	13.25
25#	14.3	8.2	1.3	1.9	1.8	16.54
27#	12.3	7.3	1.3	1.8	1.7	14.36
29#	15.4	7.4	1.7	2.6	2.3	17.17
31#	11.3	5.1	1.9	2.8	2.6	12.54

注：特征距离值=(波峰值^2+均方根值^2+峭度值^2)$^{1/2}$。

② 造纸机各烘缸部轴承振动的分析。由监测数据（表 4-4）分析可知 1#、3#、5#、7#、11#、13#、15#烘缸轴承运行良好，结合监测图像可知这些轴承曲线很平稳，认为这些轴承没有什么故障。9#、17#、19#、21#、23#、25#、27#、29#、31#的波峰值很大，已经超过了 10，需要在以后的运行中给予足够的重视。19#、25#、29#波分值接近或者超过了 15，已经存在严重的故障，需要及时更换或维修相关部位。

均方根值是对时间平均的，它适用于像磨损之类的振幅值随时间缓慢变化的故障诊断。由表中可知，25#、27#、29#烘缸轴承的均方根值很大，可能是由于长期的磨损造成了轴承波峰值很大，原因可能是长期的润滑不良造成的磨损或者使用时间过长造成了磨损。

波形因数定义为峰值与均值之比（X_p/X）。该值也是于轴承诊断的有效指标之一。经验表明，当 X_p/X 值过大时，表明滚动轴承有可能发生了点蚀；而当 X_p/X 小时，则有可能发生了磨损。由波形因素也可以看出 25#、27#、29#烘缸轴承的波形因数很小，也可以证明其有可能发生了磨损。

从特征距离值也可以看出 9#、17#、19#、21#、23#、25#、27#、29#、31#烘缸，它们的特征距离值也很大，应该给予重视，必要时更换或者维修相关部位。尤其是 19#、25#、29#烘缸轴承特征距离值都已经超过了 16，需要及时的更换或者维修。与波峰值判断结果相符。对于这三个轴承，应该立即更换或者维修相关部位。

③ 造纸机辊子轴承振动监测结果归纳。辊子轴承监测数据见表 4-5 所示。

表 4-5 辊子轴承监测数据表

编　　号	波峰值	均方根值	峭　　度	裕度指标	波形因数	特征距离值
1#导辊	12.6	4.5	2.7	4.3	3.5	13.65
2#导辊	3.3	1.5	1.7	1.5	2.3	4
3#导辊	19.9	9	1.6	2.5	2.4	21.9
4#导辊	20	16.3	1.4	5.4	4.4	25.84
5#导辊	0.8	0.4	2.1	3.9	2.7	2.28
6#导辊	20	12.5	2.5	20	16.9	23.72

续表

编　　号	波峰值	均方根值	峭　　度	裕度指标	波形因数	特征距离值
7# 导辊	15.9	5.5	3.0	4.2	3.6	17.1
8# 导辊	3.3	0.9	3.9	6.4	4.9	5.19
9# 导辊	4.3	1.6	2.8	3.9	3.3	5.37
10# 导辊	11.6	3.5	3.3	5	4.3	12.56
14# 导辊	20	9.6	2	2.9	2.5	22.27
15# 导辊	8.1	3	2.3	3.6	3.2	8.94
16# 导辊	18.9	6.4	3.4	4.6	3.8	20.24
18# 导辊	3.8	1.2	3.2	5.2	4.2	5.11
19# 导辊	12.6	5	2.3	3.5	3.1	13.7
20# 导辊	3.3	1	3.3	5	4	4.77
21# 导辊	2	0.9	2.1	2.9	2.7	3.04
22# 导辊	4.8	1.7	3.1	4.6	3.7	5.96
23# 前导辊	12.8	9.1	1.1	1.4	1.4	15.74
24# 导辊	20	9.8	3.4	5.1	4.3	22.53
25# 复合压榨中辊	20	6.0	3.3	5.4	4.5	21.14
26# 复合压榨下辊	20	10.7	3.0	4.4	3.8	22.88
27# 辊	20	20	0.06	4.4	3.7	28.28
29# 复合压榨下导辊	1.8	0.7	2.5	4.1	3.3	3.16
36# 复合压榨后辊	20	7.5	2.6	4.3	3.7	21.52
37# 辊	20	10.8	2.9	4.2	3.4	22.91
39# 压榨上辊	20	20	0.05	9.4	5.6	28.28
40# 下压辊	20	9.4	2.3	3.4	3.0	22.22
41# 毛布上回头导辊	8.8	3.2	3.1	4.3	3.5	9.86
42# 毛布小导辊	20	20	0.6	8.1	6.4	28.29
43# 毛布张紧辊	7.3	4.9	1.2	1.6	1.5	8.87
44# 毛布校正辊	20	20	0.3	9.7	8.0	28.29
46# 辊	3.8	1.2	3.1	4.9	3.9	5.05
47# 烘缸毛毯第一导辊(上边)	20	5.2	20	20	20	28.76
48# 烘缸毛毯第一导辊(下边)	2.3	0.8	2.4	4.0	3.4	3.42
毛布导辊	8.5	5.9	1.1	1.5	1.5	10.41
烘缸传动侧 2	12.4	5.7	1.9	2.7	2.5	13.78
烘缸传动侧 3	8.8	2.7	3.7	5.2	4.3	9.92
压榨传动 39# 压榨上辊传动侧	20	5.9	3.1	5.4	4.4	21.08
2 压榨传动侧 40# 下压辊传动侧	20	12.7	2.9	4.3	3.7	23.87
复合压榨下辊传动侧	20	7.5	3	4.3	3.6	21.57
复合压榨上辊传动侧	17.7	6	2.9	4.4	3.7	18.91
复合压榨中辊传动侧	20	5.5	20	20	20	28.81

监测过程中由于某些辊子不容易监测等，所以只对一些容易测量的辊子进行了监测。主要监测了操作侧。

④ 造纸机各辊子轴承振动的分析。由各类辊子的轴承的监测结果可知，2#、5#、8#、9#、15#、18#、20#、21#、22#、29#、41#、43#、46#、48#、毛布导辊、3# 烘缸传动侧，它们的轴承运行良好，结合监测图像可知这些轴承曲线很平稳，认为这些轴承没有什么故障。其他各辊子的轴承波分值都很大，都已经超过了 10，应该引起注意。特别是 3#、4#、6#、7#、14#、16#、24#、25#、26#、27#、36#、37#、39#、40#、42#、44#、47#、39# 压榨上辊传动侧、40# 下压辊传动侧、复合压榨下辊传动侧、复合压榨中辊传动侧这些轴承的波分值都已经超过了 15，需要及时更换相关轴承或者维修相关部件。在现场

我们发现许多轴承端盖都没用螺栓拧紧，可能是为了满足某种安装的需要，螺栓没拧紧，也会造成轴承很大的振动。

均方根值是对时间平均的，它适用于像磨损之类的振幅值随时间缓慢变化的故障诊断。由表可以看出4#、6#、14#、23#、24#、26#、27#、37#、39#、40#、42#、44#、40#下压辊传动侧，它们轴承监测结果中均方根值很大，有可能是由于长期的磨损造成的振动曲线不平稳，波峰值很大，可能是由于长期的润滑不良或者轴承使用时间很长造成的。

峭度指标一般在3左右，大于4.5或者过小，就有可能发生故障。这里不用其对以上监测结果进行分析。

波形因数定义为峰值与均值之比（X_p/X）。该值也是于轴承诊断的有效指标之一。经验表明，当X_p/X值过大时，表明滚动轴承有可能发生了点蚀；而当X_p/X小时，则有可能发生了磨损。6#、44#、47#、复合压榨中辊传动侧轴承的波形因数很大，它们很有可能发生了点蚀。而2#、3#、5#、14#、21#、23#、43#、毛布导辊，它们轴承的波形因数很小，判断它们有可能发生了点蚀。

1#、3#、4#、6#、7#、10#、14#、16#、23#、24#、25#、26#、27#、36#、37#、39#、40#、42#、44#、47#、毛布导辊、烘缸传动侧2#、39#压榨上辊传动侧、40#下压辊传动侧、复合压榨下辊传动侧、复合压榨上辊传动侧、复合压榨中辊传动侧它们的特征距离值都很大（都>10），我们根据特征距离值也可以断定这些辊子的轴承发生了故障。应该给予密切的关注。尤其是3#、4#、6#、14#、16#、24#、25#、26#、27#、36#、37#、39#、40#、42#、44#、47#、39#压榨上辊传动侧、40#下压辊传动侧、复合压榨下辊传动侧、复合压榨中辊传动侧，这些辊子的轴承特征距离值都超过了20，应该给予相当的关注，要及时的更换轴承或者维修相关的部件，及时排除故障，以防止造成损失。对于需要注意的轴承要配备好备品备件。

⑤ 烘缸和辊子的轴承油膜电阻分析

对于上边测试的烘缸和辊子的轴承振动曲线测试结果的分析，我们对红光造纸厂某些认为故障比较严重的轴承进行了油膜电阻的测试，结果见表4-6。

表4-6 油膜电阻测试结果表

编号	电阻(相对值)	分析	编号	电阻(相对值)	分析
40#下压辊	50～60	注意	36#复合压榨后辊	100	正常
19#烘缸	0	危险	25#复合压榨中辊	85～100	正常
44#毛布矫正辊	100	正常	3#导辊	86～90	正常
25#烘缸	100	正常	4#导辊	98	正常
42#毛布小导辊	99～100	正常	16#导辊	99	正常
29#烘缸	56～80	注意	6#导辊	76～79	正常
47#导辊	100	正常	7#导辊	54～63	注意
37#毛布回头辊	100	正常	14#导辊	100	正常
27#毛布回头辊	93～97	正常	40#传动侧	93	正常
26#复合压榨下辊	100	正常			

对于因该注意的和危险的轴承，我们可以查看它们是否加了足够的润滑剂，如果加了足够的润滑剂，可能是由于轴承损坏导致的振动很大。如果没有加足够的润滑剂，我们可以先加润滑剂，然后再测量其振动，看是否振动监测结果正常，如果振动依旧很大，就应该考虑

更换轴承，或者维修相关位置。

⑥ 烘缸和辊子的轴承的油膜电阻的分析。表 4-7 为烘干部部分烘缸的各项振动指标，由于地理位置和设备的原因，部分烘缸无法测量，表 4-7 中的各烘缸，从波峰值能很直观的得出结论：所有烘缸都工作正常；其中 1#、3#、5#、7#、11#、13#、14#、毛布导辊运转良好；其余烘缸振动稍大，在报警范围内，运转正常，由于是生产的机器，所以没有什么问题，我们得出的结论也与实际情况相符。

表 4-7　各烘缸振动情况

序　　号	波峰值	均方根值	峭度	裕度	波形因数	结论
1# 烘缸操作侧轴承	3.5	1.1	3.2	5.2	4.2	良好
3# 烘缸操作侧轴承	3.8	1.3	2.6	4.2	3.5	良好
5# 烘缸操作侧轴承	4.5	1.4	3.2	5.1	4.2	良好
7# 烘缸操作侧轴承	5.3	2.1	2.6	3.8	3.1	良好
9# 烘缸操作侧轴承	12.1	3.2	4.0	6.2	5.0	良好
11# 烘缸操作侧轴承	7.1	2.5	2.5	4.0	3.4	良好
13# 烘缸操作侧轴承	3.0	1.1	2.4	4.7	3.6	良好
15# 烘缸操作侧轴承	4.8	1.7	2.8	4.4	3.6	良好
17# 烘缸操作侧轴承	13.1	3.7	3.4	5.3	4.4	良好
19# 烘缸操作侧轴承	15.4	4.3	3.7	5.5	4.6	振动偏大
21# 烘缸操作侧轴承	12.9	4.3	3.2	4.5	3.8	良好
毛布导辊	8.5	5.9	1.1	1.5	1.5	良好
23# 烘缸操作侧前导辊	12.8	9.1	1.1	1.4	1.4	良好
23# 烘缸操作侧轴承	12.1	4.5	3.0	4.0	3.4	良好
25# 烘缸操作侧轴承	14.3	8.2	1.3	1.9	1.8	振动偏大
27# 烘缸操作侧轴承	12.3	7.3	1.3	1.8	1.7	良好
29# 烘缸操作侧轴承	15.4	7.4	1.7	2.6	2.3	振动偏大
31# 烘缸操作侧轴承	11.3	5.1	1.9	2.8	2.6	良好
29# 烘缸传动侧轴承	12.4	5.7	1.9	2.7	2.5	良好
27# 烘缸传动侧轴承	8.8	2.7	3.7	5.2	4.3	良好

（4）小结

① 下压辊 40#、上压辊 39#、毛布校正辊 44#、毛布小导辊（回头辊）41#、导辊 47#、毛布回头辊 37#、毛布回头辊 27#、复合压榨下辊 26#、复合压榨下辊 26#、复合压榨后辊 36#、复合压榨中辊 25#、导辊 4#、导辊 24#、导辊 6#、导辊 14# 存在比较激烈的振动，初步判断存在故障，应予以重视；

② 毛布张紧辊 43#、毛布上回头导辊 41#、导辊 48#、毛布回头辊 46#、导辊 2#、导辊 20#、导辊 5#、导辊 22#、导辊 21#、导辊 8#、导辊 9#、导辊 18#、导辊 15# 振动很小，运行良好；

其余的各轴承运行正常不存在故障，但应予以高度注意并且做定期检查，并查找引起这一情况的原因，如是润滑不良应定期加油，如是轴承本身的问题，必要时应予以更换，以防止突然出现故障影响正常的生产作业，导致停产不必要的损失。

③ 故障轴承分析。表 4-8 是在两次现场测量后制作的，在第一次测量后，分析了其数

表 4-8　各辊子振动分析

序　　号	波峰值	均方根值	峭度	裕度	波形因数	结论
下压辊 40#	20.0	9.4	2.3	3.4	3.0	振动大
40# 传动侧	20.0	12.7	2.9	4.3	3.7	振动大
上压辊 39#	20.0	20.0	0.5	9.4	5.6	振动大
39# 传动侧	20.0	5.9	3.1	5.4	4.4	振动大
毛布校正辊 44#	20.0	20.0	0.3	9.7	8.0	振动大
毛布小导辊(回头辊)41#	20.0	20.0	0.6	8.1	6.4	振动大
毛布张紧辊 43#	7.3	4.9	1.2	1.6	1.5	正常
毛布上回头导辊 41#	8.8	3.2	3.1	4.3	3.5	正常
导辊 47#	20.0	5.2	20.0	20.0	20.0	振动大
导辊 48#	2.3	0.8	2.4	4.0	3.4	正常
毛布回头辊 46#	3.8	1.2	3.1	4.9	3.9	正常
毛布回头辊 37#	20.0	10.8	2.9	4.2	3.4	振动大
毛布回头辊 27#	20.0	20.0	0.6	4.4	3.7	振动大
复合压榨下辊 26#	20.0	10.7	3.0	4.4	3.8	振动大
26# 传动侧	20.0	7.5	3.0	4.3	3.6	振动大
复合压榨后辊 36#	20.0	7.5	2.6	4.3	3.7	振动大
36# 传动侧	17.7	6.0	2.9	4.4	3.7	振动偏大
复合压榨中辊 25#	20.0	6.0	3.3	5.4	4.5	振动大
25# 传动侧	20.0	5.5	20.0	20.0	20.0	振动大
导辊 1#	12.6	4.5	2.7	4.3	3.5	正常
导辊 2#	3.3	1.5	1.7	2.5	2.3	正常
导辊 20#	3.3	1.0	3.3	5.0	4.0	正常
导辊 3#	19.9	9.0	1.6	2.5	2.4	振动大
导辊 4#	20.0	16.3	1.4	5.4	4.4	振动大
导辊 5#	0.8	0.4	2.1	3.9	2.7	正常
导辊 24#	20.0	9.8	3.4	5.1	4.3	正常
导辊 22#	4.8	1.7	3.1	4.6	3.7	正常
导辊 21#	2.0	0.9	2.1	2.9	2.7	正常
导辊 19#	12.6	5.0	2.3	3.5	3.1	正常
导辊 16#	18.9	6.4	3.4	4.6	3.8	振动大
导辊 6#	20.0	12.5	2.5	20.0	16.9	振动大
导辊 8#	3.3	0.9	3.9	6.4	4.9	正常
导辊 7#	15.9	5.5	3.0	4.2	3.6	振动偏大
导辊 9#	4.3	1.6	2.8	3.9	3.3	正常
导辊 18#	3.8	1.2	3.2	5.2	4.2	正常
导辊 10#	11.6	3.5	3.3	5.0	4.3	正常
导辊 15#	8.1	3.0	2.3	3.6	3.2	正常

据，发现了很多有问题的轴承，振动曲线波动大，各项指标都较大，于是将它们归类再去到该厂现场用油膜电阻法测量，测定了这些轴承的润滑状况，然后再二者融合起来分析，得出结论如表 4-9。

表 4-9　故障轴承分析

序　　号	波峰值	均方根值	峭度	裕度	波形因数	油膜电阻	结　　论
19#	15.4	4.3	3.7	5.5	4.6	0	有振动,润滑不好
25#	14.3	8.2	1.3	1.9	1.8	101	有振动,轴承需注意
29#	15.4	7.4	1.7	2.6	2.3	56～80	有振动,轴承需注意
下压辊 40#	20.0	9.4	2.3	3.4	3.0	50～60	有振动,轴承需注意
毛布校正辊 44#	20.0	20.0	0.3	9.7	8.0	101	有振动,认为正常
毛布小导辊(回头辊)41#	20.0	20.0	0.6	8.1	6.4	99～100	有振动,认为正常
导辊 47#	20.0	5.2	20.0	20.0	20.0	101	有振动,正常
毛布回头辊 37#	20.0	10.8	2.9	4.2	3.4	101	有振动,正常
毛布回头辊 27#	20.0	20.0	0.6	4.4	3.7	93～97	有振动,正常
复合压榨下辊 26#	20.0	10.7	3.0	4.4	3.8	101	有振动,轴承需注意
复合压榨后辊 36#	20.0	7.5	2.6	4.3	3.7	100	有振动,轴承需注意
复合压榨中辊 25#	20.0	6.0	3.3	5.4	4.5	85～100	有振动,轴承需注意
导辊 3#	19.9	9.0	1.6	2.5	2.4	86～90	有振动,轴承需注意
导辊 4#	20.0	16.3	1.4	5.4	4.4	98	有振动,轴承需注意
导辊 16#	18.9	6.4	3.4	4.6	3.8	99	有振动,轴承需注意
导辊 6#	20.0	12.5	2.5	20.0	16.9	76～79	有振动,轴承需注意
导辊 7#	15.9	5.5	3.0	4.2	3.6	54～63	有振动,注意加油
导辊 14#	20.0	9.6	2.0	2.9	2.5	101	有振动,轴承需注意
40# 传动侧	20.0	12.7	2.9	4.3	3.7	93	有振动,轴承需注意

4.6.2　模拟故障轴承状态的监测与诊断

(1) 采用的故障诊断分析方法

① 时域特征参数。通过对振动法测轴承故障的监测软件的五个性能指标即信号特征指标量：波峰值、峭度指标、波形因数、裕度指标、均方根值的分析，得出性能指标对于不同故障的类型的敏感性大小。

② 特征距离值分析法。特征距离值即（峭度^2＋均值^2＋峰值^2)$^{1/2}$，将故障轴承的特征距离值与正常的进行比较，得出故障发生的临界值。当超出临界值时，应对此轴承给与特别注意；当小于临界值时，无需特别注意，即认为轴承没有危险。

③ 多参数综合测定法。由于各特征参量的不确定性及其对不同故障类型的敏感程度不一样，为了增加系统的可靠性，必须综合考虑信号的各种特征，对各种特征参量进行系统分析，模糊数学和灰色系统理论中的方法是解决这一问题的有效工具。由于这种方法很抽象，并不像上面两种方法那样简单、明了，下面对它进行具体介绍。

a. 模糊数学及隶属度函数。将二值逻辑｛0,1｝的特征函数推广到在闭区间［0,1］上的连续逻辑，即隶属度函数。其表达式为：

$$\mu(x)=\begin{cases}0 & 0\leqslant x\leqslant a\\ \dfrac{1}{1+\alpha(x-a)^{-\beta}} & x\geqslant a\end{cases} \tag{4-66}$$

其中，$\alpha>0$，$\beta>0$，其形状如图 4-17 所示。

b. 灰色系统理论及关联度。由于特征参量的不确定性及其对不同故障类型的诊断敏感程度不同，例如峰值适用于点蚀损伤类具有瞬时冲击的故障；均值适用于磨损类的故障；峭度指标与波形因素具有类似的变化趋势，适用于点蚀类故障。从而特征参量和轴承故障之间的关系是灰的，根据单一的特征参量难于给出确定的诊断结论，然而可以借助灰色系统理论中的关联度计算进行系统的分析。

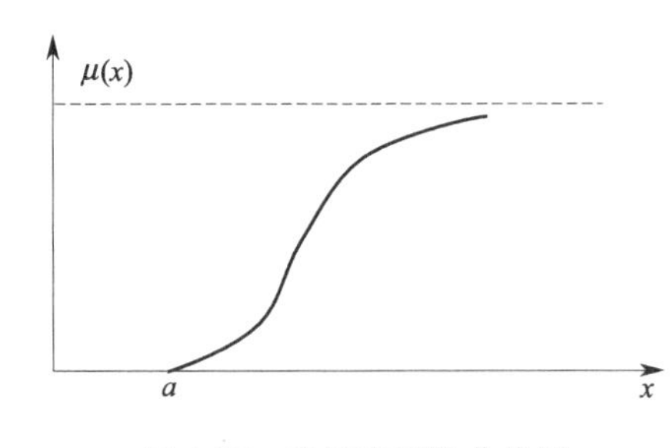

图 4-17　隶属度函数曲线图

关联度表征两个事物之间的关联程度，而关联度可以用关联系数表示。按照关联度分析方法，首先建立无故障轴承和有故障轴承的标准模式。

$$x_1\% = \{x_0(0), x_0(1), x_0(2), L\} \quad (4\text{-}67)$$

$$x_2\% = \{x_1(0), x_1(1), x_1(2), L\} \quad (4\text{-}68)$$

设一待检模式向量为：$x\% = \{x(0), x(1), x(2)\cdots\}$，则与其标准模式中无故障轴承模式的关联系数为：

$$\zeta_1(K) = \frac{\Delta_{\min} + \zeta\Delta_{\min}}{\Delta_1(k) + \zeta\Delta_{\max}} \quad (4\text{-}69)$$

其中，ζ 称为分辨系数，一般在 0～1 之间选取，可取为 0.5。为 $\Delta_1(k)$ 与 $x_0(k)$ 的绝对差 $\Delta_{\min}$ 和 $\Delta_{\max}$ 为两级最小、最大绝对差，其计算公式为：

$$\Delta_{\min} = \min\{\min|x_1(k) - x(k)|, \min|x_2(k) - x(k)|\} \quad (4\text{-}70)$$

$$\Delta_{\max} = \max\{\max|x_1(k) - x(k)|, \max|x_2(k) - x(k)|\} \quad (4\text{-}71)$$

同理可求待检模式与有故障轴承模式的关联系数 $\zeta_2(k)$。

在关联系数计算中，一般要求对作关联度计算的数列作无量纲处理，由于这里直接采用隶属度分析，其大小在闭区间 [0,1] 内，因而可以直接代如公式计算。

关联度采用关联系数的平均值表示：

$$r_1 = \frac{1}{N}\sum_{k=1}^{N}\zeta_1(k) \quad (4\text{-}72)$$

$$r_2 = \frac{1}{N}\sum_{k=1}^{N}\zeta_2(k) \quad (4\text{-}73)$$

如果 $r_1 > r_2$，则认为待检模式与无故障轴承模式的关联程度大，因而可判断为好轴承，反之，则可判定为故障轴承。

（2）监测及诊断

① 正常轴承的状态监测及诊断。在这次实验中，我们所使用的滚动轴承轴承型号均为 111210。正常情况下的监测数据见表 4-10 和表 4-11。

表 4-10　靠近电机轴承的监测数据

序　　号	波峰值	均方根值	峭度指标	裕度指标	波形因素
1	4.1	1.7	2.5	3.4	3.0
2	4.5	1.8	2.5	3.6	3.1
3	4.1	1.6	2.6	3.7	3.2
4	3.9	1.7	2.2	3.1	2.8
5	4.5	1.7	2.4	3.7	3.2
6	4.9	1.8	2.5	3.8	3.3
7	4.3	1.8	2.4	3.3	3.3
8	4.5	1.9	2.6	3.4	2.9
9	4.5	1.8	2.4	3.4	3.0
10	4.3	1.9	2.3	3.1	2.7
11	4.5	1.9	2.6	3.5	3.0
12	4.5	1.9	2.5	3.6	3.2
13	4.3	1.9	2.4	3.3	2.8
14	4.3	1.7	2.7	3.5	3.0
15	4.3	1.9	2.4	3.4	2.9
均值	4.36	1.80	2.46	3.45	3.02

表 4-11　远离电机轴承监测数据

序　　号	波峰值	均方根值	峭度指标	裕度指标	波形因素
1	4.5	1.8	2.5	3.8	3.3
2	3.7	1.7	2.5	3.1	2.7
3	3.7	1.6	2.5	3.8	3.2
4	4.3	1.6	2.7	3.7	3.2
5	4.1	1.6	2.6	3.7	3.2
6	4.7	1.6	2.7	3.8	3.3
7	3.9	1.6	2.5	3.5	3.1
8	3.7	1.5	2.4	3.5	3.0
9	3.8	1.6	2.6	3.3	2.9
10	3.8	1.6	2.5	3.8	3.1
11	4.5	1.6	2.8	4.2	3.5
12	4.7	1.6	2.5	3.9	3.3
13	4.4	1.6	2.4	3.9	3.3
14	4.3	1.6	2.7	3.7	3.3
15	4.2	1.7	2.4	3.3	2.6
均值	4.15	1.62	2.55	3.66	3.13

② 保持架损坏的状态监测及诊断。在轴承的结构组成中，保持架起着重要的作用。它使滚动体等距离分布并减少滚动体的摩擦和磨损。如果没有保持架，相邻的滚动体将直接接触，且相对摩擦速度是表面速度的两倍，发热和磨损较大。由于装配和使用不当可能会引起保持架发生形变，增加它与滚动体间的摩擦，甚至使某些滚动体卡死不能滚动，造成保持架与内、外圈发生摩擦等，会进一步使振动、噪声加剧，导致轴承损坏。保持架损坏轴承振动状态监测图如图 4-18 所示。

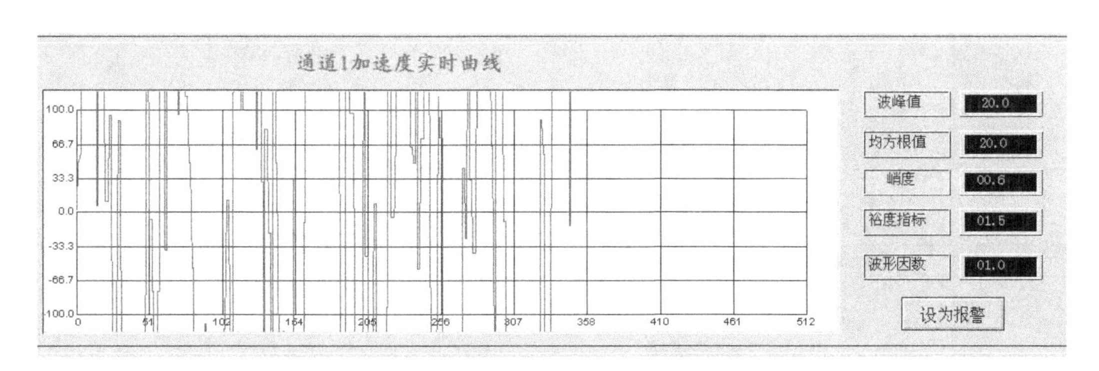

图 4-18　保持架损坏轴承振动状态监测图

③ 滚动体发生点蚀的状态监测及诊断。点蚀是滚动轴承最严重的问题之一，高精度的轴承可能会由于表面锈蚀导致精度丧失而不能继续工作。水分或酸、碱性物质直接浸入会引起锈蚀。当轴承停止工作后，轴承温度下降到露点，空气中的水分凝结水滴附在轴承表面上也会引起锈蚀。我们经过考虑，如果用水腐蚀，影响不大，达不到预期的效果。于是，我们用 30％的盐酸滴到若干个滚动体上，放置 12h 后进行实时振动监测。监测图如图 4-19所示。

④ 滚动体直径大小不一的状态监测及诊断。当滚动体的直径大小不一时，如一个滚动体的直径较其他滚动体为大时，轴心位置随滚动体的公转位置变化而变化，从而产生周期性振动。它的监测数据见表 4-12 和表 4-13。

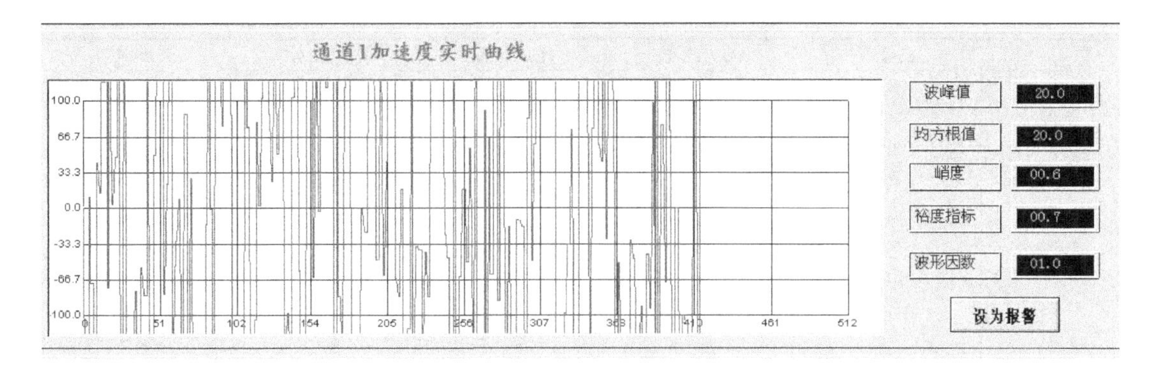

图 4-19　点锈蚀轴承振动状态监测图

表 4-12　靠近电机轴承的监测数据

序号	波峰值	均方根值	峭度指标	裕度指标	波形因素
1	4.4	1.6	2.7	4.0	3.3
2	4.5	1.7	2.7	3.8	3.3
3	5.4	2.0	2.4	3.7	3.2
4	3.7	1.7	2.3	3.4	2.9
5	4.7	2.0	2.4	3.4	2.9
6	4.3	1.6	2.4	3.8	3.2
7	5.4	2.0	2.5	3.7	3.2
8	5.1	1.6	2.9	4.4	3.8
9	4.2	1.7	2.5	3.6	3.1
10	4.9	1.7	2.5	4.1	3.5
11	4.7	2.0	2.3	3.2	2.8
12	4.2	1.6	2.5	3.8	3.2
13	4.0	1.6	2.5	3.8	3.2
14	4.0	1.7	2.4	3.4	2.9
15	3.9	1.6	2.5	3.7	3.1
均值	4.49	1.74	2.50	3.72	3.17

表 4-13　远离电机轴承监测数据

序号	波峰值	均方根值	峭度指标	裕度指标	波形因素
1	12.1	4.1	2.2	3.9	3.5
2	10.2	4.3	1.8	3.0	2.7
3	18.0	4.8	3.3	5.0	4.4
4	11.6	4.3	2.2	3.5	3.1
5	8.7	3.9	1.9	2.9	2.6
6	12.4	4.4	2.1	3.6	3.2
7	13.4	4.5	2.2	3.8	3.4
8	12.1	4.4	2.1	3.5	3.1
9	12.1	4.4	2.5	4.3	3.8
10	13.7	4.3	2.5	4.3	3.8
11	11.1	4.0	2.2	3.6	3.3
12	8.1	3.6	2.1	3.0	2.6
13	8.3	4.1	1.9	2.6	2.4
14	16.5	4.4	3.1	4.9	4.4
15	27.8	4.9	7.3	7.9	7.0
均值	13.07	4.29	2.62	3.99	3.55

我们将数据与正常情况下的数据比较的得出：近端数据与正常情况下的数据相差不大，远端的波峰值与正常相差 8.92，均方根值相差 2.67，波形因数相差 0.42，其他较小。

⑤ 内、外圈有异物（沙子）进入的状态监测及诊断。轴承润滑在轴承运转中起着重要的作用。我们将润滑油中加入沙子，模拟磨损故障。由于尘埃、异物的侵入，滚道和滚动体相对运动时会引起表面磨损，润滑不良也会加剧磨损，磨损结果使游隙增大，表面粗糙度增加，降低了轴承运转精度，因而也降低了机器的运转精度，振动和噪声也随之增大。它的振动监测数据见表 4-14 和表 4-15，监测图如图 4-20 所示。

表 4-14　靠近电机轴承的监测数据

序号	波峰值	均方根值	峭度指标	裕度指标	波形因素
1	5.4	2.1	2.3	3.5	3.1
2	4.9	2.2	2.3	3.1	2.7
3	4.9	2.2	2.3	3.1	2.7
4	5.2	2.2	2.4	3.2	2.8
5	5.7	2.2	2.3	3.5	3.0
6	6.3	2.3	2.5	3.8	3.3
7	5.4	2.2	2.4	3.3	2.9
8	5.2	2.2	2.3	3.3	2.8
9	5.7	2.2	2.2	3.4	3.1
10	5.7	2.3	2.4	3.4	3.0
11	5.4	2.2	2.2	3.4	3.0
12	5.4	2.2	2.4	3.4	3.0
13	5.4	2.3	2.4	3.3	2.8
14	5.2	2.3	2.3	3.1	2.7
15	5.7	2.3	2.3	3.4	2.9
均值	5.43	2.22	2.33	3.34	2.92

表 4-15　远离电机轴承的监测数据

序号	波峰值	均方根值	峭度指标	裕度指标	波形因素
1	10.0	3.9	2.3	3.6	3.1
2	9.1	4.1	2.1	3.0	2.6
3	12.4	4.1	2.5	4.0	3.6
4	10.3	4.2	2.3	3.3	2.9
5	10.3	4.3	2.3	3.3	2.8
6	10.2	4.4	2.2	3.1	2.8
7	10.2	4.1	2.3	3.4	3.0
8	11.3	4.4	2.3	3.4	3.1
9	10.5	4.0	2.4	3.4	3.1
10	9.7	4.0	2.5	3.4	2.9
11	10.1	4.1	2.5	3.5	3.0
12	9.2	3.9	2.5	3.5	3.0
13	8.8	3.6	2.4	3.5	3.0
14	10.4	3.8	2.3	3.7	3.2
15	9.7	4.0	2.3	3.2	2.9
均值	10.14	4.06	2.34	3.42	3.00

我们将数据与正常情况下的数据比较的得出：近端数据与正常情况下的数据相差不大，远端的波峰值与正常相差 5.09，均方根值相差 2.44，其他较小。

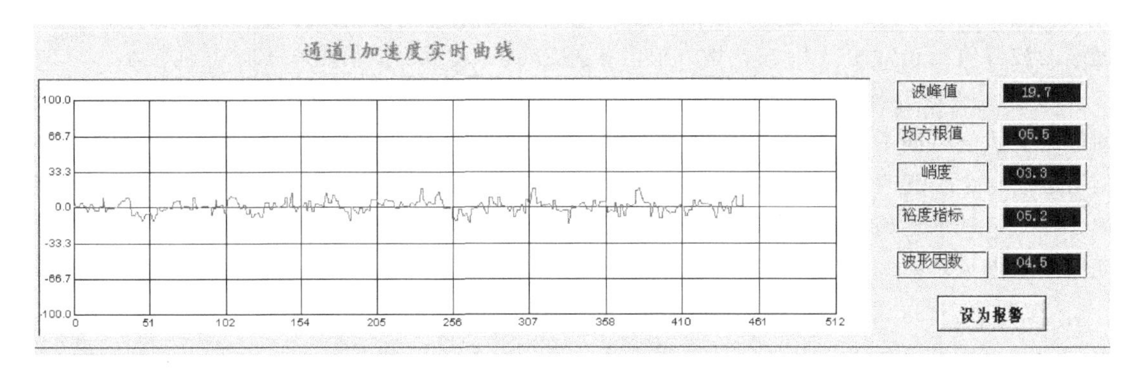

图 4-20　侵入沙子轴承振动状态监测图

⑥ 缺少一个滚动体的状态监测及诊断。滚动轴承是靠滚道与滚动体的弹性接触承受载荷的，具有“弹簧”的性质，当缺少一个滚动体时，各个滚动体所承受的载荷发生变化，从而产生振动。它的监测数据见表 4-16 和表 4-17。不同故障类型的性能指标平均值见表 4-18。

表 4-16　靠近电机轴承的监测数据

序号	波峰值	均方根值	峭度指标	裕度指标	波形因素
1	5.5	2.1	2.5	3.7	3.2
2	5.4	2.1	2.4	3.5	3.0
3	5.5	2.2	2.6	3.7	3.1
4	4.9	2.1	2.5	3.4	2.9
5	6.5	2.2	2.8	4.3	3.7
6	5.4	2.2	2.7	3.4	3.0
7	6.1	2.2	2.6	4.0	3.5
8	5.7	2.3	2.5	3.4	2.9
9	5.5	2.3	2.5	3.4	2.9
10	6.5	2.3	2.8	4.1	3.5
11	7.1	2.3	2.5	4.1	3.6
12	5.9	2.3	2.6	3.8	3.2
13	5.4	2.2	2.5	3.4	3.0
14	5.4	2.2	2.4	3.3	2.9
15	5.4	2.2	2.6	3.9	3.4
均值	5.74	2.21	2.56	3.69	3.18

表 4-17　远离电机轴承的监测数据

序号	波峰值	均方根值	峭度指标	裕度指标	波形因素
1	11.3	3.7	3.1	5.5	4.7
2	8.6	3.7	2.2	3.2	2.8
3	10.3	4.0	2.2	3.4	3.0
4	11.4	4.0	2.6	3.8	3.4
5	12.1	4.1	2.3	4.0	3.5
6	11.1	4.4	2.1	3.4	3.0
7	9.3	4.4	1.9	2.7	2.4
8	9.4	4.1	2.0	3.0	2.7
9	9.7	3.9	2.0	3.2	2.9
10	8.4	4.1	1.9	2.7	2.4
11	9.0	3.9	2.0	3.0	2.7
12	8.6	3.8	2.0	3.0	2.7
13	9.7	3.6	2.2	3.6	3.2
14	9.9	3.9	2.3	3.4	3.0
15	12	3.9	2.5	4.3	3.7
均值	10.05	3.96	2.22	3.48	3.07

表 4-18　不同故障类型的性能指标平均值列表

故障类型	对象编号	波峰值	均方根值	峭度指标	裕度指标	波形因素	特征距离值
正常	1#	4.15	1.62	2.55	3.66	3.13	5.13
滚动体大	2#	13.07	4.29	2.62	3.99	3.55	14.00
缺少滚动体	3#	10.05	3.96	2.22	3.48	3.07	11.02
侵入盐酸	4#	9.87	3.40	2.77	4.12	3.60	10.80
侵入沙子	5#	10.14	4.06	2.34	3.42	3.00	11.17
保持架损坏	6#	6.85	2.76	2.44	3.50	3.02	7.78

注：特征距离值（峭度^2＋均值^2＋峰值^2）$^{1/2}$。

我们将数据与正常情况下的数据比较的得出：除峰值外，近端数据与正常情况数据相差不大，远端数据峰值与正常相差了 5.90，均方根值差了 2.34，其余的相差也不大。

（3）实验分析

① 性能指标的敏感性分析。图 4-21 是五个性能指标分别在不同类故障中的柱形图。

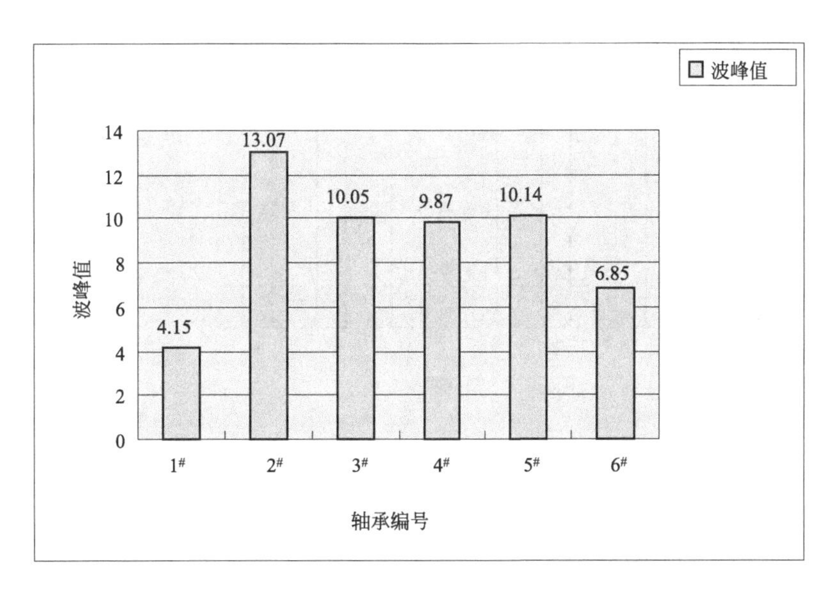

图 4-21　波峰值对不同故障类型的敏感性柱形图

由图表明，波峰值对不同故障类型的敏感性程度大小依次为：2# >5# >3# >4# >6# 。从振动监测曲线图中可以看出，波峰值对各类故障都很敏感，即它是敏感因子。

由图 4-22 表明，均方根值对不同故障类型的敏感性程度大小依次为：2# >5# >3# >4# >6# 。因为 2# 在实际中很少发生，所以它适用于 5# 磨损类随时间缓慢变化的故障。

由图 4-23 表明，峭度值对不同故障类型的敏感性程度大小依次为：4# >2# >6# >5# >3#，它适用于点蚀类故障。

由图 4-24 表明，裕度值对不同故障类型的敏感性程度大小依次为：4# >2# >3# >6# >5#，它适用于点蚀类故障。

波形因素对不同故障类型的敏感性柱形图如图 4-25 所示。

性能指标与故障类型的关系见表 4-19。

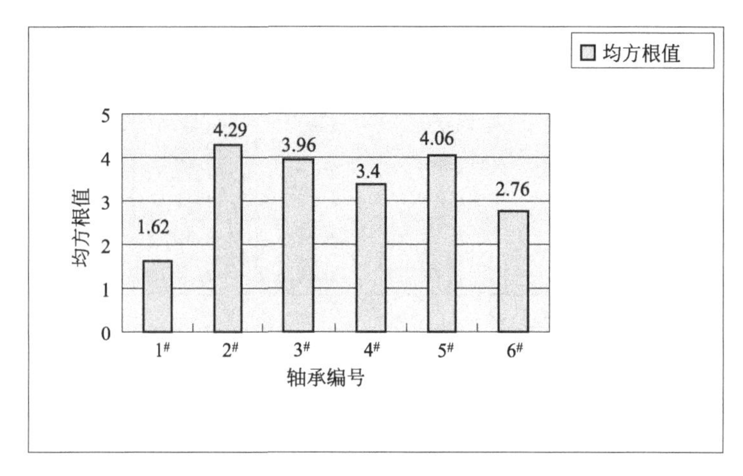

图 4-22　均方值对不同故障类型的敏感性柱形图

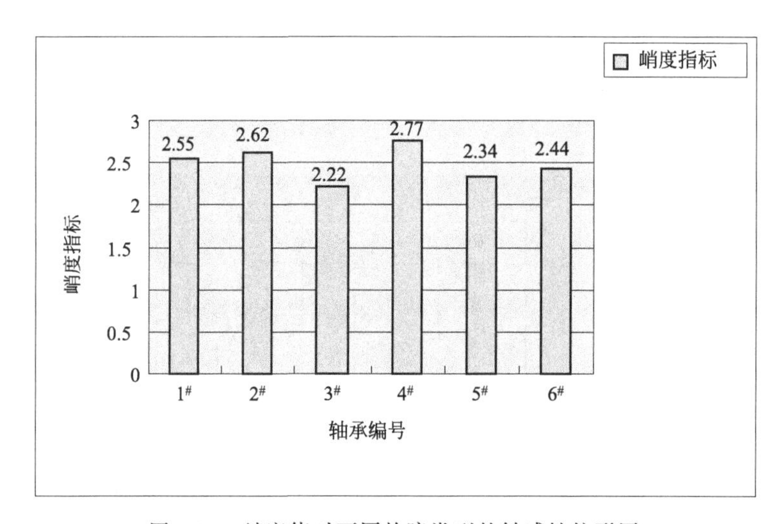

图 4-23　峭度值对不同故障类型的敏感性柱形图

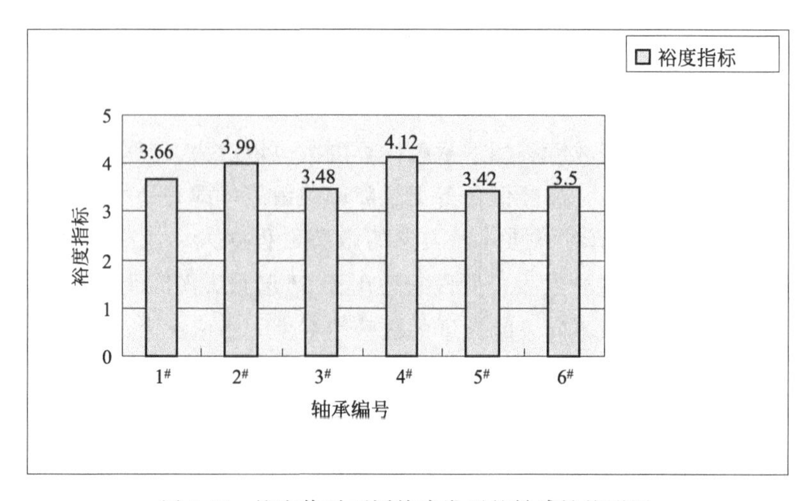

图 4-24　裕度值对不同故障类型的敏感性柱形图

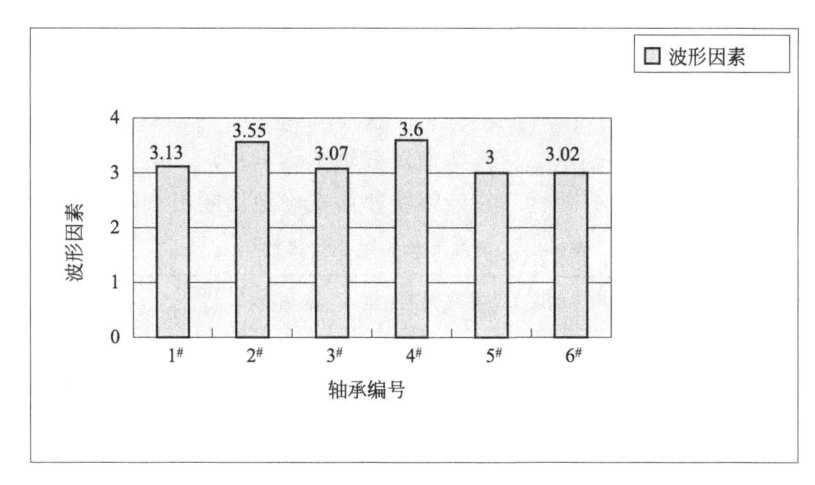

图 4-25　波形因素对不同故障类型的敏感性柱形图

表 4-19　性能指标与故障类型的关系

性能指标	敏感故障类型	性能指标	敏感故障类型
波峰值	敏感因子	裕度指标	点蚀类故障
均方根值	磨损类故障	波形因素	点蚀类故障
峭度指标	点蚀类故障		

② 特征距离值法分析。由图 4-26 可以看出，当距离特征值超出 5.13 时，设备出现报警现象，应给予注意，当特征距离值超出 7.78 时，设备发生故障，应及时更换、维修。

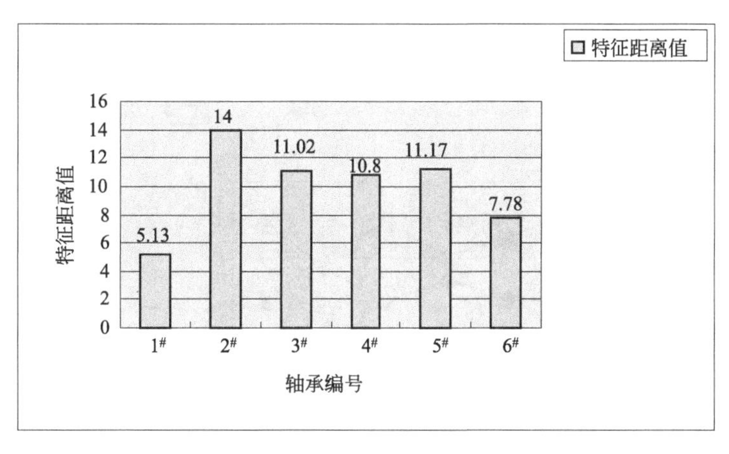

图 4-26　特征距离值对不同故障类型的敏感性柱形图

③ 多参数综合判定法分析

a. 关联度的计算。以波峰值、峭度指标、裕度指标进行综合判别，采用升半柯西曲线作为其隶属度函数，针对每个特征参量，由实验数据的统计特性确定隶属度函数中几个常量如表 4-20 所示，由于故障轴承的隶属度为 1，无故障轴承的隶属度为 0，建立故障轴承的标准模式为：$X_2=\{1.0, 1.0, 1.0\}$，无故障轴承的标准模式为：$X_1=\{0.0, 0.0, 0.0\}$ 。

表 4-20　隶属度函数参数表

参数/特征参数	波峰值	峭度值	裕度值
a	4.0	2.5	1.5
α	0.7	1.2	2.0
β	4.0	3.0	3.0

多参数诊断方法的分析过程：首先分析信号的特征参量并将它换算为隶属度，然后计算它们与故障轴承标准模式及与好轴承标准模式的关联度大小。

b. 关联度与故障的关系。表 4-21 为 5 个故障轴承和 1 个好轴承进行分析计算的结果。从计算结果可以看出，对故障轴承 $r_2>r_1$，而对好轴承则 $r_2<r_1$。由此再次证明了多参数综合判定方法的可靠性和有效性有效性，它能够快速而准确地诊断出故障轴承。

表 4-21　隶属度和关联度计算结果

故障类型	轴承编号	波峰值	隶属度	峭度值	隶属度	裕度值	隶属度	两级最小绝对差	两级最大绝对差	关联度 r_1	关联度 r_2
滚珠大小不一	2#	13.07	1.00	2.62	0.98	3.99	0.62	0.00	1.00	0.37	0.84
侵入盐酸	4#	9.87	1.00	2.77	0.63	4.12	0.68	0.00	1.00	0.39	0.72
保持架损坏	6#	6.85	0.99	2.44	0.41	3.50	0.33	0.01	0.90	0.48	0.62
侵入沙子	5#	10.14	1.00	2.34	0.75	3.42	0.78	0.00	1.00	0.37	0.78
缺少滚珠	3#	10.05	1.00	2.22	0.24	3.48	0.32	0.00	1.00	0.54	0.61
正常	1#	4.12	0.00	2.26	0.27	3.25	0.17	0.00	1.00	0.80	0.37

c. 关联度与轴承故障发生率的关系。对于模拟外圈、内圈、滚动体故障的轴承，$r_2>r_1$，且 r_2 远大于 r_1，而对于好轴承，则 $r_2<r_1$，且 r_2 远小于 r_1。但是，对于我们模拟的细微的故障，从表中，我们可以看出，它们相差的没有明显故障相差的多。我们在图 4-27 中可以看到 r_2 等于 r_1 的那一个点，我们称之为“危险点”。即轴承是否发生故障的临界点，关联度离它越近，轴承越危险。通过观察分析，正常轴承对 3# 即缺少滚动体类的故障发生故障率最高，依次类推，故障率从高到低依次是：3#＞6#＞4#＞5#＞2#。

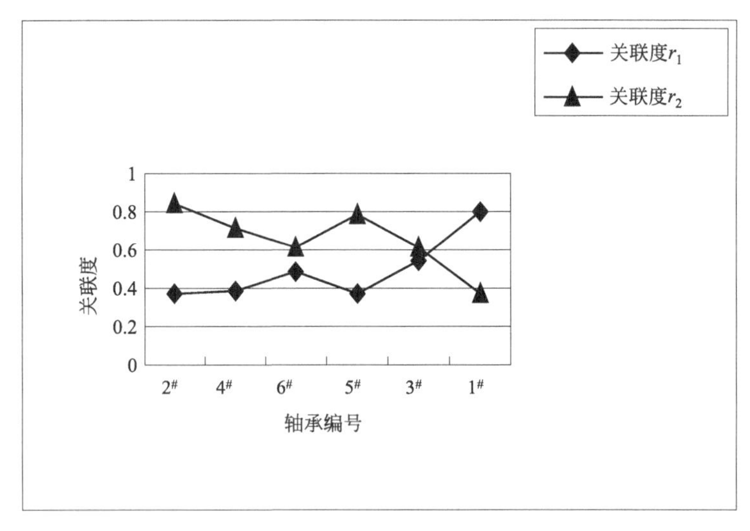

图 4-27　关联度与故障的关系

d. 两种故障判定方法的比较。通过以上的分析，我们得出，性能指标的敏感性都具有局限性，例如在我们模拟的故障中，峭度指标对缺少滚动体类的故障非常敏感，但对于我们模拟的其他故障几乎没有检测能力。另外，这些性能指标的域值大小也难于准确选定，据资料介绍正常轴承的峰值在 3～5 之间，而有故障发生时则会增大，有时达到几十。然而，具体增大到多少才认为是故障则存在着不确定性；而特征距离值则需要大量的样本，总之，为了增加诊断的可靠性，必须综合考虑信号的各种特征，多参数综合测定法克服了以上的缺点，且可靠度高。

（4）小结

通过本次实验，我们可以得出以下结论：

① 通过对故障轴承的时域分析，虽然我们不能得知轴承的哪个部件出现了故障，但是，我们能够发现故障轴承性能指标的异常，也能提前预测轴承故障。

② 波峰值、均方根值对不同类型的故障都很敏感，尤其是波峰值。

③ 特征距离值法可以得出轴承所处的状态，但是，为了提高它的精确性，势必收集大量的样本、数据，无疑会造成不必要的损失。

④ 当距离特征值超出 5.13 时，设备出现报警现象，应给予注意，当特征距离值超出 7.78 时，设备发生故障，应及时维修、更换。

⑤ 参数综合测定法，计算量少、可靠度高，在不需要大量样本的情况下，能得出可靠的结论。

⑥ 对于故障轴承关联度 $r_2>r_1$，而对好轴承则关联度 $r_2<r_1$，与我们模拟故障轴承情况相符。

4.6.3　传动试验机振动监测

我们采用 BFDS 动态故障诊断系统对实验室传动试验机的辊子的振动情况进行了监测，这里，我们首先对不同转速下下辊空转时的两辊子振动情况进行了监测比较，并进一步在上辊压下后监测了各辊子的振动情况。我们选取 200m/min 和 350m/min 进行了不同转速下的振动监测，并进而对转速 300m/min 下的上辊压下后的振动情况进行了观察比较。

在这里，为便于称呼振动监测的方位，我们取靠近试验监控设备的一方为操作侧，另一方有电机的部分则为传动侧，以示区别。

从监控设备的按扭布置我们可以知道靠近监控设备的以组辊子为 2# 辊，而远离监控设备的一组辊子为 1# 辊。

由于传动试验机比前一部分实验中的轴大，此处，原先的传感器线路太短不足以测传动试验机的传动侧振动，在此，我们换接一个有比较长的线路的传感器，至于其他的实验监测器材并无变动。

（1）下辊空转的各辊振动监测

监测数据见表 4-22～表 4-29。

① 转速：200m/min

表 4-22　2# 下辊操作侧

序号	波峰值	均方根值	峭度指标	裕度指标	波形因素
1	9.8	4.2	2.2	3.2	2.8
2	10.4	4.2	2.4	3.5	3.0
3	9.3	3.9	2.0	3.0	2.7
4	8.0	3.9	1.8	2.6	2.3
5	8.6	4.0	1.9	2.8	2.5
6	9.4	4.1	1.8	2.9	2.6
7	8.8	4.1	2.0	2.8	2.5
8	8.1	3.9	1.8	2.6	2.4
9	8.9	3.8	1.8	2.9	2.9
10	9.8	3.9	2.0	3.3	3.3
11	8.2	3.9	1.9	2.6	2.6
12	9.4	4.0	1.9	3.0	3.0
平均值	9.1	4.0	2.0	2.9	2.6

表 4-23　2# 下辊传动侧

序号	波峰值	均方根值	峭度指标	裕度指标	波形因素
1	9.4	3.6	2.2	3.4	3.0
2	7.6	3.6	2.0	3.0	2.7
3	8.6	3.5	2.0	3.0	2.8
4	7.8	3.4	2.0	2.9	2.7
5	8.4	3.6	2.1	3.0	2.7
6	8.5	3.3	2.2	3.3	3.0
7	9.1	3.5	2.0	3.3	3.0
8	8.2	3.5	2.1	3.1	2.7
9	7.8	3.5	2.0	2.9	2.6
10	8.7	3.4	2.2	3.3	3.0
11	8.2	3.4	1.9	3.0	2.7
12	8.3	3.5	2.0	3.0	2.7
平均值	8.4	3.5	2.1	3.1	2.8

表 4-24　1# 下辊操作侧

序号	波峰值	均方根值	峭度指标	裕度指标	波形因素
1	8.9	3.5	2.4	3.6	3.1
2	8.6	3.1	2.8	4.3	3.6
3	10.8	3.5	2.9	4.5	3.8
4	9.8	3.6	2.6	3.9	3.4
5	10.5	3.5	2.6	4.2	3.7
6	8.0	3.3	2.5	3.4	3.0
7	8.2	3.2	2.3	3.7	3.1
8	8.2	3.4	2.5	3.3	2.9
9	10.9	3.6	2.6	4.3	3.7
10	9.7	3.6	2.6	3.8	3.3
11	8.4	3.5	2.5	3.6	3.0
12	10.5	3.3	2.7	4.5	3.9
平均值	9.4	3.4	2.6	3.9	3.4

表 4-25　1# 下辊传动侧

序号	波峰值	均方根值	峭度指标	裕度指标	波形因素
1	7.6	2.6	2.9	4.3	3.7
2	8.2	2.5	3.2	5.1	4.2
3	7.3	2.6	3.0	4.2	3.5
4	5.5	2.1	2.6	3.8	3.2
5	7.3	2.4	2.7	4.3	3.7
6	8.0	2.9	2.7	3.9	3.4
7	8.3	3.2	2.5	3.6	3.1
8	8.6	2.8	3.0	4.6	3.8
9	6.2	2.3	2.6	3.9	3.3
10	7.7	2.6	2.7	4.2	3.6
11	7.6	2.6	3.0	4.4	3.7
12	7.4	2.7	2.8	4.2	3.5
平均值	7.5	2.6	2.9	4.2	3.6

② 提高转速至 350m/min 时空转辊的振动

表 4-26　2# 下辊操作侧

序号	波峰值	均方根值	峭度指标	裕度指标	波形因素
1	9.7	3.2	2.2	3.5	3.1
2	8.2	3.2	2.2	3.9	3.4
3	8.6	3.0	2.4	3.9	3.4
4	7.7	3.1	2.3	3.3	2.9
5	8.8	3.1	2.4	3.9	3.4
6	7.5	3.1	2.3	3.4	2.9
7	7.5	3.0	2.5	3.5	3.0
8	9.3	3.1	2.7	4.3	3.7
9	7.2	3.2	2.3	3.1	2.8
10	6.7	3.8	2.2	3.2	2.8
11	7.5	3.3	2.3	3.3	2.8
12	7.1	3.0	2.5	3.4	2.9
平均值	8.4	3.5	2.1	3.1	2.8

表 4-27　2# 下辊传动侧

序号	波峰值	均方根值	峭度指标	裕度指标	波形因素
1	7.5	2.9	2.5	3.5	3.1
2	7.9	3.0	2.6	3.7	3.2
3	9.0	3.1	2.3	4.0	3.5
4	7.8	2.9	2.4	3.7	3.2
5	8.4	3.1	2.5	3.8	3.3
6	9.2.	3.1	2.8	4.2	3.7
7	7.4	3.0	2.4	3.4	3.0
8	7.5	3.0	2.6	3.8	3.1
9	8.5	2.9	2.6	3.8	3.3
10	8.2	3.1	2.6	3.8	3.3
11	7.9	2.9	2.6	3.9	3.4
12	8.0	2.9	2.6.	3.9	3.4
平均值	8.1	3.0	2.5	3.8	3.3

表 4-28　1# 下辊操作侧

序号	波峰值	均方根值	峭度指标	裕度指标	波形因素
1	8.5	3.2	2.9	3.9	3.3
2	9.1	3.1	2.9	4.4	3.7
3	7.7	2.9	2.6	3.8	3.2
4	9.1	3.1	2.8	4.2	3.6
5	8.0	3.0	2.6	3.8	3.2
6	7.7	2.9	2.6	3.7	3.2
7	8.9	3.0	2.6	4.3	3.7
8	7.7	3.1	2.6	3.6	3.0
9	8.4	3.1	2.7	3.9	3.4
10	8.1	2.9	2.7	4.0	3.4
11	7.6	3.0	2.7	3.8	3.2
12	7.6	3.0	2.6	3.7	3.1
平均值	8.2	3.0	2.7	3.9	3.3

表 4-29　1# 下辊传动侧

序号	波峰值	均方根值	峭度指标	裕度指标	波形因素
1	5.6	2.1	2.7	3.8	3.2
2	5.5	2.0	2.7	4.0	3.4
3	6.3	2.1	2.9	4.2	3.6
4	5.6	2.1	2.4	3.6	3.1
5	5.3	2.0	2.6	3.8	3.3
6	6.2	2.2	2.8	4.1	3.5
7	5.2	2.0	2.8	3.9	3.3
8	4.8	2.1	2.5	3.2	2.8
9	4.9	2.1	2.4	3.2	2.8
10	5.3	2.1	2.6	3.5	3.1
11	5.5	2.1	2.7	3.6	3.1
12	6.4	2.1	3.1	4.5	3.8
平均值	5.6	2.1	2.7	3.8	3.3

(2) 上辊压下时各辊的两侧振动

在这里，我们在上辊压下时对 1#、2# 上下两辊的各侧振动进行了振动监测，以进一步分析验证各辊子的运行情况。

我们统一取转速为 200m/min，为辊子运行条件，监测结果如表 4-30～表 4-37 所示。

1# 上辊振动曲线如图 4-28 所示。

表 4-30　1# 下辊传动侧

序号	波峰值	均方根值	峭度指标	裕度指标	波形因素
1	14.6	6.8	2.0	2.8	2.5
2	18.6	8.8	2.0	2.7	2.4
3	18.5	7.5	2.1	3.2	2.9
4	16.1	7.2	2.0	2.9	2.6
5	15.5	7.4	2.1	2.8	2.5
6	14.6	5.9	2.2	3.4	2.9
7	12.9	6.1	2.1	2.8	2.5
平均值	16.0	7.2	2.1	3.0	2.6

表 4-31　1# 下辊操作侧

序号	波峰值	均方根值	峭度指标	裕度指标	波形因素
1	14.6	5.8	2.2	3.3	3.0
2	12.7	5.8	2.1	2.9	2.6
3	12.7	5.8	2.1	3.2	2.8
4	14.0	5.8	2.1	3.2	2.8
5	12.7	5.7	2.0	2.9	2.6
6	14.4	5.9	2.1	3.2	2.9
7	13.8	5.8	2.0	3.1	2.8
平均值	13.6	5.8	2.1	3.1	2.8

表 4-32　1# 上辊传动侧

序号	波峰值	均方根值	峭度指标	裕度指标	波形因素
1	12.1	4.4	2.7	3.9	3.3
2	12.0	4.3	2.7	4.0	3.4
3	12.4	4.1	2.9	4.7	3.9
4	13.2	4.3	2.7	4.3	3.8
5	10.1	4.1	2.3	3.5	3.0
6	13.1	4.2	2.8	4.3	3.8

续表

序号	波峰值	均方根值	峭度指标	裕度指标	波形因素
7	11.6	4.3	2.5	3.7	3.2
8	12.3	4.6	2.9	4.0	3.4
9	13.0	4.5	2.5	4.2	3.5
10	12.5	4.3	2.8	4.2	3.6
11	12.0	4.5	2.7	3.7	3.2
12	11.8	4.6	2.5	3.5	3.1
平均值	12.2	4.4	2.7	4.0	3.4

表 4-33　1# 上辊操作侧

序号	波峰值	均方根值	峭度指标	裕度指标	波形因素
1	13.6	5.4	2.5	3.6	3.1
2	12.2	4.8	2.5	3.6	3.1
3	14.3	5.0	2.7	4.1	3.5
4	13.3	5.1	2.4	3.8	3.2
5	11.9	4.9	2.3	3.2	2.8
6	11.1	4.9	2.2	3.0	2.7
7	12.7	5.2	2.2	3.3	2.9
8	13.0	5.1	2.5	3.6	3.1
9	13.0	5.4	2.2	3.2	2.8
10	12.0	5.4	2.2	3.1	2.7
11	12.8	5.2	2.3	3.4	2.9
12	13.6	5.2	2.4	3.6	3.1
平均值	12.8	5.1	2.4	3.5	3.0

表 4-34　2# 下辊传动侧

序号	波峰值	均方根值	峭度指标	裕度指标	波形因素
1	10.1	4.2	2.0	3.0	2.8
2	8.3	4.0	2.0	2.7	2.4
3	9.9	4.0	2.0	3.3	2.9
4	11.0	4.1	2.0	3.4	3.1
5	8.7	3.8	1.9	2.9	2.6
6	9.1	3.8	2.0	3.1	2.8
7	8.6	4.4	1.8	2.4	2.2
8	8.5	4.2	1.8	2.5	2.3
9	9.0	4.1	2.1	2.8	2.5
10	8.7	4.0	2.0	2.8	2.5
11	10.1	4.2	2.2	3.2	2.8
12	8.7	4.0	2.0	2.9	2.5
平均值	9.2	4.1	2.0	2.9	2.6

表 4-35　2# 下辊操作侧

序号	波峰值	均方根值	峭度指标	裕度指标	波形因素
1	12.1	4.7	2.2	3.4	3.0
2	9.0	4.5	2.0	2.7	2.4
3	11.3	4.4	2.4	3.5	3.1
4	10.0	4.6	2.2	3.0	2.6
5	10.9	4.6	2.4	3.2	2.8
6	12.0	4.7	2.4	3.5	3.1
7	10.1	4.6	2.1	3.1	2.6
8	10.3	4.3	2.0	3.0	2.7
9	92	4.4	2.1	2.8	2.5
10	10.7	4.4	2.2	3.4	2.9
11	10.4	4.7	2.1	3.0	2.6
12	9.7	4.4	2.0	2.9	2.6
平均值	10.5	4.5	2.2	3.1	2.7

表 4-36　2# 上辊传动侧

序号	波峰值	均方根值	峭度指标	裕度指标	波形因素
1	9.7	4.0	2.1	3.1	2.8
2	8.9	4.1	1.9	2.8	2.5
3	10.0	4.3	2.3	3.2	2.8
4	9.9	4.3	2.2	3.2	2.8
5	9.2	4.1	2.1	3.0	2.6
6	8.8	4.0	2.0	2.8	2.5
7	11.8	4.3	2.3	3.7	3.3
8	11.1	4.4	2.4	3.6	3.1
9	11.6	4.3	2.2	3.6	3.2
10	9.8	3.9	2.4	3.5	3.0
11	10.2	4.3	2.1	3.2	2.8
12	10.3	4.4	2.3	3.3	2.8
平均值	10.1	4.2	2.2	3.2	2.9

表 4-37　2# 上辊操作侧

序号	波峰值	均方根值	峭度指标	裕度指标	波形因素
1	14.6	5.3	2.5	4.0	3.4
2	13.4	5.7	2.2	3.3	2.8
3	14.4	5.5	2.3	3.4	2.9
4	10.9	4.8	2.2	3.0	2.7
5	15.1	5.0	2.6	4.2	3.6
6	13.7	5.2	2.3	3.7	3.2
7	14.6	5.1	2.4	4.1	3.5
8	14.6	5.5	2.5	3.9	3.3
9	16.1	5.1	2.6	4.5	3.9
10	12.7	5.0	2.3	3.5	3.0
11	14.5	5.2	2.4	3.9	3.4
12	15.0	5.4	2.7	4.2	3.5
平均值	14.1	5.2	2.4	3.8	3.3

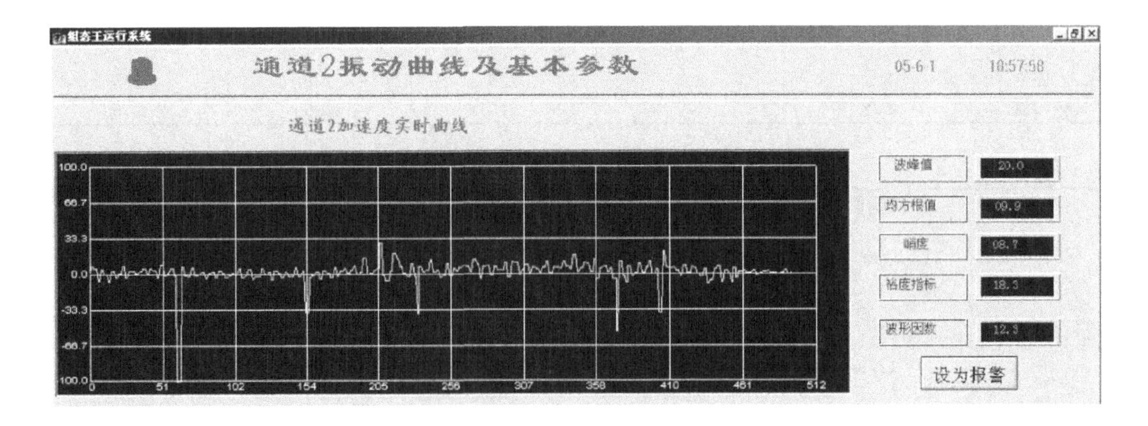

图 4-28　1# 上辊振动曲线

（3）数据综合分析

① 不同转速下空转辊子的振动比较如表 4-38～表 4-45。

表 4-38　1# 辊子传动侧对比

转速/(m/min)	波峰值	均方根值	峭度指标	裕度指标	波形因素
200	7.5	2.6	2.9	4.2	3.6
350	5.6	2.1	2.7	3.8	3.3

表 4-39　1# 辊子操作侧对比

转速/(m/min)	波峰值	均方根值	峭度指标	裕度指标	波形因素
200	9.4	3.4	2.6	3.9	3.4
350	8.2	3.0	2.7	3.9	3.3

表 4-40　2# 辊子传动侧对比

转速/(m/min)	波峰值	均方根值	峭度指标	裕度指标	波形因素
200	8.4	3.5	2.1	3.1	2.8
350	8.1	3.0	2.5	3.8	3.3

表 4-41　2# 辊子操作侧对比

转速/(m/min)	波峰值	均方根值	峭度指标	裕度指标	波形因素
200	9.1	4.0	2.0	2.9	2.6
350	8.4	3.5	2.1	3.1	2.8

② 上辊压下后各辊的振动情况对比

表 4-42　1# 下辊振动情况

序号	波峰值	均方根值	峭度指标	裕度指标	波形因素
传动侧	16.0	7.2	2.1	3.0	2.6
操作侧	13.6	5.8	2.1	3.1	2.8

表 4-43　2# 下辊振动情况

序号	波峰值	均方根值	峭度指标	裕度指标	波形因素
传动侧	9.2	4.1	2.0	2.9	2.6
操作侧	10.5	4.5	2.2	3.1	2.7

表 4-44　1# 上辊振动情况

序号	波峰值	均方根值	峭度指标	裕度指标	波形因素
传动侧	12.2	4.4	2.7	4.0	3.4
操作侧	12.8	5.1	2.4	3.5	3.0

表 4-45　2# 上辊振动情况

序号	波峰值	均方根值	峭度指标	裕度指标	波形因素
传动侧	10.1	4.2	2.2	3.2	2.9
操作侧	14.1	5.2	2.4	3.8	3.3

(4) 变化图形显示

其中波峰值与均方根值均是表示加速度的大小，至于峭度指标、裕度指标与波形因素则是无量纲数值。

① 下辊空转时的振动情况对比

下辊空转时的振动情况对比如图 4-29～图 4-32 所示。

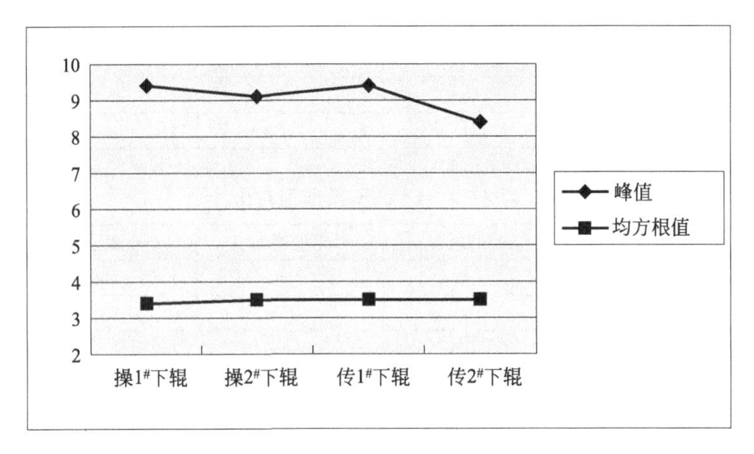

图 4-29　下辊空转时，峰值与均方根值变动图形

转速：200m/min

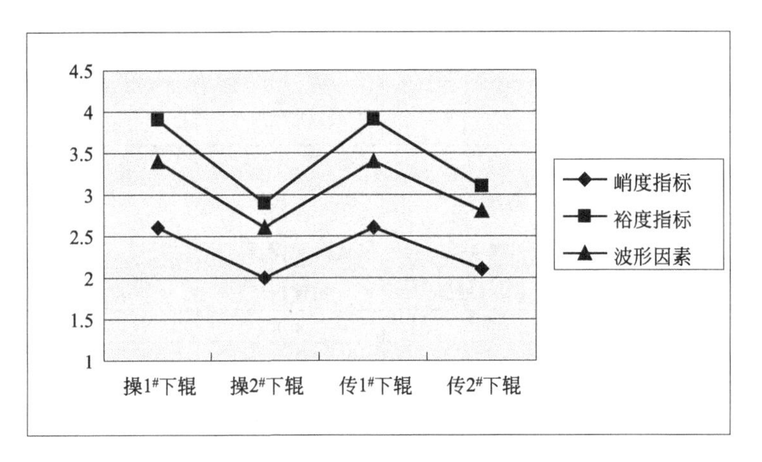

图 4-30　下辊空转时，峭度指标、裕度指标与波形因素变动图形

转速：200m/min

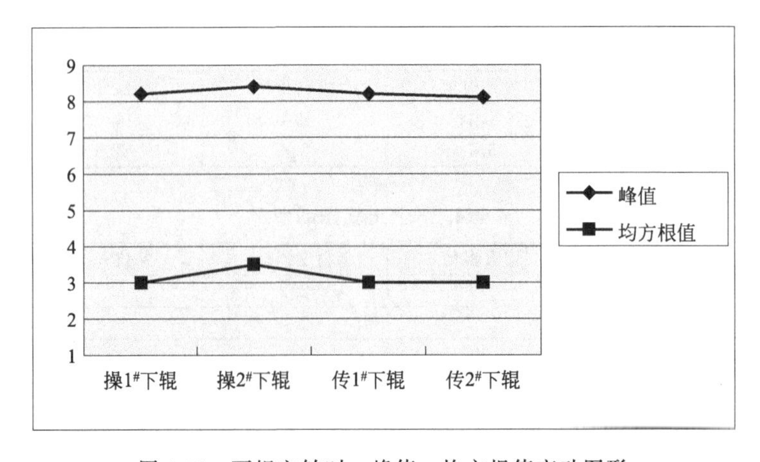

图 4-31　下辊空转时，峰值、均方根值变动图形

转速：350m/min

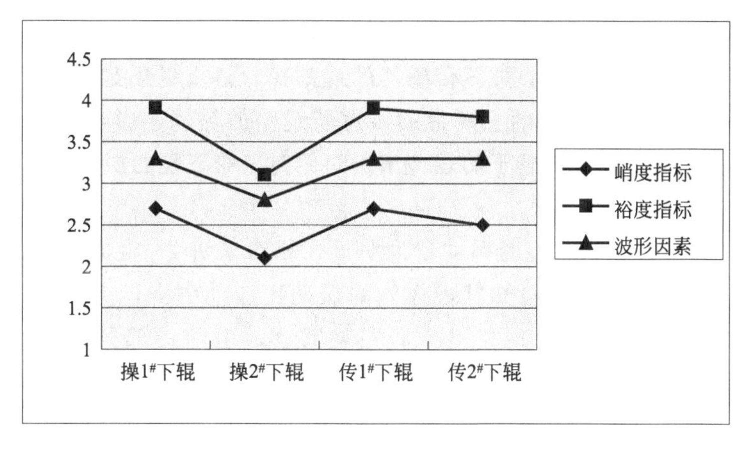

图 4-32　下辊空转时，峭度指标、裕度指标与波形素变动图形

350m/min

② 上辊压下后各辊振动情况对比

各辊振动情况对比图如图 4-33 和图 4-34 所示。

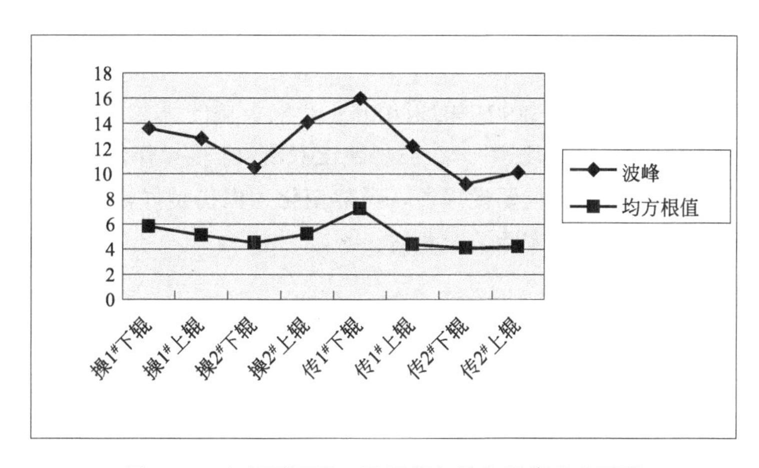

图 4-33　上辊压下后，波峰值与均方根值变动图形

200m/min

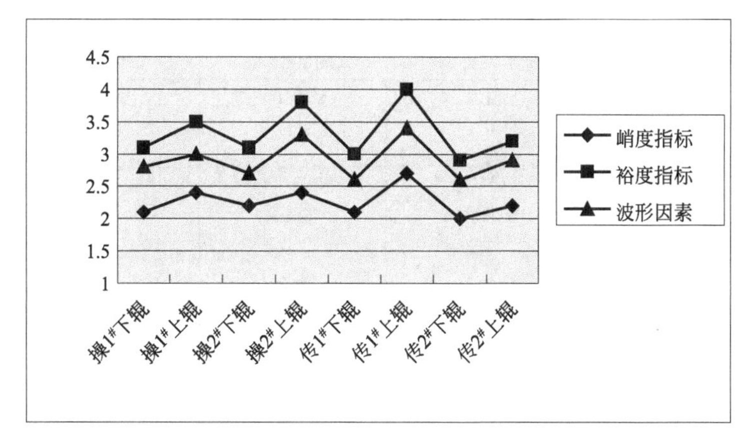

图 4-34　上辊压下后，峭度指标、裕度指标与波形因素的变动图形

200m/min

由于上辊在运行过程中晃动较为剧烈，因为其轴的支架是可以移动的，在实验中我们观察发现支架有晃动的迹象，为此在放置传感器的地方我们必须绕开支架，在实验中我们曾为此调整传感器的位置，因为支架的晃动带动传感器线路的晃动，影响传感器的灵敏度，因此，我们在分析实验数据以确定辊子的运转情况时偏向于取下辊的振动数据来分析进行故障诊断。

通过比较分析可发现，1# 辊的振动较为明显，相对来讲 2# 辊的振动较为温和。由不同转速下的 1# 辊子的转动情况可知其操作侧的振动比传动侧大，突出表现为均方根值的差异上，由于轴承并没有螺母松动的迹象即安装紧密，由前一部分我们对各种故障现象及其成因的分析，我们推测其是由于不水平所致，并由于操作侧振动较大我们推测操作侧较高所致。

在上辊压下后由于操作侧较高因而其承担的重量也较大，故而其振动反较传动侧为小，这也从另一方面证明了轴的故障诊断情况，即是：操作侧较高所导致的不水平是辊子振动较大的主要因素。

（5）小结

① 动态振动监测实时反映了轴的运行情况，通过振动曲线的输出及相关参数的采集，可整体把握轴的运行状态。

② 动态故障诊断系统在设备维护中的采用并不影响设备的正常工作运行。

③ 在上辊压下和不压下的情况下，在波峰值上只有 2# 辊操作侧的轴承存在明显差异，变化较大，但都在允许范围内，仪器没报警，虽然变化大但仍是好轴承，此传动试验机本来就是一台好的机器，所得结论与实际情况相符。

4.6.4 空转轴的故障诊断实验

（1）水平校正

① 水平性测定。基座自由放置于水平面，其水平性和平稳性无法保证，为此，我们先做一水平校正实验，这里取轴座垂向为测定位置以增加校正的准确性，因为三个方向中以轴座最为准确可靠，至于具体的分析说明，我们在后面有专门的探讨。实验结果见表 4-46 和表 4-47。

表 4-46 近端轴座垂向振动（20Hz）

序号	波峰值	均方根值	峭度指标	裕度指标	波形因素
1	8.5	3.4	2.3	3.5	3.0
2	8.1	3.5	2.3	3.3	2.8
3	8.5	3.5	2.3	3.3	2.9
4	7.7	3.5	2.1	3.0	2.6
5	8.3	3.5	2.2	3.2	2.8
6	8.1	3.5	2.3	3.2	2.7
7	8.1	3.6	2.2	3.1	2.8
8	7.4	3.3	2.3	3.2	2.7
9	9.1	3.6	2.4	3.6	2.8
10	9.2	3.4	2.3	3.7	3.1
平均值	8.2	3.5	2.3	3.3	2.8

表 4-47　远端轴座垂向振动（20Hz）

序号	波峰值	均方根值	峭度指标	裕度指标	波形因素
1	6.7	3.0	2.3	3.1	2.7
2	6.4	2.9	2.3	3.0	2.7
3	6.6	2.8	2.1	3.0	2.7
4	6.4	2.8	2.2	3.0	2.7
5	7.0	2.9	2.1	3.1	2.8
6	6.3	2.9	2.1	2.8	2.5
7	6.4	2.8	2.2	3.3	2.9
8	6.9	2.6	2.2	3.5	3.1
9	5.8	2.8	2.0	2.8	2.4
10	5.9	2.7	2.0	2.8	2.5
平均值	5.8	2.8	2.1	3.0	2.7

与近端振动相比，远端振动明显有所减弱，经观察，轴座螺母并无松动且各项安装良好，由此推测可能是地面不平或者轴两头安装不水平，导致轴重心向远端偏移，从而使远端振动较小。据此，在远端垫厚度相当的铁片，使其两侧振动相当。

② 水平校正。根据实验室目前条件，我们选取一铁片，为增强其稳定性，在其上覆一软层，经校正，再测，此时测点选取位置为便于比较，应取同前一样，即轴座垂向相应位置。

表 4-48　水平校正近端轴座垂向振动（20Hz）

序号	波峰值	均方根值	峭度指标	裕度指标	波形因素
1	6.9	2.9	2.2	3.2	2.8
2	6.4	2.7	2.5	3.3	2.9
3	6.4	2.8	2.2	3.1	2.8
4	6.3	2.8	2.4	3.1	2.8
5	6.5	2.7	2.5	3.3	2.9
6	6.2	3.0	2.2	3.8	2.5
7	6.8	2.8	2.3	3.4	3.0
8	6.4	2.8	2.0	3.1	2.7
9	6.2	2.8	2.0	2.8	2.5
10	6.2	2.9	2.0	2.7	2.4
平均值	6.5	2.9	2.2	3.2	2.7

表 4-49　水平校正远端轴座垂向振动（20Hz）

序号	波峰值	均方根值	峭度指标	裕度指标	波形因素
1	6.4	3.2	2.2	2.9	2.4
2	6.8	3.0	2.2	3.1	2.7
3	6.0	2.7	2.3	3.2	2.7
4	6.5	2.9	2.1	2.9	2.5
5	6.2	3.0	2.1	2.9	2.5
6	6.6	3.8	2.4	3.3	2.9
7	5.8	2.8	2.0	2.9	2.5
8	6.8	2.8	2.1	3.0	2.6
9	7.3	3.2	2.1	3.1	2.7
10	6.7	3.0	2.0	2.8	2.5
平均值	6.6	3.0	2.2	3.1	2.7

由表 4-48 和表 4-49 中数据对比可看出，水平校正后两端振动仍有细微差别，其显示远端略高，从安装条件来看已不可能使其绝对相等，而且不必要，因为两轴座振动及传感器灵敏性，即使一个位置细微移动也有差异，且这种细微差异并不影响实验进程和数据分析与故

障诊断。

（2）远端螺母松动

① 远端螺母松动，频率：20Hz。本次实验大致要做螺母松动、远端垫高及故障轴承，除螺母松动外，另外两个均要移动基座或影响基座。这对数据比较的基础有影响，因而我们先做螺母松动实验。在水平校正的基础上松动远端螺母。

表 4-50　近端轴座垂向振动（20Hz）

序号	波峰值	均方根值	峭度指标	裕度指标	波形因素
1	7.0	2.8	2.8	3.7	3.1
2	6.1	2.2	2.6	3.8	3.3
3	6.6	2.5	3.3	4.0	3.3
4	6.0	2.8	2.0	2.8	2.5
5	6.9	3.0	2.4	3.2	2.8
6	6.5	2.8	2.2	3.3	2.8
7	6.0	2.9	2.2	2.8	2.6
8	6.7	2.9	2.3	3.1	2.8
9	5.6	2.8	2.0	2.8	2.4
10	7.7	3.2	2.8	4.2	3.6
平均值	6.5	2.8	2.4	3.3	3.1

表 4-51　远端轴座垂向振动（20Hz）

序号	波峰值	均方根值	峭度指标	裕度指标	波形因素
1	6.9	2.5	3.1	4.1	3.5
2	6.7	2.9	1.9	2.9	2.5
3	6.1	3.1	1.9	2.9	2.5
4	6.4	2.9	2.3	2.9	2.6
5	6.5	2.6	2.3	3.4	3.0
6	6.9	3.0	2.4	3.2	2.8
7	5.7	2.5	2.2	3.0	2.7
8	6.7	2.6	2.4	3.7	3.2
9	5.6	2.4	2.5	3.3	2.8
10	6.5	2.6	3.0	3.7	3.2
平均值	6.3	2.7	2.4	3.3	2.9

由表 4-50 和表 4-51 中数据比较可以看出：在远端螺母松动后，近端轴的振动并无明显变化，表中有变化，由于变动幅度小，由传感器及检测条件，其可视为灵敏可允许变动范围。可看出其波形因素有较大的变动，反映其波形异常，这也可作为判别是否有隐含故障的一个依据。

表中可看出远端变化相对较明显，反映出其以波峰值、均方值值为代表的振动强度有相对明确的降低，而以峭度指标、裕度指标、波形因素代表的波形规整因素有较明显的提升，反映其振动波形不规则性的增加。

综合而言，即远端螺母松动导致远端振动相比近端有所降低。

可以看到，在水平校正前，由于水平性无法完全确切保证的，重心略微向近端偏移导致远端振动比近端振动大的现象，由于远端螺母放松而使其向反向移动且振动波形不规则。

② 远端螺母松动，频率：40Hz。为进一步分析螺母松动对轴振动的影响，我们选取频率为 40Hz 做进一步的实验分析。

表 4-52　近端轴座垂向振动（40Hz）

序号	波峰值	均方根值	峭度指标	裕度指标	波形因素
1	8.6	2.5	3.0	5.0	4.2
2	6.6	2.4	2.7	4.0	3.5
3	10.4	2.5	4.6	6.6	5.5
4	8.9	2.6	3.6	5.5	4.5
5	9.4	2.6	4.1	5.7	4.7
6	20.0	3.4	9.0	10.3	8.5
7	9.1	2.8	3.6	5.2	4.3
8	17.2	3.2	8.3	9.9	7.8
9	18.6	3.4	7.2	8.6	7.2
10	14.6	3.0	5.9	7.7	6.4
平均值	12.3	2.8	5.2	6.8	5.6

表 4-53　远端轴座垂向振动（40Hz）

序号	波峰值	均方根值	峭度指标	裕度指标	波形因素
1	8.7	2.7	2.9	4.8	4.0
2	6.7	2.3	2.9	4.3	3.6
3	8.5	2.4	2.3	5.2	4.5
4	6.3	2.2	2.2	4.2	3.5
5	7.9	2.4	3.0	4.9	4.2
6	6.9	2.3	2.9	4.4	3.8
7	8.2	2.5	3.6	5.2	4.2
8	7.1	2.6	2.9	4.0	3.4
9	9.0	2.6	3.2	5.1	4.3
10	7.1	2.6	2.6	4.2	3.4
平均值	8.6	2.5	2.7	4.3	3.8

由表 4-52 和表 4-53 数据可知，在 40Hz 条件下，近端振动明显大于远端振动，表明远端螺母松动导致近端振动较远端振动剧烈。

进一步分析其原因，这里重心的转移已不是振动变化的主要因素，因为远端螺母松动会导致轴承盖减弱对轴座的束缚力，正常情况下，重心向近端移动会使近端振动变小，远端振动变大，而数据显示恰好相反，表明重心移动已不是远端螺母松动导致振动变化的主要因素。

粗略分析表明，由于远端螺母放松，导致远端轴转动不再是严格的以轴盖中心为中心的转动，而是表现为以轴承周边曲线为运动轨道的转动，由于轴盖松动使得轴向上转时轴盖对轴座的连接力变小，而导致远端轴振动变小。

近端由于轴盖与轴座连接紧固，没有松动空隙，因此其在频率较高下给近端轴束缚较大，故振动较剧烈，由此可知，当频率变大，转速变大，因而其振动越剧烈，即螺母松动的效果与转速呈一定的正比关系。

③ 远端螺母松动的时间效应

a. 实验中我们还发现随着运转的进行，螺母松动的效应最初并不明显，而是逐渐显示出来的。这里远端振动随时间推移虽有变化，但比近端变化小很多，这里我们连续测了 24 组数据以分析螺母松动的时间效应，从而为故障的预测提供依据。

表 4-54　远端振动的前 12 组数（40Hz）

序号	波峰值	均方根值	峭度指标	裕度指标	波形因素
1	7.7	2.4	3.0	4.8	4.0
2	6.5	2.5	2.7	3.7	3.2
3	6.9	2.7	2.5	3.5	3.1
4	7.0	2.6	2.4	3.9	3.3
5	10.4	2.8	3.6	5.6	4.7
6	6.0	2.4	2.6	3.5	3.0
7	8.3	2.7	2.8	4.3	3.7
8	7.0	2.7	2.5	3.6	3.1
9	7.4	2.9	2.5	3.6	3.1
10	6.7	2.3	2.9	4.1	3.5
11	7.5	2.4	2.9	4.7	4.0
12	7.3	2.9	2.4	4.0	3.1

表 4-55　远端振动的后 12 组数（40Hz）

序号	波峰值	均方根值	峭度指标	裕度指标	波形因素
13	8.9	2.7	2.9	4.8	4.0
14	6.7	2.3	2.9	4.3	3.6
15	8.5	2.4	3.3	5.2	4.5
16	6.3	2.2	2.7	4.2	3.5
17	7.9	2.4	3.0	4.9	4.2
18	6.9	2.3	2.9	4.4	3.8
19	8.2	2.5	3.6	5.2	4.2
20	7.1	2.6	2.9	4.0	3.4
21	9.0	2.6	3.2	5.1	4.3
22	7.1	2.6	2.8	4.8	4.2
23	8.4	2.5	2.8	4.8	4.2
24	7.5	2.5	3.1	4.5	3.8

比较表 4-54 和表 4-55 数据可发现：远端振动随时间推移，各项数据有一定增大，与正常情况相比，振动不规则。但也可以看出其变动不大，效果不十分显著。

分析可以知道，远端螺母松动是人为的松动，其产生的效应要随着运转进行逐步显示，但对于远端而言，在这个过程中其振动变化并不明显。

b. 对近端振动我们一连进行了三十余次跟踪测量，以期观察其变动效果，同前，我们多测几组列表比较，为了体现数据连续性，我们并不取头取尾，而是多列几组，以跟踪振动的连续变动情况。

表 4-56　近端振动的前 16 组数（40Hz）

序号	波峰值	均方根值	峭度指标	裕度指标	波形因素
1	5.4	2.2	2.5	3.7	3.1
2	5.8	2.2	2.8	3.9	3.3
3	6.5	2.1	2.9	4.2	3.7
4	6.0	2.0	2.7	4.3	3.6
5	6.6	2.4	3.0	4.2	3.6
6	6.5	2.3	2.7	4.3	4.2
7	6.3	2.3	3.3	4.3	4.7
8	6.6	2.0	2.9	5.0	4.0
9	8.9	2.4	3.5	5.5	3.3

续表

序号	波峰值	均方根值	峭度指标	裕度指标	波形因素
10	8.4	2.6	3.1	4.8	4.7
11	6.1	2.3	2.8	4.0	3.7
12	10.3	2.7	2.7	5.5	3.8
13	7.1	2.5	3.3	4.6	5.6
14	6.7	2.2	3.0	4.6	3.8
15	11.5	2.7	4.8	6.7	5.6
16	7.5	2.3	3.0	4.8	4.1

为了保证数据的连续性，以从数据连续变化中观察由远端螺母松动导致的振动变化的一些特征，我们连续测点，连续列出监测数据。

表 4-57　近端振动的后 15 组数（40Hz）

序号	波峰值	均方根值	峭度指标	裕度指标	波形因素
1	8.7	2.7	3.3	4.8	4.1
2	12.5	3.0	4.9	6.7	5.5
3	6.6	2.3	2.9	4.3	3.6
4	8.6	2.5	3.0	5.0	4.2
5	6.6	2.4	2.7	4.0	3.5
6	10.4	2.5	4.6	6.6	5.5
7	8.9	2.6	3.6	5.5	4.5
8	9.4	2.6	4.1	5.7	4.7
9	20.2	3.4	9.0	10.3	8.5
10	9.1	2.8	3.6	5.2	4.3
11	17.2	3.2	8.3	9.9	7.8
12	18.6	3.4	7.2	8.6	7.2
13	14.6	3.0	5.9	7.7	6.4
14	16.5	3.4	8.0	8.4	6.9
15	14.6	3.8	7.0	6.9	5.5

由表 4-56 和表 4-57 中数据可以看出：随时间推移，近端振动明显剧烈，甚至出现一次红色警报，至于黄色报警则连续不断。

两者比较：可以推出当发生螺母松动时，初期的效果不是很明显，我们推测这是由于初始时，人为松动螺母，而轴盖还是紧固时的位置，因而其轴盖位置并不是处于松动位置，所以相对来讲，其前期变化较小，随着运转的进行，螺母松动的效果就明确显示出来。

由此可以做进一步推断，在实际工厂应用中，通过进一步分析振动渐进变动情况，不仅可推知是否存在故障，而且可推断是何种类型的故障，因为不同故障的时间效应是不同的。这样在工厂中，可以根据运行情况及时预报故障，并推测故障类型，对及时检修和维护设备良好运行有很大的帮助。

从表中数据也可以看出：远端螺母松动对远端振动的影响比近端小，利用这一点，可以在实际运用中为进一步分析故障位置确切方向提供一定的依据，对生产维护的顺利展开提供帮助。

由振动对比可得，在高频下其松动效果更为明显，更为剧烈，对设备的伤害也越大，所以在高速运转下对设备各环节质量有更高的要求。

(3) 远端垫高

① 远端垫高　频率：20Hz。先看频率为20Hz下的远端垫高的振动变动情况，为此我们对远近端轴座垂向各测12组数进行分析。

表 4-58　近端振动表

序号	波峰值	均方根值	峭度指标	裕度指标	波形因素
1	7.6	3.2	2.5	3.4	2.9
2	6.1	3.1	2.1	2.7	2.4
3	7.2	3.4	2.0	2.7	2.4
4	7.1	3.6	1.9	2.5	2.3
5	6.9	3.1	2.1	2.9	2.6
6	6.4	3.3	1.9	2.6	2.3
7	7.3	3.3	2.1	2.9	2.6
8	7.3	3.0	1.9	3.2	2.9
9	6.8	3.3	2.2	2.7	2.4
10	8.1	2.9	2.3	3.7	3.3
11	7.1	3.5	2.0	3.7	2.3
12	6.9	3.3	2.4	2.7	2.3
平均值	7.1	3.2	2.1	2.9	2.6

表 4-59　远端振动表

序号	波峰值	均方根值	峭度指标	裕度指标	波形因素
1	7.9	3.2	2.4	3.5	3.0
2	7.6	3.2	2.2	3.2	2.8
3	7.6	3.1	2.4	3.1	3.0
4	7.6	3.2	2.2	3.2	2.9
5	8.2	3.1	1.9	3.4	2.7
6	8.6	3.1	2.3	3.3	3.0
7	7.7	2.0	3.3	3.0	2.6
8	8.1	2.6	3.0	3.6	3.1
9	7.6	2.0	3.6	3.0	2.6
10	8.5	2.6	3.0	3.5	3.5
11	7.2	2.3	3.5	3.0	2.7
12	8.1	3.5	3.0	3.0	2.7
平均值	7.9	3.3	2.3	3.3	2.9

由表4-58和表4-59数据可以看出：由于远端垫高，轴的重心向近端偏移，导致近端振动比远振动为小。

在40Hz频率下远端垫高时，由于为了能观察出更多组数据以期有所全局把握，设备连续运转，在运行过程中轴盖突然断裂。这样我们换了一个同型号的轴承，但换的过程中由于各个方面的原因导致原来的基座基础已变动，因而在垫同样厚度条件下，已无法在上面的基础上进行比较。

② 较薄远端垫高　频率：20Hz。为了更全面的对远端垫高的影响做分析，重新进行了

水平校正，并重做了垫高的实验。为分析转速和垫高厚度对轴不平衡的影响并比较，做了两个厚度的远端垫高，及在各厚度下监测了高低两种转速时的振动情况。

表 4-60 近端振动表（20Hz）

序号	波峰值	均方根值	峭度指标	裕度指标	波形因素
1	7.3	3.3	2.1	3.0	2.6
2	6.9	2.7	2.5	3.5	3.1
3	7.7	3.1	2.3	3.4	3.0
4	7.4	2.6	3.0	4.3	3.6
5	7.8	3.2	2.4	3.3	2.9
6	7.0	3.0	2.2	3.1	2.7
7	6.6	3.1	2.1	2.9	2.5
8	7.0	2.9	2.6	3.4	3.0
9	7.2	3.0	2.5	3.3	2.9
10	7.4	3.1	2.3	3.4	2.9
平均值	7.2	3.0	2.3	3.2	3.8

表 4-61 远端振动表（20Hz）

序号	波峰值	均方根值	峭度指标	裕度指标	波形因素
1	7.3	2.7	2.6	3.7	3.2
2	7.2	3.4	2.0	2.8	2.5
3	7.8	3.1	2.3	3.5	3.0
4	7.4	2.7	2.7	3.8	3.3
5	7.3	3.1	2.5	3.4	2.9
6	7.5	3.6	2.8	2.6	2.3
7	7.5	3.4	2.1	2.7	2.5
8	7.9	3.3	2.4	3.0	3.2
9	6.9	2.7	2.5	3.3	3.0
10	7.6	3.6	2.0	2.8	2.5
平均值	7.3	3.2	2.4	2.9	2.8

由表 4-60 和表 4-61 的数据可以看出：远端垫高的效果并不明显，两端轴承的振动变动较为微弱，数据显示远端垫高导致重心向近端偏移，但没有导致远端振动明显比近端振动大。

③ 较薄远端垫高　频率：40Hz。下面为了充分利用现有基础，我们在此基础上接着做 40Hz 频率下的振动测定，这里基础不变，只是改变频率。

表 4-62 近端振动表（40Hz）

序号	波峰值	均方根值	峭度指标	裕度指标	波形因素
1	4.8	2.1	2.2	3.2	2.8
2	4.6	1.8	2.7	4.0	3.3
3	5.0	2.0	2.4	3.5	3.1
4	5.0	2.0	2.6	3.7	3.1
5	5.1	1.9	2.4	3.8	3.2
6	3.9	1.5	2.4	3.6	3.1
7	4.6	1.6	3.0	4.3	3.6

续表

序号	波峰值	均方根值	峭度指标	裕度指标	波形因素
8	5.3	2.2	2.5	3.4	2.9
9	4.4	1.8	2.5	3.5	3.0
10	5.0	1.9	2.6	3.8	3.2
11	5.7	2.3	2.4	3.5	3.0
12	3.7	1.3	2.5	4.1	3.6
平均值	5.2	51.8	2.4	3.6	3.2

表 4-63 远端振动表（40Hz）

序号	波峰值	均方根值	峭度指标	裕度指标	波形因素
1	7.5	3.0	2.4	3.5	3.0
2	6.9	2.8	2.6	3.6	3.0
3	7.8	2.9	2.8	3.7	3.3
4	9.4	3.1	2.9	4.4	3.8
5	7.7	2.7	3.1	4.3	3.6
6	8.9	2.7	3.1	5.1	4.2
7	7.4	2.8	2.5	3.7	3.2
8	6.9	2.6	2.8	4.2	3.4
9	7.7	3.1	2.5	3.6	3.1
10	7.0	2.6	2.6	3.8	3.3
11	8.5	2.8	3.2	4.6	3.8
12	8.0	2.5	3.3	4.9	4.1
平均值	7.8	2.8	3.0	4.3	3.5

由表 4-62 和表 4-63 的数据比较可以看出：远端振动明显大于近端振动，效果比频率为20Hz时明显，随着转速增加故障的效果加剧，因而高速运转的转子一定要备加留意各项安装的精确性。

④ 较厚远端垫高　频率：20Hz。下面我们换一个厚度较大的垫片放在远端基座，监测其两端振动变动情况。

表 4-64 近端振动表

序号	波峰值	均方根值	峭度指标	裕度指标	波形因素
1	7.8	3.4	2.2	3.2	2.8
2	6.8	3.3	2.1	2.7	2.4
3	7.6	3.7	2.2	2.8	2.5
4	7.9	3.7	2.2	2.9	2.5
5	5.8	2.8	2.0	2.6	2.4
6	7.9	3.9	2.1	2.6	2.4
7	6.9	3.4	1.9	2.6	2.4
8	7.4	3.3	2.1	3.0	2.6
9	8.1	3.6	2.1	2.9	2.6
10	8.3	3.6	2.3	3.1	2.8
平均值	7.3	3.4	2.1	2.6	2.4

表 4-65　远端振动表

序号	波峰值	均方根值	峭度指标	裕度指标	波形因素
1	8.0	3.6	2.3	3.0	2.6
2	7.9	3.4	2.3	3.0	2.7
3	7.9	3.5	2.2	3.0	2.6
4	8.5	3.6	2.4	3.4	3.0
5	8.4	3.7	2.5	3.4	2.9
6	8.8	3.6	2.5	3.3	2.9
7	8.1	3.7	2.3	3.1	2.7
8	8.4	3.6	2.4	3.3	2.9
9	8.9	3.4	2.5	3.5	3.1
10	8.1	3.7	2.3	3.0	2.6
平均值	8.3	3.6	2.4	3.2	2.8

⑤ 较厚远端垫高　频率：40Hz。比较表 4-64 和表 4-65 可发现：在高低两种厚度上讲，在同一频率下两者导致的振动变动差别并不明显。

由表 4-66 和表 4-67 可知，40Hz 时：在垫高厚度较大的情况下，远端振动比垫高较薄时大，但并不显著。同样，其近端振动也没有明显比垫高较薄时小，可能由于不稳定因素反而有所增加。从本次实验来看，垫高导致不平衡，而且垫高一方的振动有所增大，但垫高厚度的变化对其影响不明显。

表 4-66　近端垂向表

序 号	波峰值	均方根值	峭度指标	裕度指标	波形因素
1	5.6	2.3	2.1	3.2	2.8
2	5.8	2.2	2.7	3.6	3.2
3	5.8	2.3	2.1	3.3	2.9
4	5.1	2.1	2.4	3.2	2.9
5	4.7	2.1	2.1	2.9	2.6
6	6.1	2.7	2.3	3.5	3.1
7	5.7	2.0	2.9	4.1	3.5
8	5.5	2.3	2.3	3.3	2.9
9	5.6	2.2	2.3	3.3	3.0
10	4.6	2.1	1.9	2.8	2.5
11	4.6	2.0	2.2	3.0	2.7
12	5.4	2.6	1.9	2.6	2.4
平均值	5.4	2.2	2.3	3.2	2.9

表 4-67　远端垂向表

序 号	波峰值	均方根值	峭度指标	裕度指标	波形因素
1	9.6	2.6	3.2	5.5	4.6
2	7.1	2.4	2.8	4.3	3.6
3	8.0	2.9	2.8	3.9	3.4
4	6.8	2.5	2.5	4.0	3.4
5	8.7	2.3	4.0	5.8	4.9

续表

序号	波峰值	均方根值	峭度指标	裕度指标	波形因素
6	8.0	2.5	3.0	4.7	4.0
7	7.3	2.8	2.7	3.9	3.3
8	7.5	2.0	2.4	3.6	3.0
9	7.8	2.9	2.6	3.8	3.3
10	6.9	2.6	2.5	3.8	3.3
11	7.6	2.8	2.4	3.7	3.2
12	8.3	2.7	2.8	4.4	3.8
平均值	7.8	2.6	2.8	4.3	3.7

随着转速的增大，远端垫高导致的不平衡效应扩大，可见，此类故障对转速敏感而对垫高厚度不敏感。

进一步分析可知，由于我们实验中采用的手段是机座垫高而不是单方面轴承垫高，因而，不管垫多高，轴与轴承的安装水平切合性是不变的，即垫高的结果只是水平的整体倾斜，而不存在类似图 4-35(a) 所示的安装故障。

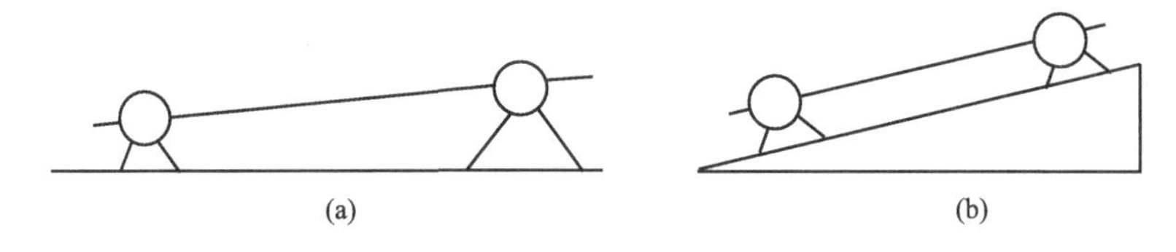

图 4-35　轴承故障示意图

在这种故障条件下，高度差距的增加对轴的运转是致命的，由于轴座安装的水平性和由于高度差存在导致的倾斜性，强行运转的结果会造成巨大的破坏。

本次实验中由于是垫高基座，我们单纯分析垫高基座而导致的总体倾斜，从而重心转移的后果。故而，由于垫高增加引起的重心转移较小，高度增加对振动的影响并不十分明显。而由于整体的倾斜，重心转移对近端的效果。由于近端接有连轴器，且此时轴座不仅承受重向压力，而且要分担一部分平行基座方向的切向力，而在垫高较厚下是其对轴座有冲击作用的，因而这也是导致垫高增加，近端振动反而有所增加的原因。

当然，这两者综合作用的结果要涉及具体专门的分析，但在这里我们只是粗略探讨不平衡导致的故障现象，为工厂中的实际应用提供相关依据。

综合可知，远端垫高导致不平横是重心向近端移动，因而远端振动比近端振动大，且此类故障对转速敏感而对基座垫高厚度不敏感。

实验中发现，其振动声音明显比螺母松动大而且异常，其对设备的硬伤害也较大，应在实验中安装设备时备加留意安装的水平问题，以免造成设备运行故障甚至导致轴的扭断。

(4) 故障轴承

前几个部分都是在轴承完好条件下，由于外部安装因素导致的故障，此次选用一个内外圈严重断裂的轴承进行安装，以观察轴承故障时的故障表现形式。

根据本实验室目前的备用轴承，初始时选用一个内外圈严重断裂的轴承，其外圈从中线裂开。安装上去后发现轴开动后竟然不能运转，即使通过手动助动勉强转了几圈后又停止了，且声响剧烈，振动波形波动剧烈，频频报警。

为了进一步细化故障轴承的故障表现形式，换下此严重断裂的轴承，换上一外圈只有一条轴向裂缝的故障轴承以观察后发现，喀嚓声剧烈。

出于实验的精确性考虑，我们仍对其进行了振动监测，这里我们各测了 12 组，列表 4-68和表 4-69 所示。

表 4-68　近端振动表

序 号	波峰值	均方根值	峭度指标	裕度指标	波形因素
1	20	20	0.6	2.3	1.7
2	20	20	0.6	2.4	1.8
3	20	20	0.6	2.0	1.5
4	20	20	0.6	2.2	1.7
5	20	20	0.6	1.9	1.5
6	20	20	0.6	2.4	1.8
7	20	20	0.6	2.3	1.9
8	20	20	0.6	2.1	1.6
9	20	20	0.6	2.2	1.6
10	20	20	0.6	2.1	1.5
11	20	20	0.6	1.9	1.4
12	20	20	0.6	2.0	1.5
平均值	20	20	0.6	2.1	1.6

表 4-69　远端振动表

序 号	波峰值	均方根值	峭度指标	裕度指标	波形因素
1	20	20	0.6	1.3	1.0
2	20	20	0.6	1.3	1.0
3	20	20	0.6	1.3	1.0
4	20	20	0.6	1.3	0.9
5	20	20	0.6	1.0	0.8
6	20	20	0.6	1.2	0.9
7	20	20	0.6	1.4	1.1
8	20	20	0.6	1.2	0.9
9	20	20	0.6	1.3	1.0
10	20	20	0.6	1.2	0.9
11	20	20	0.6	1.1	0.9
12	20	20	0.6	1.1	0.8
平均值	20	20	0.6	1.2	0.9

从振动监测来看：其报警不断，波形明显不规则，变动剧烈，容易推出其存在故障，不用对振动数据做进一步的分析，应立即停机，检查，更换。

（5）小结

BFDS 动态故障诊断系统在螺母松动上有很好的应用性，对远端垫高和故障轴承两类故障而言由于其声响不规则，用传统的方法亦可推知其存在故障。但比起传统的检测方法，动态故障诊断系统仍有无可比拟的优越性，它可通过对波形的分析比较而预测故障的发生；在发生故障后，根据监测数据进行进一步的分析，推测故障类型甚至故障的具体方位，为设备维修的顺利展开提供一条明确的方向，节省时间，而且在大型复杂设备里，这个系统的安全性很明显，不必在现场听听摸摸，敲敲打打，即可对机器设备的运转做到心中有数。

4.6.5 空转轴实验装置的再次故障诊断

(1) 实验方法

接通电源，运行轴承故障诊断系统。调节变频器，使画面显示频率为25Hz，即实验装置的转速是700r/min。然后进行下列实验。

① 实验装置正常。该实验的目的是与后面的实验数据进行比较，得出各故障特征。

② 实验装置不平衡。将一块厚约为2cm的垫铁垫于远离电机端的基础下方，造成人为不平衡。

③ 基础松动。取出上述实验的垫铁，将远离电机端的轴承座螺栓松开。

④ 故障轴承。故障轴承的形式有很多，在此我们选用缺少钢珠的滚动轴承，换下正常轴承进行实验。此故障轴承缺少2颗钢珠。

(2) 实验记录

① 正常轴承的实时曲线及监测数据。本实验采用两通道采集数据，其中通道1监测垂直方向，通道2监测水平方向。后续实验均以此为标准。以后不再说明。

正常轴承监测数据如图4-36、图4-37及表4-70、表4-71所示。

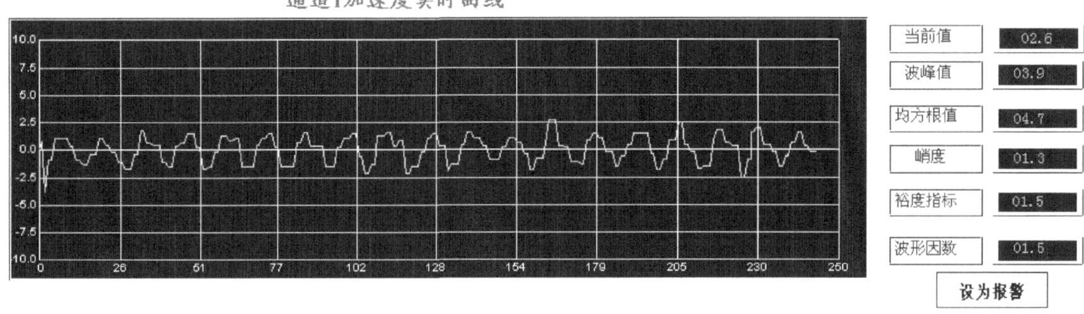

图4-36 正常轴承垂直方向实时曲线（25Hz）

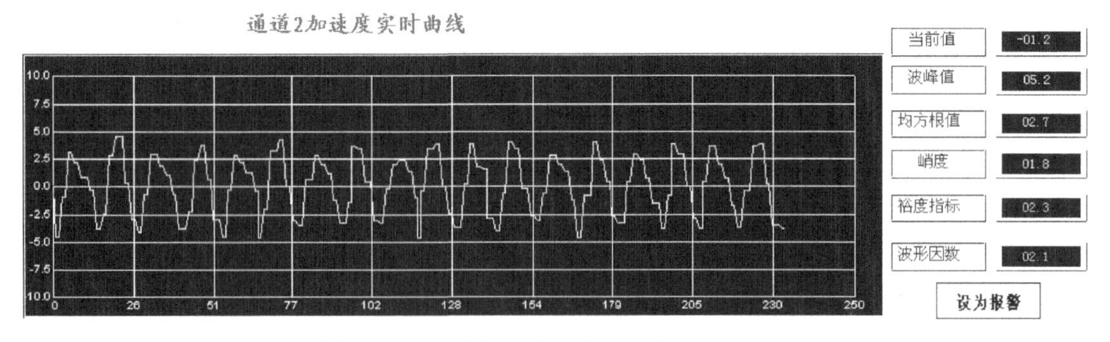

图4-37 正常轴承水平方向实时曲线（25Hz）

表4-70 正常轴承垂直方向监测数据（25Hz）

序号	波峰值	均方根值	峭度	裕度指标	波形因数
1	2.48	1.36	1.65	2.16	2.01
2	7.25	1.07	17.27	13.89	10.78
3	5.06	0.86	8.83	10.56	8.36
4	4.05	0.86	6.07	7.92	6.49
5	1.80	0.63	2.56	3.93	3.47

续表

序号	波峰值	均方根值	峭度	裕度指标	波形因数
6	2.38	0.73	2.94	4.64	4.02
7	3.09	0.76	4.48	6.17	5.25
8	4.64	0.76	8.27	10.07	8.22
9	3.67	0.73	4.89	7.39	6.36
10	2.44	0.72	4.05	5.38	4.42
均值	3.69	0.85	6.1	7.21	5.94

表 4-71　正常轴承水平方向监测数据（25Hz）

序号	波峰值	均方根值	峭度	裕度指标	波形因数
1	0.35	0.16	2.35	3.27	2.77
2	2.58	0.57	5.62	8.35	6.45
3	4.28	0.64	18.20	14.64	10.95
4	4.01	0.60	11.73	12.75	9.86
5	2.34	0.51	5.86	7.69	6.28
6	1.47	0.43	3.64	5.21	4.39
7	1.22	0.42	3.08	4.10	3.59
8	3.30	0.52	9.99	10.61	8.86
9	1.63	0.47	3.53	5.08	4.37
10	1.61	0.44	3.47	5.44	4.70
均值	2.28	0.48	6.75	7.71	6.22

② 装置不平衡的实时监测曲线及监测数据。装置不平衡的监测数据如图 4-38 及表4-72、表 4-73 所示。

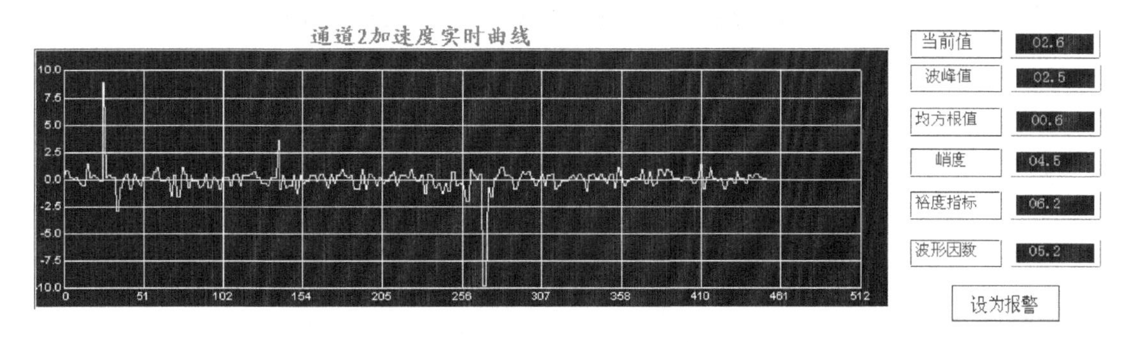

图 4-38　装置不平衡水平方向实时曲线（25Hz）

表 4-72　装置不平衡垂直方向监测数据（25Hz）

序号	波峰值	均方根值	峭度	裕度指标	波形因数
1	2.09	0.63	2.92	4.67	4.06
2	5.20	1.30	3.94	5.73	4.96
3	10.67	1.91	10.59	9.94	8.05
4	4.50	1.28	3.25	5.19	4.40
5	5.40	1.27	3.61	5.94	5.21
6	13.33	1.69	20.00	13.88	11.60
7	6.36	1.25	4.55	7.22	6.26
8	4.23	1.27	3.56	5.21	4.31
9	11.66	1.92	13.64	11.31	9.15
10	13.27	1.79	15.27	12.90	10.57
均值	7.67	1.43	8.13	8.20	6.86

表 4-73 装置不平衡水平方向监测数据（25Hz）

序号	波峰值	均方根值	峭度	裕度指标	波形因数
1	6.46	2.03	3.63	4.98	4.13
2	7.48	0.88	20.00	16.75	13.35
3	4.02	0.86	7.78	8.72	6.87
4	3.68	0.58	8.82	10.05	8.53
5	2.03	0.55	3.66	5.75	4.81
6	2.40	0.63	4.27	6.05	4.99
7	2.14	0.54	3.62	5.90	5.00
8	5.91	0.80	20.00	13.91	11.45
9	10.55	1.27	20.00	20.00	15.81
10	9.74	1.21	20.00	20.00	15.80
均值	5.44	0.94	11.18	11.21	9.07

③ 基础松动的实时监测曲线及监测数据。基础松动的监测数据如图 4-39 及表 4-74、表 4-75 所示。

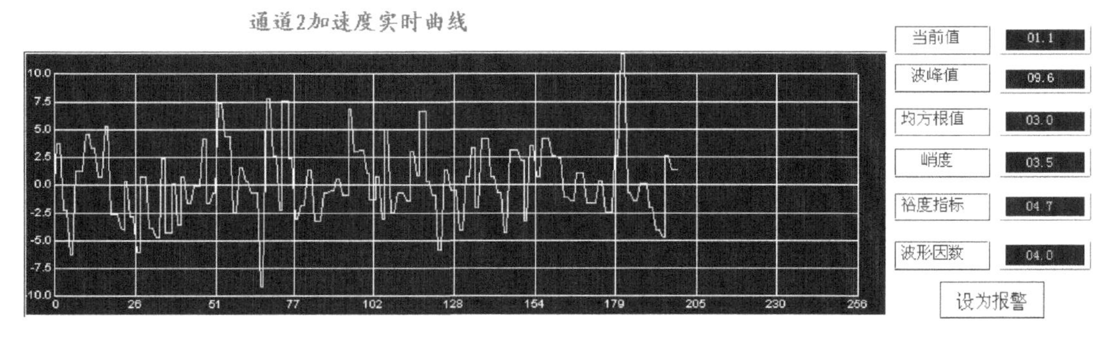

图 4-39 基础松动水平方向实时曲线

表 4-74 基础松动垂直方向监测数据（25Hz）

序号	波峰值	均方根值	峭度	裕度指标	波形因数
1	6.26	1.03	7.40	9.29	7.91
2	6.39	1.04	8.45	9.81	8.18
3	4.73	0.96	5.74	7.71	6.51
4	5.01	1.16	5.61	6.79	5.74
5	12.22	1.46	20.00	16.84	13.27
6	6.38	1.01	9.44	10.64	8.77
7	3.96	0.98	4.21	6.477	5.32
8	10.88	1.53	20.00	16.73	12.88
9	7.41	0.97	16.11	12.71	10.69
10	7.23	1.10	13.51	13.00	10.22
均值	7.05	1.12	11.05	11.00	8.95

表 4-75 基础松动水平方向监测数据（25Hz）

序号	波峰值	均方根值	峭度	裕度指标	波形因数
1	8.31	2.54	2.96	4.89	4.11
2	7.30	2.84	2.41	3.72	3.10
3	9.29	2.98	3.42	4.78	4.00
4	20.00	4.00	20.00	18.26	15.17
5	15.35	3.50	4.42	6..57	5.58
6	8.32	2.22	3.19	5.59	4.71

续表

序号	波峰值	均方根值	峭度	裕度指标	波形因数
7	12.60	2.01	11.23	11.33	9.10
8	20.00	2.80	20.00	17.31	13.37
9	13.33	2.01	9.76	10.38	8.79
10	9.51	2.27	3.74	6.19	5.30
均值	12.40	2.72	8.11	8.90	7.33

④ 轴承盖损坏的实时监测曲线及监测数据。轴承盖损坏检测数据如图 4-40 所示。

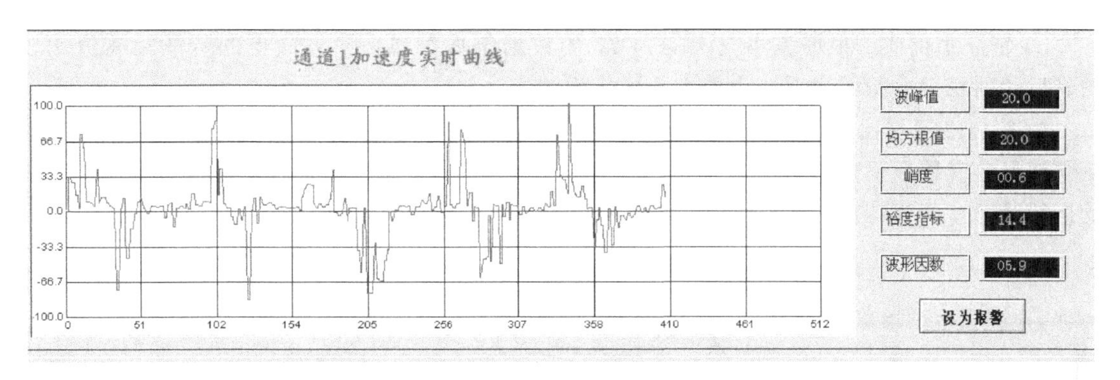

图 4-40　轴承盖损坏垂直方向实时曲线（25Hz）

⑤ 故障轴承（缺 2 颗钢珠）的实时曲线及监测数据。故障轴承监测数据如图 4-41 所示。

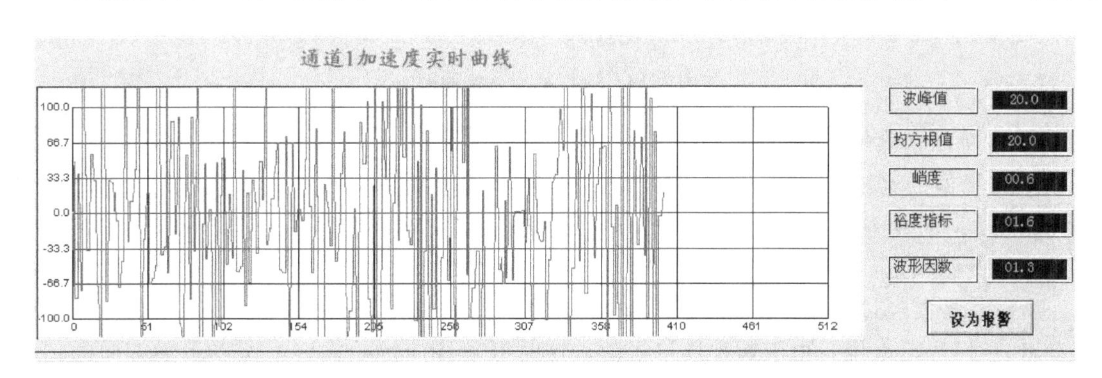

图 4-41　故障轴承（缺两颗钢珠）垂直方向实时曲线（25Hz）

（3）实验分析

根据上述监测的数据，将各特征指标的均值列于表 4-76 和表 4-77，并算出特征距离值[特征距离值＝(波峰值^2＋均方根值^2＋峭度值^2)$^{1/2}$]，为后续数据分析作准备。

表 4-76　实验装置各状态下特征参数垂直方向平均值列表（25Hz）

序号	1	2	3	4	5
状态	正常轴承	故障轴承(缺少钢珠)	轴承盖磨损	基础松动	远端垫高 2cm
波峰值	3.69	18.94	5.68	7.05	7.67
均方根值	0.85	4.27	0.89	1.12	1.43
峭度指标	6.10	9.81	9.83	11.05	8.13
裕度指标	7.21	11.4	9.95	11.00	8.20
波形因素	5.94	8.45	8.51	8.95	6.86
特征距离值	6.98	21.75	11.38	13.16	11.27

表 4-77　实验装置各状态下特征参数水平方向平均值列表

序号	1	2	3	4	5
状态	正常轴承	故障轴承(缺少钢珠)	轴承盖磨损	基础松动	远端垫高 2cm
波峰值	2.28	7.93	3.86	12.40	5.44
均方根值	0.48	2.01	0.57	2.72	0.94
峭度指标	6.75	5.24	11.57	8.11	11.18
裕度指标	7.71	6.71	13.06	8.90	11.21
波形因素	6.22	5.39	10.00	7.33	9.07
特征距离值	6.94	9.72	12.21	15.06	12.47

① 特征距离值。根据表 4-76 和表 4-77 的数据作垂直和水平方向上的特征距离值比较图。后续的相关分析图也以此为准，不再作说明。

由图 4-42 可看出 1# 为正常装置情况，其特征距离值在 7 左右，而 2#、3#、4#、5# 非正常情况，其特征距离值均在 7 以上，也就是说当特征距离值>7 时需要密切注意观察装置的运行状态，而当特征距离值<7 时可认为装置处于正常工作状态。

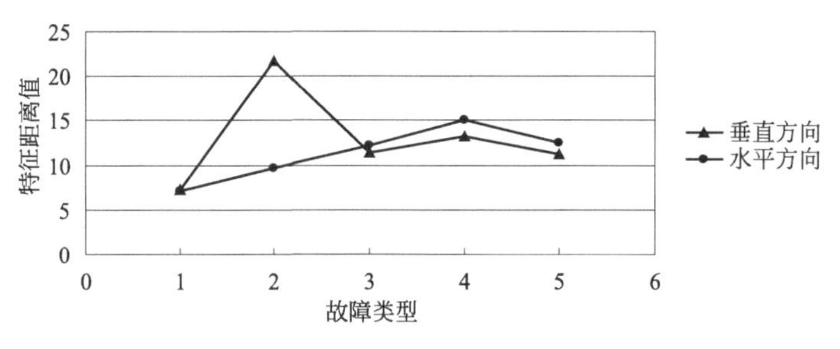

图 4-42　特征距离值平面图

② 各特征参量的不确定性

a. 波峰值的比较。由图 4-43 可看出对故障轴承的诊断，波峰值在垂直方向比水平方向变化比较大，而对基础松动来说，水平方向比垂直方向更敏感。原因分析：传感器安装在垂直方向离振源较近，测得的信号接近真实信号，而对水平方向，轴承座靠螺栓连接在基础上，所以信号要经过衰减。因此垂直方向比水平方向敏感些，从图中 1#、2#、3#、5# 即可看出。对于 4# 来说，由于螺栓连接松动，这时振动源向螺栓靠近，所以水平方向的信号就相对敏感些。

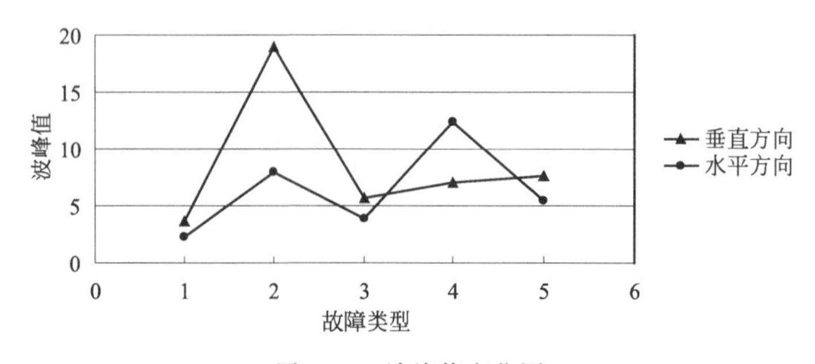

图 4-43　波峰值变化图

b. 均方根值的比较。均方根值是对时间平均的，因而它适用于像磨损之类的振幅值随时间缓慢变化的故障诊断。而本实验的故障是直接由人为造成的，不存在随时间缓慢变化的趋势，所以其变化图与波峰值的变化图趋势是一样的。从图 4-44 中还可看出，正常轴承的均方根值在 1 以下，其他故障类型的均方根值均在 1 以上，但对 3# 轴承盖损坏所得均方根值也在 1 以下。

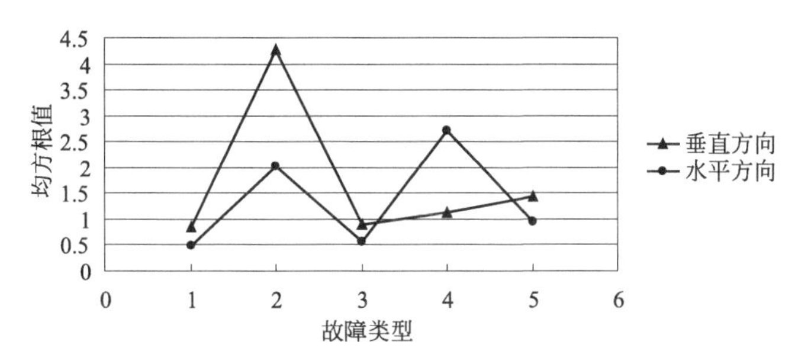

图 4-44　均方根值变化图

我们分析原因是：由于实验装置运转很平稳，振动不大，所以没有引起轴承盖的振动，所测均方根值也就与正常情况下一样了。因此我们得出均方根值能直接反映被测对象的振动状态，反映了振动本身的强度；对振动有很强的敏感性。

c. 无量纲参数的比较。比较图 4-45 和图 4-46 两图，对故障轴承垂直方向无量纲参数变化明显，峭度指标和裕度指标的作用是用来判断消除干扰的程度。而峭度指标和裕度指标在水平方向的变化不是很大，但在理论上，它们应该也有很高的灵敏度，分析原因可能是：由于本次实验是在空转轴承上完成的，而在实际应用中的轴承都是带有载荷的，这就在一定程度上加强了干扰；同时轴承运转环境也对干扰有一定的影响。

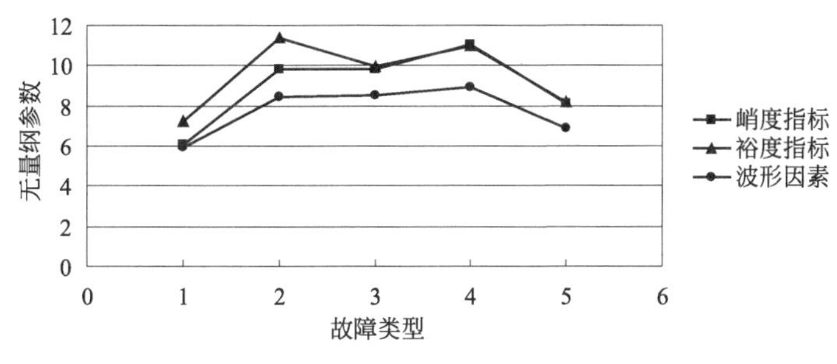

图 4-45　垂直方向无量纲参数变化图

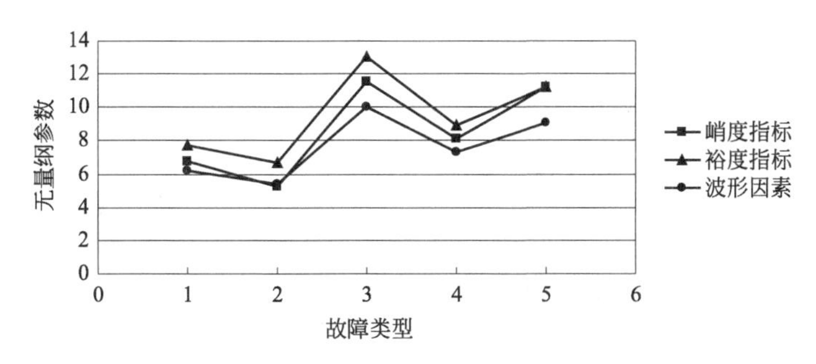

图 4-46　水平方向无量纲参数变化图

(4) 频域分析在实验装置上的应用

下面对传动实验装置的故障进行频域分析，模拟的故障有：缺少钢珠的轴承和滚动体中侵入沙子的轴承。

① 轴承缺少钢珠的频域分析。实验所得的垂直和水平方向的幅值谱图相差无几，我们

只列出垂直方向的幅值谱图，如图 4-47 所示。

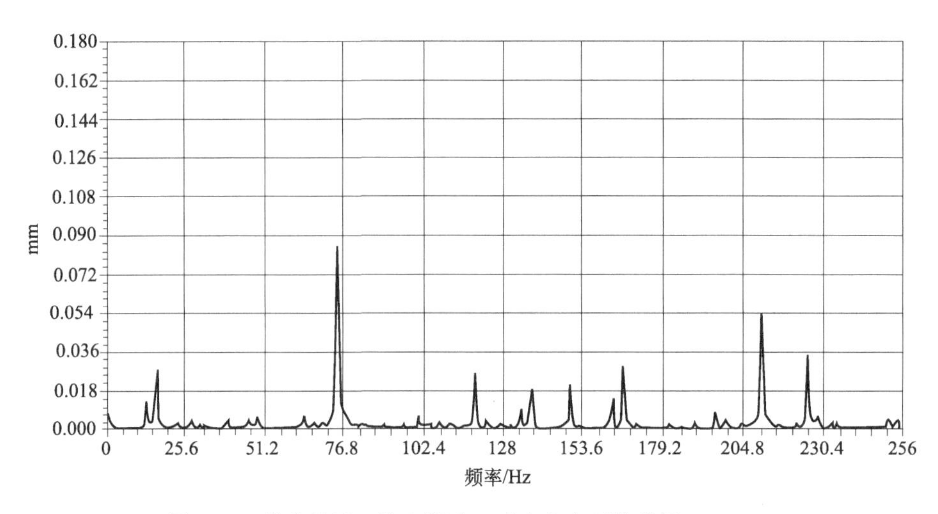

图 4-47　故障轴承（缺少钢珠）垂直方向幅值谱图（25Hz）

由轴承的特征频率计算公式计算出实验所用轴承的特征频率如下：

内圈旋转频率：$f_r = N/60 = 11.67\text{Hz}$

Z 个滚动体通过内圈上一点的频率：$Zf_i = \frac{1}{2}Z\left(1+\frac{d}{D}\cos\alpha\right)f_r = 239.05\text{Hz}$

Z 个滚动体通过外圈上一点的频率：$Zf_c = \frac{1}{2}Z\left(1-\frac{d}{D}\cos\alpha\right)f_r = 181.07\text{Hz}$

滚动体上的一点通过内圈或外圈的频率：$f_b = \frac{D}{2d}\left\{1-\left(\frac{d}{D}\right)^2\cos^2\alpha\right\}f_r = 40.07\text{Hz}$

保持架的旋转频率：$f_o = \frac{1}{2}\left(1-\frac{d}{D}\cos\alpha\right)f_r = 5.03\text{Hz}$

为进行诊断分析，将上图中主要谐波列出，如表 4-78 所示。

表 4-78　频谱图各谐波频率及产生原因

谐波位置点	1	2	3	4	5	6	7	8
谐波频率/Hz	16.4	75	119	137	150.2	166.5	210.5	225
产生原因	f_o+f_r	$12f_o+f_r$	$25f_o-f_r$	$25f_o+f_r$	$31f_o-f_r$	$31f_o+f_r$	$43f_o-f_r$	$43f_o+f_r$

将表 4-78 中的谐波频率与表 4-79 的特征频率表进行对照，分析原因。

表 4-79　轴承固有特性特征频率表

类　别	条件	特征频率
固有振动	钢球	$\frac{0.24}{r}\sqrt{\frac{E}{2\rho}}$
	内圈或外圈	$\frac{n(n^2-1)}{2\pi(D/2)^2\sqrt{n^2+1}}\sqrt{\frac{EIg}{\gamma A}}$
构造引起的振动	径向载荷，低速回转	Zf_o
	轴弯曲或装配不正	$Zf_o \pm f_r$
	滚动体直径不一致	$f_o, nf_o \pm f_r$
滚动体的非线形伴生振动	润滑不良	$nf_r, \frac{1}{n}f_o$

由上述分析可知，该轴承的故障属于滚动体直径不一致。实验中我们所用的故障轴承是缺少 6 颗钢珠，也可以理解为滚动体直径大小不一。另外，由于轴承经常作为实验对象，磨损后也造成滚动体直径大小不一。

② 轴承侵入沙子的频域分析。实验所得的垂直和水平方向的幅值谱图差不多，我们只列出垂直方向的幅值谱图，如图 4-48 所示。

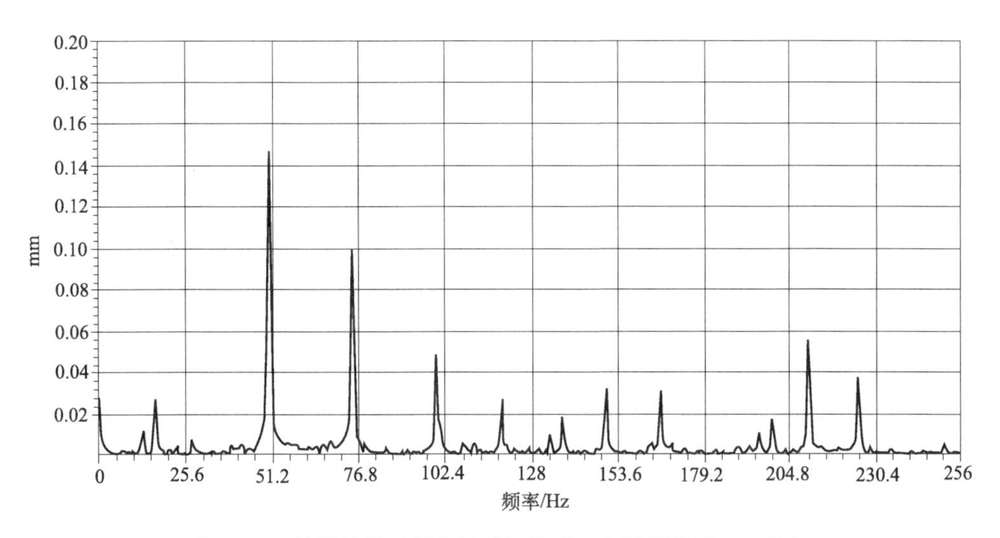

图 4-48　故障轴承（侵入沙子）垂直方向幅值谱图（25Hz）

由上图看出振动信号中的主要频率成分及谐波分量。为了更清楚地突出能量集中的谱峰，表现特征频率值的能量集中状况，研究频带范围内能量分布的水平。我们对其进行功率谱分析，如图 4-49 所示。

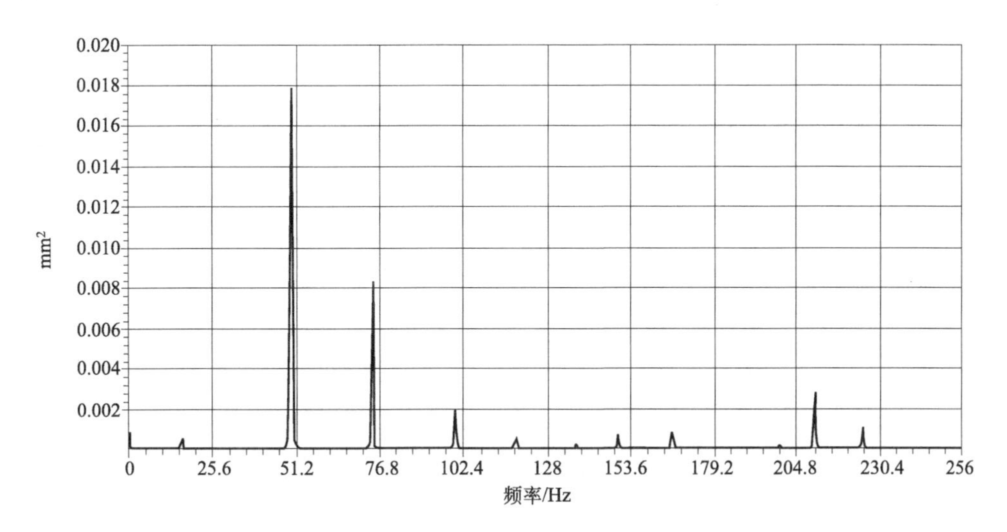

图 4-49　故障轴承（侵入沙子）垂直方向功率谱图（25Hz）

由图可知谱峰能量集中的频率主要有：50Hz、75Hz 和 100Hz。另外还有少数次谐波频率成分。轴旋转频率，即基频为 25Hz，所以谱图中主要有 2 倍频、3 倍频和 4 倍频，其中以 2 倍频为主。这说明当轴承中侵入异物引起磨损时，其频谱图规律是以倍频的形式出现的，并伴有少量次谐波。也就是说当频谱图出现该规律时，我们可以考虑是不是轴承中有异物而引起的故障。

(5) 小结

根据上述实验分析，我们得出以下结论：

① 轴承故障诊断系统可以较为真实地检测出所测对象的工作状态的好坏。

② 当特征距离值>7 时，需要对运行设备的工作状态进行特别注意；但当特征距离值<7 时，可认为其运行正常。

③ 波峰值和均方根值对振动的变化比较敏感，可以实时监测设备的运行状态。

④ 当滚动轴承中侵入异物引起磨损时，其频谱图规律是以倍频的形式出现的，并伴有少量次谐波。

⑤ 结合滚动轴承的特征频率和故障轴承特征频率表可以有效地分析出滚动轴承的故障类型。

4.6.6 纸机轴承故障监测与诊断研究

利用自制轴承故障诊断系统对兴平造纸厂纸机轴承进行监测及诊断。用数据采集器在设备现场采集纸机滚动部位振动信号并储存，传送到计算机，利用振动分析软件进行深入分析，从而得到滚动轴承各种振动参数的准确数值，进而判断这些滚动轴承是否存在故障，效果是令人满意的。

(1) 测控网络

监测子系统采用了基于现场总线概念的两级测控网络，包括现场级和管理级。根据现场需要选用 ADAM4017 用于模拟量的测量，ADAM4520 实现 RS485 到 RS232 的接口转换。

(2) 敏感因子的确定

通过对振动信号的均方根值、波峰值、峭度值做随着对象不同变化情况的对比，得出峭度值是敏感因子这一重要结论。图中说明了这个对比。峭度值最好，它的变化最大，是优良的诊断指标；波峰值除了一个明显的高点，其余变化没有峭度值大；均方根值变化最平稳。即敏感排序为：峭度值>波峰值>均方根值。

图 4-50 是根据本系统对兴平纸厂轴承进行监测得到的数据及综合结论。

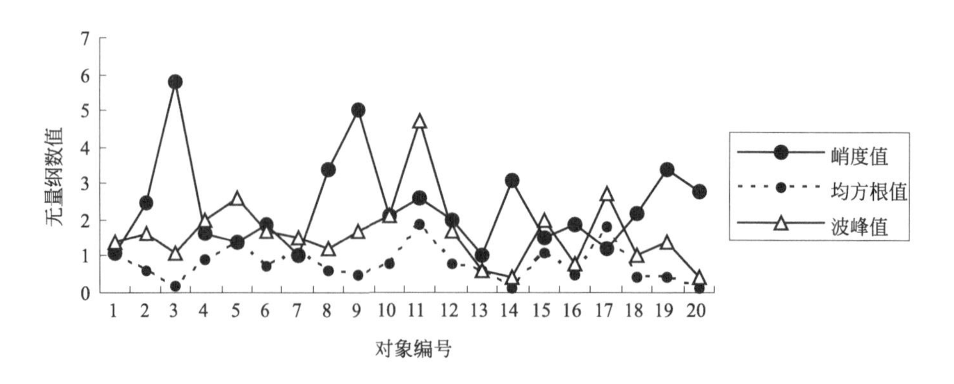

图 4-50 敏感因子分析图

(3) 相关性研究

应用 MATLAB 工程软件研究了该纸机 1～20 号烘缸轴承振动信号的相关性（表 4-80），见图 4-51。

表 4-80　烘缸振动指标列表及综合振动

烘缸原号	对象编号	峭度	均方根	波峰值	综合结论
1#	1	1.1	1.0	1.4	良好
2#	2	2.5	0.6	1.6	良好
3#	3	5.8	0.2	1.1	注意
4#	4	1.6	0.9	2.0	良好
5#	5	1.4	1.3	2.6	良好
6#	6	1.9	0.7	1.7	良好
7#	7	1.0	1.1	1.5	良好
8#	8	3.4	0.6	1.2	良好
9#	9	5.0	0.5	1.7	注意
10#	10	2.1	0.8	2.1	良好
10#传动侧	11	2.6	1.9	4.7	振动强烈
11#	12	2.0	0.8	1.7	注意
12#	13	1.0	0.6	0.6	良好
13#	14	3.1	0.1	0.4	良好
14#	15	1.5	1.1	2.0	良好
15#	16	1.9	0.5	0.8	良好
16#	17	1.2	1.8	2.7	良好
17#	18	2.2	0.4	1.0	良好
18#	19	3.4	0.4	1.4	良好
19#	20	2.8	0.1	0.4	良好

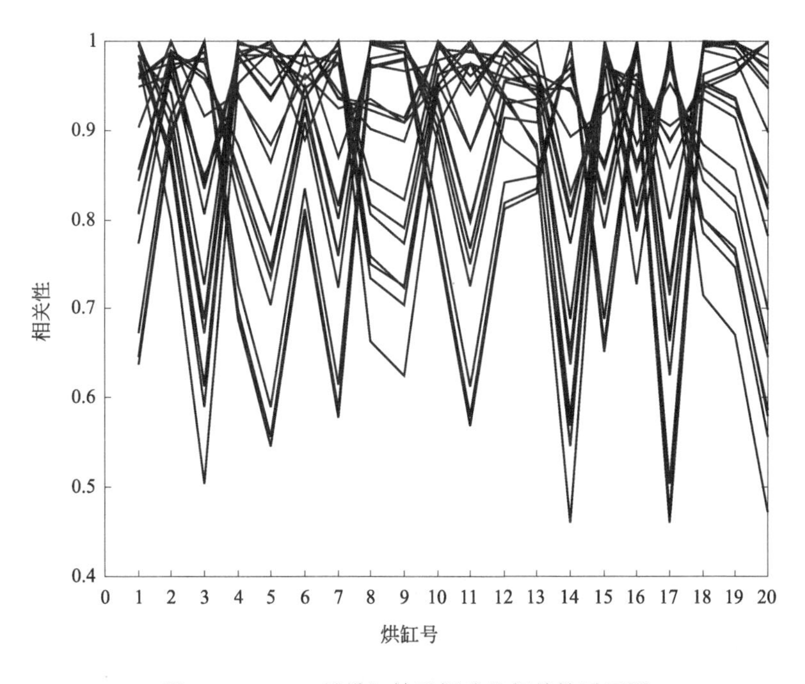

图 4-51　1～20 号烘缸轴承振动的相关性平面图

由图 4-51 可见，3#、14#、17#、20#烘缸轴承振动信号的相关性相对较低（<0.5），相关性相对较低表明与样本内其他烘缸轴承不同，相似性较差；而其他烘缸轴承振动的相关性相对较好，表明相似性比较好。

（4）烘缸轴承的特征距离值及特征值三维图分析

由图 4-52 可见 3#、9#、11# 烘缸轴承的特征距离值［（峭度^2＋均值^2＋峰值^2）$^{1/2}$］较大（＞5），与样本内其他烘缸轴承明显不同，对烘缸轴承状态需要给予特别注意；而其他烘缸轴承的特征距离值均＜4，无需特别注意，即认为无危险。1～20 号烘缸轴承的特征三维图如图 4-53 所示。

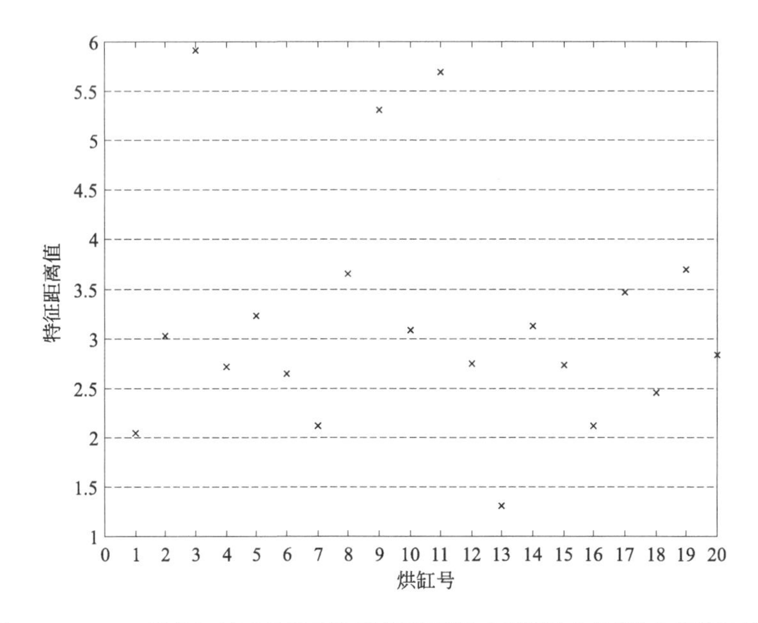

图 4-52　1～20 号烘缸轴承的特征距离值平面图［（峭度^2＋均值^2＋峰值^2）$^{1/2}$］

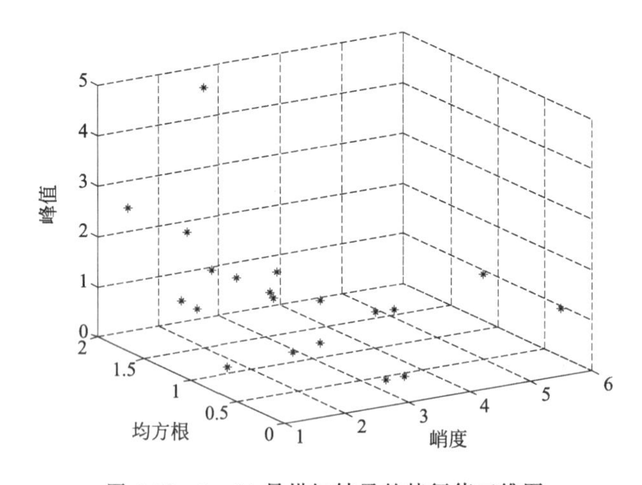

图 4-53　1～20 号烘缸轴承的特征值三维图

（5）轴承实测曲线及分析

图 4-54 和图 4-55 清楚地表示了 10 号烘缸操作侧和传动侧的指标情况，峭度值相差 0.5，均方根值相差 1.1，波峰值相差 2.6。前面说过，峭度值是一个敏感的指标，而在这里，同一个烘缸的两侧差别只有 0.5，说明烘缸两侧的峭度指标变化不大，轴承状况相似，所以认为运行状况良好。相对于峭度值，均方根值和波峰值发生了显著的变化，这也再次说明，均方根和波峰值随主轴转速、切削力大小、时间变化而变化，而对冲击脉冲不敏感，与

设备运行的工况有关。因为，峭度指标对冲击脉冲的大小和概率密度的变化最为敏感，对故障有很高的灵敏度，所以认为 10 号烘缸传动侧轴承没有故障，可能是其他的原因导致的振动幅值较大。

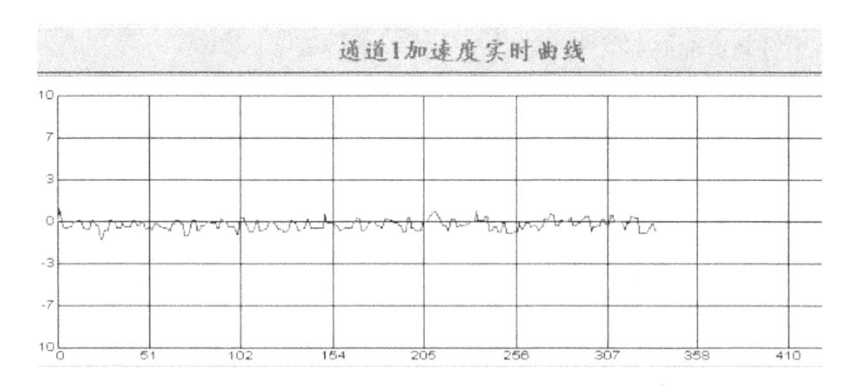

图 4-54 10 号烘缸操作侧实时曲线

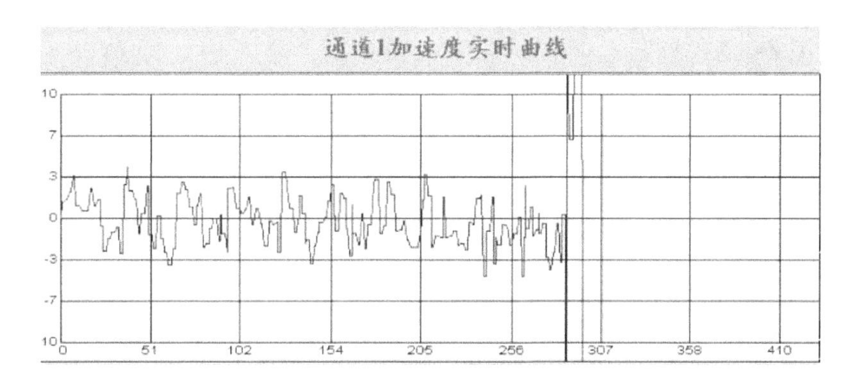

图 4-55 10 号烘缸传动侧实时曲线

图 4-54 和图 4-55 是 10 号烘缸操作侧和传动侧的实时曲线图。

(6) 小结

3 号、9 号烘缸轴承状态不太正常，需注意监护；10 号烘缸传动侧轴承振动强烈，近期必须考虑维护或更换；其他烘缸及辊子轴承状态良好，如表 4-81 所示。

表 4-81 轴承状态表

较优的轴承	需注意的轴承	振动强烈的轴承
1 号烘缸	3 号烘缸	三压上辊
真空伏辊	9 号烘缸	10 号烘缸传动侧

4.6.7 纸病检测技术和方法研究

提出了纸张纸病的检测灰度值的概念。将灰度数值 160 作为检测纸张有无孔洞的阈值，灰度值低于阈值 160，系统就可以判定是纸张具有孔洞纸病，根据尖峰的位置和数量，就可以确定孔洞纸病的位置并计算出孔洞纸病的尺寸大小。

(1) 原理

纸张纸病的检测不仅有利于纸张外观质量的提高，对纸病出现的周期性、连续性、密度和根源进行分析，找到产生纸病的原因，采取相应的纠正措施，促进产品质量的提高。

纸的外观质量不仅直接影响成品的使用，而且影响到纸的其他物理性能指标，甚至还决定成品损耗情况。它是通过检验者的感官，可以不用仪器就能检测出的纸病。有一些先进国家已开始借助仪器来检测。目前大多数国家尚未使用仪器来检测。因此，研究和开发纸病检测技术和方法十分紧迫和必要。

纸页在生产过程中，由于设备磨损、生产原料或环境污染、操作等原因，会造成一些外观纸病，如：尘埃、条痕、皱褶、孔洞和破边等。对于用来包装和印刷的高档纸及特种纸来说，这些外观纸病是影响产品质量的主要因素之一。应用 Web Inspection System（纸页监测系统）进行纸病的在线检测，成为解决上述问题的必要手段。

纸页监测系统可用于检验斑点、孔洞、皱纹、裂口、条痕、鱼鳞斑等纸病。监测数据储存于电脑中用于产品质量管理。

（2）纸病检测技术工作原理

① 纸页纸样图像的获取。从生产现场采集有孔洞、条痕、皱褶等纸病的纸张，用光电扫描仪（清华紫光 Uniscan1236UT 平板式彩色扫描仪）将纸张图像扫入计算机，扫描参数设置为：300dpi，真彩色，图幅尺寸 1inch ×1inch，图像文件保存格式是 TIFF。纸样如图 4-56～图 4-58 所示。

图 4-56　$1^{\#}$ 纸样的扫描图像

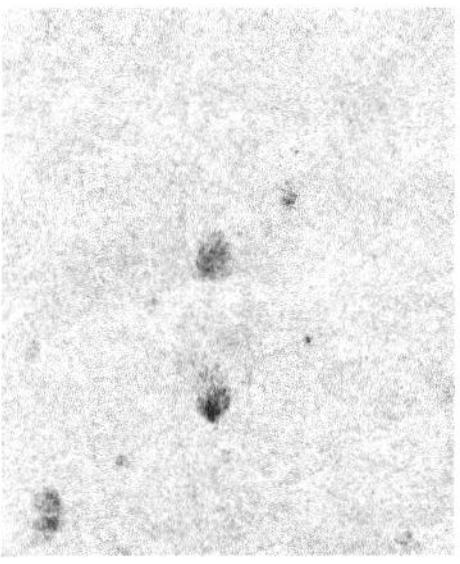

图 4-57　$2^{\#}$ 纸样的扫描图像

图 4-58　$0^{\#}$ 纸样的扫描图像

$1^{\#}$、$2^{\#}$ 纸样中有明显的孔洞、褶子、节斑、皱纹等纸病，且纸张黑白不均匀。$0^{\#}$ 纸样是均匀性、白度较好的。

② 纸病图像的处理

首先将彩色图像 $A(r, g, b)$ 转换为灰色图像 B，转换公式为

$$B=0.31\times r+0.59\times g+0.1\times b \tag{4-74}$$

对于纸张的灰度，其数值是随机的，即各点的灰度数值各异且无规律可循。从图 4-59、图 4-61、图 4-63 中明显可见其灰度分布的随机性。这是由于在造纸过程中，纤维的长短和分布是随机排布的，导致纸张的光学特性也具有随机性质。观察灰色图像 B 的直方图（图 4-60、图 4-62、图 4-64）可以看出，纸张上各点的灰度值介于 160～240 之间，对于不同的纸张，其灰度值的分布范围不同。

（3）实验结果

对于有孔洞的纸张，其孔洞的灰度值数值较低（<160），故可以将灰度数值 160 作为检测纸张有无孔洞的阈值，灰度值低于阈值 160，系统就可以判定是纸张具有孔洞

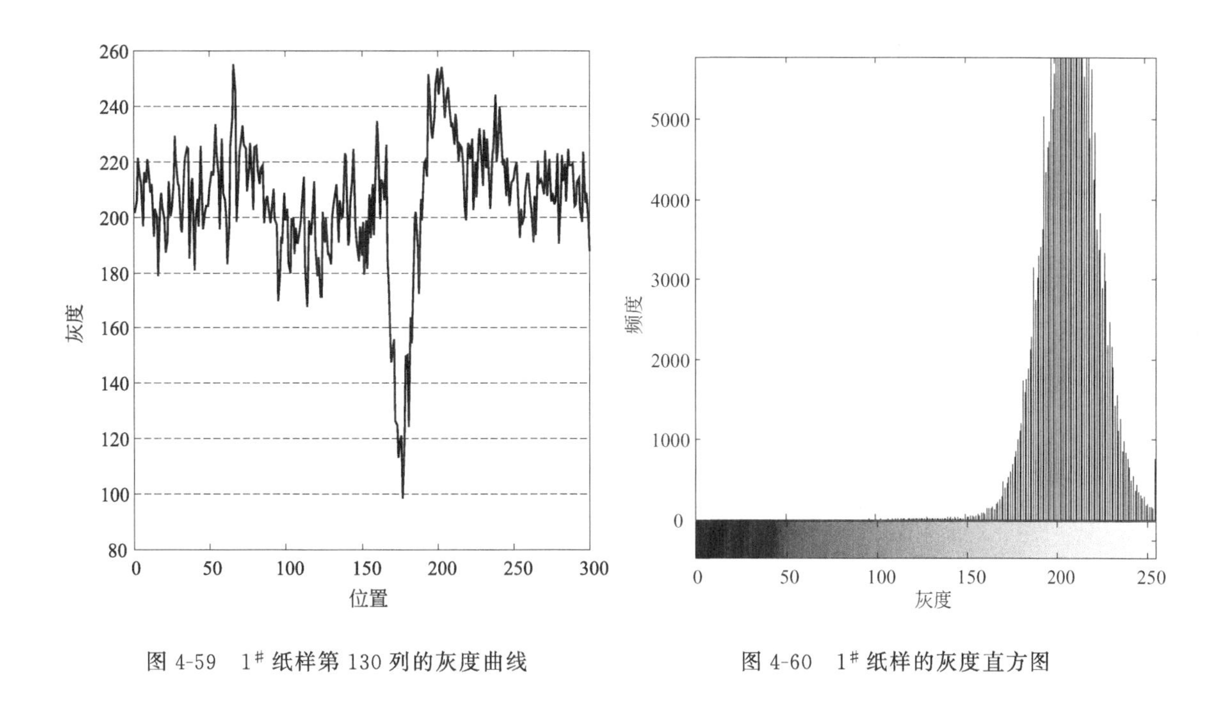

图 4-59　$1^{\#}$ 纸样第 130 列的灰度曲线

图 4-60　$1^{\#}$ 纸样的灰度直方图

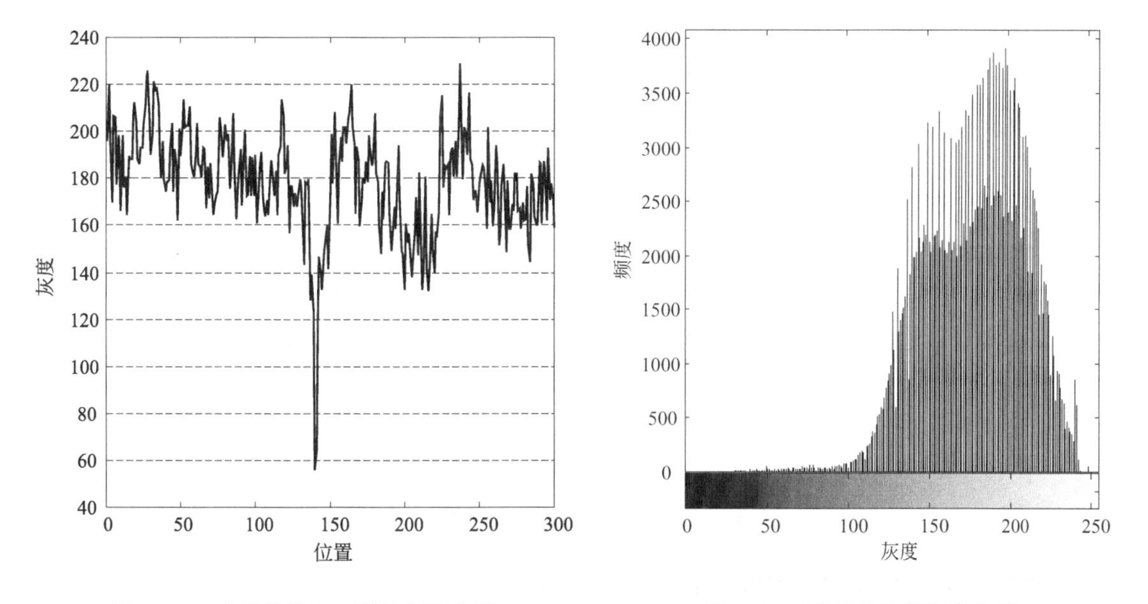

图 4-61　$2^{\#}$ 纸样第 130 列的灰度曲线

图 4-62　$2^{\#}$ 纸样的灰度直方图

纸病，根据尖峰的位置和数量，就可以确定孔洞纸病的位置并计算出孔洞纸病的尺寸大小。

（4）结论

① 灰度数值 160 作为检测纸张有无孔洞的阈值，灰度值低于阈值 160，系统就可以判定是纸张具有孔洞纸病；

② 根据尖峰的位置和数量，就可以确定孔洞纸病的位置并计算出孔洞纸病的尺寸大小。

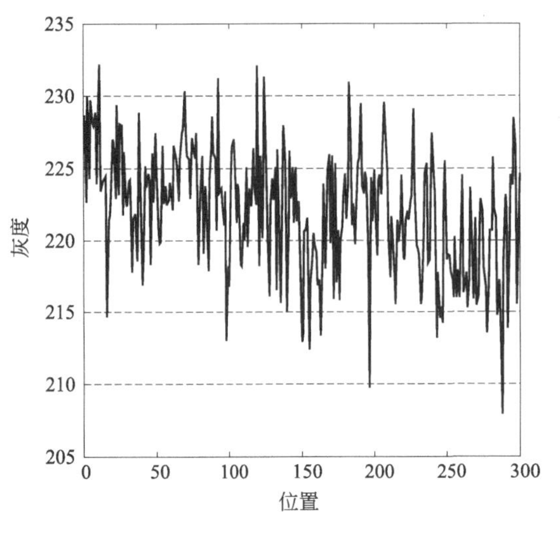

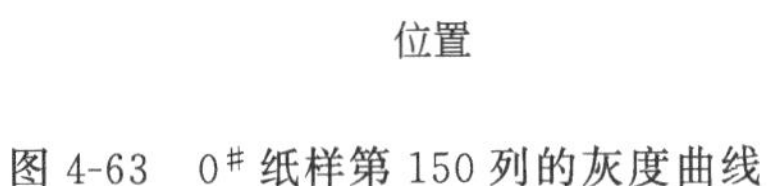

图 4-63　0# 纸样第 150 列的灰度曲线

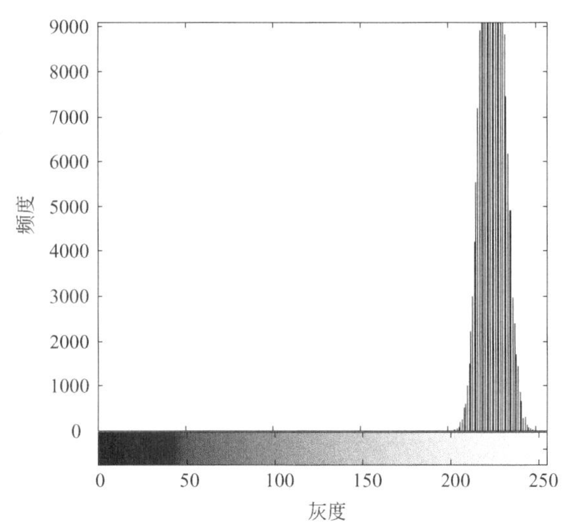

图 4-64　0# 纸样的灰度直方图

4.6.8　轴承故障监测实验

本次实验是对模拟故障轴承进行状态监测与诊断，由计算机记录它的实时振动曲线，利用振动分析软件进行分析，从而得到滚动轴承各种振动参数的准确数值，由人工求出故障轴承的特征距离值 [(峭度^2＋均值^2＋峰值^2)$^{1/2}$]，与正常轴承比较之。通过五个性能指标和故障类型的柱形图，总结出故障类型与对其敏感的指标的对应关系；由特征距离值法观察轴承状态。轴承有内、外圈、滚动体、保持架四部分组成，如果对内、外圈模拟故障，效果过于明显，可用肉眼直接观察。于是我们对滚动体、保持架进行肉眼不易察觉的模拟故障，即磨损、腐蚀、缺滚珠、锈蚀、侵入沙子等故障研究。

变频器频率：27Hz

实验工具：台式电脑、信号为 608A11 加速度传感器、亚当智能模块（ADAM4017 和 ADAM4520），智能模块专用变压电源、型号为 482A22 信号调节器、111210 型号轴承。

(1) 实验记录

实验轴承振动曲线如图 4-65～图 4-70 所示。

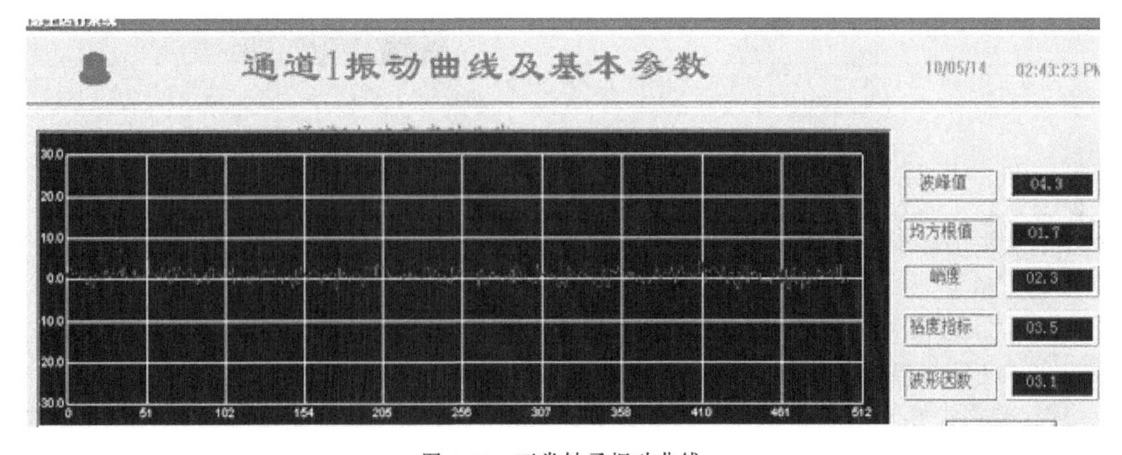

图 4-65　正常轴承振动曲线

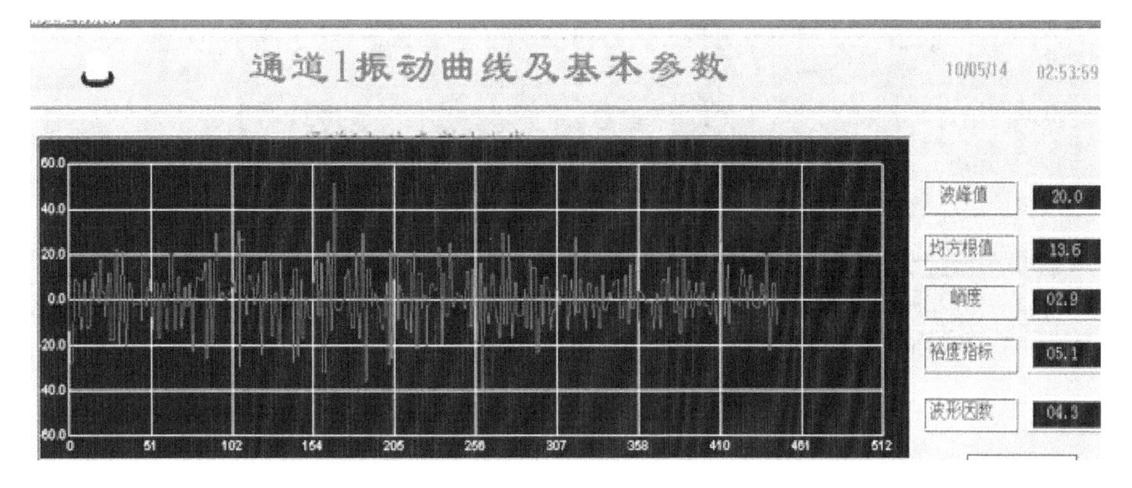

图 4-66　轴承（内圈被锯）振动曲线

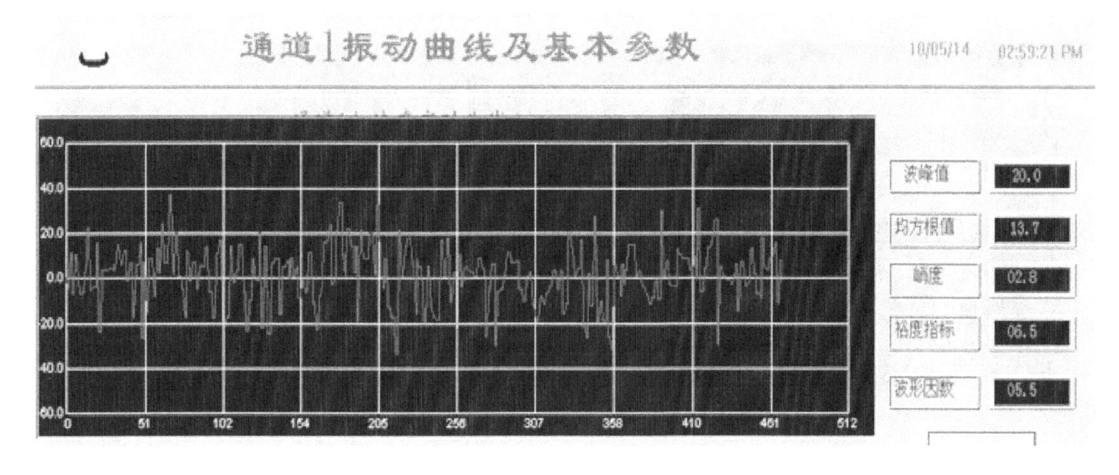

图 4-67　轴承（外圈被锯）振动曲线

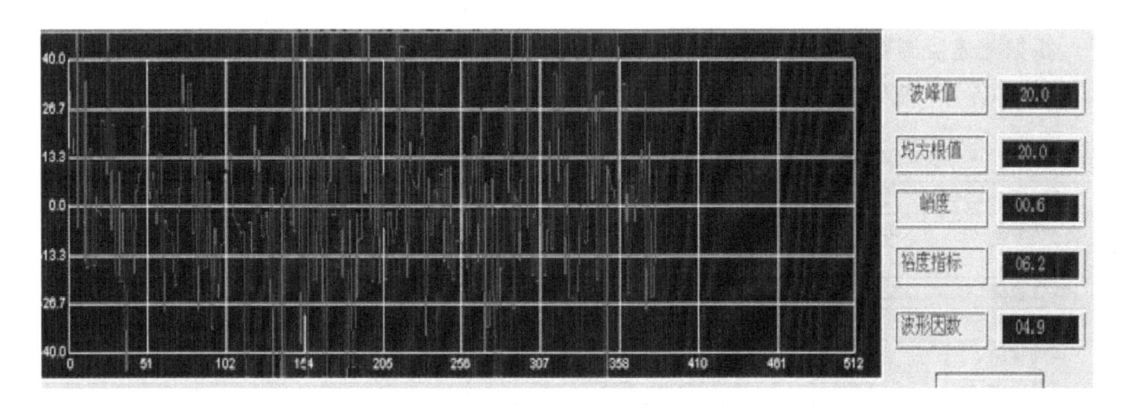

图 4-68　轴承（侵入沙子）振动曲线

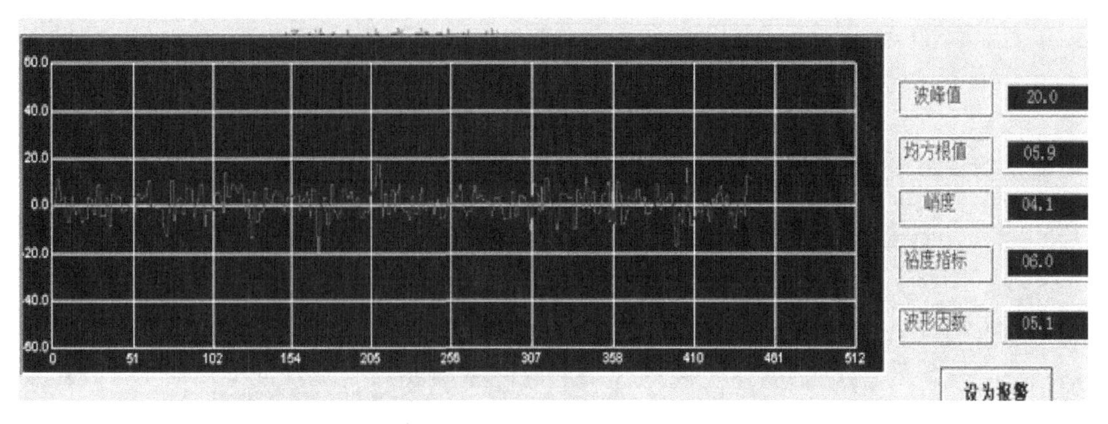

图 4-69　轴承（缺一个滚珠）振动曲线

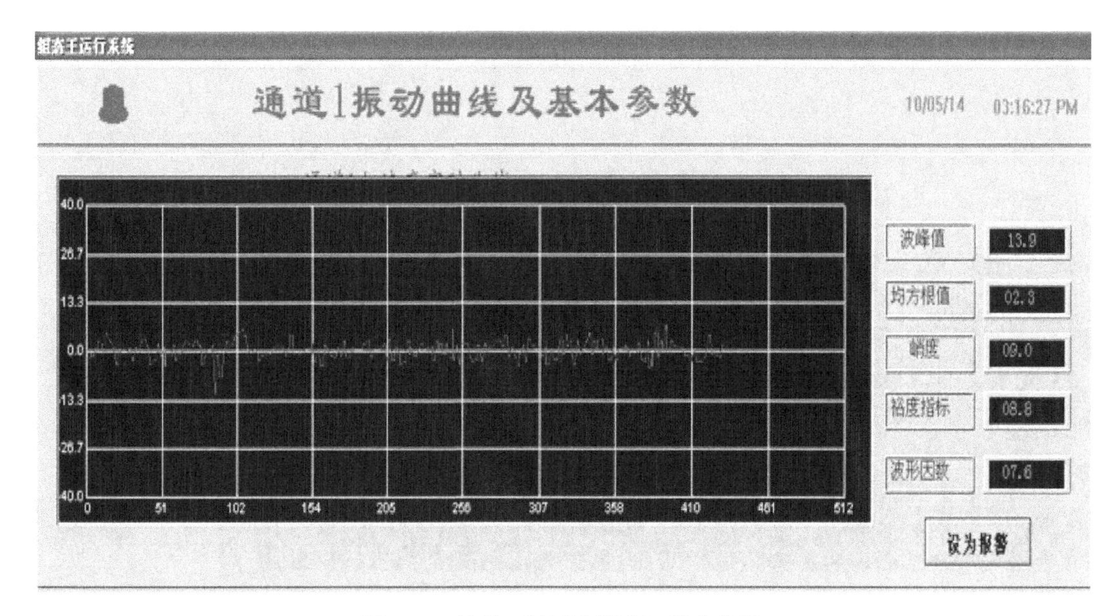

图 4-70　轴承（缺两个滚珠）振动曲线

(2) 实验分析

根据上述监测数据将各特征参数的均值列于表 4-82 中，算出特征距离值［特征距离值$=(波峰值^2+均方根值^2+峭度指标^2)^{1/2}$］。

表 4-82　各轴承振动指标

项　目	1#	2#	3#	4#	5#	6#	7#
状态	正常	内圈损坏	外圈损坏	侵入沙子	缺一个滚珠	缺两个滚珠	锈蚀
波峰值	4.3	20	20	20	13.9	20	20
均方根值	1.7	13.6	13.7	5.9	2.3	20	20
峭度指标	2.3	2.9	2.8	4.1	9.0	0.6	0.6
裕度指标	3.5	5.1	6.5	6.0	8.8	6.2	1.9
波形因素	3.1	4.3	5.5	5.1	7.6	4.9	1.7
特征距离值	5.16	24.36	24.40	21.25	16.72	28.29	28.29

① 特征距离值：只有 1# 轴承在 5 左右，其他都远远大于 5，所以只有 1# 轴承是正常

的，与理论分析相符。

② 波峰值：波峰值是一个能直观的反应某一瞬间波动剧烈程度的量，其值越大表示其波动越厉害，不难看出后面几个故障轴承的波峰值都很大，都超越了我们设定的报警上上限，视为有故障，事实上它们也都是故障轴承，而已知的正常轴承的值很理想。

③ 均方根值：均方根值是对时间平均的，因而它适用像磨损之类的振幅随时间缓慢变化的故障诊断。本实验的故障是直接由人为造成的，不存在随时间缓慢变化的趋势。所以用均方根值不能很好判断。

④ 裕度指标和波形因素及峭度指标都是无量纲参数，峭度指标和裕度指标的作用是用来判断消除干扰的程度。从图 4-71 中可以看出，对故障轴承垂直方向无量纲参数变化明显，峭度指标和裕度指标的作用是用来判断消除干扰的程度。从图 4-71 中可以看出，1# 轴承（正常轴承）和 4# 轴承（侵入沙子）运行是比较平稳的，振动比较小，但是当轴承运行时间较长时，4# 轴承（侵入沙子）会产生磨损失效，5# 轴承（缺少 1 滚珠）与 2# （内圈损坏）振动带有很大的周期性，且随着时间的推移，会加速轴承的疲劳失效。

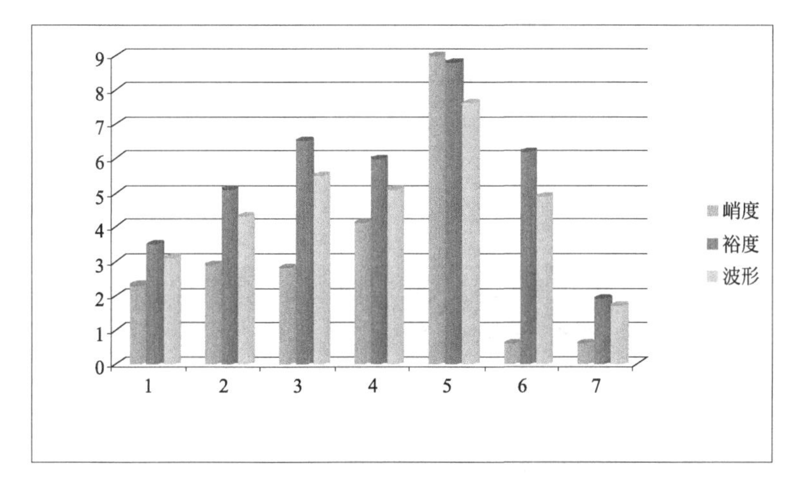

图 4-71　无量纲参数变化图

（3）总结

在此实验过程中，熟悉了实验软件组态王、电脑、变频器的使用方法，通过对各种故障轴承的测量，以及和正常轴承振动指标的对比，了解到了部分故障轴承的指标变化趋势，以及各项指标各自的敏感程度，知道如何判断轴承的运行状况。

4.6.9　某电厂 2# 机组亚临界容量 600MW 汽轮机与发电机振动故障诊断

如图 4-72 所示，该机组汽轮机采用高、中压缸分钢结构双流布置。11# 轴承一直存在振动，该振动起初不稳定，机组运行中时大时小，但后来发展较快，且有继续增大的趋势，满负荷运行下振动达到 240μm。

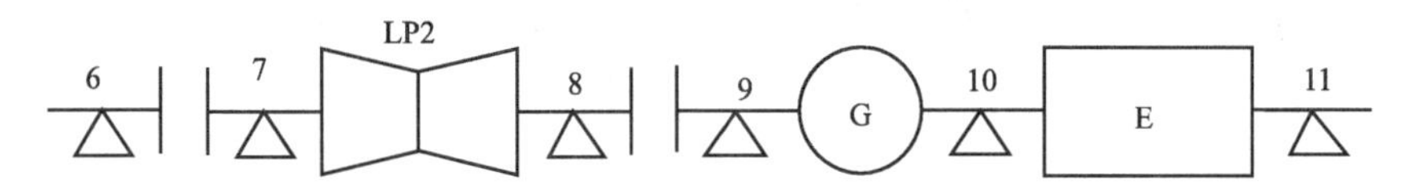

图 4-72　机组轴系故障部分示意

针对这个问题，进行了发电机参数调整试验，调整了发电机、集机电环靠背轮下张口（将该轴承抬高 0.5mm），加大靠背轮连接螺栓预紧力矩等工作。

4.6.10 BM2 真空泵设备状态监测分析报告（采集时间：2013 年 5 月 15 日）

（1）泵故障表现形式

泵故障是多方面的，不同类型的离心泵，其故障的表现形式也不一样，总的概括起来，有以下几个共同点：

① 泵体剧烈振动或产生噪声。过大的轴承间隙，轴瓦松动，油内有杂质，油质（黏度、温度）不良，因空气或工艺液体使油起泡，润滑不良，轴承损坏；检查后，采取相应措施，如调整轴承间隙，清除油中杂质，更换新油。

② 传动轴、电机轴承或轴封过热。轴承间隙过小；润滑油量不足，油质不良；轴承装配不良；冷却水断路；轴承磨损或松动；泵轴弯曲。

③ 转子窜动大。操作不当，运行工况远离泵的设计工况；平衡不通畅；平衡盘及平衡盘座材质不合要求。具体诊断案例参考相关书籍。

（2）实际监诊案例（本次振动监测分析为网部真空系统真空泵电机）

① 本次振动分析采集按照 ISO10816 标准的具体振动等级划分。ISO10816-3 对大于 15kW 的泵类设备的振动等级划分。

② 设备振动分析及故障诊断

a. 真空泵电机。真空泵如图 4-73 所示。

图 4-73　真空泵图片

b. 历史振动情况介绍。该电机功率 200kW，额定转速 1480r/min，在上一次检修，更换了新电机以后，发现电机的振动反而比更换之前更大，怀疑电机维修质量问题，要求对电机的振动情况进行诊断。

c. 振动情况分析。真空泵是纸机网部真空系统中的重要设备，在系统润滑和安装调校良好的情况下，设备难以出现故障，属于重要但较难损坏的设备，一般情况泵的故障以叶轮受气蚀为多，所以较难出现故障，而一旦出现意外损坏，却能直接导致停机停产。

d. 故障原因分析：图 4-74 至图 4-76 分别为电机输出端的水平、垂直、轴向频谱图，从三个图中都可以看到占主导地位的频率是电机的转频。故障原因有：

1）转子不平衡：该电机为新修的，空载正常，排除。

2）定子偏心：该电机为新修的，空载正常，排除。

3）转子故障：没有转子条和线圈的通过频率，排除。

4）联轴器调校不好：可能性比较大。

5）基础松动：之前没有该故障表现，排除。

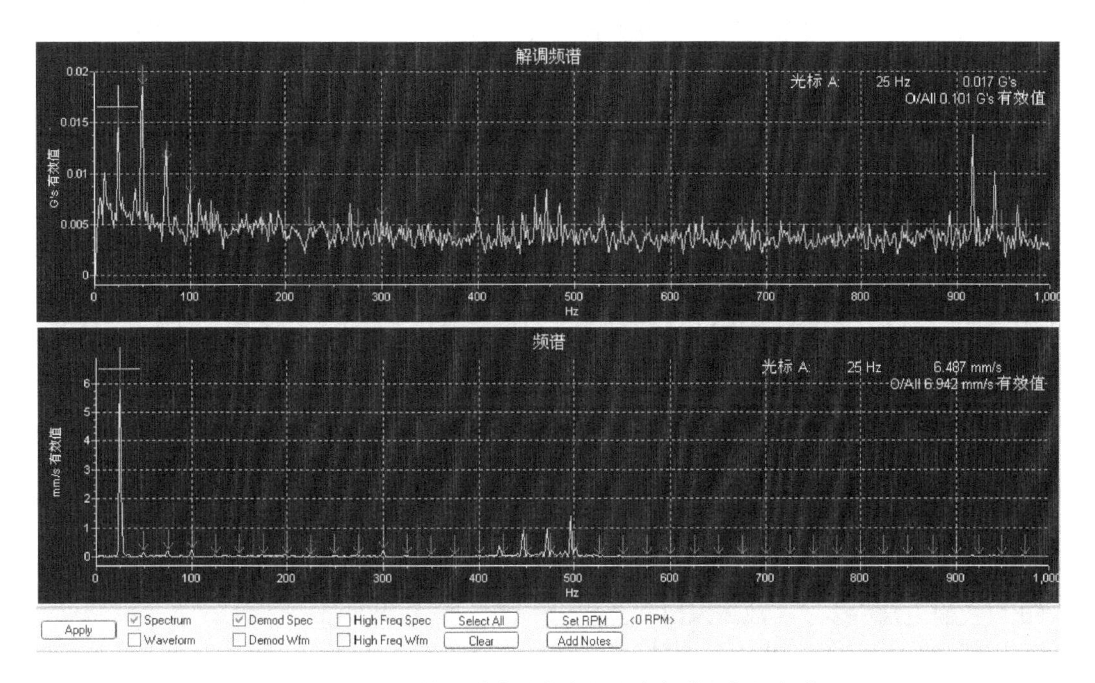

图 4-74　电机输出端水平方向的速度频谱和解调频谱

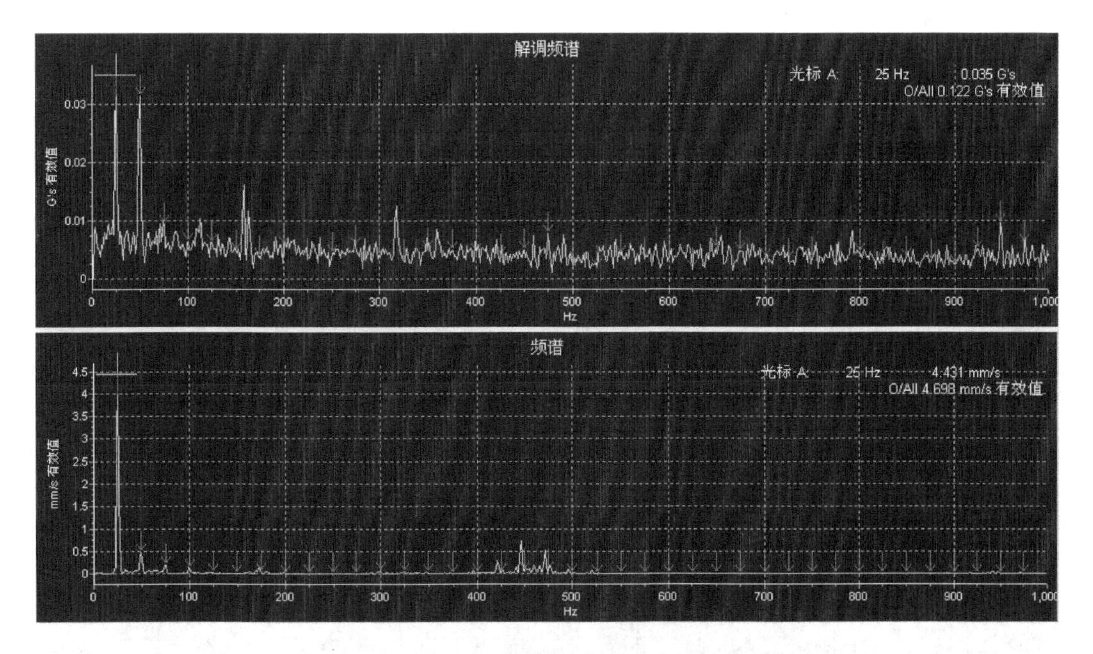

图 4-75　电机输出端垂直方向的速度频谱和解调频谱

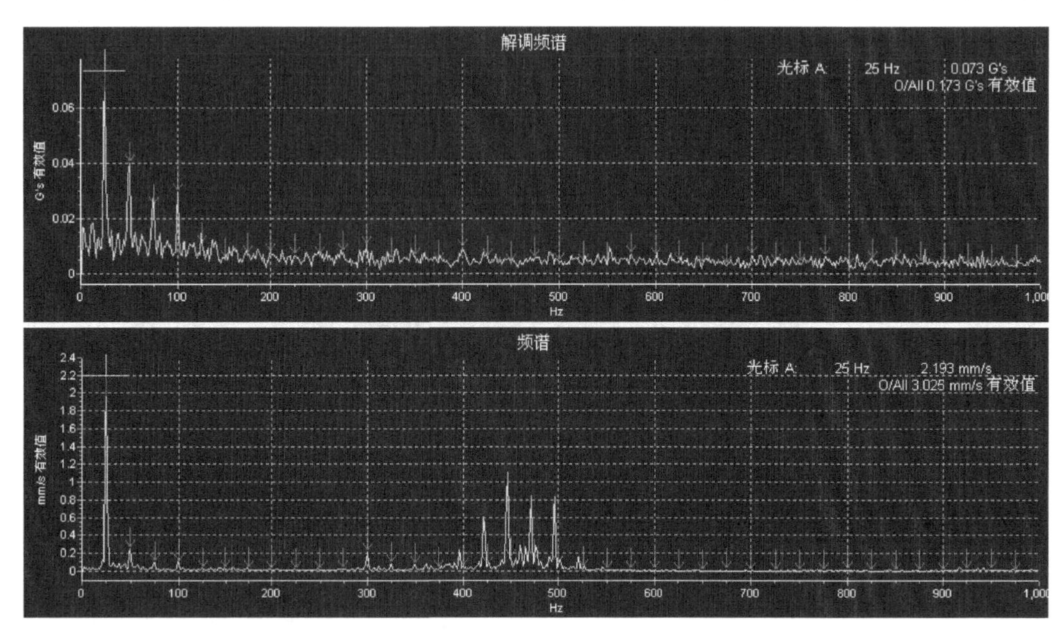

图 4-76 电机输出端轴向方向的速度频谱和解调频谱

图 4-77 至图 4-79 为减速箱输入端的水平、垂直、轴向方向的频谱，从这三个图中可以看到，占主导地位的是齿轮的啮合频率，且振幅也比价大，而且还附带有倍频的出现，但听声音，齿轮箱并没有嘈杂的齿面磨损的声音，而且都有明显的转速的 1X 频及其倍频，但是振幅比电机输出端小多了。故障原因有：

1）减速箱齿面磨损：换电机前没有，排除。

2）减速箱输入轴偏心：换电机前没有，排除。

3）减速箱轴承松动：之前没有表现，可能性不大。

4）联轴器调校不好引起：可能性较大。

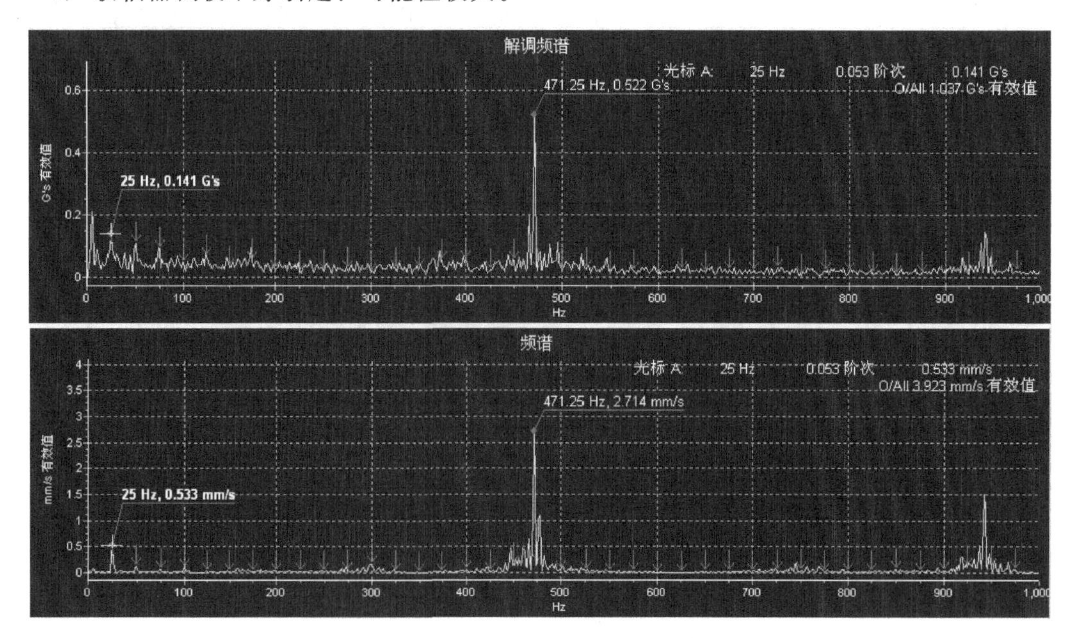

图 4-77 减速箱输入端水平方向的速度频谱和解调频谱

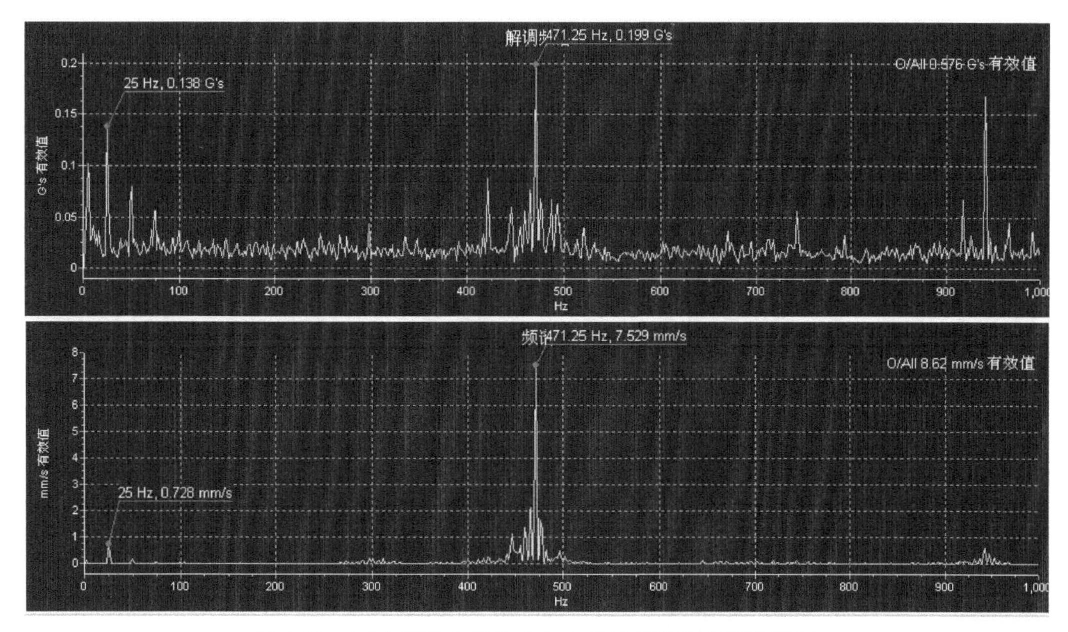

图 4-78　减速箱输入端垂直方向的速度频谱和解调频谱

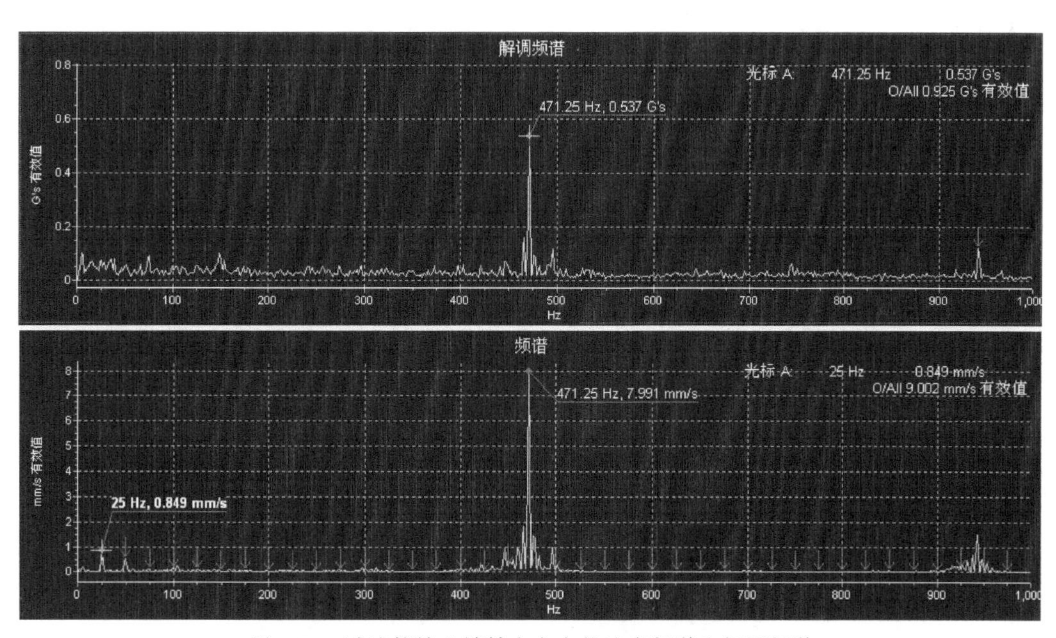

图 4-79　减速箱输入端轴向方向的速度频谱和解调频谱

采集的各测点的振动总值列于表 4-83。

表 4-83　采集的各测点的振动总值

位 置	序号	方向	单位	总值	振动等级参考	频谱特征
电机输出端	1	Horizontal	mm/s	6.942	根据振动等级来参考，设备的振动区域已经处于 D 位置，处于足以导致机器损坏的程度	电机以速度的 1X 转频为主导，减速箱以齿轮的啮合频率为主导
电机输出端	1	Vertical	mm/s	4.698		
电机输出端	1	Axial	mm/s	3.025		
减速箱输入端	2	Horizontal	mm/s	3.923		
减速箱输入端	2	Vertical	mm/s	8.62		
减速箱输入端	2	Axial	mm/s	9.002		

e. 振动结论及建议。电机和减速箱都存在转速的1X频及其倍频可以判断，故障的根源在电机和减速箱的联轴器，该联轴器为尼龙柱销联轴器，尼龙销磨损的话极有可能产生转速1X频及其倍频的频谱表现，但是在电机的轴向方向和减速箱的轴向方向都存在非常明显的1X转频特征，说明联轴器安装精度误差比较大的可能性最大，判断为联轴器安装不良造成，下次停机检查联轴器。

结果，在之后的停机中重新调校了联轴器后，电机振动消失。

4.6.11 BM3烘干部设备状态监测分析报告（2013年8月7日第6组烘干第63#缸传动侧轴承）

(1) 监测振动设备范围（略）。

(2) 参考标准

本次振动分析采集按照ISO10816标准的具体振动等级划分：

根据ISO10816-1，通用设备（不包括15kW以上的泵类以及往复设备）分为以下四类：

Ⅰ类——发动机和机器的单独部件（典型为15kW以下的电机）；

Ⅱ类——无专用基础的中型机器（15～75kW）；专用刚性基础上300kW以下中型机器；

Ⅲ类——刚性基础上的大型机器；

Ⅳ类——柔性基础上的大型机器。

相应的振动烈度等级如表4-84所示。

表4-84 振动烈度等级

<table>
<tr><th>振动速度均方根值/(mm/s)</th><th>Ⅰ类</th><th>Ⅱ类</th><th>Ⅲ类</th><th>Ⅳ类</th></tr>
<tr><td>0.28</td><td rowspan="3">A</td><td rowspan="4">A</td><td rowspan="5">A</td><td rowspan="6">A</td></tr>
<tr><td>0.45</td></tr>
<tr><td>0.71</td></tr>
<tr><td>1.12</td><td rowspan="2">B</td></tr>
<tr><td>1.8</td><td rowspan="2">B</td></tr>
<tr><td>2.8</td><td rowspan="2">C</td><td rowspan="2">B</td></tr>
<tr><td>4.5</td><td rowspan="2">C</td><td rowspan="2">B</td></tr>
<tr><td>7.1</td><td rowspan="5">D</td><td rowspan="2">C</td></tr>
<tr><td>11.2</td><td rowspan="4">D</td><td rowspan="2">C</td></tr>
<tr><td>18</td><td rowspan="3">D</td></tr>
<tr><td>28</td><td rowspan="2">D</td></tr>
<tr><td>45</td></tr>
</table>

以上的A、B、C、D区域分别代表：

区域A：新交付的机器的振动通常属于该区域。

区域B：机器振动处在该区域通常可长期运行。

区域C：机器振动处在该区域一般不适宜作长时间连续运行，通常机器可在此状态下运行有限时间，直到有采取补救措施的合适时机为止。

区域D：机器振动处在该区域其振动烈度足以导致机器损坏。

(3) 设备振动分析及故障诊断

① 63#烘缸操作侧轴承。烘缸图片如图4-80所示。

② 历史振动情况介绍。该烘缸直径1830mm，转速约 98r/min，在最近一段时间巡检人员用听棒发现轴承存在有规律的“铛、铛、铛、铛”的声音，不知是哪个位置造成的，于是决定对该位置进行振动监诊断。

③ 振动情况分析。造纸厂烘缸是造纸生产环节中的重要设备，且该设备转速较低，约为98r/min，振动幅值较小，有带驱动，也有不带驱动，是预测维修中的难点设备。

图 4-80　烘缸图片

故障原因分析：

a. 从频谱上看，速度谱上有明显的轴承外滚道的故障频谱，虽然幅值比较小，可以肯定为轴承外圈故障。

b. 从 GE 谱上看，只有轴承外滚道故障的冲击能量信号，确定轴承外滚道有明显缺陷。

表 4-85 是采集的各测点的振动总值。

表 4-85　各测点的振动总值

位置	序号	方向	单位	总值	振动等级参考	频谱特征
烘缸传动侧	1	Horizontal	mm/s	1.297	根据振动等级来参考，设备的振动区域在 A 区，但是从实际情况来看，显然该设备不能使用一般的通用设备的标准	轴承外滚道故障频率占主导地位
烘缸传动侧	1	Vertical	mm/s	0.621		
烘缸传动侧	1	Axial	mm/s	1.195		

图 4-81～图 4-83 是各采集点的振动频谱图。

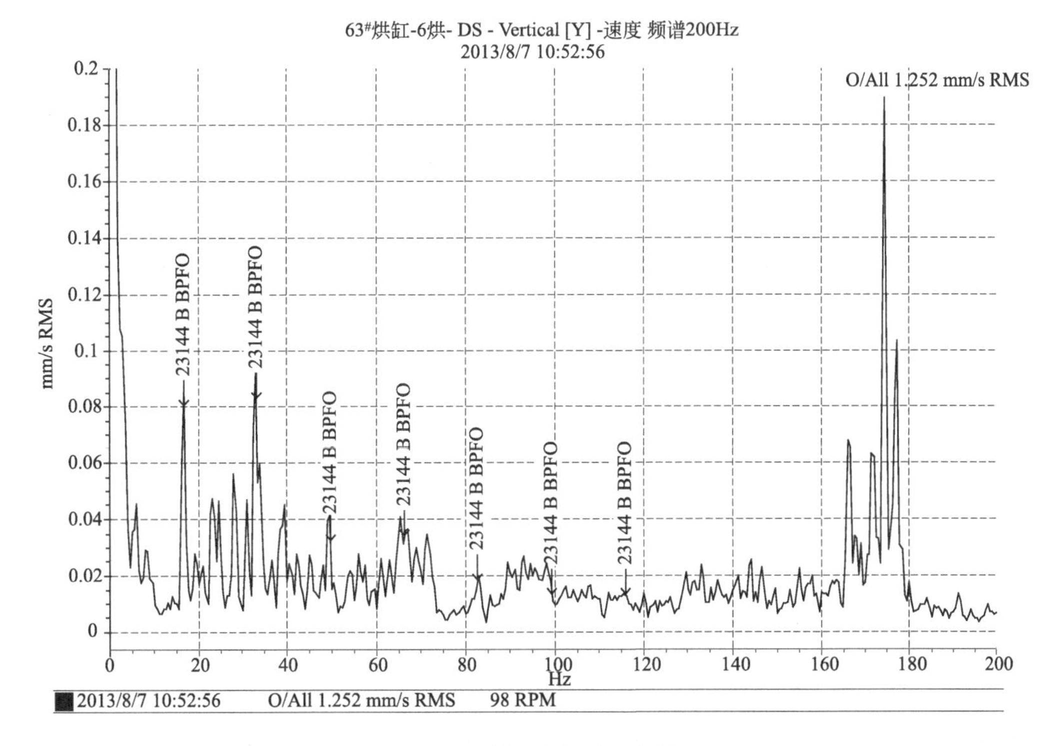

图 4-81　轴承座振动速度谱

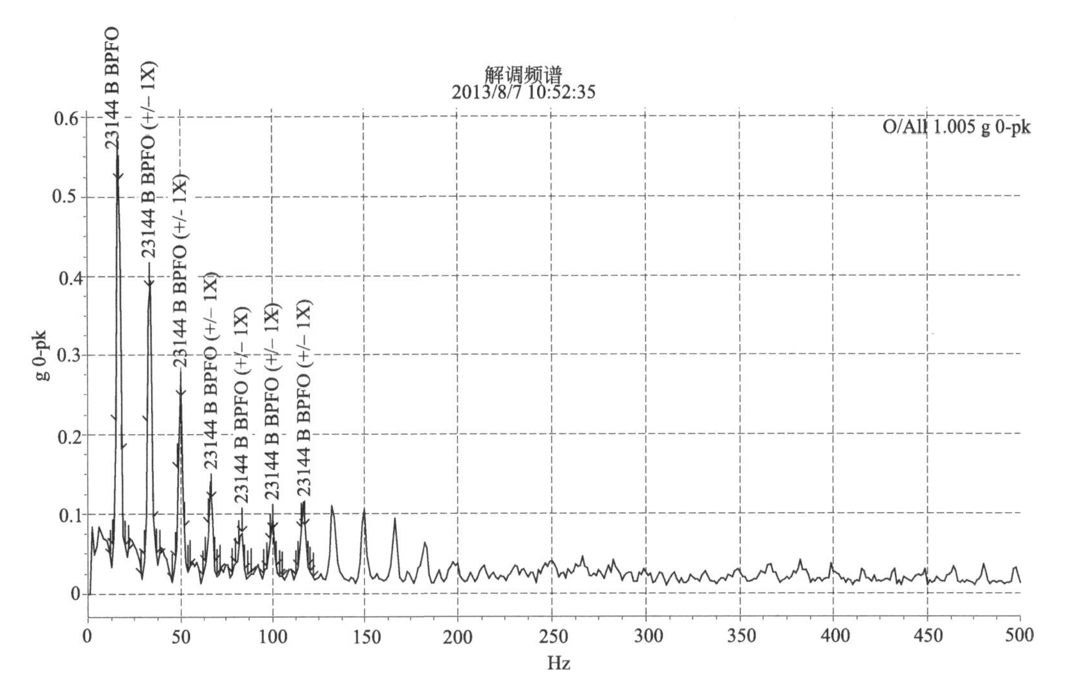

图 4-82　轴承座解调谱

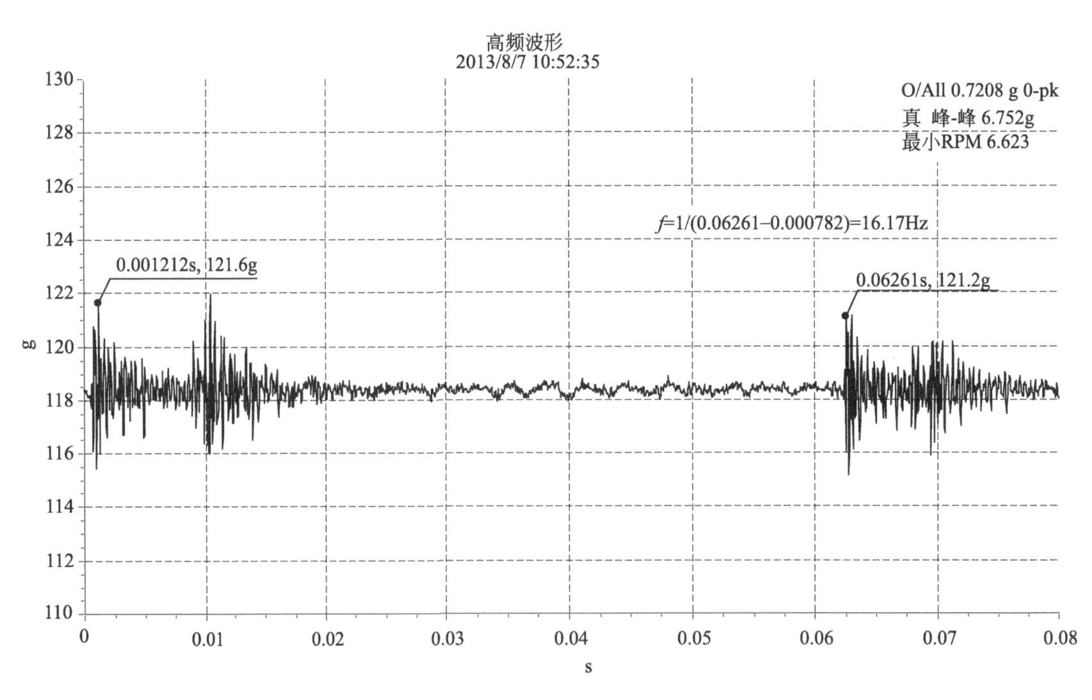

图 4-83　轴承座波形图

④ 振动结论及建议。检测发现烘缸轴承速度值仅为 1.252mm/s，但在软件中输入该轴承型号（SKF 23144），在速度谱上发现明显的轴承外圈故障，在解调谱上主要以轴承外圈故障特征频率为主。分析波形图，发现明显的冲击信号，峰值之间的差值约等于轴承滚子通过缺陷外圈的时间间隔（即外圈故障特征频率）。由此推断该轴承外圈应存在缺陷，建议停

机检修时检查更换轴承。经维修检查发现实际情况（图 4-84）与诊断结论相符。

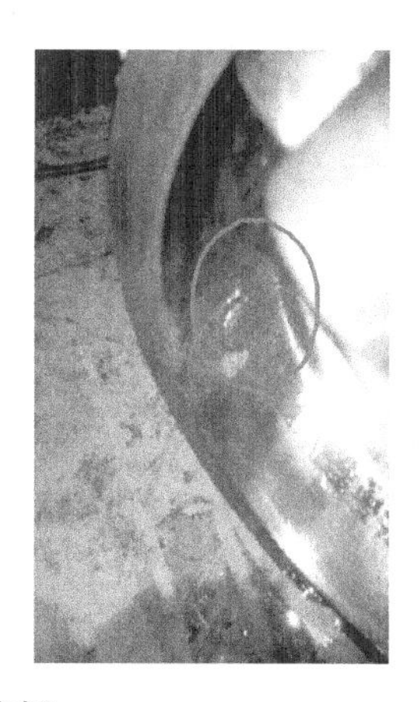

图 4-84　轴承外圈缺陷图片（图中圈内）

4.6.12　BM3 涂布风机设备状态监测分析报告（2013 年 3 月 5 日）

（1）参考标准

① 本次振动分析采集按照 ISO10816 标准的具体振动等级划分。根据 ISO10816-1，通用设备（不包括 15kW 以上的泵类以及往复设备）分为以下四类：

Ⅰ类——发动机和机器的单独部件（典型为 15kW 以下的电机）；

Ⅱ类——无专用基础的中型机器（15～75kW）；专用刚性基础上 300kW 以下中型机器；

Ⅲ类——刚性基础上的大型机器；

Ⅳ类——柔性基础上的大型机器。

② 相应的振动烈度等级见表 4-84。

（2）设备振动分析及故障诊断

① 风机 29341。风机图片如图 4-85 所示。

图 4-85　风机图片

② 历史振动情况介绍。该风机为悬臂式风机，叶轮直径 1250mm，电机功率 200kW，

额定转速 1480r/min，一般工作转速在 70%左右（1050r/min），2012 年该风机因为叶轮生锈，拆卸下来进行喷砂除锈和防腐处理，在重新安装上去以后，发现风机的振动增大许多，怀疑叶轮平衡被改变了，要求进行振动诊断。

振动情况分析：

涂布风机是造纸厂涂布干燥中的重要设备，热风系统中的水分以及阀门的开度情况都会对整个热风循环系统造成影响，也会对风机本身造成损坏，由于该设备正常情况下难以出现故障，因此属于重要但较难损坏的设备，所以一般都不会存放备件，而一旦出现意外损坏，却能直接导致停机减产。

故障原因分析：

基础松动，从结构上看，基础刚性足够，检查复紧过基础螺栓，基础本身为柔性基础，排除该可能。

a. 叶轮不平衡，从频谱上看，可能性最大。

b. 轴弯曲，轴向方向的振动值与径向方向相比只有 30%，排除该可能。

c. 联轴器不对中，或柱销损坏，有可能，但根据安装记录，在做叶轮除锈之前，没有反映过有柱销磨损的情况，可能性不大。所以判断主要问题为叶轮动不平衡超标。

表 4-86 是采集的各测点的振动总值。

表 4-86　采集的各测点的振动总值

位 置	序号	方向	单位	总值	振动等级参考	频谱特征
电机输出端	1	Horizontal	mm/s	11.574	根据振动等级来参考，设备的振动区域已经处于 C 位置，处于不适宜长期运行的状态	转速的 1X 频突出
电机输出端	1	Axial	mm/s	3.385		
悬架输入端	2	Horizontal	mm/s	11.438		
悬架输入端	2	Axial	mm/s	4.554		

图 4-86～图 4-89 是各测点的振动频谱图。

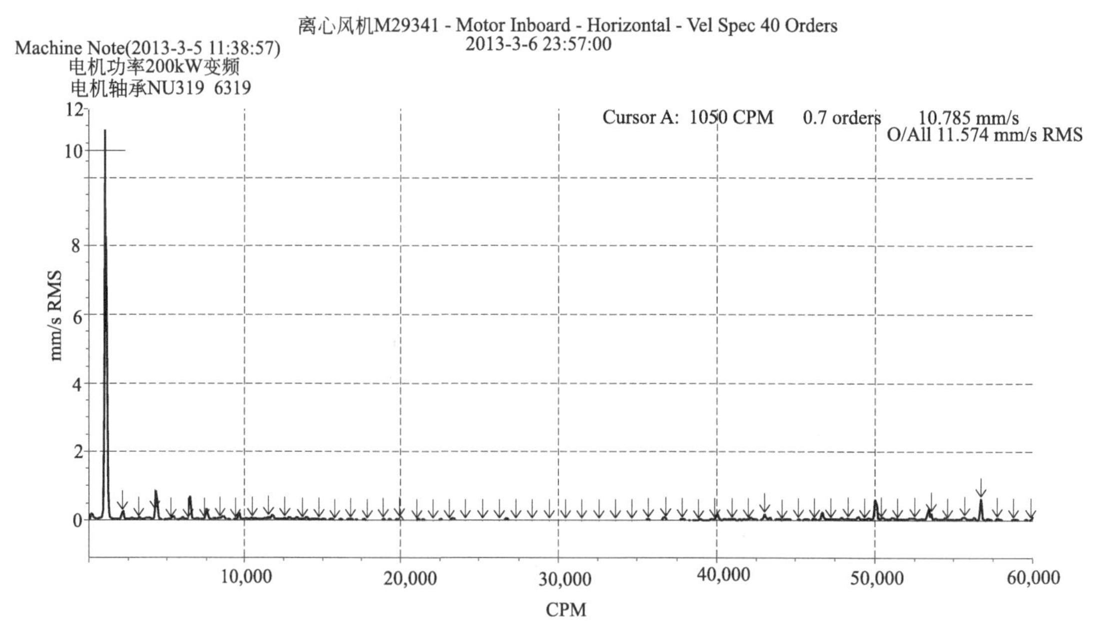

图 4-86　电机输出端水平方向的频谱

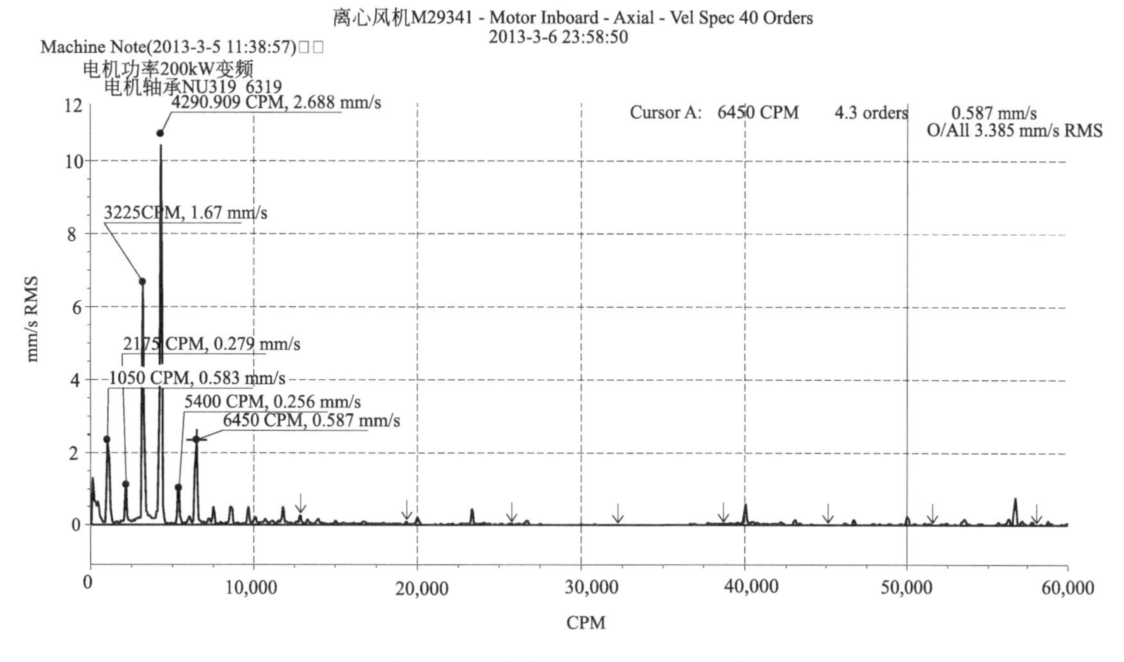

图 4-87　电机输出端轴向方向的频谱

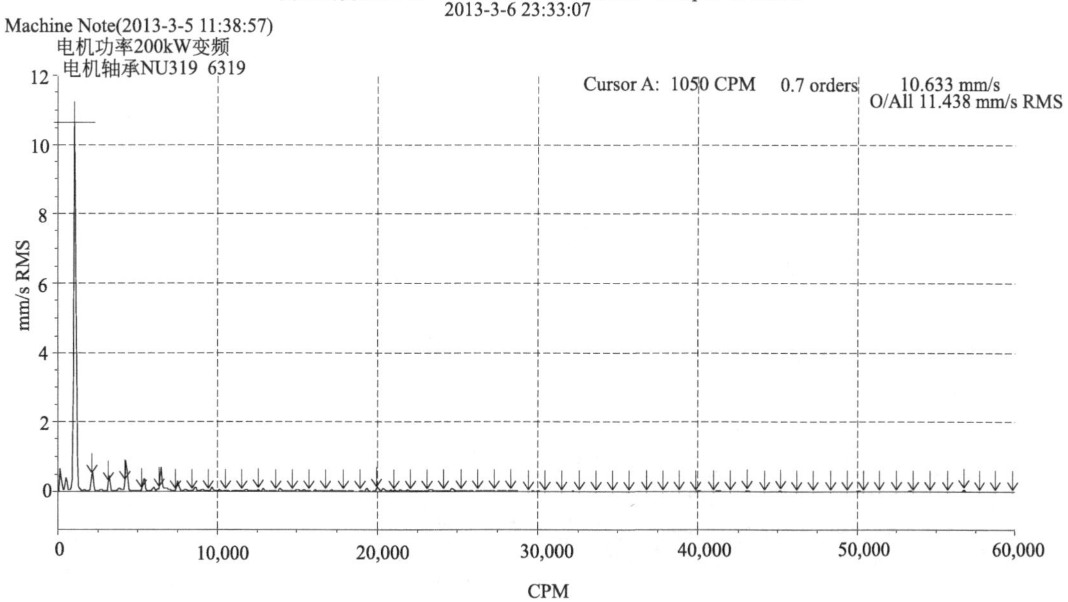

图 4-88　悬架输入端水平方向频谱

振动结论及建议：

从频谱的显示来看，该风机采样时转速为 1050r/min（变频电机，工频转速 1500r/min），主频以风机转速的 1 倍频为主（径向），其他倍频幅值相对主频可以忽略，因此可以判断该风机的振动主要为风叶动不平衡造成，需要尽快对风叶进行动平衡校正，否则将对带来更严重的损坏（首先是轴承的损坏），甚至会造成对基础结构的影响。悬架联轴器端的轴

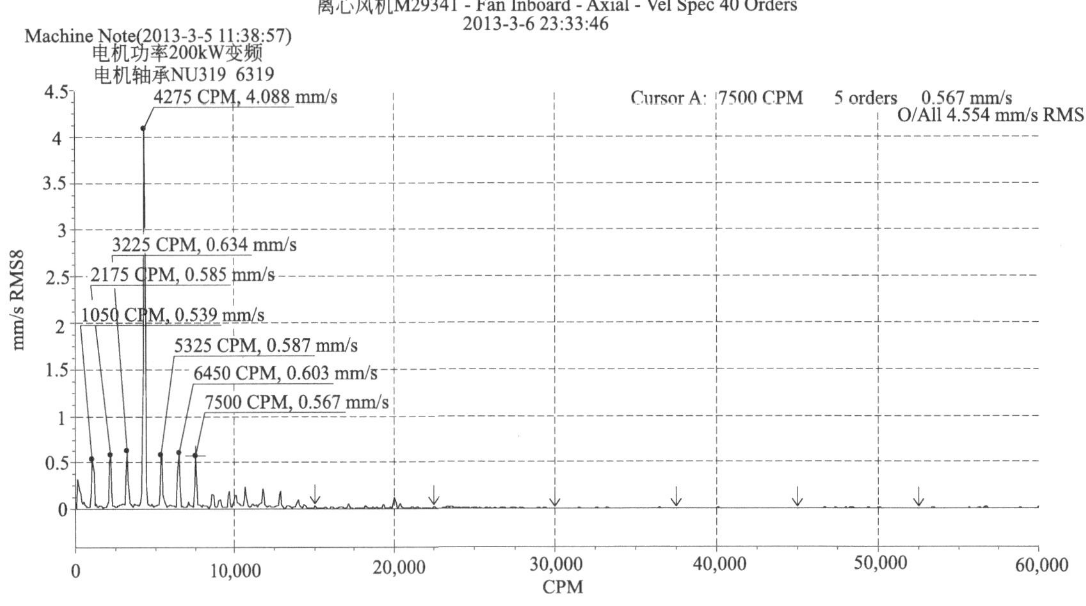

图 4-89 悬架输入端轴向方向频谱

向方向振动均值为 4.554mm/s，电机输出端的轴向方向振动均值为 3.385mm/s，在 B 区范围内，该频率为轴承内滚道的故障频率，从振幅上来看，是悬架上轴承的故障。

建议：该风机尽快停止使用，风叶做动平衡校正，检查更换轴承。

动平衡修正后风机的频谱如图 4-90 所示。

图 4-91 为从观察孔看到的叶轮情况。

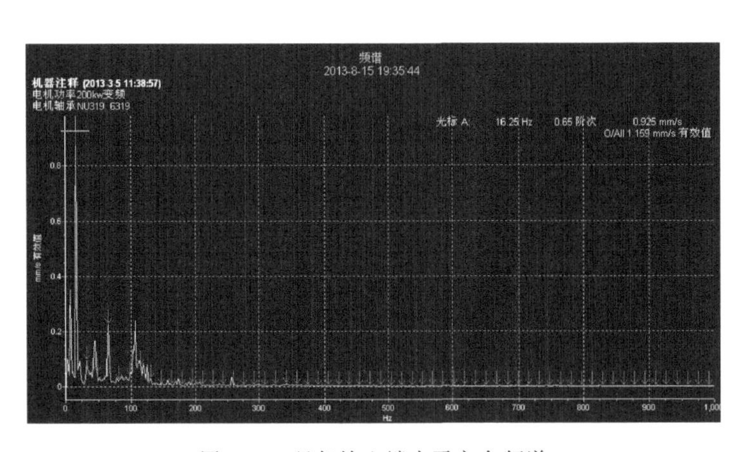

图 4-90 悬架输入端水平方向频谱

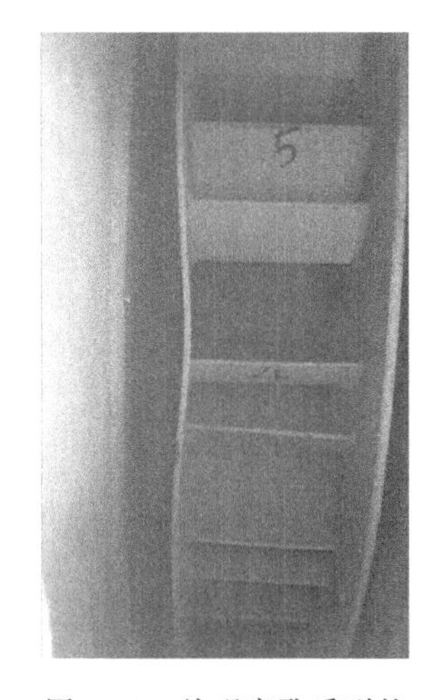

图 4-91 从观察孔看到的叶轮情况

结果：悬架输入端振幅从原来的 11.438mm/s 降至 1.159mm/s，效果非常好。

4.6.13 BM2 带式压光机设备状态监测分析报告（2009 年 12 月 21 日—2010 年 3 月 2 日）

（1）监测振动设备范围

本次振动监测分析为带式压光机大热辊轴承振动情况。

(2) 参考标准

① 本次振动分析采集按照ISO10816标准的具体振动等级划分

根据ISO10816-1，通用设备（不包括15kW以上的泵类以及往复设备）分为以下四类：

Ⅰ类——发动机和机器的单独部件（典型为15kW以下的电机）；

Ⅱ类——无专用基础的中型机器（15～75kW）；专用刚性基础上300kW以下中型机器；

Ⅲ类——刚性基础上的大型机器；

Ⅳ类——柔性基础上的大型机器。

② 设备振动分析及故障诊断

a. 63# 烘缸操作侧轴承。烘缸图片如图4-92所示。

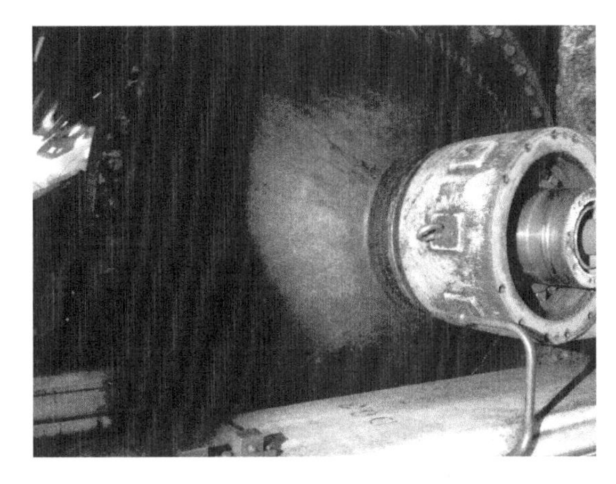

图4-92　烘缸图片

b. 历史振动情况介绍。该辊直径1350mm，转速约131r/min，2009-12-21，BM2纸机机械工段提出带式压光大热辊轴承位噪声增大，对于轴承的使用情况不明，要求对其做振动诊断。

c. 振动情况分析。该辊是美卓独有的带式压光机中的加热辊，该辊与纸面直接接触，由于该区域运行时温度高、且转速低，轴承大，属于比较难以监测的设备。

故障原因分析：

从振动频谱上看，3个方向上显示的都是外滚道故障频率1035的倍频，而且有大量转速的倍频，判断是轴承外滚道出现严重磨损还有大的凹坑或外滚道破裂，轴承间隙偏大形成松动的迹象，轴承随时可能失效并且造成严重后果。

表4-87是采集的各测点的振动总值。

表4-87　各测点的振动总值

<table>
<tr><th>位置</th><th>序号</th><th>方向</th><th>单位</th><th>总值</th><th>振动等级参考</th><th>频谱特征</th></tr>
<tr><td>传动侧</td><td>1</td><td>Horizontal</td><td>mm/s</td><td>0.06518</td><td rowspan="6">根据振动等级来参考，轴承的振幅属于A类，也即是非常好的一类，但这与现场显然不同，因此该参考不适用于该类设备</td><td rowspan="6">有明显的轴承外滚道，内滚道，滚珠的故障频率，还有大量转速的倍频</td></tr>
<tr><td>传动侧</td><td>1</td><td>Vertical</td><td>mm/s</td><td>0.03258</td></tr>
<tr><td>传动侧</td><td>1</td><td>Axial</td><td>mm/s</td><td>0.06891</td></tr>
<tr><td>操作侧</td><td>2</td><td>Horizontal</td><td>mm/s</td><td></td></tr>
<tr><td>操作侧</td><td>2</td><td>Vertical</td><td>mm/s</td><td></td></tr>
<tr><td>操作侧</td><td>2</td><td>Axial</td><td>mm/s</td><td></td></tr>
</table>

各测点的振动频谱图见图4-93～图4-100。

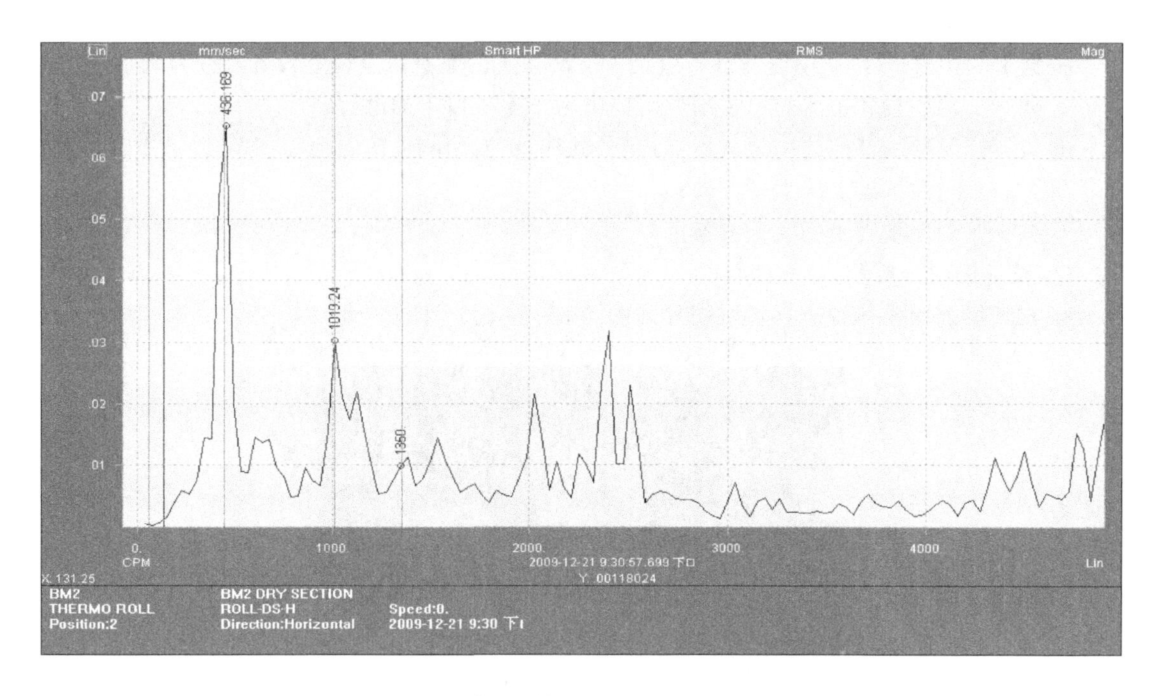

图 4-93　水平方向的频谱，有轴承外滚道、内滚道、滚珠的故障频率

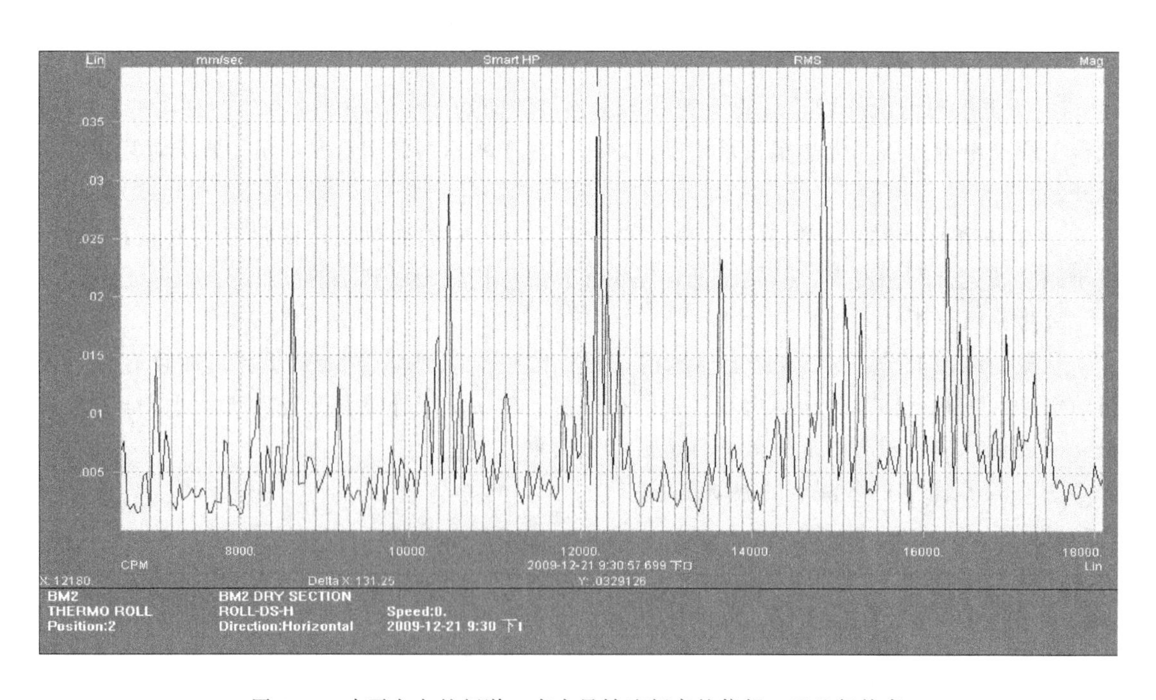

图 4-94　水平方向的频谱，有大量转速频率的倍频，且地频较高

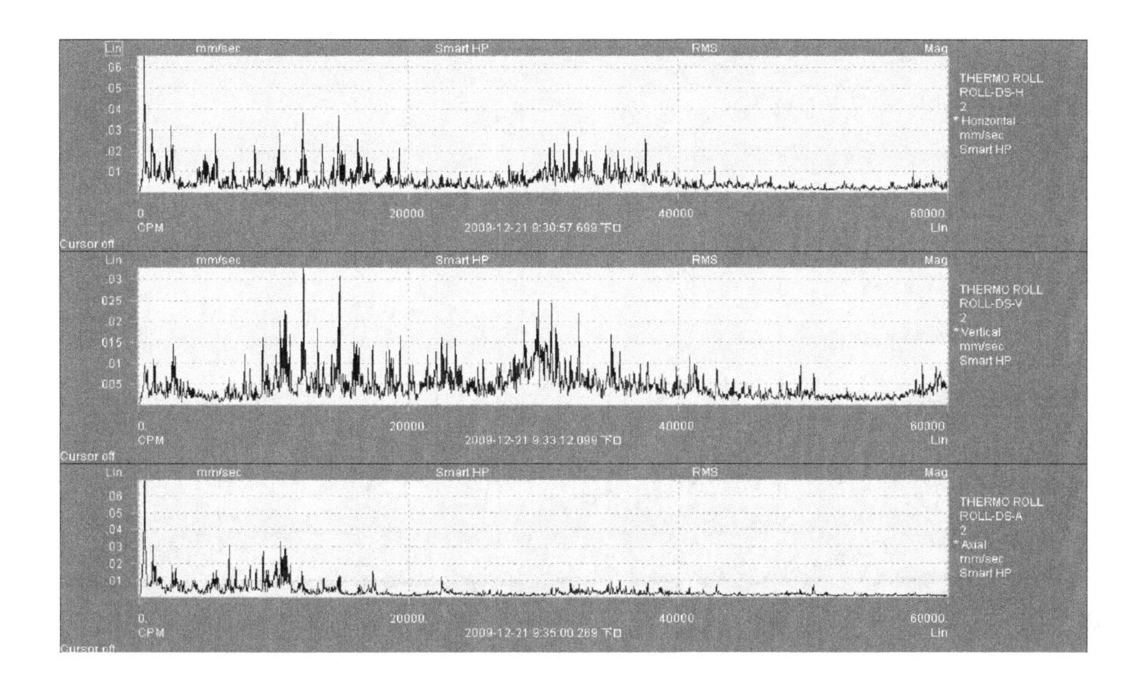

图 4-95　整个的 1000Hz 范围内都是转速频率的倍频，轴向方向稍好

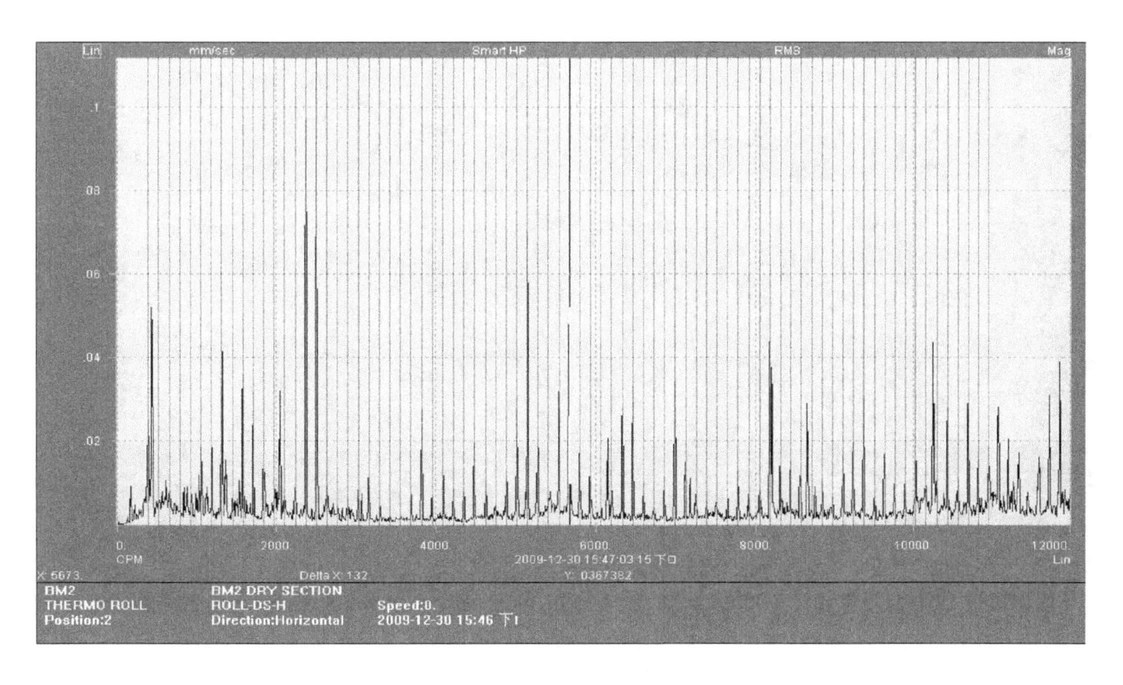

图 4-96　2009-12-30，频谱上几乎都是频率的边带，且总值（0.1281）在增加

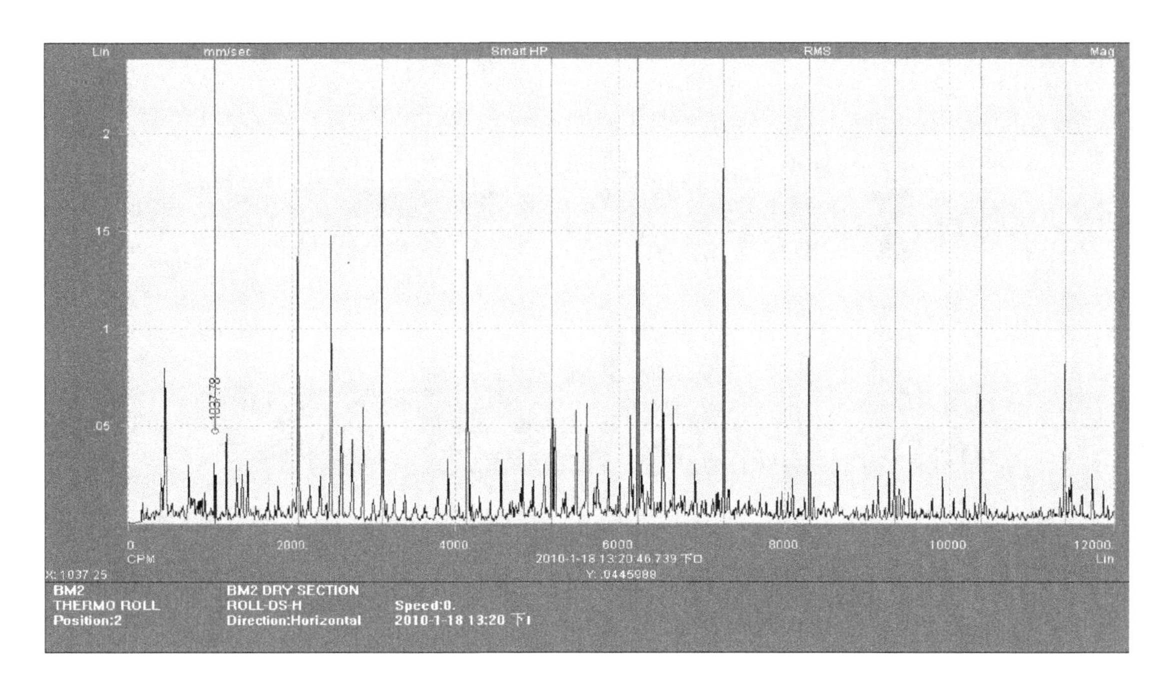

图 4-97　检测处频谱图（1）

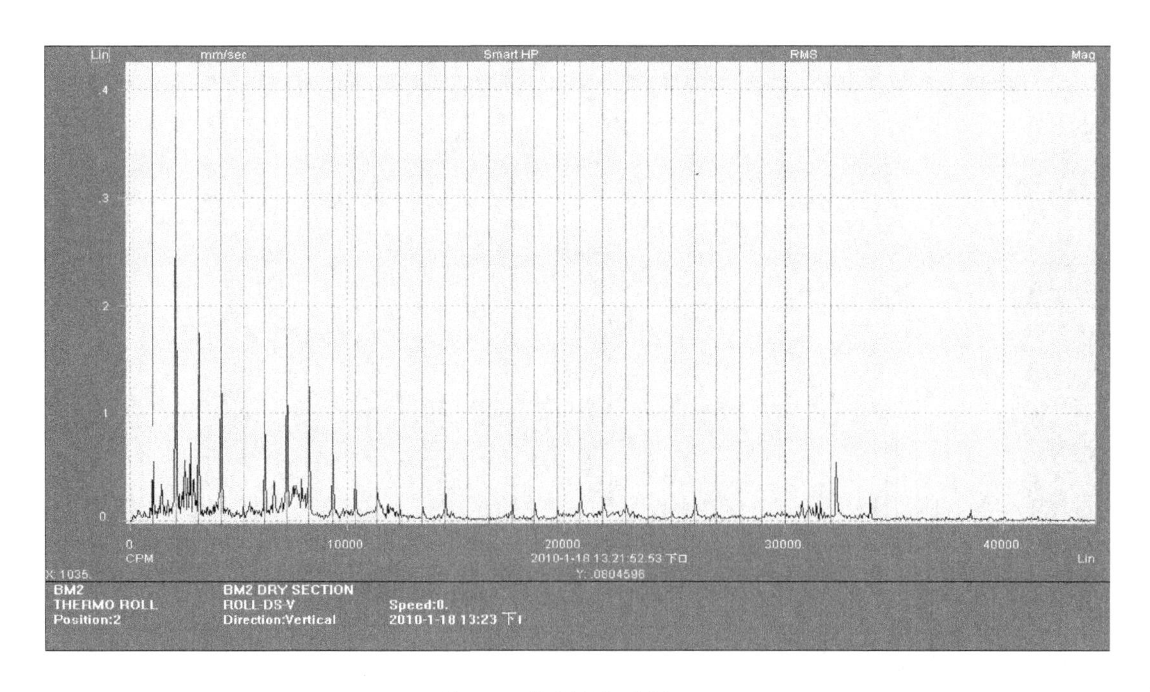

图 4-98　检测处频谱图（2）

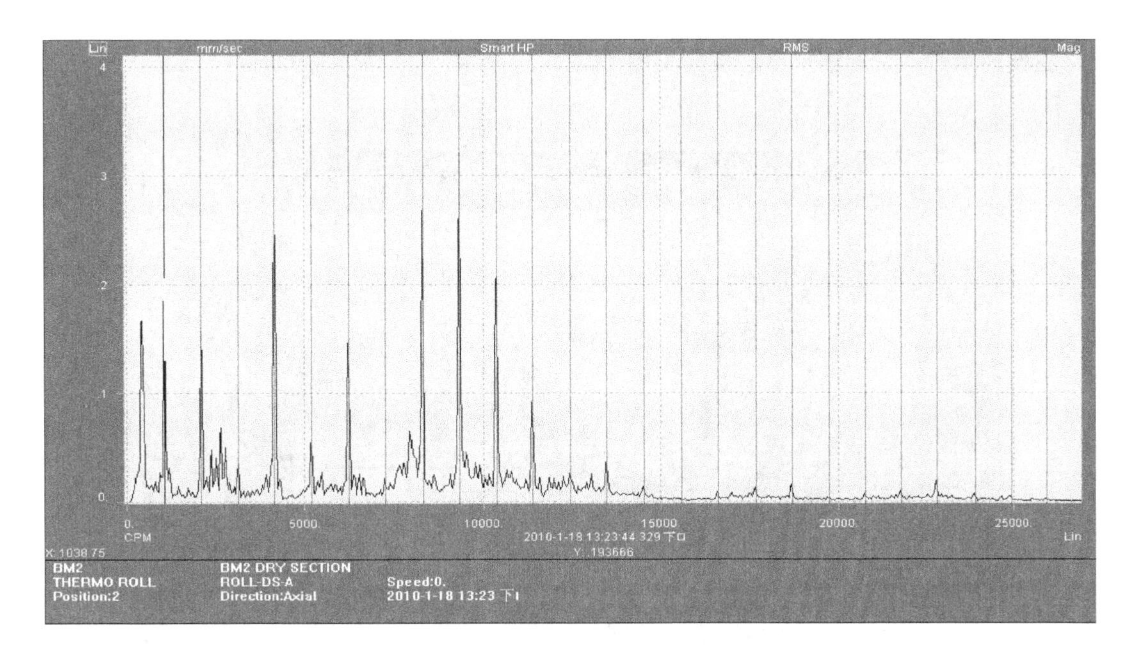

图 4-99　检测处频谱图（3）

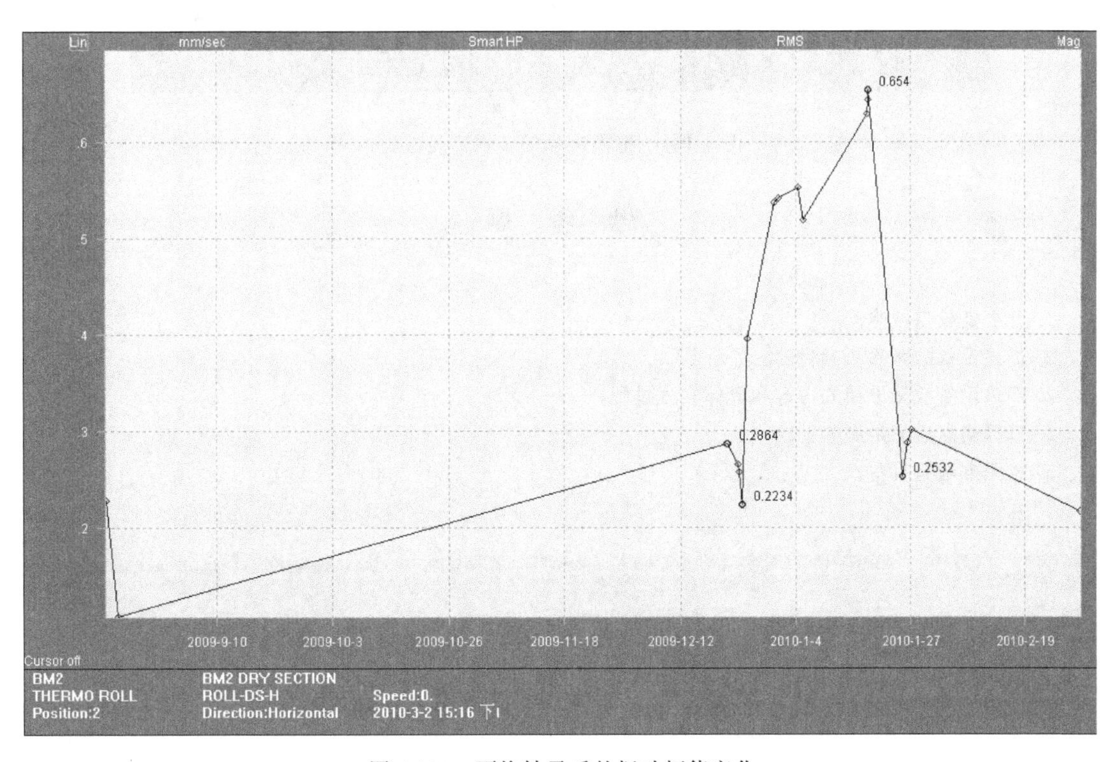

图 4-100　更换轴承后的振动幅值变化

d. 维修建议及方案：

马上停机更换轴承。

更换轴承时，发现轴承已破裂（见图 4-101）。

图 4-101　更换出来的轴承已经破裂

思　考　题

1. 什么是设备故障诊断？
2. 简述设备故障诊断的目的？
3. 简述设备故障诊断的内容和具体实施过程。
4. 选择测点应满足哪些要求？
5. 检测方法有哪些？

第5章　设备的前期管理

设备前期管理是指从设备需求提出直至设备采购、安装、调试、验收、投入使用的管理，它包含设备需求策划、采购评审、招标、签订技术协议和合同、设备到厂检验、安装、调试、验收、移交等过程。

设备前期管理是设备一生管理中的一个重要环节，它不仅与企业经济效益紧密相关，而且决定着企业投资的成败，同时对提高设备技术水平和设备后期使用运行效果也具有重要意义。

5.1　设备管理组织机构的设置

5.1.1　设备管理人员的配备

(1) 设备管理人员的配备

对设备管理人员配备的一般要求：

①设备动力管理人员的配备应根据企业管理需要和人员素质的实际情况，按照机构精简、人员精干的原则，其定员应不低于全厂管理人员总数的6%～8%。这里所说的设备管理人员包括设备工程管理部门的各类专业人员和管理人员、车间的专职机动人员。

②设备管理人员中，技术人员应占总人数的60%～80%。

③设备管理人员的配备应与设备工程管理的需要相适应。

根据上面介绍的某些企业设备管理典型组织机构的要求，制定出各类设备管理人员的配备数，如表5-1所示。

表5-1　设备动力科（处）职能人员配备

<table>
<tr><th rowspan="4">序号</th><th rowspan="4">职　务</th><th colspan="2">小型企业</th><th colspan="2">中型企业</th><th colspan="2">大型企业</th></tr>
<tr><th colspan="6">生产设备修理复杂系数总和 F</th></tr>
<tr><th colspan="2">＜3000</th><th colspan="2">3000～10000</th><th colspan="2">＞10000</th></tr>
<tr><th>1500</th><th>3000</th><th>5000</th><th>10000</th><th>15000</th><th>25000</th></tr>
<tr><td>1</td><td>科(处)长</td><td>1～2</td><td>2～3</td><td>3</td><td>3～4</td><td>4</td><td>4～5</td></tr>
<tr><td>2</td><td>工段长(组长)</td><td></td><td></td><td></td><td>2～3</td><td>4～5</td><td>6～8</td></tr>
<tr><td>3</td><td>综合规划员</td><td rowspan="3">1～2</td><td rowspan="3">2～3</td><td>1～2</td><td>2</td><td>2～3</td><td>3～4</td></tr>
<tr><td>4</td><td>基建管理员</td><td>1～2</td><td>2</td><td>2～3</td><td>3～4</td></tr>
<tr><td>5</td><td>技改员</td><td>1～2</td><td>2</td><td>2～3</td><td>3～4</td></tr>
<tr><td>6</td><td>综合计划员</td><td rowspan="2">1</td><td>1</td><td>1～2</td><td>1～2</td><td>2～3</td><td>3～4</td></tr>
<tr><td>7</td><td>调度分配员</td><td>1</td><td>1</td><td>1～2</td><td>2～3</td><td>3～4</td></tr>
<tr><td>8</td><td>统计员</td><td rowspan="2">1</td><td rowspan="2">1</td><td>1</td><td>1～2</td><td>2～3</td><td>3～4</td></tr>
<tr><td>9</td><td>经济核算员</td><td>1</td><td>1～2</td><td>2～3</td><td>3～4</td></tr>
<tr><td>10</td><td>外协采购员</td><td></td><td></td><td>1</td><td>1～2</td><td>2</td><td>2～3</td></tr>
<tr><td>11</td><td>台账员</td><td rowspan="2">1</td><td rowspan="2">1</td><td rowspan="2">1～2</td><td>1</td><td>1～2</td><td>3～4</td></tr>
<tr><td>12</td><td>设备管理员</td><td>1～2</td><td>2～3</td><td>3～4</td></tr>
<tr><td>13</td><td>备件技术人员</td><td rowspan="2">1</td><td>1</td><td>1</td><td>1～2</td><td>1～2</td><td>2</td></tr>
<tr><td>14</td><td>润滑技术人员</td><td>1</td><td>1</td><td>1～2</td><td>1～2</td><td>2～3</td></tr>
</table>

续表

序号	职　　务	小型企业		中型企业		大型企业	
		生产设备修理复杂系数总和 F					
		<3000		3000～10000		>10000	
		1500	3000	5000	10000	15000	25000
15	定额员			1～2	1	1～2	2～3
16	工艺员		3		1～2	2～3	3～4
17	机械技术人员	2		3～5	6～9	10～12	12～14
18	电器技术人员		1	2	2～3	3～5	4～6
19	动力技术人员			1	2	2～3	3～4
20	描图员	1	1	1	2	2～3	3～4
21	资料员				1	1～2	2
	合计	9～11	15～17	22～30	35～50	51～71	70～91

（2）维修人员的配备

设备维修人员是指从事专业设备修理和修护的全部工人。

它包括机修车间的大修理钳工、电工（包括电动机、电器、内外线路的修理）、动力设备维修工、零件钳工、管理修理工、润滑工、机加工和各车间的维修钳工、维修电工、动力维修工等全部维修人员。

目前机电、仪表行业的维修人员配备，是按企业生产工人总数的 8%～15%的比例配备；制浆造纸行业一般按 8%～12%比例配备。也可按全厂设备修理复杂系数的总和来计算，一般可参照 1000 个复杂系数配备 20～35 人的比例计算。

① 维修人员配备的计算方法。设备维修人员的配备，通常取决设备修理工作量的大小。企业设备的机械化、电气化、自动化程度越高，则所需的生产操作工人越少，而维修工人就要相应增加。为此，企业设备维修人员的配备可以根据企业设备维修工作量的大小来确定。一般的计算方法如下：

企业设备维修人员的总数为：

$$H=H_1+H_2+H_3 \tag{5-1}$$

式中　H_1——企业设备维护所需的工人数；H_1＝企业拥有设备的总修理复杂系数×生产班次/维护定额（F/人）；

H_2——企业设备检修所需工人数；H_2＝企业计划年检修设备修理复杂系数的和/检修工人的年检修定额（F/人）；

H_3——企业设备维修服务所需的工人数；H_3 可根据各企业的规模大小，及服务于设备维修的实际情况而定，通常为企业设备修理服务的工人有起重、搬运及铲刮工人和为维修服务的工人，如平板、直尺铲刮及维护工人等。

② 各类维修人员的配备见表 5-2。

表 5-2　各类维修人员的配备

项　　目	小型企业		中型企业		大型企业
	生产设备修理复杂系数总和 F				
	<3000		3000～10000		>10000
	<1500	3000	4500	7500	18000
维修工人占生产工人数	5%～8%	6%～8%	8%～12%	>12%	12%～15%
主要机加工(包括零件钳工)	6～8	8～16	16～24	24～48	48～100
电修工	5～8	8～16	16～24	24～46	46～100

续表

项　　目	小型企业		中型企业		大型企业
	生产设备修理复杂系数总和 F				
	＜3000		3000～10000		＞10000
	＜1500	3000	4500	7500	18000
大修理钳工	6～8	8～16	16～24	24～46	46～90
动能修理工(包括管道修理工)	4～6	6～12	12～18	18～30	30～70
车间维修工(包括维修钳工、动能工)	8～12	12～24	24～36	36～70	70～140
润滑工	1	1～3	3～4	4～8	8～15
合计	20～43	43～87	87～130	130～248	248～515
维修用设备台数	11	22	33	55	55～130

5.1.2　设备维修的组织形式

设备维修组织形式一般有三种类型。

(1) 集中维修

全厂的设备维修工作，统一由设备动力科直接领导下的维修组负责，生产车间不设维修组，即全厂的维修力量在行政和业务上统一由设备动力科领导。这种形式适用于企业规模不大、设备数量不多、设备修理复杂系数在 3000 以下的小型企业。

集中维修的优点：

① 可以集中使用维修力量，充分发挥维修人员的作用，有利于采用先进的修理工艺，便于维修人员的专业分工；

② 有利于掌握检修的第一手资料和安排好备品备件的计划供应。便于进行改善性维修，以提高维修质量，缩短修理时间，降低维修费用；

③ 设备动力科能够直接、全面地掌握车间设备的使用情况和事故情况，以便采取措施，加强设备管理工作。

集中维修的缺点：

① 设备动力部门任务繁重，工作量大，容易造成设备不能及时修理，影响生产；

② 维修和生产不能紧密配合，生产车间对维修无支配权，生产与维修会产生矛盾；

③ 在某些情况下，维修人员可能被厂部拉去突击生产或作他用等，这样容易产生挤掉维修的现象。

(2) 分散维修

全厂的设备维修工作，都由生产车间的维修工段（组）负责，各车间维修组行政上都由本单位领导，业务上受设备动力科指导，机修部门（分厂）只担负备件制造和车间不承担的精密、大型、稀有、自动化程度很高的设备的大修任务。这种形式适用于规模大、设备较多、车间分散、设备修理复杂系数总数在 15000 以上的大型企业。

分散维修的优点：

① 有利于发挥各生产车间对设备管理维修工作的积极性和主动性；

② 由于维修工人固定在生产车间，解决问题及时，做到了维修能紧密配合生产；

③ 维修工人对本车间设备状况熟悉，修理针对性强。

分散维修的缺点：

① 维修人员调动权归车间，容易出现维修力量被挪用于生产的现象；

② 占用维修力量较多，不能集中使用，不利于维修人员进行专业分工，修理费用较高；

③ 由于修理任务不平衡，容易造成各车间维修人员忙闲不均的现象；

④ 设备动力部门不能直接掌握车间故障和事故情况，容易出现漏报现象，车间的信息不能及时反映。

(3) 混合维修

设备的大修（包括精、大、稀设备的维修）和备件制造由机修车间承担，其余所有维修工作均在设备科的业务指导下由生产车间的维修工段（组）负责。是一种既有集中又有分散的维修形式，因此兼有上述两种组织形式的优点。它适用于修理复杂系数总数约在4000～15000之间的中型企业，目前我国多数企业采用这种形式。

混合维修的优点：

① 加强了生产车间对设备管理和维修工作的责任感。由于维修工人固定在车间，行政上归车间领导，车间设备出了问题，能及时调配维修力量，迅速解决问题，因而对生产有利；

② 由于机修车间负责全厂备件制造和设备大修理任务，因此有利于集中力量提高大修质量，减少停机时间和修理费用。

混合维修的缺点：

① 在大修质量和备件供应方面容易出现意见分歧，产生扯皮现象；

② 设备管理部门不能直接掌握维修的第一手资料，对管理工作有一定影响；

③ 维修人员调动权归车间，容易出现维修力量被挪用或不稳定现象。

为此，必须加强对车间维修组的业务指导，建立定期检查、评比、考核制度，并结合经济责任制予以奖惩。

5.2 设备的规划与选型

5.2.1 设备规划

(1) 设备规划的依据

设备前期管理的首要环节是做好设备规划。设备规划是根据企业经营方针与目标，全面考虑生产现实与发展、科研与产品开发、节能与安全环保等方面的需要，通过调查研究和可行性分析，结合现有设备能力及资金来源等综合平衡而制定的企业中长期或短期的投资计划的过程。

设备规划编制的主要依据是：①企业生产发展的要求；②设备改造的要求；③节能增容的要求；④安全环保的要求；⑤可能筹集到的资金及还贷能力的综合考虑。

(2) 设备规划的要求

① 生产率。设备的生产率是指设备的生产能力。设备是为生产服务的，生产是实现企业经营目标的手段。因此设备的选择一定要非常重视经济性分析，重视设备的生产效率。高效率的设备一般自动化程度高，因而投资多、能耗大、维修复杂。因此，设备的生产效率要与企业的经营方针、发展规划、生产计划、技术力量、管理水平、动力和原材料供应等相适应，不能盲目追求生产效率。否则，生产不均衡，服务供应工作跟不上，不仅不能发挥设备全部效能，反而使产品成本增加，造成经济损失。

② 可靠性。设备的可靠性既是设备本身的功能要求，也是提高生产效率的必备条件。一个系统、一台设备的可靠性越高，则故障率越低，效益越好。在选择设备时应从可靠性观

点分析设备的结构是否合理，强度是否足够，制造质量是否优良。

③ 维修性。设备的维修性是指通过维护和修理，预防与排除设备或零部件故障的程度。维修性好的设备一般结构简单、合理；维修零部件可迅速拆卸，易于检查，便于操作；零部件互换性强、通用化和标准化等。因此选择设备时必须重视设备的维修性以减少维修的时间和费用，追求良好的经济效益。

④ 操作性。设备的操作性是指操作方便、可靠。就是设备的结构设计要符合人类工效学的要求，即设备结构应适合人的能力，为最大限度地发挥人的作用提供良好劳动条件。

⑤ 节能性。我国经济基础薄弱、人均资源少，节能降耗是设备选择的重要因素。设备的节能性是指设备对能源利用的性能。节能性好的设备表现为热效率高、能源利用率高、能源消耗少（包括一次能源消耗和二次能源消耗），余热和废水尽可能多次使用。能源在消耗过程中被利用的次数越多其利用率越高。我国能源资源虽然很丰富，但按人口平均能源资源占有率却只有世界平均数的 1/2。

制浆造纸行业是能源和原材料消耗量都比较大的行业之一。从国内的一些制浆造纸企业的生产经营情况来看，设备的能源和原材料消耗量的高低，将直接制约着企业生产经济效益的高低。所以，在设备选用的工作中，应在充分保证产品产量和质量、满足生产工艺要求的前提下，尽量选用能源和原材料消耗量都低的设备。

⑥ 环保性。坚持可持续发展，加强环境保护是我国的基本国策。设备应符合环境保护要求、配备相应的治理“三废”的附属设备和配套工程。对有噪声污染的设备，应把噪声控制在环境保护法规定的范围内。不得选择不符合国家劳动保护、技术安全和环境保护法规的设备，以免带来后患，使企业和社会蒙受损失。

⑦ 成套性。设备的成套性是指各类设备之间及主辅机之间在性能、能力方面要互相配套，包括单机配套、机组配套和项目配套。设备机组的配套对于连续生产的企业尤为重要，设备不配套、生产不平衡，设备的效能就不能充分发挥，在经济上造成很大浪费。在设备选型时一定要考虑新设备和现有设备或设备机组的配套性。

5.2.2　设备选型与购置

（1）设备选型应考虑的问题

设备选型应考虑的问题包括：质量、价格、节能、生产率、交货期、标准化程度、技术经济效果、可靠性、维修性、操作技术要求和人机工程、制造厂家的信用和售后服务、劳动保护、技术安全与环保要求。

（2）设备选型的步骤

通常设备选型分三步进行：

① 广泛收集设备市场货源信息。广泛收集国内外市场上的设备信息，如产品目录、产品样本、产品广告、销售人员上门提供的情况、有关专业人员提供的情报、从产品展销会收集的情报以及网上信息等。并把这些情报进行分门别类汇编索引，从中选出一些可供选择的机型和厂家。这就是为设备选型提供信息的预选过程。

② 选型、择厂具体了解协商。对预选的机型和厂家，进行联系和调查访问，较详细地了解产品的各种技术参数（如精度、性能、功率等）、附件情况、货源多少、价格和供货时间以及产品在用户和市场上的反映情况、制造厂家的售后服务质量和信誉等，做好调查记录。在此基础上进行分析、比较，从中再选出认为最有希望的两三个机型和厂家。

③ 决策、签订合同。向初步选定的制造厂提出具体订货要求的内容包括：订货设备的

机型、主要规格、自动化程度和随机附件、要求的交货期以及包装和运输情况，并附产品零件图（或若干典型零件图）及预期的年需要量。制造厂按上述订货要求，进行工艺分析，提出报价书。内容包括：详细技术规格、设备结构特点说明、供货范围、质量验收标准、价格及交货期、随机备件、技术文件、技术服务等。

在接到几个制造厂的报价书后，必要时再到制造厂和用户进行深入了解，与制造厂磋商按产品零件进行性能试验。将需要了解的情况调查清楚，详细记录作为最后选型决策的依据。在调查研究之后，由工艺、设备、使用等部门对几个厂家的产品对比分析，进行技术经济评价，选出最理想的机型和厂家，作为第一方案。同时也要准备第二、第三方案，以应变化之需。最后经主管部门领导批准后定案。

企业购买设备时，需签订合同。合同是双方根据法律、法规、政策、计划的要求，为实现一定经济目的，明确相互权利与义务关系的协议。合同谈判与签订是一项专业性很强的工作，要求参与谈判签约的人懂技术、懂经济，掌握对方产品的质量，同时懂得我国的经济合同法规。签订合同时要在经济合同法的指导下，经过充分协商，达成一致。

设备订货合同一般包括以下内容：

a. 标的：设备的名称、规格、型号、价格、等级。

b. 数量和质量：计量单位和数量、设备的技术标准和包装标准。

c. 价款：产品的价款、结算方法、结算银行、账号。

d. 履行的期限、地点和方式、交货期、运输方式、交货单位、收货单位、到货地点（到站）、交（提）货日期和检测方法。

e. 违约责任：违反合同的处理方法和罚金、赔偿损失的范围和赔偿金额。

f. 其他：根据法律和经济合同性质必须具备的条款，以及当事人双方要求必须规定的条款，如要求试车后付款等。

合同一经签订，双方必须全面履行，违反合同应付违约金、赔偿金或赔偿违反合同引起的经济损失。对订货合同及协议书（包括附件和补充材料）、订货过程中的往返电函和订货凭证都应妥善保管，以便查询并作为解决供需双方可能发生的矛盾的依据。

以上是典型的设备选型步骤。在选购国外设备和国产大型、高精度或价格高的设备时，一般均应按上述步骤选型。对国产中、小型设备可视具体情况而简化。

5.2.3 设备的到货验收

(1) 整机装运外购设备的开箱检查

对整机装运的外购设备应进行运输质量及供货情况检查。整机装运的外购设备分为有包装和无包装两种情况。设备的包装对设备是一种很好的防护措施，对提高设备的运输装卸和保管质量是有利的。有包装的新购设备，首先检查设备在运输装卸过程中包装有无受损的现象。发现包装箱已受损开裂或严重变形的设备，必须打开包装进行检查。开箱检查的内容如下：

① 包装箱（包括内包装塑料袋）是否有损坏的地方；

② 到货的设备型号、规格、附件等应与合同相符；

③ 按部件、零件装箱是否与装箱单相符；

④ 检查零部件是否有锈蚀、损坏现象；

⑤ 随机技术文件是否齐全。

检查中发现的问题应做好详细记录（必要时可以拍照或摄像），分析原因，尽快与发货单位联系，及时办理拒付货款手续，并交涉补发、退换。

对国外设备开箱检查时，应通过国家商品检验部门派人参加，如发现质量问题或数量短缺等，由国家商品检验部门出证，通过贸易渠道交涉索赔。我国外贸部门与外商签约时，一般规定为：开箱检验可以发现的质量问题，必须在货物到达中国港口后三个月内由国家商品检验部门出证后提出索赔，对必须通过安装、试车方能发现的问题，在货物到达中国港口后一年内提出索赔。可见对引进国外设备必须及时开箱检验和安装试车。

对无包装的新购设备可直接进行外观检查及清点随机附件。检查后应将小型附件、备件另处保管存放，特别要注意技术文件的清点保管，无包装设备最容易发生随机技术文件丢失的现象。

设备开箱检验后，如不能立即开始安装，应重新包装好，并做好防锈、防潮工作。设备开箱检验完毕验收入库后，应及时通知企业规划、工艺、设备管理和安装部门，随机技术文件应按企业有关规定及时办理入档。

(2) 解体装运自组装设备的检查

解体装运的自组装设备除上述要求对设备开箱检查外，还应尽快组装进行必要的检测试验。因为这类设备出厂时是从成批产品抽样检查，不一定每台都做总体试验。在自行组装试验中可及时发现问题，并向销售单位或厂家进行交涉。

5.3　设备的分类、编号和建档

5.3.1　设备的分类

设备种类繁多，设备的分类也有许多不同的方法。最常用的分类方法有以下几种。

(1) 按设备在企业中的用途分类

① 生产设备。生产设备是指企业中直接参与生产活动的设备，以及在生产过程中直接为生产服务的辅助生产设备。

② 非生产设备。非生产设备是指企业中用于生活、医疗、行政、办公、文化、娱乐、基建等设备。

通常情况下，企业设备管理部门主要对生产设备的运动情况进行控制和管理。非生产设备则由企业行政、医务、教育等部门管理。

(2) 按照设备生产中起的作用分类

① 重点设备（也称 A 类设备）。指在生产过程中起主导、关键作用的设备。这类设备一旦发生故障，会严重影响产品质量、生产均衡、人身安全、环境保护，造成重大的经济损失和严重的社会后果。重点也可叫做关键设备。

② 主要设备（也称 B 类设备）。指在生产过程中起主要作用的设备。如机械行业把修理复杂系数 5 及以上的设备划为主要设备。

③ 一般设备（也称 C 类设备）。指结构简单、维修方便、数量众多、价格便宜的设备。这类设备若在生产中出现故障，对企业的生产影响较小。

这种分类方法可以帮助我们分清主、次，明确设备管理的主要对象，以便首先集中力量抓住重点，确保企业生产经营目标的顺利实现。

(3) 按照设备的适用范围分类

① 通用设备。指适用于国民经济不同行业（部门）的设备，如金属切削机床、锻压设

备、变压器、电动机等。这种设备属于国家规定的标准系列，一般由专业性的工业企业生产供应。

② 专用设备。指只适用于某些部门或行业的某一特定工业生产过程的设备，如钢铁工业的高炉，纺织工业的纺纱机，造纸工业的造纸机等。

此外，因各行业设备不同，还有其他的一些分类法。

5.3.2 设备的编号

企业使用的设备种类繁多，为方便设备固定资产管理，设备管理部门对所有生产设备必须按规定的分类进行资产编号，它是设备管理基础工作的一项重要内容。

设备的分类与编号是设备验收移交使用单位后纳入资产管理工作首要的，是资产建账和统计分析的依据。设备分类与编号的工作量大，没有新的规定不宜随意变更。

通过对设备进行分类编号，可以直接从编号了解设备的分类性质，便于对设备数量进行分类统计，掌握设备构成情况。

5.3.3 设备台账

建立设备台账是管理设备的首要基础工作。设备台账是掌握企业设备资产状况，反映企业设备拥有量及其变动情况的主要依据。其内容有：设备名称、型号、规格、购入日期、使用年限、折旧年限、资产编号、使用部门、使用状况等等，以表格的形式做出来，每年都需要更新和盘点。因此，企业必须对全厂的生产设备（包括5个修理复杂系数以下的设备）逐台进行登记，建立设备总台账和设备分类台账，以便掌握设备的数量并按企业主管部门的要求定期进行统计和报告。凡设备发生入库、出库、调拨、租赁、借用、报废以及内部转移、封存、闲置时，都应及时办理相应的手续以保证账物状态相符。

对已列入生产设备资产台账的主要生产设备（指5个修理复杂系数以上的生产设备），设备动力部门还应建立单台设备固定资产卡片。登记设备的固有数据和动态记录，并按保管使用单位装订成册。对精、大、稀及关键设备，要分别建立专类台账，其中机械工业关键设备的资产卡片还要上报机械工业部各主管局。

5.3.4 设备档案

设备档案是指设备从规划、设计、制造、安装、调试、使用、维修、改造、更新直至报废的全过程中形成的图样、方案说明、凭证和记录等文件资料。它汇集并积累了设备一生的技术状况，为分析、研究设备在使用期间的使用状况、探索磨损规律和检修规律、提高设备管理水平、对反馈制造质量和管理质量信息，均提供了重要依据。

属于设备档案的资料有：

① 设备规划阶段的调研、技术经济分析、设备购置合同（副本）；

② 设备出厂合格证和检验单；

③ 设备装箱单、入库验收单、领用单和开箱验收单等；

④ 设备安装质量检验单、试车记录、安装移交验收单及有关记录；

⑤ 设备调动、借用、租赁等申请单和有关记录；

⑥ 设备历次检验记录等；

⑦ 设备保养记录、维修卡、大修理内容表和完工验收单；

⑧ 设备故障记录；

⑨ 设备事故报告单及事故修理完工单；

⑩ 设备维修费用记录；

⑪ 设备封存和启用单；

⑫ 设备改进、改装、改造申请单及设计任务通知书；

⑬ 设备报废单；

⑭ 设备其他资料。

制浆造纸机械动力设备台账见表 5-3 所示。

表 5-3　制浆造纸机械动力设备台账

企业名称　　　　　　　　　　　　　　登记日期　　　　年　　月　　日

设备名称		制造国家	
外文名称		制造厂家	
设备编号		制造年月	
固定资产编号		开始使用时间	
规格		设备质量	
型号		原始价值	
复杂系数	机：　　电：	外形尺寸	长　　宽　　高

生产能力							
名称	单位	公称能力	实际能力	变更年月	备注		

主要技术特征	
传动方式	
需要功率	实际功率
安装地点	

拖动设备					
编号	名称	型式	容量	转速	备注

附带工具					主要附属设备及零件登记		
名称	单位	数量	编号	名称	规格型号	单位	数量

性能变更记录

移动记录				
日期	文件号码	调出地点	调入地点	备注

5.4　设备的安装、验收及使用初期管理

设备的安装工作也是设备前期管理工作的一项重要内容，设备安装的好坏将对其整个寿命周期内的使用、维修工作产生至关重要的影响。设备安装具有两层涵义：其一是在企业的设备系统中，各设备之间的合理布局；其二是单台设备在合理布局的前提下，如何保证它在

空间位置的准确度。这两者在设备的安装工作中同等重要，不能顾此失彼。作为企业的设备管理工作者，必须要认真重视这一工作。另外，设备在安装完毕后，要进行试运转，对设备的内在质量、基本功能实现情况以及安装质量等作全面的检查。

5.4.1 设备的安装

按照设备工艺平面布置图及有关安装技术要求，将已经到货并开箱检查的外购设备或大修、改造、自制设备，安装在规定的基础上，进行找平、稳固，达到安装规范的要求，并通过调试、运转、验收使之满足生产工艺的要求，以上工作的过程称为设备安装。

（1）设备安装前的准备工作

安装准备工作直接影响安装工程的质量和施工速度。设备安装之前，设备主管部门应作好以下准备工作：根据设备的重量、体积（长、宽、高）及设备安装现场的吊卸就位条件，确定合理的运输路线和吊装方案。了解和掌握设备的工作环境条件，对于安装有特殊要求的部件、装置（如电气控制装置等），应按设备说明书及国家有关标准等规定的条件确定安装方案。及时准备安装时所必需的物资器材、工具、测量仪器、润滑材料等，尽早组织安装试车人员及设备操作人员的技术培训。

（2）设备的安装

制浆造纸企业设备（特别是大型设备）一般由专业施工安装单位或者根据协议合同由设备制造单位负责进行。对于小型设备，有条件的企业可以自行安装。由外单位负责安装的设备，企业的设备主管部门负责做一些协调工作，其中主要有：负责外来安装人员的接待工作；解决安装试车过程中所需的动力；此外，还需向设备安装单位提供一部分器具、施工材料及辅助劳动力等。由企业自行安装的设备，则由设备主管部门全权负责，并与其他有关部门配合完成安装任务。无论由谁来安装设备，都必须按照国家有关土建、设备安装等有关标准规定及经过有关部门审查批准的设备安装布置图进行。在设备安装过程中，应随时作好详细的设备安装记录，待设备安装验收后，将所有设备安装的原始记录等作为重要的设备技术档案送交企业设备档案室。设备安装施工单位（或部门）要严格按有关手续办理安装。

设备安装前，有关负责人应再次了解和核对出库设备的型号、规格等。凡是在设备出库前由于保管不善等原因造成的设备缺损，由设备原保管部门负责；设备出库后发生的一切问题，则完全由设备安装施工单位（或部门）负责。

5.4.2 设备的试验和试运转

（1）设备的试验

制浆造纸企业所用的设备中，有一部分属于压力容器，如各种换热器、蒸发器、蒸煮锅、蒸球、烘缸等。对这一类设备，虽然设备制造单位大多已进行过耐压和密封性试验，但为了预防和消除设备在运输、保管、起重等过程中可能发生的缺陷，在设备的安装现场还必须重复进行这类试验。试验的目的是检验容器设备的整体强度和各密封连接部位是否有泄漏现象。

通常采用的容器设备试验介质有水、气和煤油等。其中，水是应用最多的试验介质，容器设备进行水压试验时，先将被试验的容器充满水，再用水泵继续向容器内注水，使水在容器内形成预定的压力，来检验容器的整体强度。气压试验则是将一定压力的压缩空气通入密封了的容器和管道，对容器设备进行强度或密封性检验。由于气压试验有一定的危险性，一般在试验前容器焊缝要做100%的无损探伤检查，在试验中采取一定的安全保护措施，试验的气体压力应缓慢逐级升高，以免发生危险。气压试验主要用于不能用水作试验介质的容器。煤油试验主要利用煤油的渗透性强和渗透后易于发现的特点来检查容器设备的密封性。试验时，先将煤油均匀涂于容器的内表面或外表面，经放置一段时间后，检查没有涂煤油的一面是否有泄漏现象。煤油试验主要用于小型容器设备的密封性检验。所有容器设备的压力试验和密封性试验均应严格按国家的有关标准规定进行。

(2) 设备的试运转

对于各种安装完毕的设备，一般都要在验收投入生产前进行试运转。设备试运转的目的是对所安装的设备在设计、制造和安装等方面的质量进行一次全面的检查和考验，从而更好、更全面地了解设备的各项基本功能，确保设备投产后能够正常、可靠地运行。

设备试运转前，必须详细了解设备的有关图纸、说明书和操作维修技术资料，制订好相应的设备试运转规程和技术措施，并进行必要的准备工作，包括清理设备安装现场，设备各紧固件检查，润滑检查，供水、供电、供气（汽）系统检查以及安全保护装置检查等。

设备试运转工作应遵守先辅机后主机、先空载后负载、先驱动后从动、先低速后高速等稳妥谨慎的原则。一般情况下，整个工作分为设备空载试运转和负载试运转两个阶段进行。

① 空载试运转。设备空载试运转的目的是检验设备装配和安装的准确度能否在运转的条件下保持稳定。在设备空载试运转阶段中，可以发现和及时消除设备的某些隐蔽性缺陷，以确保设备负载试运转的顺利进行。另一方面，设备的空载试运转能够起到初期磨合作用，有利于设备各运动配合表面由磨合磨损阶段过渡到正常磨损阶段。

设备空载试运转的持续时间因设备不同而异。对于工作时间短或有周期性停机的设备，空载试运转时间不得低于 2～4h；对于精密和重要设备，其空载试运转应连续进行 10h 以上。在空载试运转过程中，发现设备缺陷应立即停机修理加以消除，然后重新进行试运转，其时间不得低于最低的试运转时间标准。

② 负载试运转。设备负载试运转一般在空载试运转合格以后进行，其目的是检查设备在正常工作的条件下，本身功能的完成和维持情况。设备负载试运转除了要发现和消除设备在负载情况下可能出现的缺陷外，还要检查其在正常生产的条件下动力消耗、生产率、工作速度等指标。

设备负载试运转一般以设备铭牌或说明书标示的额定转速或额定速度进行。设备承受的载荷应由低至高逐渐增加。设备负载试运转的时间，一般要稳定进行在负载试车 72h 以上。

运转期间所发生的各种设备故障必须及时排除。负载试运转工作结束后，要马上切断设备的电源和其他动力源，卸压、卸载，检查设备各主要零部件的配合和安装精度，并清理现场，整理设备试运转记录。设备试运转记录的主要内容有：设备本身几何精度和安装准确度的检查记录；一批试件产品质量的检查记录；设备在试运转工作中出现的故障及排除情况的记录；设备发生故障的分析结果；设备试运转工作的总结和结论以及参加试运转工作的人员和试运转日期等。

5.4.3　设备的交接验收

设备基础的施工验收由修建部的质量检查员会同土建施工员进行验收，填写施工验收单。基础的施工质量必须符合基础图和技术要求，参见建筑工程部制定的《设备安装基础施工规范》。

设备安装工程的最后验收，在设备调试合格后进行，由设备管理部门、工艺技术部门协同组织安装部门、检查部门、使用部门等有关人员参加，共同做出鉴定、填写有关施工质量，精度检验，试车运转记录等凭证和验收移交单，设备管理部门和使用部门签字方可竣工。其主要工作程序是：先由设备安装单位（或部门）按要求填写设备交用验收单，经企业设备主管和使用部门认可并签字盖章后生效。在设备交接时，应将随机带来的附件及专用工具，移交给设备使用部门。随机的备品配件经清点后，送交企业备品库入库。设备在安装过程及交接工作中产生的各种技术文件，统一交给企业设备档案室入档集中管理。未经验收的设备，任何人不得擅自动用。设备在验收交接以前发生的问题，应由设备安装单位（或部门）负责。

设备安装工程验收移交单的一联转给设备管理部门，一联转给财务部门，作为列入固定资产的凭证，一联转给生产部门，作为考核安装工程计划完成情况的依据。

5.4.4 设备使用初期管理

设备使用初期管理是指设备经安装试运转后投入使用到稳定生产的这一段时间的管理工作，一般为半年左右。

根据设备故障的典型曲线（澡盆曲线），新设备在使用初期，往往出现较多的故障，这些故障大多由于设备的设计和制造缺陷所造成的，也有的故障是由于安装质量不良造成的。

（1）设备初期管理的目的

① 及时排除故障，使设备尽快达到稳定生产；

② 验证所购买的新设备是否达到预期的技术经济效果；

③ 验证安装工程质量；

④ 把设备的技术、经济信息反馈给设计、制造单位，以利于改进质量。

（2）设备初期管理的主要工作

① 观察和记录产品质量、生产效率、设备性能的稳定性和可靠性；

② 加强检查，发现设备初期故障期的故障并及时排除，认真做好记录（如故障次数、故障部位、故障原因等）和分析；

③ 按说明书规定，清洗和更换润滑、液压系统用油及其他工作介质；

④ 定期对设备进行紧固和调整；

⑤ 评价设备质量和工程质量；

⑥ 向设计、制造单位进行信息反馈。

5.5 制浆造纸企业开展前期管理工作实例

（1）某制浆造纸企业对设备前期管理总结评价的方法

① 企业的规划、工艺、设备管理、使用部门各抽调一名专家组成评价小组。

② 评价内容及等级划分见表 5-4。

③ 评价前的工作。

要认真查阅选型时的可行性分析报告、安装验收记录、使用初期产品质量、生产效率、设备故障修理等记录，认真听取使用和维修人员的评价意见。

④ 由评价小组成员分别评分，评分时不互相交换意见或讨论。

⑤ 综合评价分数。

评价分数的计算式如下：

$$S=\frac{1}{4}[0.4\sum F_1+0.3\sum F_2+0.15\sum F_3+0.1\sum F_4+0.05\sum F_5] \quad (5\text{-}2)$$

$S>80$，为良；$60<S<80$，为合格；$S<60$，为不合格。

如 $1/4\sum F_1<60$，或 $1/4\sum F_2<60$ 均为不合格。最高评分为 100 分，评价结果中应指出存在的问题和改进意见。

表 5-4　设备前期管理总结评价内容

评价内容	综合评价加权系数	评价等级		
		良(>80 分)	合格(60～80 分)	不合格(<60 分)
F_1(产品质量)	0.4	充分满足要求	满足要求	不能满足要求
F_2(产品产量)	0.3	充分满足要求	满足要求	不能满足要求
F_3(可靠性)	0.15	良	可	差
F_4(安全及耗能)	0.1	良	可	差
F_5(操作性)	0.05	良	可	差

(2) 从两种蒸煮设备的综合效益看纸厂的设备前期管理

制浆造纸厂制浆时所用的蒸煮设备有连续蒸煮器、蒸煮立锅和蒸球三种。其中，连续蒸煮器（简称连蒸器）是较为先进的蒸煮设备，目前世界上大型连蒸器的生产能力已超过1000t/d，并已实现了蒸煮过程的计算机自动控制，达到了较高的劳动生产率，在国外制浆造纸企业中已占蒸煮设备的主导地位。

蒸煮立锅是传统的较大的蒸煮设备，是我国大型造纸厂常用的蒸煮设备；而我国绝大多数中小纸厂都使用结构简单、运行可靠、操作方便的蒸球来蒸煮浆料。20 世纪 80 年代中期，国内一些中型纸厂设置了国产或进口的小型连蒸器以取代传统的蒸球，有关领导部门也提倡在非木材原料制浆中推广横管式连蒸器及热磨技术。但是，通过调查发现，国内一些设置了连蒸器的纸厂，在连蒸器的管理和使用中存在着维持费用高，设备可靠性低和综合效益差的问题，给这些纸厂带来了沉重的经济负担。

1986 年到 1988 年期间，河南孟县纸厂、山东滨州纸厂等厂分别购置了天津轻工机械厂制造的 ZJL3 型 $20m^2$ 横管连蒸器，设计生产能力为 50t/d，山东德州纸厂、河南焦作纸厂也分别从瑞典引进了生产能力为 75t/d 和 50t/d 的横管式连蒸器。孟县纸厂和滨州纸厂的连蒸器设置费用约 300～400 万元，焦作纸厂和德州纸厂的连蒸器设置费用约为 1000～1400 万元，而相同生产能力的蒸球设置费用仅为连蒸器的 1/5～1/15，且基建工期也较连蒸器短。这四家纸厂中除孟县纸厂的连蒸器的亏损情况下还坚持运行外，其余三家纸厂的连蒸器都在不到一年的试运行后即停止了运行，使花了巨大投资的设备处于闲置状态。然而，许多以蒸球为蒸煮设备的纸厂和车间却保持着正常运行并取得了较好的效益。

由于孟县纸厂拥有连蒸器和蒸球这两种蒸煮设备，且一直运行并积累了较完整的有关资料和原始数据，故可以据以探讨造成两种蒸煮设备综合经济效益巨大差距的原因。

① 小型连续蒸煮器存在的问题

a. 实际生产能力低。孟县纸厂 ZJL3 型 $20m^2$ 横管式连蒸器原设计能力为 50t/d 亚铵法棉秆半化学浆，投产后因棉秆原料缺乏，改用麦草为主要原料。由于麦草的容重小于棉秆，且根据实际操作经验，蒸煮时间不得小于 50min，故蒸煮亚铵法麦草半化学浆时的实际生产能力仅为 25t/d，即使以容重大的棉秆为原料，生产能力也低于 40t/d。

b. 设备故障频繁，利用率低。孟县纸厂的连蒸器于 1991 年 4、5 月份运行工时统计如表 5-5 所示。由表中数据可知，连蒸器因各种故障而造成的工时损失在 4、5 月份分别占全月制度工作时间的13.7%和17.3%，其中还未计入因停电、供汽不足、停水、断原料等原因而停机的时所进行的维修保养和改造时间。孟县纸厂的连蒸器在运行中发现其料仓、埋刮扳运输机、螺旋进料器、防喷止逆阀、翼式出料器、热磨机、喷放管弯头等部位经常出现故障，常需停机抢修，且主要备件如进料螺旋耐磨性差，使用寿命仅为7～12天，导致设备利用率低。又因抢修和更换备件时往往需放空连蒸器内的大量蒸汽，使吨浆耗汽量上升。由于连蒸器的主要备件价格昂贵，且维修所需人员和工时也较多，故维修费用也较高。

表5-5 孟县纸厂连蒸器运行工时统计（1991年4～5月份）

项目	4月份/小时	占总时间/%	5月份/小时	占总时间/%
正常运行	314.33	43.7	286.42	39.8
供气不足	192.58	26.7	156.58	21.8
停电	60.92	8.5	78.33	10.9
故障停机	98.67	13.6	124.75	17.3
断原料	27.17	3.8	56.5	7.8
浆满停机	26.33	3.7	8.75	1.2
停水			8.67	1.2

c. 基建投资大，生产成本高，经济效益差。孟县纸厂连蒸器所生产的麦草半化学浆（用作牛皮箱纸板底浆）和蒸球所生产的麦草半化学浆（用于生产高强瓦楞原纸）的质量要求基本相同，又在同一企业内，各方面的经营管理条件和技术水平也基本相同，故可对这两种蒸煮设备进行费用效益分析。

② 孟县纸厂连蒸器与蒸球的费用效益分析。孟县纸厂三车间连蒸器工段与三车间蒸球工段的生产能力相近，但连蒸器基建投资约为300余万元，而蒸球基建投资为50余万元，仅为连蒸器的1/5～1/6。连蒸工段的生产管理人员为77人，而蒸球工段为52人，比连蒸工段少用约32.5%。再加上连蒸器的原料和辅料消耗量大，能耗和维修费用高，使得连蒸器的吨浆生产成本比蒸球的吨浆生产成本高出33.1%（见表5-6）。

表5-6 孟县纸厂连蒸器与蒸球的吨浆生产成本对比（1991年）

消耗项目	单价/(元/吨)	连蒸器		蒸球	
		用量/吨	费用/元	用量/吨	费用/元
麦草	108	2.1	226.8	2.1	226.8
烧碱	2000	0.147		0.105	
			294		210
电耗	0.264	324千瓦时	85.54	136.8千瓦时	36.12
汽耗	18	4	72	2.7	48.6
机物料			27.3		10
工资			25		17
合计			730.64		548.52

现从这两种蒸煮设备的年费来考察它们的经济效益。孟县纸厂的连蒸和蒸球的年产浆量约为7000吨，设两种设备的使用限均为15年，且15年后连蒸器的残值为30万元，蒸球残值为5万元（5台25m³蒸球），银行贷款利率以8%计，则：

连蒸器的年维持费为：730.64×7000=511.45（万元）

蒸球的年维持费为：548.52×7000=383.96（万元）

年费计算公式为：

$$R=(P-O)(P\rightarrow R)_n^i+L+Oi \tag{5-3}$$

式中，P为设备一次性投资费用；O为设备残值；i为银行贷款利率；n为设备使用年限；L 为设备的年维持费。

由此可得连蒸器和蒸球的年费分别为：

$$R_{连蒸}=(300-30)(P\rightarrow R)_{15}^{8\%}+511.45+30\times8\%$$
$$=270\times0.11683+511.45+2.4$$
$$=545.39(万元)$$
$$R_{蒸球}=(50-5)(P\rightarrow R)_{15}^{8\%}+383.96+5\times8\%$$
$$=45\times0.11683+383.96+0.4$$
$$=389.62(万元)$$
$$\Delta R=R_{连蒸}-R_{蒸球}=155.77(万元)$$

由此可见，在产量相近的前提下，使用连蒸器的年费约比使用蒸球要高出 150 万元左右。

从孟县纸厂的实际情况看，使用连蒸器蒸煮，生产牛皮箱纸板的三车间每月亏损约 13 万元，而使用蒸球蒸煮、生产高强瓦楞原纸的二车间，虽产品销售情况还不如三车间，但每月盈利仍达 10 万元。差别的主要原因之一是连蒸器的经济效益远低于蒸球。所以，某些纸厂宁愿再设置蒸球而将已有的连蒸器闲置起来。

综上所述可知：

① 由于我国目前存在的大量草浆厂在生产规模上受原料运输等条件的限制，难以达到连蒸器的经济经营规模，且连蒸器设置费用高，可靠性也有待改进，故其经济效益与传统的蒸球相比还有相当大的差距。因此，纸厂应加强设备的前期管理，在设备规划的选型阶段进行周密的技术经济分析，避免因盲目追求先进设备而使企业陷于困境。

② 连蒸设备的生产厂家应加强与使用厂家的信息交流，研制出可靠性和维修性均较高的连蒸设备，并根据我国的具体情况，探索连蒸器的经济合理的经营规模。同时，要加强对连蒸器的运行管理和使用维护方面有研究与培训，使先进的连蒸器能为制浆造纸企业创造良好的经济效益。

思　考　题

1. 设备前期管理有何重要意义？它包括哪些工作？
2. 制订设备规划的主要依据是什么？
3. 设备选型的基本原则是什么？为什么要遵循这些原则？
4. 如何进行设备选型？
5. 如何搞好设备安装的施工管理？
6. 什么是设备的使用初期管理？它有什么重要意义？主要内容有哪些？
7. 设备试运转的原则是什么？

第 6 章　设备的中期管理

6.1　设备的使用

6.1.1　正确使用、精心维护的意义

对设备进行正确使用和精心维护，可以保持和改善设备的良好技术状态，避免突发性故障，从而提高的设备的使用效率，延长使用寿命。

设备的加工精度、生产效率和使用寿命一方面取决于设备本身的设计和制造质量，另一方面也取决于设备使用的正确与否以及日常维护保养的状况。同一台设备，现场管理有序，使用操作程序正确、合理，维护得当，就可以防止设备非正常磨损和事故的发生，保持设备的加工精度，充分发挥其应有的效能。相反，不重视操作现场的管理，违反设备的使用规程，就会加速设备的磨损，加快设备的劣化过程，还会发生设备事故，造成停机，直接影响企业的生产和产品质量。

6.1.2　设备的合理使用

设备在使用过程中，由于受到各种力的作用和环境条件、使用方法、工作规范、工作持续时间长短等因素的影响，其技术状态会发生变化而逐渐降低工作能力。要想控制这一时期的技术状态变化，延缓设备工作能力下降的进程，最重要的措施就是合理正确地使用设备。为此，应严格做到以下几点。

(1) 充分发挥操作工人的积极性

设备是由工人操作和使用的，充分发挥他们的积极性是管好设备的根本保证。因此，企业应经常对职工进行爱护设备的宣传教育，积极吸收群众参加设备管理，不断提高职工爱护设备的自觉性和责任心。

(2) 根据企业的生产特点和生产任务合理地配备各种设备

由于各企业的生产技术要求及生产组织形式各不相同，因此，在配备设备时，必须根据企业的生产特点，经济合理地为各车间、班组配备好各种设备。同时，又必须根据各种设备的性能和特点，合理地安排加工任务，避免“大机小用”，“精机粗用”，以及超负荷运转等现象。而且，还应随着生产任务和工艺技术的变化，及时地调整设备，使各种设备的性能与加工对象的工艺要求与生产任务相适应。

(3) 配备合格的操作者

任何机器设备都是在工人的操作和控制下进行的，而工人的操作水平和思想觉悟水平直接影响到能否管好、用好机器设备。随着设备的日益现代化，其结构与控制原理日趋复杂，对设备操作人员文化水平和技术熟练程度的要求将越来越高。因此，为了能使设备保证在最优状态下运转使用，必须合理地配备合格的操作工人。新工人一定要经过培训和考试合格后才能允许独立操作。对于大型、精密、稀有、关键设备，应指定专人操作，实行定人定机，并严格执行凭证操作制度。

① 凭证操作。操作证是操作工人在独立操作设备前，经过一定时间的实际操作技能训练，并通过有关理论知识和实践能力的考试，合格后所发给的证件。只有持有操作证者才有资格独立上岗操作设备。精、大、稀和重点设备由企业设备动力部门主考，其他设备由使用部门分管的主任主考。操作证均由企业设备动力部门签发。一般地，操作证中只填写一种型号设备。对技术熟练工人经教育培训考试合格后，可取得一种以上设备的操作证。

② 定人定机。设备使用定人定机，严格实行岗位责任制，以达到正确使用设备。并将维护工作落实到操作者。设备岗位责任制要规定操作工人的基本职责、基本权利、应知应会的基本要求和考核奖励办法。公用设备应落实维护人员，明确维护责任。多人操作的设备实行机台长制，由机台长负责设备的使用和维护责任。

为了保证设备的合理使用，有的企业实行了三定户口化制度（即：设备定号、管理定户、保管定人）。这三定中，设备定号、保管定人易于理解，管理定户就是以班、组为单位、把全班的设备编为一个“户”，班组长就是“户主”，要求“户主”对小组全部设备的保管，使用和维护保养负全面责任。

（4）建立和健全设备使用的责任制及其规章制度

① 设备操作规程。设备的操作规程通常包括开车前的准备；开、停机的操作顺序及安全注意事项；常见故障及其处理办法；紧急情况处理办法；以及设备所能达到的主要技术指标及允许的损坏值等。统计资料表明，约有 30％的事故是由于操作人员的误操作造成的，由此操作人员必须严格遵守操作规程。

设备的操作规程由设备部门组织编写，经设备部门技术负责人审查（精、大、稀设备还须由主管厂长审批），最后由设备管理部门颁布。新型号设备到厂后，设备部门应立即为其编写操作规程，并于设备投产前发布。一般的主要生产设备可以只编写通用的操作规程；精、大、稀设备则需按型号分别编制专用的操作规程。

② 设备的维护规程。设备的维护规程主要是指设备的维护保养制度。对于操作人员来说就是按规程认真做好日常保养和日常点检工作，对于还没有条件实行日常点检制度的企业，应建立操作人员对重点设备的关键部位进行定期巡回检查的制度，做到及时发现问题及时处理，保证设备正常运行。

③ 交接班制度。机器设备为多班制生产时，必须执行设备交接班制度。交班人在下班前除完成日常维护作业外，必须将本班设备运转情况、运行中发现的问题、故障维修情况等详细记录在“交接班记录簿”上，并应主动向接班人介绍设备运行情况，双方共同查看，交接班完毕后在记录簿上签字。如是连续生产的设备或加工时不允许停机的设备，可在运行中完成交接班手续。

如操作工人不能当面交接生产设备，交班人可在做好了日常维护工作，将操纵手柄置于安全位置，并将运行情况及发现问题详细记录后，交代班组长签字代接。接班工人如发现设备有异常现象，交接班记录不清，情况不明和设备未清扫时，可以拒绝接班。如交接不清，设备在接班后发生问题，由接班人负责。

（5）为设备创造良好的工作环境和工作条件

工作环境和工作条件不但对设备正常运转，延长使用周期有关，而且对操作者的情绪也有重大影响。为此，应做好以下几方面工作：

① 必须有一个适宜的工作场地，整洁、宽敞、明亮的工作环境。

② 配备必要的保护、安全、防潮的装置。有些设备还要配备降温、保暖、通风等装置。

③ 配备必要的测量、控制和保险用的仪表仪器等装置。

④ 对于某些高、精、尖的机器设备，必须配备特殊的工作场地，包括温度、湿度、防尘、防震、防腐蚀等特殊要求的工作条件。

⑤ 建立润滑管理体系，是合理使用和保护设备的重要环节。如果机器设备在使用过程中不及时地添加润滑油，就会使机件加速磨损以致损坏报废。因此，经常及时润滑设备，可以减少磨损，延长设备寿命，并保证生产的顺利进行。

⑥ 开展完好设备的竞赛活动，是动员广大职工用好、管好设备的有效形式。所谓完好设备，是指零件、部件和各种装置完整齐全，油路畅通，润滑正常，内外清洁，性能和运转状况均符合标准的设备。通过评比检查，做到赏罚分明，列入计奖条件，并总结和推广先进经验。对于带病运转设备，应查明原因，提出改进措施，以提高设备的完好程度。

6.1.3 设备使用守则

这是指对操作者正确使用设备的各项基本要求和规定。它包括："四项要求"、"五项纪律"、"三好"、"四会"等内容，是工人必须严格遵守的制度和准则。

(1) 使用设备的"四项要求"

① 整齐：工具、工件、附件摆放整齐，安全防护装置齐全，线路管道完整；

② 清洁：设备内外清洁，各滑动面、丝杠、齿条、齿轮等无油垢，无碰伤，各部位不漏水、不漏油、切屑垃圾清扫干净。

③ 润滑：按时加油、换油、油质符合要求，油壶、油枪、油杯齐全，油毡、油线、油标清洁、油路畅通。

④ 安全：实行定人定机和交接班制度，遵守操作规程，合理使用，监测异常，不出事故。

(2) 使用设备的"五项纪律"

① 凭操作证使用设备，遵守安全操作规程。

② 经常保持设备清洁，并按规定加油。

③ 遵守设备交接班制度。

④ 管理好工具、附件，不得遗失。

⑤ 发现异常立即停车，自己不能处理的问题应及时通知有关人员检查处理。

(3) 设备维修的"三好"要求

① 管好设备：设备由专人保管，未经批准，不能使用和改动设备。

② 用好设备：认真贯彻操作规程，不超负荷使用设备。

③ 修好设备：要求操作工人要配合维修工人及时排除设备故障。

(4) 设备维修的"四会"要求

① 会使用：操作者要学习设备操作规程，经过实习，取得操作合格证后方能独立操作。

② 会维护：学习和执行维护、润滑规定，保持设备清洁、完好。

③ 会检查：了解设备结构、性能和易损零部件，懂得设备的正常与异常的基本知识，协同维修工进行检查并找出问题。

④ 会排除故障：熟悉设备特点，懂得拆装注意事项，会做一般的调整，协同维修工人排除故障。

6.2　设备的维护保养

设备维护保养是管、用、养、修等各项工作的基础，也是操作工人的主要责任之一，是保持设备经常处于完好状态的重要手段。因此，必须强制进行、严格督促检查，车间设备员和机修站都应把工作重点放在维护保养上，要强调“预防为主、养为基础”。

设备维护应按维护规程进行。设备维护规程是对设备日常维护方面的要求和规定，坚持执行设备维护规程，可以延长设备使用寿命，保证安全、舒适的工作环境。

6.2.1　三级保养制度

三级保养制度是我国 20 世纪 60 年代中期开始，在总结前苏联计划预修制在我国实践的基础上，逐步完善和发展起来的一种保养修理制，它体现了我国设备维修管理的重心由修理向保养的转变，反映了我国设备维修管理的进步和以预防为主的维修管理方针的更加明确。三级保养制度包括设备的日常维护保养、一级保养和二级保养。

(1) 日常维护保养（日保）

也称例保。即每天由操作者照例要进行的保养。要求操作者每班必须做到：班前四件事、班中五注意和班后四件事。

① 班前四件事。消化图样资料，检查交接班记录。擦拭机械设备，按规定加润滑油。检查手柄位置和手动运转部位是否正确、灵活，安全装置是否可靠。低速运转检查传动机械是否正常，润滑、冷却是否畅通。

② 班中五注意。注意运转声音，设备的温度、压力、液位、液压气压系统，仪表信号，安全保险是否正常。

③ 班后四件事。关闭开关，所有手柄放到零位。清除铁屑、脏物，擦净设备导轨面和滑动面上的油污，并加油。清扫工作场地，整理附件、工具。填写交接班记录和运转台时记录，办理交接班手续。

日保是维护保养工作的基础，是一项积极的预防措施，是操作工人分内的一项经常性工作，具有与完成生产任务一样的重要意义。日保的目的是保证设备达到整齐、清洁、润滑、安全、预防事故和故障的发生。

(2) 一级保养（一保）

以操作工人为主，维修工人辅导进行。这是一项计划性维护保养工作，也可叫定期保养(定保)。它要求按计划对设备进行局部和重点部位拆卸、检查，彻底清洗外表和“内脏”，疏通油路，清洗或更换油毡、油线、滤油器。检查磨损情况，调整各部配合间隙，紧固各部位，达到脱黄袍、清“内脏”，通油路、油窗亮，操作灵活、运转正常。电气部分的保养工作由维修电工负责。一保完成后应做记录并注意尚未清除的缺陷，车间机械员组织验收。一保的范围应是企业全部在用设备，对重点设备应严格实行。一保的主要目的是减少设备磨损、消除隐患、延长设备使用寿命，为完成到下次一保期间的生产任务在设备方面提供保障。

(3) 二级保养（二保）

以维修工人为主，操作工人参加，对设备的规定部分进行分解检查和修理。其内容除包括一保内容外，尚须进行电检修，更换磨损的零件，部分刮研，机械换油、电机加油等。二保完成后，维修工人应详细填写记录，由车间机械员和操作者验收，验收单交设备动力科存档。二保的主要目的是使设备达到完好标准，提高和巩固设备完好率，延长大修周期。

二级保养虽也有保养的成分，但规定以维修工人为主，且从内容上讲，主要还是修理。所以这和日保、一保是有区别的，应当把二保看作是计划修理的一个类别来对待和考核。

6.2.2 精、大、稀设备的使用维护要求

① 严格执行“四定”管理制度：定使用人员、定检修人员、定操作维护规程、定期精度检查与校正。

② 严格按说明书规定的范围使用，不允许超负荷、精机粗用、大机小用、长机短用，不得带病运行，有故障及时排除。

③ 严格执行润滑规定，润滑油料必须按说明书的规定使用；如采用代用油品，必须经润滑技术员和设备动力部经理批准方可使用。

④ 严格按要求保养维护设备，附件、专用工具要妥善保管，不得外借或挪作他用。

⑤ 长期停歇的设备要定期擦拭、润滑、空运转。

⑥ 多班制生产的必须严格执行交接班制；多人操作的大型、重型设备必须严格执行机台长制，由机台长统一指挥。

⑦ 精、大、稀、关键设备的改造或改装，事先经工程技术人员论证，报公司批准后进行；改造或改装技术资料要完整齐全，改造或改装完成后及时验收、移交，资料归档。

6.2.3 提高设备维护水平的措施

(1) 设备维护工作的“三化”

为提高设备维护水平使维护工作基本做到三化（即规范化、工艺化、制度化）。

规范化就是使维护内容统一，哪些部位该清洗、哪些零件该调整、哪些装置该检查，要根据各企业的情况按客观规律加以统一考虑和规定；工艺化就是根据不同设备制订各项维护工艺规程，按规程进行维护。制度化就是根据不同设备，不同工作条件，规定不同维护周期和维护时间，并严格执行。对定期维护工作，要制定工时定额和物质消耗并要按定额进行考核。设备维护工作应结合企业生产经济承包责任制进行考核。同时，企业还应发动群众开展专群结合的设备维护工作，进行自检、互检，开展设备大检查。

(2) 设备维护保养工作的检查评比

企业应成立设备维护保养状况检查评比领导机构，对以下内容进行检查评比：

① 各级岗位责任建立和贯彻情况；

② 设备管理各项资料的健全情况；

③ 各项技术经济指标完成情况。如：设备完好率和完好设备抽查合格率，维护保养抽查情况，故障情况等。检查评比应以鼓励先进为主，以推动设备管理工作的开展。“红旗设备竞赛”活动是搞好设备维护保养的一种好形式，应不断总结经验，以求实效。

6.3 设备的检查

机器设备的检查是按照设备规定的性能和有关标准，对现场机器设备的性能、精度、润滑、完好运行状况与整齐、安全等情况所进行的预防性检查工作。它是实行设备状态监测维修的有效手段。其目的在于判断设备的技术状态如何，设备有无异常和劣化现象，以便及时采取措施，消除设备的性能隐患，防止设备劣化的发展和故障的突发，使现场机器设备经常

处于正常安全运行的良好状态，并为以后的维修工作做好准备。

6.3.1　设备的检查及其分类

机器设备检查按间隔时间的长短可分为日常检查和定期检查。按检查内容可分为性能检查和精度检查。有些企业也将完好率的检查列于其中，并将检查与评比工作有机地结合起来，推动了现场的设备管理工作。

（1）日常检查

设备日常检查是由操作工人和维修工人每日执行的例行维护作业，以五官感觉为主。主要是由操作工人每天对设备进行检查，可与日常保养结合起来，如果发现一般的异常情况，可立即加以消除，如发现较大的问题，应立即报告，及时地组织修理。日常检查的内容见表 6-1。

表 6-1　日常检查的内容

序号	名称	执行人	检查对象	检查内容或依据
1	班前检查	操作工	所有开动的设备	1. 开车前检查操作手柄、变速手柄、刀具、夹具、模具等位置有无变动及固定情况，检查油标，并按各润滑点加油。 2. 检查安全、防护装置是否完好、可靠 3. 开空车检查自动润滑来油情况，运转声音、液压、气压系统的动作、压力等是否正常 4. 确认一切正常，开始运行、生产
2	巡回检查	维修钳工、维修电工、润滑工	维护区内分管的设备	1. 听取操作工人发现问题的反映，经复查后及时排除缺陷 2. 通过五官感觉对重要部位进行监视 3. 查看油位、补充油量、检查油温 4. 监视正确使用设备
3	重点设备点检	操作工、维修工	重点设备、特殊安全要求设备	依据设备动力部门编制的设备日常检查卡进行周期性的点检

（2）定期检查

设备定期检查是指对列入预修计划并按预定的检查间隔实施的设备检查作业，由专业维修人员通过五官和一定的检查工具、仪器进行。主要检查重点设备、主要动能设备和起重设备等。一般应按计划规定的时间，一个月到三个月，全面地检查设备的性能及实际磨损的程度，以便正确地确定修理时间和修理种类。在检查中，可以对设备进行清洗和换油。

按照其主要检查内容的不同，又可分为一般定期检查、精度检查、可靠性试验。机床定期检查内容及判定方法见表 6-2。

表 6-2　定期检查内容

序号	名称	执行人	检查对象	检查内容和目的	检查时间和间隔
1	定期检查	维修工	列入预修计划的设备	掌握设备所有缺陷，消除一般维修中可以解决的问题，提出下次预修必须修理的项目和备件，准备以及修改原定预修计划的意见	与定期维护同时进行
2	精度检查	维修工	精密机床、关键工序的机床	按照设备精度检查卡，检测设备的全部精度项目或有关主要精度项目	间隔期 6～12 个月
3	可靠性检查	指定检查人员	起重设备、受压容器、高压电器等设备	按安全规程要求进行负荷试验，耐压试验、绝缘试验等，以确保安全运行	以安全规程要求为准

（3）性能检查

性能检查是针对主要生产设备（重点设备）进行性能测定，要检查设备的性能有无异常及是否存在问题，例如有无异音、振动、能否保证产品要求的加工精度，零部件有无损伤、泄漏，安全装置是否灵敏可靠等，以便采取措施保持设备的规定性能。

（4）精度检查

精度检查是对设备的实际加工精度进行检查和测定，以便确定设备精度的劣化程度。这也是一种计划检查，由维修工人和专职检查工人依据设备精度标准（说明书提供）进行。主要是检查设备的精度情况，作为精度调整的依据，有些企业在精度检查中，测定精度指数，作为指定设备大修、项修、更新、改造的依据。

6.3.2 重点设备点检制

重点设备是指那些由企业根据自身生产要求来规定的设备，这样的设备在生产上起着举足轻重的作用，不可缺少或替代。一旦某设备被确定为重点设备，在企业的各种设备中，它就会受到特殊的维护保养，即企业需要从资金、监测仪器、维修力量等方面给予保障，使重点设备始终处于良好状态。

点检制是按照一定的标准、一定周期、对设备规定的部位进行检查，以便早期发现设备故障隐患，及时加以修理调整，使设备保持其规定功能的设备管理方法。

设备点检制是一种先进的设备维护管理方法。实行设备点检制度能使设备隐患和问题得到及时的解决；由于检查时有明确的量化检查判定标准可以保证设备的检查和维护质量，能够早期发现设备的异常状况和劣化，有利于推广经济责任制，有利于实现计算机辅助管理。

要推行重点设备点检制，在实施中必须做好以下几个环节的工作：

（1）确定检查点

一般应将设备的关键部位和薄弱环节列为检查点。但是，关键部位和薄弱环节的确定与设备的结构，设备的工作条件、生产工艺及设备在生产中所处的地位有很大的关系，必须全面考虑这些因素，确定的检查点过少，难以达到预定的目的，检查点过多，势必造成经济上的不合理。检查点一经确定，不应随意变更。

（2）确定点检项目

确定点检项目就是确定各检查部位（点）的检查内容，如把制浆造纸厂的传动皮带作为检查点，其检查项目通常包括检查皮带的声响、张紧度、老化情况以及皮带轮的外观和磨损情况等。确定各检查项目时，除考虑必要性外，还要考虑点检人员的技术水平和检测工具的配套情况。最后，将确定的点检项目规范化地登记在检查表中。

（3）制定点检的判定标准

根据制造厂家提供的技术要求和实践经验，制定出各检查项目的技术状态是否正常的判定标准。判定标准要尽可能做到定量化，如磨损量、偏角、压力、润滑油量等均要有数量界限，判定标准应明确地印在检查项目之内。

（4）确定点检周期

根据检查点在维持生产或安全上的重要性，生产工艺特点，并结合设备的维修经验，制定点检周期。点检周期的最后确定，需要一个摸索、试行的过程，一般可先拟定一个点检周期试行一段时间（如一年），再通过对试行期间设备的维修记录、故障和生产情况进行全面的分析研究，拟定出切合实际的点检周期。在完全无经验可循的情况下，也可以采用理论方法先推算一个点检周期，待试行一段时间后，再作调整。下面介绍一种计算点检周期的理论方法：费用损失系数法。

设 A 为每次定期点检的检查费用（含停产损失），B 为单位时间内由于发生故障所造成的损失，则令：

$$C=\frac{B}{A} \tag{6-1}$$

式中　C——费用损失系数。

若设备点检所经过时间 t 没有发生故障，那么，在 $t+\mathrm{d}t$（$\mathrm{d}t$ 为任意长时间）时间内，设备发生故障的概率是 $r\mathrm{e}^{-rt}$（r 为单位时间故障发生次数）。

显然，在一个点检周期内，故障损失费用与单位时间因故障所造成的损失 B 持续无故障时间 t，以及故障概率 $r\mathrm{e}^{-rt}$ 有关，即

$$C_0=\int_0^T B(T-t)r\mathrm{e}^{-rt}\mathrm{d}t \tag{6-2}$$

式中　C_0——点检周期内故障造成的费用损失；

　　T——点检周期。

由式（6-2）积分得到：

$$C_0=TB+\frac{B}{r}\mathrm{e}^{-rt}-\frac{B}{r} \tag{6-3}$$

若按单位平均时间计算，则有

$$C_1=\frac{C_0}{t}=B+\frac{B}{rT}(\mathrm{e}^{-rt}-1) \tag{6-4}$$

式中　C_1——点检周期内平均单位时间故障损失。

$$C_2=\frac{A}{T} \tag{6-5}$$

则一个点检周期内单位时间的总费用为：

$$R=C_1+C_2=B-\frac{B}{rT}(1-\mathrm{e}^{-rt})+\frac{A}{r} \tag{6-6}$$

由式(6-6) 与 T 求导，并令其为零，即：$\frac{\mathrm{d}R}{\mathrm{d}T}=0$

则有：

$$\frac{B}{r}-A=(\frac{B}{r}+TB)\mathrm{e}^{-rt} \tag{6-7}$$

因 e^{-rT} 的泰勒二次展开式为：$\mathrm{e}^{-rT}=1-T+\frac{1}{2}(rT)^2$　(6-8)

将式(6-8) 代入式(6-7) 中，整理得到 $T=\sqrt{\frac{2A}{rB}}=\sqrt{\frac{2}{rC}}$　(6-9)

这就是按费用损失系数 C 确定点检周期的计算公式。

下面举例说明这一方法的应用。

设某台制浆造纸设备一次点检的费用为 500 元（含停产损失），平均每年发生三次故障，每次故障包括停产损失和修理费在内的总损失平均为 5000 元，试求该设备的点检周期。

解：因为 $A=500$ 元，$B=5000$ 元，$r=3$，所以，$C=B/A=10$

于是设备点检周期为：　$T=\sqrt{\frac{2}{rC}}=\sqrt{\frac{2}{3\times10}}=0.26$ 年

6.4 设备的润滑管理

6.4.1 设备润滑管理的目的和任务

（1）设备润滑工作的目的

设备在投入使用后，可能产生各种故障和事故，究其原因，可以发现多数是由于润滑不良引起的。

日本的调查结果表明：由于14种原因产生的645次机械故障中，因润滑不良发生故障达166次，占总故障次数的25.7%，因润滑方法不当发生的故障达92次，占14.3%，上述两项润滑方面的原因所造成的设备故障总和为258次，占总故障次数的40.0%，可见，设备产生故障的原因中润滑方面的因素所占比例不小。

通常机械设备寿命的长短就是指稳定磨损阶段的长短。经过较长时间的稳定磨损之后，摩擦表面间的间隙和表面形状发生改变，产生了疲劳磨损等现象，加快了磨损速度，直至摩擦副不能正常运转。润滑的作用就是在摩擦副之间加入润滑剂，形成润滑剂膜以承受部分或全部载荷，并将两表面隔开，使金属与金属之间的摩擦转化成具有较低剪切强度的油膜分子之间的内摩擦，从而降低运动时的摩擦阻力、表面磨损和能量损失，使摩擦副运动平稳，提高效率和延长机械设备使用寿命。此外，润滑剂还可以降低摩擦表面的温度，冲洗掉污染物及碎屑，阻滞震动，防止表面腐蚀。

设备润滑工作是机器设备现场使用与维护的重要环节。正确、合理地润滑设备能减少摩擦和设备零部件的磨损，延长设备使用寿命，充分发挥设备的效能，降低功能损耗，防止设备锈蚀和受热变形等。相反，忽视设备润滑工作，设备润滑不当，必将加速设备磨损，造成设备故障和事故频繁，加速设备技术状态劣化，使产品质量和产量受到影响。因此，设备管理人员、使用人员和维修人员都应重视设备的润滑工作。

（2）设备润滑管理的基本任务

① 根据企业管理方针目标的展开，确定设备润滑与密封管理的方针与目标。

② 根据企业的规模大小、设备特点、生产条件和生产工艺流程状况，确定润滑管理的组织形式，拟定规章制度，建立各级管理人员的工作职责和工作标准，并与经济责任制挂钩，使企业润滑与密封管理工作正常开展。

③ 绘制设备润滑与密封图表，建立设备润滑卡和密封卡，制定润滑与密封材料的备料计划和消耗定额。

④ 积极开展设备润滑的定质、定量、定时、定点、定人的五定工作，使设备得到正确、合理、及时的润滑。

⑤ 编制设备油品化验、清洗、换油计划，逐步做到按质换油。

⑥ 检查和改进设备润滑状况，及时改进和解决润滑与密封系统中存在问题。

⑦ 积极开创“无泄漏工厂”、“无泄漏区域”，“无泄漏设备”等活动，采取有效措施，管理设备跑、冒、滴、漏现象。

⑧ 不断引进，不断研制，不断试验新设备、新工艺、新材料、新技术，学习推广国内外先进经验，尽快使进口油品国产化。

⑨ 组织管理好润滑与密封材料的发放、保管、质量验收、油品掺配、代用和回收。

⑩ 组织管理各级润滑与密封管理人员的业务培训，提高技术和业务水平。

6.4.2　润滑管理的体制与职责

6.4.2.1　润滑管理的组织体制

企业设备润滑管理工作，由设备动力科负责，按照企业的规模和生产特点设置相应机构和配备适当的人员。润滑管理组织体制各企业有所不同，但可以归纳为两种形式：

(1) 分级管理

在设备动力科设置润滑总站，定有专人（站长或技术人员）负责全厂设备润滑技术管理。在车间设有润滑分站（小油库），定有专职润滑工负责车间设备润滑工作，在行政上归车间维修组长（机械员）领导，业务上受设备动力科润滑总站技术人员指导。

(2) 集中管理

在设备动力科设置润滑站，定有润滑技术人员，按 800～1000F 配备一名润滑工人，直接管理全厂的设备润滑工作。

第一种形式的优点：车间润滑工固定在一个车间，对设备情况熟悉，有利于加强责任性，与车间检修工之间工作配合密切而且灵活，工作也易做好，适用于大、中型企业。

第二种形式的优点：润滑人员、器具都集中管理，有利于统一调配，节约劳动力，适用于小型企业。

此外，还有采用混合型，润滑工由设备动力科领导，他们管设备换油，配制冷却液和回收废油，负责车间定量发油和机床油箱添加油工作。

6.4.2.2　润滑管理制度与各级职责

各企业根据生产实践要求，制定制度和职责，这里以分级管理形式为例，提出制定润滑管理制度和各级人员职责的基本要点，供各企业制定标准时参考。

(1) 全厂润滑技术管理制度

① 明确规定厂内设备润滑管理的体制；

② 制定各级润滑管理的职责范围；

③ 制定润滑管理必须执行的表、卡的内容，表、卡的执行路线；

④ 制定润滑材料的管理、检验、收发手续和办法；

⑤ 根据润滑五定管理要求制定各项实施措施并切实地做到为生产服务。

(2) 润滑材料的入库制度

① 供应科根据设备动力科提出的润滑材料申请计划，按要求时间及牌号及时采购。

② 润滑材料进厂后由检验部门抽样交化验部门对油品主要质量指标进行检验合格方可发放，采用代用油品必须经设备动力科同意，精、大、稀设备采用代用油必须由总工程师批准。

③ 经化验合格油品登账入库，库房管理须记录明细，入库有单据、化验有报告、发放有手续、账目有登记。

④ 润滑材料入库后按规定堆放，合理保管，以防混杂或变质。所有油桶都应盖好，不得露天堆放，在库内也不得敞口存放。

⑤ 油库以防为主，安全储存。油品保管除了保证质量，还需确保安全、避免造成损失；油桶堆放中要留有必须的安全通道，在储存区附近必须设置消防灭火器械，工作人员要有确保安全生产的责任感，对不安全因素有权制止。

⑥ 润滑材料存二年以上者，须由化验部重新化验，合格者发给合格证方可使用。由供应科负责处理，不得继续堆放在合格范围内。

(3) 润滑技术人员的职责

① 组织全厂设备润滑管理工作，拟定各项管理制度和有关人员的职责范围，经领导批准并贯彻执行。

② 制定每台设备润滑材料消耗定额。根据设备开动计划，提出全年、季度、月份的需用申请计划交供销部门及时采购。

③ 会同厂有关试验部门对油品质量进行试验检查，并做出使用决定。对有问题的油品，应提出解决措施。

④ 编制全厂设备润滑图表和有关润滑技术资料，供润滑工、操作工和维修人员使用。

⑤ 指导车间维修工和润滑工处理设备润滑的有关技术问题，并组织业务学习。

⑥ 对润滑系统和节油装置缺陷的设备，向车间提出改进意见，通过设备科长后，有权停止继续使用。

⑦ 根据加工工艺要求和规定，提出切削冷却液的种类、配方和制作方法。

⑧ 编制冷却液配制工艺；指导废油回收和再生。

⑨ 熟悉国内外有关设备润滑管理经验和先进技术资料，提出有关润滑方面的合理化建议，不断改进工作，并及时总结经验加以推广。

⑩ 组织新润滑材料、新工具、新润滑装置的试验鉴定和推广工作；对精、大、稀设备润滑材料的代用提供意见；指导油料库房管理、合理存放、安全保管；编制全厂设备润滑卡片，制定设备换油、保养、消耗、工艺用油的定额，制定设备换油周期，统计换油记录，检查换油进度，检查换油质量，检查统计设备漏油情况，并采取措施或建议有关方面及时解决；督促指导正确、合理使用油料和润滑事故分析。

(4) 润滑工的职责

① 熟悉所管各种设备的润滑情况和所需的油质油量要求。

② 贯彻执行设备润滑的“五定管理”，认真执行油料三级过滤规定。

③ 经常巡回检查设备油箱的油位，低于油标线应及时添油，保持油箱达到规定的油面，如发现漏油部位应通知机械员进行修理。

④ 按设备换油计划（或一、二级保养计划），在维修钳工和操作工人的配合下，负责设备的清洗换油，保证油箱的清净质量。

⑤ 管好润滑站油库，保持适当储备量（一般为自耗量的二分之一），贯彻油库管理制度。

⑥ 按照油料消耗定额，每天上班前给机床工人发放油料（或采用双油壶制或送油到车间）。

⑦ 按车间机械员每季度一次检查设备技术和油箱洁净情况，将发现的问题填写在润滑记录本中。

⑧ 监督设备操作者正确润滑保养设备，对不遵守润滑图表规定加油者应提出劝告或报告机械员处理。

⑨ 按规定数量回收废油，遵守有关废油回收和再生的规定和冷却液配制。

⑩ 在设备动力科的指导下，进行润滑材料和新型润滑器具的试验，做好试验记录。

(5) 设备操作者对润滑的责任

① 操作设备的主人，对设备要做到“三好四会”，熟悉它，爱护它，才能正确的保养好。

② 上班操作前先作空运转、按规定，加油，下班清扫保养。

③ 熟悉设备润滑系统，了解设备加油点，知道应加什么润滑油。

④ 定期清洗线、油毡，经常检查油杯、油嘴、油盒、油管、油标等装置是否完好，做到油路畅通，油窗明亮，有问题及时向修理组反映。

（6）设备润滑五定管理

“五定”即是定人、定点、定时、定质、定量。设备润滑“五定”科学地总结了企业润滑管理工作的经验，把润滑工作的主要活动规范化，要把五定切实贯彻到润滑工作实际中去，才能收到良好效果。

（7）设备润滑“三过滤”

所谓“三过滤”，即油品入库过滤、发放过滤和加油过滤，以减少油液中的杂质含量，防止尘屑等杂质随油进入设备。

6.4.3　设备润滑材料的分类及其选择

6.4.3.1　润滑材料的分类

① 液体润滑剂；

② 润滑脂；

③ 固体润滑剂；

④ 气体润滑剂。

6.4.3.2　常用润滑油的种类、牌号、性能和用途

（1）常用润滑油的种类

润滑油主要是石油原油经过提取汽油、煤油、柴油等后所剩下的重油，再经提炼和加工精制的产物，按提取方法分为馏出润滑油、残留润滑油、调合润滑油三大类。

① 馏出润滑油。是从重油中蒸馏出来的润滑油，含沥青质和胶质少，馏分较轻，黏度较低，例如机械油、汽轮机油、变压器油等。

② 残留润滑油。是重油减压蒸馏后的残留物，含有一定量沥青和胶质较多，油性较好，黏度较高，如齿轮油、航空机油、车用机油 15# 等。

③ 调合润滑油。是由馏出润滑油和残留润滑油调合而成的混合物。

（2）常用润滑油的牌号、性能和用途

① 新机械油牌号：N5#、N7#、N10#、N15#、N22#、N32#、N46#、N68#、N100#、N150# 等 10 种，它们是应用最普遍的润滑油。故极性化合物 N5#、N7# 国产高速机械油属于轻质润滑，一般用在速度高、负荷较轻的机械部位，如仪表机械、高速机床、磨床主轴、座标镗床主轴等部位上。N15#，N32# 新机械油也属于轻质润滑油，一般用在中小型机床齿轮箱导轨润滑、热处理淬火用油，机械设备的冬季液压系统用油，设备的保养用油。N46#、N68#，N100# 新机械油属于中质润滑油，一般用在中型机械设备的齿轮箱，变速箱蜗轮蜗杆传动副、导轨润滑。N150# 机械油属于重质润滑油，一般用在大型、重型机械的各部分润滑，可代替低速柴油机油用。N150# 也能属于用于冶金工业制管机，小型轧钢机。

② 汽轮机油：共分 N32#、N46#、N57#、N68# 四个牌号，主要用于汽轮发电机上，由于它具有防水、抗氧化性能并且经过深度精制，所以油质纯净，色泽纯白。N32#、N46# 汽轮机油：在机械设备主要用于高精度机床的液压系统。齿轮传动部件，由于油质较

好，还作为配制专用特种油的基础油原料。N57#、N68#汽轮机油：主要用途与N32#，N46#基本相似，由于来源较少，主要作配制特种油的基础油原料。

③ 主轴油：精密机床主轴油适用于精密机床的轴承、主轴箱和纺织机械高速锭子等。其中N15#主轴油还可以作为精密齿轮用油。主要使用于座标镗床、光学座标镗床、精密万能磨床、无心磨床、平面磨等。具体选用时的参考数据见表6-3。

表6-3 具体选用主轴油的参考数据

主轴油牌号	主轴与轴承之间的间隙
N2#	0.002～0.006mm
N5#	0.006～0.008mm
N7#	0.008～0.01mm
N15#	0.01～0.02mm

④ 导轨油：精密机床导轨油主要用于精密机床的纵向导轨、垂直导轨、工作台水平导轨的润滑。具体应用为：

N32#适用于座标镗床、镗床、磨床、万能工具磨床等。

N46#适用于万能磨床、滚齿机床、内圆磨床、座标镗床等。

N150#适用于光学座标镗床。

N150#适用于座标镗床、落地镗床。还使用于导轨磨，龙门铣、镗床车、仪表加工机床等导轨部分润滑。

液压导轨油：精密机床液压导轨油适合于高精度万能磨床、万能外圆磨床、齿轮磨床等精密机床液压导轨的系统的润滑。

⑤ 汽油机油：主要分6#、10#、15#三个牌号。润滑机油用于发动机中汽缸、活塞、曲轴、轴承等，具有良好的抗氧耐磨和闪点高等性能。除车辆上使用外，也作压缩机和其他机械设备上润滑用油。

6#汽油机油：一般汽车汽油机冬季润滑用；

10#汽油机油：一般汽车汽油机夏季润滑用；

15#汽油机油：大型载重汽车在发动机陈旧或活塞与汽缸间隙大的情况下作夏季用油。也可代13号压缩机油在空压机的润滑方面用。

⑥ 柴油机油：主要分8#、11#、14#三个牌号，润滑柴油用于发动机中汽缸、活塞、曲轴、轴承等，具有耐磨、抗氧化、清除炭和闪点高等性能，适用汽车、拖拉机、钻机等柴油发动机的润滑。

8#柴油机油：柴油汽车、拖拉机、高速柴油机等冬季润滑用。

11#柴油机油：柴油机汽车、拖拉机、高速柴油机等夏季润滑用。

14#汽油机油：内燃机车全年使用，钻探起重、挖掘机等润滑用。

⑦ 压缩机油：主要有150#一个牌号，性能与汽油机油、柴机油相似，用于各种空气压缩机上。

⑧ 冷冻机油：主要有13#、18#、25#、30#四个牌号，分别应用在各种不同制冷剂的冷冻机上润滑。

13#冷冻机油：适用于四氨或二氧化碳制冷剂工作的冷冻机上润滑。

11#冷冻机油：适用于氟氯烷为制冷剂的冷冻机上。

25#冷冻机油：适用于要求黏度较大的氟里昂22或氨等制冷剂工作的冷冻机上润滑。

30#冷冻机油：适用于排气温度145℃左右，要求高黏度和高闪点的大型冷冻机上润滑。

⑨ 变压器油：主要有 10#、25#、45#三个牌号，作各种变压器线芯，起绝缘、冷却和起动补偿器绝缘灭弧作用。绝缘性能良好，一般要求耐压 3 万伏以上。

10#变压器油：适用我国南方，环境气温不低于－10℃的地区使用。

25#变压器油：适用于我国大部分地区，要求环境气温不低于－25℃的地区使用。

45#变压器油：适用于我国北方，要求环境气温不低于－45℃的地区使用。

⑩ 齿轮油：用于汽车和拖拉机的传动机构，如变速箱、差速器、前后桥齿轮和转向器等摩擦部件的润滑。

6.4.3.3　润滑材料的选择

(1) 选择润滑材料的原则

① 工作规范。如运动速度（速度高的，要选黏度低的），运动情况（冲击、振动大的，要选黏度高的），负荷大小（负荷大的，要选黏度高的）。

② 工作温度。如工作环境温度较低时，要选黏度小的；温度经常变化时，要选黏度高的。

③ 周围环境。如湿度大时，选有防锈添加剂的润滑材料，而且尽量密封。多尘时，应密封并有过滤装置。在化学气体环境中，要采用有防锈添加剂的润滑材料。

④ 运动副的结构。如间隙小的，选黏度低的；摩擦面加工精度高的，选用黏度低。

⑤ 润滑系统结构。如对机械循环润滑系统，应选黏度低的。

(2) 润滑油的选择

选择润滑油时，通常按下列步骤进行。

① 按设备的工作条件和工作环境选用。如运动速度；载荷及载荷特性；运动副的间隙和加工精度；工作温度；工作环境；润滑装置及部位。各考虑因素简略地记录在表 6-4 中。

表 6-4　润滑油黏度选择的考虑因素

低黏度	中黏度	高黏度
轴承速度高 载荷低 全封闭 循环润滑 轴承很小	飞溅油或滴油润滑	轴承速度低 载荷高 通风良好 无加油操作 轴承大

② 按润滑油的性能选择润滑油。主要是根据润滑油的性能及其用途，结合机器设备的工作条件和工作环境，进行综合考虑，合理地选择润滑油的品种和牌号。

6.4.4　设备润滑方式与装置

6.4.4.1　对润滑方式和装置的要求

(1) 能确保润滑材料的供应。好的润滑方式和装置，能均匀地连续不断地供给润滑材料，操作者易于根据工作条件的变更，调节油量的供给。

(2) 能保证润滑作用。在选择润滑方式和装置时，除特殊设备外，一般要尽量采用机械化、自动化控制润滑。充分利用强制润滑，确保润滑作用。

(3) 能防止污染，保持清洁。润滑装置应能防止灰尘、铁屑等的污染，保持润滑材料的质量，起到良好的润滑作用。

(4) 润滑装置应在性能良好的前提下，力求简单，便于合理维护，减少润滑材料的消耗。

（5）要确保安全操作，避免事故发生。

（6）由于制造厂对润滑装置设计不合理，造成润滑不良或漏油，使用单位要把改进方案和意见，反馈到制造厂进行改进。

6.4.4.2 常用的设备润滑方法和润滑装置

常见的润滑方法及润滑装置如下：

（1）手工润滑

方法简单，应用普遍。一般由操作工人用油壶或油枪向油孔、油嘴、油杯加油。要求认真操作，按时、按量加油。

（2）滴油润滑

利用各种滴油杯，只供一次润滑的小量润滑油，油量受油杯中油位和油温的影响。需要经常检查其作用是否正常，油位低于1/3时需要加油，针阀和滤网需定期清洗。此法需要工人照顾，不完全可靠，停机时要关闭针阀。优点是结构简单，可以较均匀、连续地供油，便于检查。

（3）油绳和毡块润滑

利用毛毡的吸油、虹吸作用供油，并有一定过滤作用，多用于低速轻载处。

（4）强制送油润滑

机械强制润滑装置能按需要的量均匀地发送润滑油，装置一般由单向阀、活塞、弹簧等组成，也可用柱塞泵、叶片泵，由传动轴或主轴上的凸轮、偏轮、棘轮、摆杆、齿轮或皮带轮带动。由于是运动机器本身所带动，可靠性好，维护工作量小、油量可调整，耗油量中等。装置较复杂，常受到空间位置的限制，适用于少数机械。

（5）油雾润滑

利用悬浮在空气中的成为雾状的微小油粒进行润滑，一般应用压缩空气或蒸汽吹散油成为雾状，送到摩擦表面上，形成必需的极薄的油膜。耗油量小，能保证不断地供给，有一定压力，渗透力强，能保证润滑效果。缺点是较为复杂，制造成本较高，只适用于有气源的地方，且有污染。

（6）几种自带润滑

应用机件本身的动力来供油。如油池或溅油润滑：主要应用于闭式齿轮、链条及内燃机曲轴箱。润滑可靠，维护方便，防污节油。但流量不易调节，热损失较大。自动吸油润滑应用于整圆形的滑动轴承上，原理是利用快速的旋转轴颈轴承的无荷低压区带走油，形成局部真空，通过接油池的吸油管吸入润滑油供油润滑。这种方法简单可靠，来油均匀连续。起动时必先点动吸油，只适于高转速、负荷方向不变的轴承。离心甩油润滑利用圆锥表面离心力变化从小端向大端送油，或利用圆锥滚子轴承高速旋转可对垂直高速主轴供油。这种方法结构简单可靠、油可循环使用，冷却良好，但只能在一定条件下应用。

（7）几种简单的机件润滑

油环润滑、油轮润滑、油链润滑等。结构简单、自动可靠，但均有速度限制，油量不易调节。

（8）喷油润滑

直接喷油至高速旋转的齿轮、轴承等，通过喷油嘴可使润滑油均匀分配，润滑油冷却效果好，对高速和较高温度下工作的轴承还可采用注入润滑法。

（9）压力循环润滑

对于负荷较大、速度较高、产热量较多、润滑点集中的重要设备，采用循环润滑是最有效的办法。润滑充分可靠，冷却和冲洗效果好。有单泵式、双泵式和重力式三种，需要设置过滤和冷却装置、显示和保护仪表，结构较复杂。

润滑脂润滑的方式有：不常拆卸部分的滚动轴承，可在装配时涂敷和填充；用人工或自动油脂杯、脂枪供应润滑脂；现代大型、复杂设备的油脂集中润滑系统，定时定量地发送润滑脂到指定的润滑点，特点是准确可靠而无浪费。

6.4.5　润滑材料的消耗与节约

6.4.5.1　润滑材料的消耗定额

企业制定润滑材料的消耗定额，应以机台为统计单位，根据设备开动台时（班数），分别按各个车间部门计算每月、每年的消耗定额，然后核算全厂每年的消耗量，安排采购计划、组织货源、及时供应、实行定量管理。

(1) 单台设备润滑材料定额的计算

设备润滑材料的消耗一般包括三个部分：

油箱换油量 Q_1：设备油箱清洗换油所需的油量；

油箱添加量 Q_2：油箱正常消耗需要经常添加的油量；

表面浇油量 Q_3：设备日常保养表面润滑每班浇油量。

上述三者全年定额之和就是该设备全年的耗油量：

$$Q=Q_1+Q_2+Q_3 \tag{6-10}$$

凡超过上述正常耗油定额的设备，属于漏油设备。超过定额一倍以上的为严重漏油。

(2) 治理漏油

这不仅是设备管理与维修工作的一项任务，也是节能降耗的内容之一。治漏工作应抓好查、治、管三个环节。

查：查看现象、寻找漏点、分析原因、制定规划、提出措施。

治：采用堵、封、修、焊、改、换等方法，针对问题、治理漏油。

管：加强管理，巩固查、治效果。

在加强管理上，应结合具体情况做好有关工作，如建立、健全润滑管理制和责任制，严格油料供应和废油回收利用制度，建立、健全合理的原始记录并做好统计工作，建立润滑站，配备专职人员、加强巡检并制定耗油标准。做好密封工作对防止和减少漏油也会起到积极的作用。

6.4.5.2　用过润滑油的回收和再生处理

(1) 润滑油废旧老化的原因

应用在机器中的润滑油常与金属、油漆、橡胶等物接触，又要受到空气、阳光、电场作用，还有尘屑水汽的沾污等，逐渐渗入了各种不同的气体、液体和固体等外来物，从而出现了物理和化学的变化。如润滑油被燃料油、水所稀释、污损和烃类的分解、氧化等现象。润滑油在日常使用中其物理和化学的成分和性能均不断变化，结果在润滑油中增加了沥青、胶质、炭黑、各种盐类、燃料、金属和矿物屑末、纤维及水分等杂质，使其逐渐废旧，以致不能使用而需加以更换。

(2) 用过润滑油的回收和利用

润滑油氧化变质只是极少部分，故不难通过一定的方法加以再生，恢复其使用质量。而废旧润滑油如任意泄漏抛弃或放入下水道会破坏环境卫生、沾污江河农田等，因此回收废旧润滑油既能节约能源，又能防止环境污染。

节约回收的具体措施：认真收集各种设备润滑系统周期性换油换下来的油料；在专用机床底下安装油盘、油槽、油桶收集漏油；在设备附近设置油水分离池、油水分离箱、油水分离沟，使与冷却水混合的漏油流入池、箱、沟里，经过静止后把浮油捞起来。漏在地面上的油，不要用木屑吸干，因为木屑中的油不能榨出来，应该用纱头揩布蘸干挤拧出来，做到点滴回收。废旧润滑油的充分利用：除进行再生利用外，设备清洗换油调下来的废油，不能再作设备油池用油，经过沉淀过滤后，可作机床导轨等滑动面消耗保养用油；收集的废油可代替新的润滑油作为铸工车间调炭灰水，用作浇水泥预制品润滑模子用；利用废油自制切削油和乳化油。

(3) 润滑油的再生

① 沉降：利用水分及其他固体夹杂物质相对密度较润滑油的相对密度（0.8～0.9）大，在润滑油静止状态下，水分和固体杂质能在其重力作用下而逐渐下沉到底部，然后将其分开。这是一种极为简单而又必要的方法，沉降能使进一步的再生大大的简化。沉降的速度与杂质的密度、大小和形状有关，并与润滑油的密度和黏度有关，润滑油的密度和黏度愈小，则杂质的沉降速度便愈大，废旧油收集后就可让其在常温下陆续沉降；大约需要三四天才能沉降完，若要加速沉降，可升温到70～90℃即可。

② 离心分离：是一种机械化的沉降方法，在沉降过程中作用于固体或水分颗粒上的力不是重力而是离心力，在离心力的作用下，由于废旧油中的固体杂质和水分密度较大，故其离心力和离心速度较大，结果使杂质由中心抛向离心容器的边缘而与润滑油相分离。离心分离时，机械杂质和水分的分离速度还与废旧油的阻力（即黏度）有关，故为了降低废旧油的黏度，也可将其加热到60℃以内的温度。又因分离的程度还与其离心的时间及每次离心的数量有关，时间愈长，其被分离的数量愈少，则所得的润滑油愈洁净。

③ 过滤：将废旧润滑油透过多孔材料（滤布、滤纸、金属网、木炭、毛毡、分子筛等）使悬浮在油中的细微夹杂物被隔离而分离出来，而水滴能通过滤纸细孔。过滤为循环润滑系统中净化油的主要步骤，是再生的最后一道工序，过滤有自重过滤和压力过滤两种形式，自重过滤设备较简单，它仅利用油的自重形成压力差，推动其通过滤层。压力过滤是用油泵或压缩空气使油产生足够的压力差推动其通过滤层。

(4) 再生油的使用

再生油的使用主要是根据再生油的质量状况来决定。若完全符合新油的标准，则基本上可按新油使用，否则要视情况合理配比使用。再生汽油、机油可与相同牌号的新油以1∶3的质量比例调合使用，或改做近似黏度的机械油使用。

6.4.6 设备的润滑故障及预防措施

由于润滑不良而产生的设备故障在各类的故障中所占的比重很大，因此必须加强对设备润滑故障的研究，采取积极的预防措施以减少润滑故障的发生。润滑故障的主要表现形式及其原因如下：

(1) 机械运转不灵

机械运动时运动沉重而不匀，不能平稳地工作，运力消耗大，电机过热，达不到要求的转速，传动机件过热并受到损伤。原因：

① 摩擦部分设计不当或制造、装配不良。如表面质量太差、配合间隙过大或过小，造成润滑不良而运转状态恶化。

② 摩擦部分材料及其组合不当，润滑剂及润滑方法选择不当。有的属设计问题、有的

属维护修理问题，造成运动不稳，容易引起研伤。

③ 异物混入引起磨料磨损并阻碍运动。产生原因有密封不良、过滤失效、润滑剂管理不善等。

④ 摩擦部分已损伤，如齿轮、轴颈与轴承、丝杠与丝母、导轨面等发生磨损、研伤、咬伤、咬粘、剥落等损伤，运动状态将恶化。

(2) 产生振动和噪声

导致机械性能降低和环境恶化，会造成机械过早损坏，原因同上。

(3) 温度过高

摩擦大则摩擦部分及其周围的温度就显著升高，如果箱体外壳超过 80℃，则箱体内运动副的温度还要高出几十度，会发出润滑油燃烧的嗅味和冒烟。发热过多造成较大的热膨胀和热变形，导致摩擦副的配合和啮合失常，又促进发热，如此恶性循环。发热大的原因是强使摩擦大、润滑不良的机械运转，摩擦大的原因除 (1) 所述外，还有润滑油粘度过高、油量过多、散热不良等原因。

(4) 机械不能运转

在正常工作条件下，停止运转或不能起动。原因是摩擦部分严重损伤；有尘埃、砂土、碎屑进入摩擦面间；温度过分升高。摩擦部分状态显著恶化或发生黏着等，致使机械中产生异常阻力超过了驱动力。

因此，应该坚持测量和记录设备的状态：如噪声、振动、温度、动力消耗、润滑油污染等数据并分析，则有助于发现故障征兆，避免发展成重大故障或事故。如果实行状态监测和故障诊断，则更可减少故障的发生。

6.5 某制浆造纸厂设备操作规程实例

6.5.1 1号生产线打浆工段操作规程

6.5.1.1 侧压浓缩机

(1) 开机

① 启动前先检查设备周围是否安全，无问题后方可开机。长时间停机必须找钳工检查，确认正常后方可开机。

② 打开喷网水。

③ 启动网鼓，开槽底清水阀。

④ 电铃或电话联系化浆车间送浆（送浆长声，停送短声）。

⑤ 根据要求的打浆浓度调节出口白水或清水量。

⑥ 运转时随时注意电机、设备运转情况发现问题及时与电、钳工及车间联系。

(2) 停机

① 电铃或电话联系停止送浆。

② 待网槽内浆全部脱完后，用清水冲洗干净，停止转鼓的转动。

③ 关闭所有水阀，停机 8h 以上关送浆阀。

6.5.1.2 双盘磨

(1) 开机

① 先检查设备，电机是否正常，长期停机的要找电钳工检查，确认正常后方可开机；

启动电机时通知电工到场监护。

② 检查是否完全退刀。

③ 打开盘磨上清水阀，启动双盘磨。

④ 启动1#或8#浆泵，待盘磨电器柜上的红灯亮后将手柄打到“运转”位置。

⑤ 待取样箱内有浆流出时，关闭盘磨清水阀，打开取样箱上清水或白水阀，按工艺要求进刀，调节浆的浓度。

⑥ 2#或9#池浆位低于2/3时必须开启双盘磨。

（2）停机

① 退刀。

② 打开双盘磨上清水阀，关掉取样箱上清水或白水阀。

③ 停1#或8#浆泵。

④ 待浆管及盘磨冲洗干净，取样箱无浆流出，停下盘磨。

⑤ 关闭盘磨上清水阀。

（3）注意事项

① 防止盘磨空磨。

② 防止硬杂物混入浆料，打坏盘磨。

6.5.2 1号生产线造纸工段操作规程

6.5.2.1 网部岗位

（1）开机前的准备和检查

① 开机前应与上下工序联系，全面检查所属设备，确认安全后，启动P25、P28、P801泵和水针泵P802、P27、P803。

② 检查所有刮刀是否严密，网子和辊面上有无粘浆块、杂物，启动网子前应冲洗干净。

③ 检查成形网与底网夹区内特别是前辊下的楔形区的黏浆是否冲洗干净，吸移箱面板条缝、真空吸水箱孔眼是否冲干净。

④ 检查网子有无洞眼、油点、裂边、起拱等情况。

⑤ 检查网子松紧是否符合张力要求，前辊位置是否适中。

⑥ 检查各部螺栓是否拧紧。

⑦ 检查校正辊、张紧辊位置是否适中。

⑧ 检查挡浆边板、水针、喷水管，加压气簧、放浆阀等有无堵塞，断裂等情况。

⑨ 检查伏辊与驱网辊负荷分配是否在规定范围。

（2）开机顺序

① 落下辊子刮刀加压，把所有摆动刮刀置于“摆动”位置。把洗网高压水管置于“动”位置。

② 启动网子前必须打开成形板、弧形靴、吸移箱前的湿润水阀。

③ 把纸机总控制选择开关置于“1位”，旋转网部电源选择开关，按启动钮，根据需要，选择开关可打至“点动”、“爬行”、“运转”。

④ 启动伏辊池、搅拌器、浆泵，确认安全后，先开爬行，再加速运转。

⑤ 启动P803泵、P26、P27泵。

⑥ 浆料上网后，关闭弧形靴，吸移箱前面的湿润水管。

⑦ 准备带纸之前，将冲纸幅水管打至“自动”位置、若自动失灵，则用手操作；抬起

真空引纸辊时，开P26泵，带纸后停P26泵。

(3) 停机

① 与上下有关岗位联系，并作好停机检查准备工作。

② 抬真空引纸辊（若P26泵连锁失效，则在抬真空引纸辊前开P26泵），停止放白水，然后停止上网浆泵，若超过0.5h以上的停机，应同时停下各真空泵、风机。

③ 停冲纸幅水泵和洗网高压水泵，使网子爬行，用清水将网子各部冲洗干净，1#池浆抽完后，停下送浆泵和搅拌器。如需碱洗网子应在停机前将烧碱液配好，然后打开P28泵、P25泵，开启送碱泵洗网，洗网完毕，打开喷淋湿润水管和高压摆动水管将网冲洗干净。

④ 把003P操作台上选择开关打至“0”位，停下各水泵，关闭各常压进水阀，停下刮刀。

⑤ 如停机时间过长，要抬起辊子刮刀，放松网子，停伏辊池搅拌器、浆泵，将瓷面板彻底清洗干净。

⑥ 如遇“紧急停机”必须提高顶网中心辊，把顶网放松，彻底清洗前辊下的楔形、吸移箱陶瓷面板上两床网子间的浆料，冲洗干净后，把顶网中心辊放下复原。

(4) 运转中注意事项及一般事故处理

① 运行中必须注意检查网子校正器（辊）、自动张紧辊工作情况，谨防网子跳偏，张力过小而起褶。生产中检查网边时不得用手直接接触，应用细木柴杆或其他对网不损伤的工具小心检查。

② 经常检查辊子刮刀是否严密，摆动刮刀是否正常，防止黏浆。运转中，不得用其他工具摸或刮辊子上的黏浆，防止意外事故发生，应用水管冲洗干净。

③ 运行中若网子湿润水泵（P25、P28），因故停转应立即停机处理，防止网子干磨；

④ 运行中若P309、P310风机因故停转或其他原因造成真空度过低，应停机处理将真空泵、高、低压风机停下，应注意洗网碱液浓度不要超过15%。

⑤ 套网前应仔细检查各脱水元件和辊子表面是否平整光洁。如有毛刺应用砂布磨平，若脱水元件或辊子表面凹凸不平应更换，以免损坏网子。进入伏辊池工作时，必须在停机时进行，停下搅拌器，挂上不准开机安全牌或有人监护，同时系好安全带。

⑥ 运行中要注意检查各部真空度是否符合工艺条件要求，各撇水堰、舱排水是否正常，各水封池水位是否适当。

⑦ 生产中应密切注意006H控制柜，003P操作台上所属仪表显示及报警讯号，便及时发现问题进行处理。

⑧ 注意检查伏辊池液位控制情况，检查定边水针，活动水针工作情况，及时处理针上的粘浆现象。

6.5.2.2　压榨岗位

(1) 开机前准备工作

① 接开机通知后提前半小时启动液压站回油处理泵，同时将中、高调压气阀调“0”位。

② 全面检查所属设备及毛布松紧情况以及真空引纸辊限位装置是否灵敏，以使开机安全。

③ 检查各校正器位置及工作情况，检查各辊刮刀特别是右辊刮刀是否严密。

④ 检查本部传动电机的负荷分配器是否在规定范围。

⑤ 将各压区销子拔去，压力转换开关置于靠紧位置，打开毛布真空吸水箱及毛布润水管阀。

⑥ 将各摆动刮刀，毛布高压摆动水管喷水开关置于“摆动”位置（若自动控制失效，则应在压榨起动后才能开高压水）。

⑦ 将真空引纸辊和真空压榨辊内湿润水管打开。

⑧ 启动 P25 泵，PS01 泵，放下接损纸溜槽，使压损池工作开关转至“自动”。

（2）开机顺序

① 在 003P 操作台上把控制电源开关置于“1 位”，启动压榨传动，点动或爬行，爬后启动 P803、P804 或 P805 泵，启动压损池搅拌器。

② 爬行后作如下检查工作：

a. 液压泵是否与压榨部同步运转，各部是否有真空。

b. 刮刀是否摆动，各喷水管嘴是否畅通。

c. 高压水针形喷水管是否有水和摆动，沟纹喷水管角度适当与否，嘴子是否堵或异常。

③ 真空引纸辊未降下引纸前，打开真空引纸辊和真空压榨内清洁水阀，引纸后关闭。

④ 检查完毕即可加速运行，其操作步骤如下：

a. 靠拢—爬行 1min 后—加压—运行，采用普通沟纹辊；

b. 靠拢—爬行—开快速并节油压—待油压上升后打加压运行，采用可控中高辊。

⑤ 运行中应检查各设备运行与电流是否正常，压榨部各传动线速是否适当，校正工作是否正常，检查断纸吹嘴切换开关是否置于“自动”位置，若自控失灵，可手动检查压损池液位控制情况。

⑥ 确认安全正常后，启动压损池送浆泵、循环泵、打开溜槽喷水管和压损池冲稀管，落下真空引纸辊引纸。

⑦ 正常生产中应密切注意检查所属设备及毛布运行情况以及操作柜上仪表显示报警讯号。

⑧ 生产中注意压辊的严密程度及刮刀磨损程度，宽度为 1.5cm 时要及时通知并更换。

（3）停机程序

① 与上下工序联系，首先提升真空引纸辊，关真空连接阀。若停机时间较长或剪毛布时应停下真空泵。

② 停压损池系统的水阀与泵。

③ 清洗三床毛布并冲洗刮刀，开爬行，停摆高压水，关闭水阀。

④ 打开真空引纸辊，真空压榨辊内清洗水阀。

⑤ 上列工作完成之后，工作开关置于“0”位，将压榨传动停下来，抬起压榨辊，停可控中高辊油泵，本部各水泵，关闭常压手动水阀，停摆刮刀。

⑥ 若停机时间较长或需进行检修，应将刮刀抬起，放松三床毛布，切断电源开关，上安全销子。

⑦ 如遇由于液压站系统故障等原因，造成本部自动停机，必须查明原因，处理故障之后，再按正常开、停机程序进行。

⑧ 如本部有意外情况，需停机则迅速将 003P 柜上工作开关置于“0”位，如遇特别意外情况，需全线停下，则按“紧急”停机按钮。

（4）运转中的注意事项及一般事故处理

① 本部自动化程度较高，压榨工必须密切注意 003P 操作台上仪表显示及报警。

② 启动各泵时，需检查各进出口阀门是否已打开。

③ 不得用尖锐物品刮擦转动弧形辊、沟纹辊和石辊，正常生产中或引纸过程中抬起石辊刮刀。为防止沟纹辊沟纹堵塞，应保持沟纹喷水管有足够的压力，并保持喷嘴始终畅通；

④ 运行中不得用手触摸转动中的辊子。

⑤ 毛布有严重跑偏时，或局部起褶时，应立即停机处理。

⑥ 正常生产中不得抬起损纸溜槽，冲洗辊子、刮刀时，不要把水冲到压榨传动面的电机上，以防电机烧坏。

⑦ 运行中应经常检查各喷水管、高压摆动水针工作情况，以及毛布真空吸水箱有否尖角与凹凸不平，一有停机应拉开毛布疏通各喷水管嘴，并除去吸水箱面板上的污垢（要用细砂布磨平）。

⑧ 为防止网子产生震动起褶，操作引纸辊时务必注意，当引纸辊下降压入网面才能打开真空连接阀，当提升引纸辊离开网面时，应先关掉真空连接阀（连接阀损坏的正常生产不作要求）。

6.5.2.3　干燥岗位

（1）开机前的检查与准备

① 开机前应与上下工序及电工、钳工、仪表工联系，全面检查所属设备、干网、绳。联系通汽时间，值班钳工应提前半小时开启中心润滑油系统和循环系统（油温 70℃）。

② 检查干网松紧是否符合张力要求，引纸绳是否完好，将摆动刮刀置于“摆动”位置。

③ 启动前分别将 104# 操作台及 2#、3#、4# 干燥操作台选择开关打至“0”，认为安全后，启动烘缸爬行，如需要还可以“点动”、“反向点动”和“反向爬行”。

（2）开机顺序

① 开启主蒸汽阀前，应先将主蒸汽管道上的冷凝水疏水阀打开，检查汽水分离水阀是否关闭，然后缓慢启动电动阀，让管内存水排空，预热蒸汽管道和烘缸，预毕，即可缓慢开大汽阀至工作状态，同时关闭冷凝水排水阀，烘缸快速运行。

② 打开表面冷凝器冷却水进清水池仪表阀置于“自动 1 开”位置，开动各真空泵冷凝水泵。

③ 开启通风系统。

④ 开冷缸进水管阀。

⑤ 调节好各组烘缸压差及烘缸进汽阀门开度，使烘缸表面温度曲线符合技术要求。

⑥ 检查自控装置和仪表调节阀是否正常，注意观察烘缸视镜内排水情况。

（3）停机顺序

① 短时间停机：

a. 关闭进汽阀，冷缸进水阀；

b. 停通风系统传动电机；

c. 用“爬行”、“点动”、“反向点动”或“反向爬行”按钮检查干网，引纸绳有无接头是否整齐牢固；

d. 待烘缸表面温度下降，冷凝水排空后（30min 以上）可停下。若电流偏高，须蒸汽排水降电流至正常位置，才能停下（意外事故除外）。

② 超过 3 小时以上停机，还要作如下操作：

a. 关闭总进汽阀，停真空泵，冷凝水泵；

b. 打开冷凝水系统排空阀；

c. 把操作台上工作开关置于“0”位，切断电源开关；

d. 如果压光机也不需运转，可通知值班钳工停下中心润滑油系统循环油泵；

e. 将表面冷凝器进清水阀仪表置于手动“（关）”位置。

③ 发现干燥部有意外情况需停机，则迅速把要停的那组操作切换开关打至停位置，同时关闭该组烘缸进汽阀。

④ 如遇特殊情况需全机停下，则可按红色的“紧停”按钮，但该按钮平时不得使用，按下“紧停”后，要把它拔起来，否则开不起来。

⑤ 开机通汽时间为：停机 4h 以上通汽时间不小于 30min，8h 以上不小于 50min，24h 以上通汽时间要 1.5h。

（4）运行中注意事项及一般事故处理

① 烘缸进汽压不得超过 0.3MPa，汽温不得超过 160℃，汽压表失灵或条件有变，应立即通知调度及有关人员处理。

② 开机前必须与调度取得联系，每逢检修后，进汽前必须与钳工联系，确认无误。修后方可准备开机，开启进汽阀时，必须缓慢进行。

③ 缝补干网时或进入烘缸内部工作，必须在线路开关上挂上安全牌，并联系电工，切断电源。

④ 由于干网易着火，本部严禁吸烟和明火作业，如需烧焊，必须经过消防队批准，采取有效防范措施。

⑤ 运行中必须加强检查，清除传动侧损纸和纸毛，防止传动断油干磨，引起火灾。

⑥ 烘缸罩选用的照明电线必须符合防火规定的材料同时要经常检查；扑灭火源，同时迅速与消防队联系。

⑦ 运行中不要靠近传动部分，处理损纸和带纸时，要小心谨慎，防止损坏顶网或将引纸绳挤断、拉出烘缸，万一引纸绳接头自断，人应迅速脱离危险区，停机换绳。

⑧ 竹竿清理损纸时，必须注意不要碰撞周围的人和设备，不要把竹竿掉入烘缸，万一掉入烘缸内，人要立即松手，并停机处理。另外处理烘缸刮刀时要小心，不要使刮刀片掉入烘缸内。

⑨ 正常生产应注意如下事项：

a. 若主段进汽压力过高，则会导致纸张过干以至控制段自控调节失效，故应视纸张水分情况，调节主段进汽，保持控制段进汽压力在 0.02～0.08MPa 范围内，保持主进汽压力在 0.25～0.3MPa；

b. 每次调节蒸汽压力不要超过 0.03MPa，烘缸表面温度不准超过 160℃；

c. 注意观察烘缸排水情况和汽水分离器液位情况；

d. 维持冷凝水真空泵真空度在 350mmHg（1mmHg＝133.322Pa）以上，回送段压力控制在－300～400mmHg 左右；

e. 安全阀压力保持在 0.35MPa；

f. 检查干网校正器工作情况，谨防干网跑偏。检查传动侧汽头是否串汽或排水停滞，严重时及时停机处理；

g. 经常密切注意操作台上的仪表显示及报警信号。

6.5.2.4　压光岗位

(1) 开机前的检查与准备

① 与上下工序联系，检查本部电器及设备，用压缩空气吹净压光辊面，取走顶辊轴承壳间前后放置的垫块，将顶辊加压切换开关打至“卸压”此时卸压气簧不得大 139kPa，加压气簧为“0”，底辊打“加压”，气簧压力不得小于 180kPa，注意顶辊不放平，辊不顶上，不能启动；

② 调节中高气压至“0”，启动两台液压油泵，同时液压站报警系统开始工作；

③ 辊子刮刀接触，底辊刮刀选择开关置于“1”位作好开机准备工作。

(2) 开机顺序

① 启动压光辊和卷取缸，先爬行后加速行转，此时加压切换开关应置于“接触”。

② 打开卷取缸进冷水阀。

③ 检查压光辊刮刀和卷取缸刮刀是否严密，摆动是否正常。

④ 空池启动压光下水力碎浆机（注意：正常生产中只需关闭加水阀，不需停机），启动压光冷风机，此时冷风风嘴遥控开关应置于“0”位。把卷取的“生产”切换开关打至“引纸”。启动按钮，若空纸轴或纸卷直径过小，则可放下引纸导板，帮助带纸，带纸完毕，即可关风嘴，停下真空传送带，抬起带纸导板，把卷取的“引纸/生产”切换开关打至“生产”开，关碎纸机水阀。

⑤ 使扫描架进入工作状态“扫描”，根据厚度显示图及棒敲检查松紧情况，及时调整冷风风嘴。一般不要频繁调节压光加压来调节松紧，若横幅定量相差很大，则应通知班长或放料工调整。

(3) 停机顺序

① 中高控制液压调至“0”。

② 停冷风机。

③ 停液压泵。

④ 停压光机，卷取缸、关闭卷取缸冷水阀。

⑤ 脱开辊子刮刀。

⑥ 把辊子加压切换开关打至“接触”，如较长时间停机，则脱开辊子间接触，提升上辊、中间辊后，在轴承壳上放置垫块，放下底辊。

⑦ 待水力碎浆机池中浆料送完后，停下碎纸机。

(4) 运行中注意事项与一般事故处理

① 开机前要将辊面清洁干净，且不得长时间无纸空运行。

② 运转中不许用手触摸辊子及刮刀，用小铁铲清洁压光辊面时必须在辊子出口进行。

③ 出干燥成纸水分太大或定量过高（水分大于 7%～8%，定量大于 $60g/m^2$）不准带压光机。正常生产中若发现纸页水分过大或定量过高，应打断。等调节正常后再带纸，若纸缠辊较多，应停下处理。

④ 压光机断纸，应及时断纸，防止刮刀不严缠纸，损坏压光机。

⑤ 压光机在运转不得将顶辊、中间辊提升或将底辊落下。

⑥ 不得用冷水或蒸汽喷射压光机压辊，以免造成温度突变而损坏辊子。

⑦ 不得用尖锐硬物刮磨压光辊面和转动弧形辊面。若纸缠在弧形辊上，应用手扒开，

严防高温和明火作业。

⑧ 不准因压光松紧问题而随意缩小抄宽。

⑨ 应防止中间辊热水温度过高（正常范围 60～70℃）。

⑩ 若松紧不好，应先查明原因，不准使用加热器或采用吹冷风办法长时间对某部位置进行调节。

⑪ 扫描传感器放射源打开后（红灯亮），不得进入扫描区内，严禁任何人敲击“O”形架，吊装时注意不要碰撞。

⑫ 卷取上引纸导板只有在小叉架处于最低位置或者小叉架上无纸轴情况下放下使用，同时在引纸导板放下时，不准吊纸轴到小叉架上，完成引纸后，应立即抬起。

⑬ 纸卷直径不得超过 2000mm（纸轴总重不超过 10t）。

⑭ 下纸时，纸轴停止旋转后，才能起吊纸轴，不准悬空吊放，不准重叠堆放，必须遵守 15t 吊车安全规程。

⑮ 打损纸时，必须用竹竿或铝管推入机内，严禁脚蹬，严防铁片、木块。另外损纸加入量一次不能过多，连续加入损纸时间不能过长。

⑯ 下碎纸机捞拾物，必须通知电工切断电源，并挂上安全牌。

⑰ 生产中应随时注意纸卷松紧情况及抄宽是否符合工艺要求，压光加压是否符合工艺要求。

⑱ 生产中若发现压光启动不了，可能是无润滑油、高压油油位过高、高压过低。

⑲ 正常生产中要求底辊处断纸，可按下压光快速拉紧按钮，即可通过张力辊断纸。

⑳ 若张力辊处出现堵纸或碎纸机堵塞，或其他故障一时无法克服时，则可在操作台上手动按下“压榨吹断纸”按钮，使压榨部自行断纸。

6.5.2.5　复卷机

（1）开机前的准备与检查

① 检查纵切刀的切纸宽度是否符合工艺要求，调节各圆刀在合适位置。若发现磨损，应该立即更换备用刀。

② 通知电工合闸送电。

③ 检查并使液压站投入工作，观察报警系统工作情况，有问题应及时处理。

④ 检查操作控制台上各开关，调节装置是否处于正常位置。

⑤ 量取大纸轴直径，调节好纸幅张力。

⑥ 检查顶纸芯是否顶好纸芯筒，压纸辊是否抬起到位，推纸器、引纸板是否退到位，卸纸摆架是否放下。

⑦ 检查圆刀是否脱开。

⑧ 非突发意外事故，一般不要使用“紧停”按钮，以免损坏电器设备。

（2）引纸操作

① 作好上述检查，准备工作。

② 卷第一套纸前应将长度计转至“0”位。

③ 将吊上的轴头离合器啮合，纸幅中心与复卷机中心初步调节重合位置。

④ 纸尾经刀型舒展杆后接通引纸器压缩空气气源进行引纸，吹入支承辊出卷筒或纸卷后关闭引纸气源，放下引纸器。

⑤ 展开纸幅，增加张力。

⑥ 合上纵切刀组，启动底刀马达和纸边风机，当切口抵达纸芯时，停机裁去纸屑剩余部分后用胶带按质量要求接头。

⑦ 提升卸纸摆架。

(3) 开机操作

① 如纸幅松弛，用退纸辊反向“点动”拉紧。

② 如纸幅中心不合适，应再次调好。

③ 把张力控制刹车，支承辊转矩控制，压纸辊线压控制均处于“自动”位置。

④ 转动“0-1”选择开关于“1”位置。

⑤ 按下复卷机引纸速度按钮，报警铃响，松开后待指示灯亮，再进入引纸速度运行。

⑥ 当最初几层复卷的纸认为较满意时，按下“运行”按钮，慢慢调节速度旋钮至所求的速度。

⑦ 运行中应经常注意检查各刀口缝隙是否正常，各刀组运转是否正常，纸幅两侧纸边宽是否符合要求，如有异常现象应及时调整。

(4) 停机操作（包括复卷断头）

当复卷长度达到所给定的长度时，能自动降速至停止运转。若该控制失灵，则用手动操作。即按下复卷机“停”按钮。如复卷中断头按下 050P 或 05R 的“停”按钮可，此时有机械快速刹车装置帮助刹车发电机制止退纸轴的转动（刹车时间 15～20s），然后按引纸程序进行操作：

① 停转后，抬起压纸辊至最高位置，脱开纸卷芯顶轴，将纸卷芯顶头滑座完全抬走。

② 如纸卷上的纸仍与退纸辊相连（即纸仍未断）应把传动开关按至“停”，以防复卷机退纸辊转动，转动推纸器开关，把纸卷推入卸纸摆架。

③ 将推纸器复位开关转至“复位”。

④ 当纸卷与卸纸摆架接触后，放下卸纸摆架。

⑤ 按引纸程序进入下一套引纸或接头后带纸。

(5) 接头操作

① 接头应在合上纵切刀组后，以“引纸”速度运行，使纸口超过接头部位纸能重叠接头。

② 接头两端纸尾应拉平。

③ 胶带纸长度应大于纸卷宽度，两端面用刀切齐，纸卷之间也应切断。

④ 胶带粘齐后所留纸尾允许有 3mm。

⑤ 开机前应检查 050P 操作台上报警系统是否正常，未通压缩空气和油压前，启动复卷机。另外，运行前还要检查各联锁机构是否正常。

⑥ 换纸芯或接头完后，操着者应离开复卷纸辊前，然后落下压纸辊，任何人不得用手摸压纸辊和下面的纸卷，不得让手进入压区部位。

⑦ 引纸时需小心，以防圆刀伤手。

⑧ 开机时或接头完后，应发出信号，使任何人都离开复卷机前后危险区。

⑨ 运转中，不得松开纸芯顶轴，不得伸手撕纸和摸纸，不得对纵切刀进行调节。

⑩ 复卷机未停稳时，不得抬压纸辊和放下卸纸摆架，推纸器。

⑪ 运转中或下纸时，任何人不得在卸纸摆架近前方待留。

⑫ 凡吊进吊出纸辊时，一定在退纸架旁边站人配合。

6.5.3 2号生产线浆料准备岗位

6.5.3.1 打浆工序

(1) 侧压浓缩机 [在控制画面 (一) STOCKPREPARATION1#]

① 进浆阀 HV-156HV-157 的控制

a. 当阀 HV-156HV-157"手动/自动"开关置于"手动"位置时，操作者任意开此阀，无任何联锁。

b. 当阀 HV-156HV-157"手动/自动"开关置于"自动"位置时，此阀将按如下式自动操作。

当1#池液位低于30% (自 LIA-111) 阀 HV-156 将开启，当2#池液位低30% (自 LIA-112) 阀 HV-157 将开启。

当1#池液位高于95% (自 LIA-111) 时，阀 HV-156 自动关闭，当2#池液高于95% (自 LIA-112 高高报警) 时，阀 HV-157 自动关闭。

每个阀配有两个行程开关，用来检测阀是否全开或全关，若行程开关在30s后反应，则 DCS 在屏幕上报警。

② 侧压浓缩机的开、停机操作：

说明：WPT——木浆侧压浓缩机；

RPT——苇浆侧压浓缩机；

HV-156——化木浆进浆阀；HV-157——化苇浆进浆阀；

括号内表示 RPT 与 WPT 的不同之处。

a. 开机：启动前，先检查设备周围是否安全，无问题方可开机，并将阀 HV-156 选择开关置于"手动"位置，将浓缩机电机"就地/遥控"开关置于"就地"。检查排污口否关闭。

调至 DES 控制画面 (一) ——STOCKPREAPATION1#，根据 LI-111 (LI-11 检查1#池 (2#池) 液位，当其在70%以下时，1# (2#) 侧压浓缩机才能启动 (有联锁)。

手动打开喷网水、网笼上部网边湿润水。

就地启动转鼓电机，如电机开关置于"就地"位，则在控制柜上启动转鼓，并打开遥控。

电话联系化木浆 (化苇浆) 车间送浆，当进浆阀开关置于手动位置时，还要开浆阀。

根据要求的浓度调节好白水或清水量，调节好压辊及刮刀压力。

b. 停机：电话联系停止送浆。待网槽内浆料脱完后，用清水冲洗干净，就地停下转鼓电机。关闭所有清水阀和白水阀。

(2) 注意事项及补充说明

① 要注意来浆浓度，尤其不能浓度太小，要及时调节，为后面的浓度调节创造条件。

② 要经常检查网笼的密封胶圈的状况和网子状况。

③ WPTRRT 的进浆管上分别有流量显示，可估计来浆情况 (自 LIT-135、136)。通过 HV-156、HV-157 只能开关，调节进浆量要靠手动阀控制。

④ 正常生产中，短时间停止脱水时，不需停下转鼓，关掉各水阀即可。

⑤ 一旦转鼓卡死，处理时要防止压手，先用清水冲，不行要切断电源处理，当启动皮带时，要防止压手。

⑥ 糊网要用碱洗网子时，要穿戴好必要的防护用品，防止灼伤。防止浆管道串浆因素造成浓缩机卡浆。选择开关宜打在“手动”位，方便操作及处理卡浆故障。

⑦ 打浆板时的倒阀操作及特殊情况下的旁通要视流程情况相应操作。注意调节胶辊与网笼之间的间距，使两端间隙保持一致，调节方法：可通过胶辊压杆高调节螺杆间距，使胶辊与网笼的间距保持一致。

⑧ 各池搅拌器均在操作柜上开、停，然后将控制开关置于“遥控”，DCS 上可看开停状态。要经常检查胶辊刮刀，发现卡浆，要等停止送浆并停下转鼓后再予以清浆，防止因卡浆造成对胶辊的磨损。

⑨ 所有电器开关，请勿湿手操作。

6.5.3.2　φ450 双盘磨［在控制画面（一）STOCKPREPARTION2#］

（1）开机

① 调至 DCS 控制画面（二），检查 12# 损纸塔液位（LI-120 显示）情况，调出 DC 制画面（三）检查 7# 池液位（LI-117 显示）情况，当 12# 损纸塔液位高于 30%且液位低于 70%时，进浆泵 P12 才可启动。

② 检查轴承的加油状况，检查设备是否处于退刀位置，将电机“就地/遥控”开于“就地”位，长时间停机要找钳工、电工检查确定正常后方可开机。

③ 确定符合条件后，打开双盘磨的白水或清水阀。

④ 就地启动双盘磨，正常运转后，将开关置于“遥控”位置［也可在 DCS 控制，(二)］上启动，由于要就地开清、白水阀和进刀，最好先就地启动，再将开关置于“遥控”(进入 DCS 监视)。

⑤ 当纤维疏解机也启动后，在 DCS 控制画面（三）上启动 P12（假设其升于“遥控”位，否则要就地启动 P12)。

（2）停机

① 先按“自动退刀”按钮后，手动退刀。

② 打开双盘磨上的清水阀，串洗盘磨及管道。

③ 在 DCS 控制画面（三）上按软按钮停 P12。

④ 在控制柜上将“就地/遥控”开关，转“遥控”。

⑤ 停机后定期检查浆管是否堵塞，磨片是否需要更换。

⑥ 注意 P12 的开机和运行联锁条件（见表 6-5)。

表 6-5　开机和运行联锁条件

浆(水)池	名称	控制画面	控制/显示	高报警	低报警
T1	未叩浆池	(一)	LIA-111	H:85 HH:95	L:15 LL:5
T2	未叩苇浆池	(一)	LIA-112	H:85 HH:95	L:15 LL:5
T3	未叩化机浆池	(一)	LIA-113	H:85 HH:95	L:15 LL:5
T4	已叩木浆池	(一)	LIA-114	H:85 HH:95	L:15 LL:5
T5	已叩苇浆池	(一)	LIA-115	H:85 HH:95	L:15 LL:5
T6	已叩化机浆池	(一)	LIA-116	H:85 HH:95	L:15 LL:5

续表

浆(水)池	名称	控制画面	控制/显示	高报警	低报警
T7	疏解后损纸池	(三)	LIA-117	H:85 HH:95	L:15 LL:5
T9	配浆池	(三)	L1A-118	H:85 HH:95	L:15 LL:5
T13	1# 损纸浆塔	(三)	LIA-119	H:85 HH:95	L:15 LL:5
T12	2# 损纸浆塔	(三)	LIA-120	H:85 HH:95	L:15 LL:5
T8	成浆池	(二)	LIA-121	H:85 HH:95	L:15 LL:5
T38	滤后白水池	(六)	LIA-201	H:85 HH:95	L:15 LL:5

6.5.3.3 配浆工序 [在控制画面(三)]

(1) 配比的控制

假设:

① P4 的化木浆流量(FI-132 测量)为 Q4,浓度为 C4(CT-121),测量,绝干,配比为 KWP;

② P5 的化苇浆流量(FI-131 测量)为 Q5,浓度为 C5(CT-122),测量,绝干,配比为 KRP;

③ P6 的化机浆流量(FI-130 测量)为 Q6,浓度为 C6(CT-123),测量,绝干,配比为 CTMP;

④ P7 的损纸浆流量(FI-129 测量)为 Q7,浓度为 C7(CT-129),测量,绝干,配比为 KBP。

测量:KWP、KRP、CTMP、KBP、Q4×C4,Q5×C5,Q6×C6,Q7×C7

KWP+KRP+CTMP=100%

在 DCS 操作站,屏幕上有专门的配比设置界面供操作设置配比,我们把化木浆的流量为主参数,交由 T9 的液位来调节,其他浆的流量作为副参数,其相应的给定值与实测的化木浆的流量成比例关系,如果主参数相应的泵未运行,则其对应的阀的开度为零。

(2) 配浆程序启动

① 将 P4、P5、P6、P7、N1、P12、P13,STP1 或 STP2 的“就地/遥控”开关置于“遥控”位置;

② 调出控制面画(三)检查 4 池(LI-114 显示)、5 池(LI-115 显示),6 池(LI-116 显示),9 池(LI-118 显示)的液位情况,是否完全满足下列条件:

a. 4 池液位不低于 30;

b. 5 池液位不低于 30;

c. 6 池液位不低于 30;

d. 9 池液位不高于 70。

③ 如果上述四个条件全满足:则在控制画面(三)上按“配浆开始”钮,启动配浆程序,配浆程序开始后,P4 立即运行,P5 和 P6 将在 30s(可调)后投运,淀粉泵 STP1 或 STP2 将在 30s 后投运,填料阀 FIC-133 也将在 30s 后开启。

④ 湿损纸回收浆的配用，根据生产情况和 T13、T10 液位情况在控制画面上启动 P3、P10。流量大小分别由 FIC-159 控制，n-137 显示。

⑤ 视情况当配浆程序正运行且 7# 池液位不低于 30%，屏幕上启动 P7。

(3) 配浆程序的停止

① 按操作站屏幕上“配浆结束”钮，则配浆程序结束；

② 若 P1、P5、P6 未能及时运行，则配浆程序自动停止。

若下列条件中至少有一个满足，则配浆程序自动停止：

a. 4# 池液位“低低”；

b. 5# 池液位“低低”；

c. 6# 池液位“低低”；

d. 9# 池液位“高高”。

③ P7 在配浆程序停止或 7# 池液位“低低”时自动停止，如果不配干损纸浆且配浆程序正进行时，可在控制画面（三）上停下 P7。

(4) 配浆操作

① 开机

a. 先检查管道配浆操作的各项开机条件是否具备，所属范围设备是否完好，完全。接开机通知，提前 120min 通知打浆岗位打浆。

b. 提前 30min 作好配浆准备，启动有关搅拌器，在 DCS 操作站屏幕上按下“配浆开始”按钮，进行配浆。

c. 在控制画面（三）上，通过 FIC-138 控制好填料的流量，即根据工艺条件设定相应车速（产量）下的流量值。

d. 根据工艺条件，调整淀粉泵 STP1/STP2 的转速。

e. 根据实际情况启动 P7 或 P10 或 P13，也可以根据实际情况在配比设置面上增大或减小 KBP。

f. 接放料信号后，先根据均整机的操作规程（参照打浆机操作规程），在控制柜上启动均整机，然后开启浆泵 P8（注意 P8 的开机和运行条件），联系辅料岗位并启动助留剂泵 TRP1/TRP2 和 AKD 中性胶。

g. 生产中要密切注意 8# 池液位情况，以免 P8 跳闸，及时配浆，不得断浆，并检查均整机进刀量。

② 停机

a. 接纸机停机信号后，应整停下成浆泵 P8，通知辅料停 TRP1/TRP2，停 NSP2。

b. 在控制柜上，停下均机 VRF（参照打浆机 RF 的操作）。

c. 如果长时间停机，要提前停止配浆，9# 池、8# 池空池（5%以下）后要清洗并排污。

③ 注意事项

a. 本部控制较复杂，操作面广，要加强上下岗位的联系，提高责任心，操作时不要出现差错。

b. 特殊情况下的配浆，可手动操作，如损纸浆较多时，将 P4、P7 的“就地/遥控”开关打到“就地”位，就地启动 P4、P7 按工艺要求控制好配比及辅料加入量。其他泵均可就地操作。

c. 运行中，要检查各设备运行状态，均整机电机为 6000V 高压电机，要注意其温度和电流（DCS上有显示）。

d. 多和化验室及纸机岗位联系，督促打浆岗位保证上网浆质量（如：叩解度、湿重、H值、灰分、施胶度等）。

e. 多检查P8的运行联锁条件是否具体，防止P8联锁跳闸。

6.6 其他设备操作规程

6.6.1 对焊机操作规程

（1）焊机应设在干燥的地方，平稳牢固，要有可靠的接地装置，导线绝缘良好。

（2）操作前，应检查焊机的手柄、压力机构、夹具是否灵活可靠。

（3）焊接车间或现场，不允许堆放易燃物品，并必须备有消防设备和消防器材。

（4）焊接前，应根据所焊钢筋截面，调整二次电压。禁止对焊超过规定直径的钢筋。

（5）焊机所有活动部分应定期加油，以保持良好的润滑。

（6）接触器及继电器应保持清洁，电极触头定期用细砂皮磨光。

（7）焊接后必须随时清除夹钳以及周围的焊渣溅沫，以保持焊机的清洁。

（8）操作人员必须戴防护眼镜及帽子等，以免弧光刺激眼睛和熔化金属灼伤皮肤。

（9）通电前，必须通水，使电极及次级线圈冷却，同时应检查有无漏水现象。0℃以下工作时，焊机使用后要放净管中的积水。

6.6.2 钢筋冷拉机操作规程

（1）工作前，先检查各部位工作情况，注意滑轮组、钢丝绳穿绕情况，走向不能错乱、交叉、擦碰，地锚是否牢固。

（2）冷拉直线两端应设置防护挡板，以防钢筋拉断或夹具失灵时钢筋弹出而伤人。

（3）冷拉时，操作人员必须站在冷拉直线的两旁，并禁止行人跨越钢丝绳或钢筋。

（4）对冷拉夹具、钢丝绳及各联结点，每次上班前都必须进行安全检查。

（5）电器设备必须完好，导线绝缘必须良好，接头处要联结牢固，电动机和起动器的金属外壳必须接地。

（6）工作时必须统一指挥，互相配合。

6.6.3 制氮机操作规程

（1）开机顺序

① 先检查系统阀门（开关）的位置，空压机出口节门常开，制氮机进口节门关增压机进出水节门均关，氮气储罐进气节门关。

② 系统通电。

③ 先接通制氮机，等仪表出现数值后，把温度表上的温度值设定到40℃，纯度表上的纯度值设定到0.6。

④ 开冷干机，并使其工作1～2min，同时看一看蒸发表不能为零。

⑤ 开空压机，使空气罐罐内压力在1.1MPa以上时，打开制氮机进口节门。

⑥ 把制氮机的采样流量计调到1.5左右。

⑦ 把增压机进水节门打开，并把增加机两个上节门打开，使水柱在50mm左右，并关上节门，打开排水阀，再打开氮气储罐进气节门。

⑧ 当氮气机上的氮气灯亮时（纯度上的实际值低于设定值），开启增压机。

⑨ 当增压机把氮气储罐打满后，增压机自停，再把制氮机上温度表的温度设定到 0℃时，温度表实际温度下降 30℃以下（夏天到室温），将制氮机进口节门关闭。

(2) 关机顺序

① 将制氮机温度表上温度设定到 0℃，实际温度低于 30℃以下时，关闭制氮机进口节门，使进气压力表为零，关闭空压机。

② 关闭冷干机电源。

③ 关闭增压机电源，再关闭进水阀与回水阀，关闭氮气储罐进气节门，冬天不生产把增压机内部水放空。

④ 关闭制氮机电源。

(3) 注意事项

空压机：请熟读空压机使用说明书。

缓冲罐：(空气罐）定期排放罐内的冷凝液（每班 3～4 人)。

冷干机：注意蒸发表（蒸发表不能为零，如为零必须修理)。

制氮机：过滤器滤芯 3000～4000h 更换。活性炭颗粒 6000～8000h 更换。

6.6.4 真空泵安全操作规程

(1) 开机前的准备工作

① 检查进气管路上法兰、接头、阀门，不得出现漏气。

② 检查曲轴箱内润滑油的油位。

③ 开启冷却水进水阀门，关闭进气管阀门。

④ 用手扳开皮带轮数转，确认无异常现象方可开启。

(2) 运转情况

① 合上电机电源开关，驱动真空泵。需与旋转方向标志一致盖好防护罩。

② 缓慢开启进气阀门使泵的吸入口通向被抽容器，以免泵的启动冲级过大。

③ 泵在运行过程中应无冲击声，否则应停机查找原因，进行调整修理。

(3) 停机

① 关闭进气阀门，开启进气管道通大气阀门，冲洗真空泵腔数分钟。

② 拉开电动机电源开关。

③ 停机 10min 后，关闭冷却水阀门，在冬天必须将冷却水放尽，以防结冰，冻裂汽缸等配件。

(4) 维修保养

做好日常维护保养工作，检查油位、是否漏水、三角带松紧情况、保持油缸的清洁、整洁。发现泵体过热，有异常情况及时停机检查。定期更换润滑油。检查紧固件的松紧，阀体、阀座的污垢清理。发现磨损及时更换。对运转部位经常检查，确保设备正常安全运行。

第7章　设备的后期管理

7.1　设备的检修

（1）检修的含义、目标

① 检修的含义。所谓检修，就是为保持或恢复设备能完成规定功能的能力而采取的技术和管理措施，包括维护和修理。

② 检修的目标。以最经济合理的费用（包括修理费、运行费和停产损失费等）使设备经常维持良好的性能，保证生产上有效地使用设备，从而实现企业的经营目标。

（2）检修的原则

① 以预防为主，维护保养与计划检修并用。维护保养与计划检修工作都是贯彻预防为主方针的重要手段，因此要做好设备维修工作，必须贯彻这一原则，维护保养与计划检修彼此又是相辅相成的。设备维护保养得好，能延长修理周期，减少修理工作量。设备计划检修得好，维护保养也就容易。

② 以生产为主，维修为生产服务。生产活动是企业的主要活动，维修必须树立为生产服务观点。但企业不能为了生产而忽视维修工作，因为设备是企业进行生产的重要物质基础，只有妥善保护，使设备经常处于完好状态，生产才能正常进行。如果片面强调当前的生产任务而使设备“驴不死不下磨”，就会造成损坏。这种不考虑长远利益的做法，不能算是以生产为主的观点。因此企业必须处理好生产与维修的关系，当设备确定需要修理时，生产部门就得密切与维修部门配合，在安排生产计划的同时，安排好维修计划。维修部门则须在保证检修质量的条件下，尽量缩短停机时间，使生产不受或少受影响。

③ 专业修理和群众修理相结合，以专业修理为主。专业检修人员懂得设备的结构，掌握修理技术和手段，但不了解设备在运行中的“性格、脾气”。操作工人天天操作设备，非常了解设备的“性格、脾气”，但不熟悉设备的结构原理和修理技术。因此维修工作必须专群结合，取长补短。要形成专管成线，群管成网的管理方法．但专业人员必须发挥主导作用。

④ 勤俭节约，修旧利废。在保证设备维修质量和有利于技术进步的前提下，要开源节流，少花钱多办事，努力降低维修费用。例如，推行维修工作中的十二字经验（焊、补、喷、镀、铆、镶、配、改、校、涨、缩、粘）解决配件问题。

7.2　设备故障管理

7.2.1　设备故障的概念

设备或系统在使用过程中，因某种原因丧失了规定功能或降低了效能而造成停机时，称为设备故障。

设备是企业为满足某种生产对象的工艺要求或为完成工程项目的预计功能而配备的。设备的功能体现着它在生产活动中存在的价值和对生产的保证程度。在现代化生产中，由于设备结构复杂，自动化程度很高，各部分、各系统的联系非常紧密，因而设备出现故障，哪怕是局部的失灵，都会造成整个设备的停顿，整个流水线、整个自动化车间的停产。设备故障直接影响企业产品的数量和质量。因此，世界各国，尤其是工业发达国家都十分重视设备故障及其管理的研究，我国一些大中型企业，也在 20 世纪 80 年代初开始探索故障发生的规律，对故障进行记录，对故障机理进行分析，以采取有效的措施来控制故障的发生。

7.2.2　设备故障的分类

设备故障的分类，可根据设备丧失工作能力的程度，从故障发生状况，故障原因、维修复杂性、安全性、经济性等方面进行分类：

(1) 按故障发生状态分类

① 突发性故障；

② 渐发性故障。

(2) 按故障发生的原因分类

① 磨损性故障；

② 错用性故障；

③ 固有的薄弱性故障。

(3) 按故障持续时间的长短分类

① 间断性故障；

② 永久性故障。

(4) 按故障的危险程度分类

① 安全性故障；

② 危险性故障。

(5) 按故障造成功能丧失的程度分类

① 完全性故障；

② 部分性故障。

7.2.3　设备故障管理

实行设备故障全过程的管理为了全面掌握设备状态，搞好设备维修，最终在设备使用周期内，不断减少故障或部分消灭故障，不断改善和提高设备性能；必须对设备故障进行全过程的管理。全过程管理的内容包括：故障信息的收集、储存、统计管理、故障分析、故障处理、计划实施、效果评价及信息反馈（使用单位内部反馈信息向设备的设计、制造单位反馈）。故障管理可为开展设备故障机理和设备可靠性、维修性的研究提供数据信息，为改造在用设备提高其性能和利用率，为提高换代产品质量提供依据。

为确保故障分析与排除的快捷、有效，必须遵循一定的程序，这种程序大致如下。

7.2.3.1　故障信息的收集

(1) 收集方式

设备故障信息按规定的表格收集，作为管理部门收集故障信息的原始记录。当生产现场设备出现故障后，由操作工人填写故障信息收集单，交维修组排除故障。有些单位没有故障信息收集单，而用现场维修记录登记故障修理状况。随着设备现代化程度的提高，对故障信息管理的要求也不断提高，表现在：

① 故障停工单据统计的信息量扩大；

② 信息准确无误；

③ 将各参与量编号，以适应计算机管理的要求；

④ 信息要及时的输入和输出，为管理工作服务。

(2) 收集故障信息的内容

① 故障时间的收集。包括统计故障设备开始停机时间，开始修理时间，修理完成时间等。

② 故障现象的收集。故障现象是故障的外部形态，它与故障的原因有关。因此，当异常现象出现后，应立即停车、观察和记录故障现象，保持或拍摄故障现象，为故障分析提供真实可靠的原始数据。

③ 故障部位的收集。确切掌握设备故障的部位，不仅可以为分析和处理故障提供依据，还可以直接了解设备各部分的设计、制造、安装质量和使用性能，为改善维修、设备改造、提高设备素质提供依据。

④ 故障原因的收集

a. 设备设计、制造、安装中存在的缺陷；

b. 材料缺陷或材料选用不当；

c. 使用过程中的磨损、变形、疲劳、振动、腐蚀、变质、堵塞等；

d. 维护、润滑不良，调整不当，操作失控，过载使用，长期失修或修理质量不高等；

e. 环境因素及其他原因。

⑤ 故障性质信息的收集。有两类不同性质的故障：一种是硬件故障，即因设备本身设计、制造质量或磨损、老化等原因造成的故障；另一类是软件故障，即环境和工作人员素质等原因造成的故障。

⑥ 故障处理信息的收集。故障处理通常有紧急修理、计划检修、设备技术改造等方式。故障处理信息的收集，可为评价故障处理的效果和提高设备的可靠性提供依据。

(3) 故障信息数据的准确性

影响信息收集准确性的主要因素是人员因素和管理因素。操作人员、维修人员、计算机操作人员与故障管理人员的技术水平、业务能力、工作态度等均直接影响故障统计的准确性。在管理方面，故障记录单的完善程度，故障管理工作制度、流程及考核指标的制定，人员的配置，均影响信息管理工作成效。因此，必须结合企业和人员培训，才能切实提高故障数据收集准确性。

(4) 故障信息的储存

开展设备故障动态管理以后，信息数据统计与分析的工作量与日俱增。全靠人工填写、运算、分析、整理，不仅工作效率很低，而且容易出错误。采用计算机储存故障信息，开发设备故障管理系统软件，便成为不可缺少的手段。软件系统可以包括设备故障停工修理单据输入模块；随机故障统计分析模块；根据企业生产特点简历的周、月、季度、年度故障统计分析模块；维修人员修理工时定额考核模块等，均是有效的辅助设备管理。在开发故障管理软件时，还要考虑设备一生管理的大系统，把故障管理看成是设备管理的一个子系统，并与其他子系统保持密切联系。

7.2.3.2 故障信息的统计

① 按单台设备编号统计故障次数、停机时间。

② 按故障性质（或部位）统计设备名称、故障总次数及停机总时间。

③ 按重点设备统计故障总次数和停机总时间。

④ 按修理者统计修理次数及工时。

⑤ 按生产车间全面统计设备故障分析表（按周、月、季、年）。

⑥ 按各生产线统计机械、电器故障、停机次数和修理时间，打印输出汇总表。

⑦ 统计打印输出单台设备的平均无故障工作时间 MTBF、平均修理时间 MTTR 为维修性设计、设备改造提供依据。

7.2.3.3　故障分析

常用的故障分析方法有以下几种。

（1）故障频率和故障强度率分析

设备单位运转台时发生的故障台次数称为故障频率，其表达式为：

$$\text{故障频率}=\frac{\text{设备故障停机台次}}{\text{设备实际运转台时}}\times 100\% \tag{7-1}$$

上式反映某段时间内，故障发生的次数，即故障的发展趋势。但它并不反映故障停机时间的长短，通常以单位运转台时的故障停机小时表示停机时间长短，称故障强度率，其表达式为：

$$\text{故障强度率}=\frac{\text{设备故障停机小时}}{\text{设备实际运转台时}}\times 100\% \tag{7-2}$$

（2）故障部位分析

将设备易发生故障的部位以百分比作图，这种方式可以比较直观地发现哪些部位容易发生故障。

（3）故障原因分析

造成故障的原因是多方面的，通过对故障信息的统计、归纳找出规律，只能了解整个生产单位的设备在某一时期内的状态、各个设备出现故障的频率和时间。至于各种故障的性质、产生原因则是复杂的，只有对每一个具体故障机理的分析、研究，找出导致故障产生的根本原因，才能判断外部环境对故障的影响，故障宏观规律的研究才有可靠的保证，因此，故障微观机理的研究是十分重要的，它是有效排除故障，提高设备素质的基础。

故障原因查找时，先按大类划分，再层层细分，直到找出主要原因，采取有效措施加以解决。如采用故障因果图的方法，按大类分成生产方面、维修方面、操作方面、备件方面、设备本身质量方面等。在每一大类中，又可细分为制造不良、操作不当、加工精度差、处理质量差等。

（4）设备可利用率分析

设备可利用公式为

$$A=\text{MTBF}/(\text{MTBF}+\text{MTTR}+\text{MWT})$$

式中　MTBF——平均故障间隔时间；

MTTR——平均修理时间；

MWT——平均等待时间。

从设备可利用率公式中可以清楚地看到，MTTR 和 MWR 愈大，则 A 愈小；MTTR 和 MWT 趋于零时，则 A 趋于 1，即设备可利用率趋于 100%。在设备使用中，如果不出故障，不需修理，则从 MTTF、MTTR 和 MWT 着手，研究故障随时间的变化规律。

7.2.3.4　故障处理

故障处理就是在故障分析的基础上，根据故障原因和性质，提出对策、暂时的或较长时间地排除故障，对不同的故障选择不同的对策。

重复性故障采取项目修理、改装或改造的方法，提高局部（故障部位）的精度，改善整机的性能。

对多发性故障的设备，视其故障的严重程度，采取大修、更新或报废的方法。对于设计、制造、安装质量不高、选购不当、先天不足的设备，应采取技术改造或更换元器件的办法。

因操作失误，维护不良等引起的故障应由生产车间负责培训、教育、操作工作，提高操作人员素质来解决。因修理质量不高引起的故障，应加强维修人员的培训、重新设计、制造维修工具、加强维修工的经济考核，调动其积极性等。

总之，在故障处理的问题上，不能有权宜之计的思想，尽量采用技术的和管理上的措施根除故障，使设备经常处于良好状态。

7.2.3.5 成果评价与信息反馈

对故障管理成果的评价，带有总结性质。因为往往由于管理人员认识的局限性、分析问题的客观性，分析故障时缺乏必要的手段、素材以及资料的准确性、处理故障时缺乏足够的时间等，均会影响故障处理的质量，有些紧急修理的故障属于抢修性质，在短时间内不可能修好，在总结、评定时，应进一步安排计划修理，彻底消除隐患，对已经妥善处理的故障，应填写成果登记表，并将此信息收集起来，输入计算机，作为故障全过程管理的信息之一加以保存，为开展可靠性维修性研究提供依据，为选型、购买提供参考资料。

7.3 设备的事故管理

企业生产设备由非正常原因造成损坏、停产或降低设备效能且损失较大者（一般企业有具体限额规定）称为设备事故。

7.3.1 设备事故类别和性质

（1）设备事故的类别

《全民所有制工业交通企业设备管理条例》规定，设备事故分为一般事故、重大事故和特大事故三类。设备事故的分类标准由国务院工业交通各部门确定。

原国家机械委1988年规定："设备或零部件失去原有精度，不能正常运行，技术性能降低等，造成停产或经济损失者为设备故障"。设备故障造成停产时间或修理费用达到下列规定数额者为设备事故。设备事故分一般事故、重大事故和特大事故，划分标准是：

① 一般事故：修复费用一般设备在500～10000元，精、大、稀及机械工业关键设备在1000～30000元；或因设备事故造成全厂供电中断10～30min为一般事故。

② 重大事故：修复费用一般设备达10000元以上，机械工业关键设备及精、大、稀设备达30000元以上；或因设备事故而使全厂电力供应中断30min以上为重大事故。

③ 特大事故：修复费用达50万元以上，或由于设备事故造成全厂停产2天以上，车间停产一周以上为特大事故。

（2）设备事故的性质

设备事故的性质按造成事故的原因来划分，可分为以下三类：

① 责任事故。凡属人为原因如违反操作维护规程、超负荷运转、擅离工作岗位、加工工艺不合理以及维护修理不良等，造成的设备事故，称为责任事故。

② 质量事故。凡因原设计、制造、安装等原因发生的事故称为质量事故。

③ 自然事故。凡因遭受外界因素、自然灾害等原因发生的事故，称为自然事故。

不同性质的事故应采取不同的处理方法。自然事故比较容易判断，责任事故与质量事故直接决定着事故责任者承担事故损失的经济责任，为此一定要进行认真分析，必要时邀请制造厂家一起对事故设备进行技术鉴定，作出准确的判断。一般情况下企业发生的设备事故多为责任事故。

7.3.2　设备事故分析和处理

企业发生设备事故后，应按上级有关设备管理制度的规定，及时报告，并及时组织有关人员根据“三不放过”的原则（事故原因分析不清不放过，事故责任者与群众未受到教育不放过，没有防范措施不放过），进行调查分析，严肃处理，从中吸取经验教训。

(1) 设备事故分析的基本要求

一般事故可由事故单位主管负责人组织有关人员，在设备管理部门参加下分析事故原因。

① 事故分析工作要及时，工作进行得越早，原始资料越多，分析原因和提出防范措施的根据就越充分，要保存好分析的原始证据。

② 不要破坏现场，不要移动或接触事故部位的表面，以免妨碍事故分析工作。

③ 要仔细察看现场，作好详细记录和摄影。

④ 如需拆卸事故的部件时，要避免使零件再次产生新的伤痕或变形等情况。

⑤ 在分析事故时，除注意事故部位外，还应详细了解周围的环境，并多访问有关人员，以便获得真实的情况。

⑥ 分析事故时，不能凭主观定案，要根据调查情况与测定的数据，进行详细的分析后，再做出结论。

(2) 设备事故处理

设备事故造成的经济损失是惊人的，一次特大设备事故可造成几十万元的经济损失。伴之而来的还有人员的伤亡，事故后造成停机、半停产，使企业无法维持正常的生产秩序，有的企业可能因为一次特大事故而破产。杜绝和减少设备事故是各级设备管理部门的重要职责，任何设备事故都要查清原因和责任，对事故责任者应按情节轻重、责任大小，认错态度好坏分别给予批评教育、行政处分或经济处罚，直至追究刑事责任。

发生事故的单位，应立即在事故后三日认真填写事故报告单，报送设备管理部门。一般事故报告单由设备管理部门签署处理意见。重大事故及特大事故则由厂主管领导批示。特大事故发生后，应报告上级主管部门，同时电告机械电子工业部，听候上级处理指示。重大事故应在季报表内附上处理结果上报。

设备事故经分析处理并修复后，应按规定填写维修记录，由车间机械员负责计算实际损失，记录设备事故报告损失栏，报送设备管理部门。企业发生的各种设备事故，设备管理部门每季度应统计上报，并记入历年设备事故登记册内。

7.3.3　设备事故损失计算

(1) 修复费用的计算

$$修复费(元)=材料费(元)+备件费(元)+工具辅材费(元)+工时费 \quad (7\text{-}3)$$

(2) 停产损失费用的计算

$$停产损失费(元)=停机小时\times每小时生产成本费用(元) \tag{7-4}$$

(3) 事故损失费用的计算

$$事故损失费(元)=停产损失费(元)+修复费(元) \tag{7-5}$$

(4) 停产和修理时间的计算

停产时间：从设备发生事故停工时起，到修复后投入使用时为止。

修理时间：从动工修理起到全部修完交付生产使用时为止。

7.4 设备的检修方式和体制

7.4.1 维修的基本方式

检修的四种基本方式

(1) 事后维修（Break-down Maintenance，简写为 BM）

它是设备在发生故障或性能下降到合格水平以下时采取的非计划维修方式。

(2) 预防维修（Preventive Maintenance，简写为 PM）

a. 定期维修（Periodic Maintenance，简写为 PM）。这种方式强调以预防为主，在设备使用时，做好维护保养，加强检查，在设备尚未发生故障前就进行修理。

b. 定时维修（Age-based Maintenance，简写为 ABM）。它是当设备运行到达预定的累计工作时数后，进行的预防性维修。这种维修方式适用于一旦发生事故将有严重后果的设备中。例如飞机发动机，当运行累计到规定的工作时数后，即应全部翻修。

c. 改善维修（Corrective Maintenance，简写为 CM）。改善维修是为厂消除设备的先天性缺陷或颁发故障，对设备经常出故障的部位采用改进结构设计，或改善材料素质等手段，以提高其可靠性和维修性的措施。

(3) 状态监测维修（Condition-based Maintenance，简写为 CBM）

状态监测维修简称状态维修或监测维修。这种维修方式不规定修理间隔期，而是根据设备监测技术和诊断技术监测设备有无劣化和故障，在必要时刻进行必要的维修，由于它对设备修理时机掌握及时，所以既有事后维修与定期维修的优点，又避免了两者的缺点，因此是一种较理想的维修方式。

但它在进行状态监测中要花费一定的费用，故适用于利用率高且状态监测费用不太大的重要设备，如精、大、稀和流水线生产中的主要设备。这种维修方式在使用上尚有它的局限性，即只能用于故障有可观测的状态发展过程的零部件上。

(4) 无维修设计（Design-out Maintenance，简写为 DOM）

除以上四种基本维修方式外，尚有一种普遍采用的维修方式，称为时机维修（Opportu-nityMaintenance，简写为 OM），这是指在进行事后维修，定期维修或监测维修的同时，在原定项目之外顺便安排的修理任务。这种修理方式特别适用于很难更换零部件或需连续运行、停机损失又相当大的项目。

7.4.2 检修方式的选择

为了提高维修的技术质量和经济性，就有必要对各种设备或部件作出最佳维修方式的选择。

(1) 影响维修方式选择的因素

影响维修方式选择的因素很多，主要有以下三方面：

① 设备（或部件）因素。设备因素主要指它的故障特性（如故障类型、故障模式、平均寿命等）和维修特性（如易更换性、平均修理时间等）两方面。

② 经济因素。经济因素包括故障停机损失，定期更换费用、备品配件储存费用，修理材料从人工费用、监测费用等。

③ 安全因素。安全因素指故障后对人身安全、环保卫生等方面的影响程度。

(2) 故障性质对维修方式选择的影响

故障模式主要有：

① 随机型故障。故障发生的时间无规律，不可预测，如超载故障、误操作故障等。

② 劣化型（或寿命型）。这是指性能渐渐劣化而发生的故障。因此，故障的发生与工作时间长短有关，如轮胎磨损，轴承磨损等。

③ 可观测的故障。在故障发生前有一个可以观测的状态发展过程，因此，通常可以实施状态监测，如内燃机气缸磨损、轴承磨损等。

④ 不可观测的故障。这种故障没明显的状态发展过程，因此无法实施状态监测，也没有预防维修的措施，如轮胎内胎的破坏、电子仪器的某些故障等。

根据以上的分析，还可归纳如下的直观结论：

a. 对劣化型故障的零部件来说，如更换容易，且维修费用低，最适用定期维修方式。

b. 对故障发生前有一个可以观测的状态发展过程的零部件来说，如更换难，且维修费用高，可采用监测维修。

c. 对维修费用很高的零部件，不管更换难易，都应考虑无维修设计。

d. 对不能或不必要进行预防维修或无维修设计的零部件，可采用事后维修方式。

e. 对频频发生故障的零部件，则需采用改善维修。

7.4.3　设备的维修管理制度

我国设备的维修管理制度长期执行的主要是前苏联的计划预修理制度，这套体制对设备管理影响极大。

从引进了美国的生产维修制、英国的设备综合工程学以及日本的 TPM 制度以来，尤其是 TPM 对制浆造纸设备管理影响很大，推进了设备管理向现代化方面迈进。因此现行的设备维修管理制度是在原有的基础上进行改进，并吸收国外的某些内容，结合制浆造纸实际情况，初步形成一套特有的体制。现将具体内容分述如下。

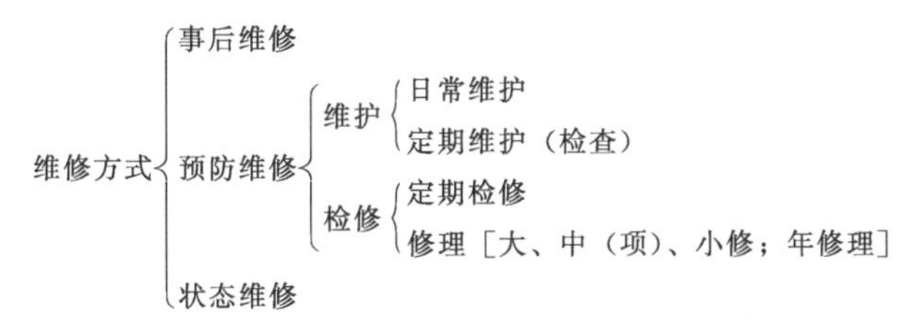

图 7-1　现行的几种维修方式

图 7-1 是普遍采用的几种维修方式。

图中的预防维修是指以时间为基准的维修方式，即定期维修，其内容包括维护与检修，现将检修部分的各种修理类别分述于下：

(1) 大修理（简称大修）；

(2) 中修理（简称中修）；

（3）项目修理（简称项修，又称针对性修理）；

（4）小修理（简称小修）；

（5）年修理。

除某些设备仍需采用大、中（项）、小修外，机械设备由于生产是每天24h连续运行的，不允许稍微中断，不允许发生故障停机，也就是要求有高度的可靠性。因此，对这种系统的装置设备需要在连续运行一年（约7000h）进行一次年修理，称为装置停车大检修（简称年修理）。它是指对装置中的大部分主要设备同时进行大、中（项）修理。其工作内容；对装置中的大部分主要设备和管理进行全面清洗、吹灰、除垢、检查、检测及零部件修理或更换。

（6）定期检修

它是根据日常点检和定期检查中发现的问题，拆卸有关的零部件，进行检查、调整，更换或修复失效的零件，以恢复设备的正常功能。其工作内容介于二级保养与小修之间。由于比较切合实际，因此，目前已逐渐取代二级保养与小修。

7.5 检修周期与结构的确定

7.5.1 确定合理的检查期限

（1）对重点设备都要制订定期检查的期限

制订的依据，一般可参考以下情况：

① 根据制造厂设计书和使用说明书的规定，并吸收有关人员（如操作人员、润滑工人、设备员等）参加，初步订出检查期限。

② 根据设备维修记录，分析生产情况（产量、质量），设备发生故障部位和零部件，进行平均故障间隔期的分析，同时参考其他有关资料，参考检查期限，使之更加合理或更符合实际需要。

③ 按照维修记录进行经济性分析，对设备性能降低后的生产损失，以及所需检查费用和停机检查损失加以比较，按照经济原则，全面研究，再进一步修改检查期限。最理想的检查期限是能使所发生故障或设备性能下降所造成的生产损失和检查费用（包括停机检查损失）实现最佳的平衡。

以上所讲是制订检查期限的一般原则和方法，至于某种设备是否要作定期的检查，可用检查系数来确定，检查系数是故障损失费用与检查费用之比。

用公式表示：

$$PM=\frac{D_1(A+C)+D_2B}{E\times F} \tag{7-6}$$

式中 PM——检查系数；

D_1——年故障次数（根据过去经验或估计）；

D_2——年故障停机台时数；

A——因故障造成的修理费用；

B——故障造成的生产损失（标准费用）；

C——由于本身故障使其他设备损坏的修理费用；

E——PM活动的平均费用（包括时间和材料）；

F——年计划PM活动次数。

例 1　某台设备的 $D_1=3$，$D_2=30\text{h}$，每次故障的平均修理费用 $A=500$ 元，标准台时损失费 $B=20$ 元，由于本身故障使其他设备损坏的修理费用 $C=0$（很小略去不计），PM 活动平均费用 $E=250$ 元，年计划 PM 活动次数 $F=4$ 次，则该设备的检查系数为多少？

解：运用上面公式，可以求出某台设备的检查系数 PM。

$$PM=\frac{3(500+0)+30\times 20}{250\times 4}=2.1$$

在对所考虑的每一台设备进行计算后，可按其重要性将设备依次排列；从检查系数最高的设备开始，一直排列到检查系数最低的为止，在此还必须回答一个问题，检查多少设备所花的资金是否有效。这可通过以下两种方式来回答。

a. 从排列表上最高的开始并累积其检查费用直至它们等于 PM 的总预算为止。到此点以前的设备将包括在检查计划内。

b. 仅对检查系数为 1.5 或高于 1.5 设备进行检查，对检查系数低于 1.5 的设备实行故障后检查。

(2) 以费用损失系数确定设备点检周期

为提高企业设备的利用率及其经济效益，国外有采用所谓以费用损失系数来确定设备合理的点检周期，使这种损失降到最低值，它的原理就是把由于点检所需以费用和由于发生故障的损失作为生产成本的要素来考虑，按照故障发生的频率求得最佳的点检周期。

7.5.2　设备修理周期的确定

(1) 按平均使用寿命确定修理周期

按照检修记录，整理出各种零部件的实际使用日时间，取其平均值并加以分类，按平均使用寿命长短排队编组，最长的平均使用时间就是修理周期，最短的平均使用时间就是修理间隔期，还有介于最长和最短之间的平均使用时间，这些就是确定修理周期结构的依据。

例 2　某设备按检修记录有平均寿命为 6 个月左右的易损件，有平均寿命为 2 年的耐用件，有平均寿命为 6 年的耐磨基本件，那么这台设备的修理周期结构应该是：

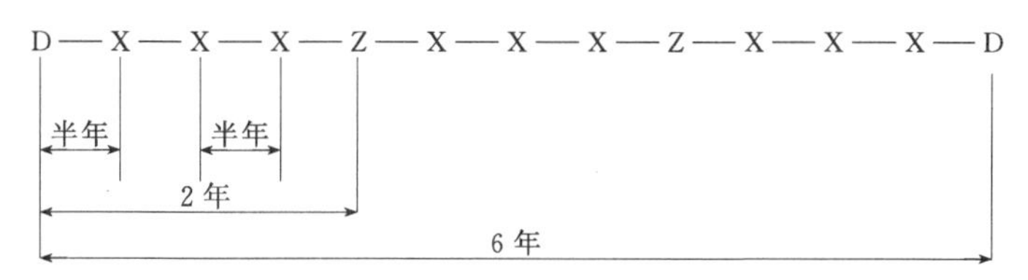

图 7-2　修理周期结构图

如图 7-2 所示，即修理周期为 6 年、修理间隔期为 6 个月。在两次大修理之间二次中修和九次小修，大、中、小修的比例为 1 ∶ 2 ∶ 9。

当然这是一种理想的状态，实际中设备零部件的平均寿命往往不止三种，但仍可通过适当的编组，确定比较合理的修理周期结构。已确定的修理周期结构，也可根据生产的需要适当调整。

(2) 根据实际开动台时确定修理周期

一般说来，零件的磨损量随开动台时数的增加而增大，按照实际开动台时数，可计算修理周期和修理间隔期。

① 修理周期计算

$$T=\beta\alpha+\tau \tag{7-7}$$

式中　β——修理周期；

α——计算总系数；

τ——检修停歇总台时数。

其中 $\tau=\tau_{机}+\tau_{电}$。

$$\tau_{机}=(D_n t_D+Z_n t_z+0.75X_n t_x)\cdot I\cdot F \tag{7-8}$$

式中 D_n、Z_n，X_n——分别为大修、中修、小修次数；

t_D、t_z、t_x——分别为大修、中修、小修单位停歇时间；

I——日停歇台时数；

F——修理复杂系数。

② 修理间隔期计算

$$t=\frac{T}{Z_n+x_n+n_0+1} \tag{7-9}$$

式中 T——修理周期；

n_0——定期检查次数。

修理间隔期

$$t=\frac{T}{Z_n+x_n+1} \tag{7-10}$$

③ 周期、间隔期的影响因素

即：计算总系数公式为：

$$\beta=\beta_{特}\beta_{维}\beta_{使}\beta_{质}\beta_{重}\beta_{其他} \tag{7-11}$$

式中 $\beta_{特}$——生产特效系数，一般取1～1.5，视生产批量大小而定，小批（或单件）生产取1.5，大量生产取1.0。

$\beta_{维}$——维护保养系数即按维护保养状况分较好、一般、较差，相应取值1.2～1.3、1.0、0.7～0.9。

$\beta_{使}$——设备使用环境条件影响系数，如有尘烟和潮湿的场所取0.8，正常生产环境取1.0，单独隔间使用取1.4等。

$\beta_{质}$——设备制造质量影响系数，如优取1.2，劣取0.9，一般取1.0。

$\beta_{重}$——设备重型影响系数，大重型取1.35，特重取1.7；

$\beta_{其他}$——其他影响系数。

(3) 根据经济效果确定修理周期

机械使用的经济效果通常用单位时间平均费用来度量，其费用组成包括折旧费C_p燃油、润滑油及其他材料费C_w、维护保养费C_m和大修费C_r。总费用为：

$$C=C_p+C_w+C_m+C_r \tag{7-12}$$

上述费用中，单位时间内的折旧费是一个常数，燃油等材料费等也近似等于一个常数。只有平均单位时间内维护保养费和大修费是随修理周期不同而变化的，设备保养费一般表示为：

$$C_m(T)=at^{\alpha} \tag{7-13}$$

式中，系数a和指数α均为常数，与设备本身的结构性能、零件材料和维护有关，其值由统计得出，其中a恒大于1。这是因为设备失效率总是随使用时间的延长而增大，因此，一个修理周期内，单位时间平均保养维护费用为：

$$C_m(T)=\frac{1}{T}\int_0^T at^{\alpha}\mathrm{d}t=\frac{a}{\alpha+1}T^{\alpha} \tag{7-14}$$

设备大修费用，包括其辅助费用在内是一次性支出的，设其为C_R则单位时间内的平均支出为：

$$C_r(T)=\frac{C_R}{T} \tag{7-15}$$

因此，单位时间内平均总费用为：

$$C_m=C_p+C_w+\frac{a}{\alpha+1}T^{\alpha}+\frac{C_R}{T} \tag{7-16}$$

将此式对 T 求导，并令其为 0，即令$\frac{dC}{dT}=0$

则有：

$$\frac{a\alpha}{\alpha+1}T^{\alpha-1}-\frac{C_R}{T}=0 \tag{7-17}$$

所以

$$T_{最佳}=\left[\frac{\alpha+1}{a\alpha}C_R\right]^{\frac{1}{\alpha+1}} \tag{7-18}$$

(4) 根据最大有效利用率确定修理周期

有效利用率是衡量设备利用程度的参数。定义为“可修产品在某一特定瞬间维持其正常功能的概率”在一个修理周期内，有效利用率可表示为：

$$A=\frac{T}{T+\text{MTTR}} \tag{7-19}$$

式中　T——修理周期内的可能工作时间；

MTTR——修理周期内不可能工作时间，或平均修理时间，它包括对已发生故障的事后修理时间 T_m和大修时间 T_r。其中大修时间 T_r，可认为常数（在修理企业中已实行定额管理），用于已发生故障的事后维修时间，与发生失效的累计量有关。

由于设备进入有效寿命的后期，部分零件相继进入故障损耗阶段，其故障率可用 $\beta>1$ 的威布尔来描述。

$$\lambda(t)=\frac{\beta}{\alpha}t^{\beta-1} \tag{7-20}$$

而维修时间可认为与故障累计量成正比。因此一个周期内总的事后维修时间为：

$$T_m=K_m\int_0^T\frac{\beta}{\alpha}t^{\beta-1}dt=\frac{1}{\alpha}K_mT^{\beta} \tag{7-21}$$

式中　K_m——比例常数，表示单位故障维修时间。

于是在一个周期内的有效利用率为：

$$A=\frac{T}{T+T_m+T_r}=\frac{T}{T+\frac{1}{\alpha}K_mT^{\beta}+T_r} \tag{7-22}$$

将上式对 T 求导，并令其为 0，即$\frac{dA}{dT}=0$，可得到：

$$T_{最佳}=\left[\frac{\alpha T_r}{(\beta-1)K_m}C_R\right]^{\frac{1}{\beta}} \tag{7-23}$$

由式(7-18) 和式(7-23) 分别求得的最佳修理周期，通常是不相同的。究竟如何取舍，应按具体情况确定，一般应着眼于经济效果. 即根据单位时间费用最小原则来确定，但在工程任务极为紧迫的情况下，以最大有效利用率确定设备的修理周期较合适。

7.6　设备修理计划的编制和执行

7.6.1　计划检修的方法

常用的计划修理有三种做法：

(1) 检查后修理法

此法是事先只规定设备的检查次数和日期，然后根据检查的结果和以前的修理记录资料，认为需要修理时，再编制修理计划，确定修理类别、日期、内容和工作量。

(2) 定期修理法

此法是根据设备的实际使用情况和修理定额资料大致确定修理的类别、日期、内容和工作量，从而编制修理计划。至于确切的修理日期、内容等，则须经修前预检后作适当调整。

(3) 标准修理法

此法是根据设备磨损规律和零件的使用寿命，来确定修理类别、日期、内容和工作量，编制修理计划。计划一定出，就必须严格执行。

7.6.2 检修计划的编制依据

(1) 设备的技术状况

(2) 生产工艺及产品质量对设备的要求

企业的新产品开发、生产工艺、产品质量、对设备的要求是编制检修计划的重要依据。当企业工艺部门认为设备的实际技术状况不能满足工艺要求时，应安排计划修理。此外，根据企业质量管理部门提供的产品质量信息，如工序能力指数（*CP* 值）应大于或等于 1.33 时，才能保证产品质量的稳定合格。当 *CP* 值小于 1 时，即表示工序能力不足，须对设备进行精度检查。如精度有问题，就应安排修理。

(3) 维修能力的实际情况

要从本企业维修资源（人为、物力、财力）的实际情况出发来制订修理计划，力求达到生产需要和维修资源之间的平衡。

(4) 设备的修理周期结构及修理间隔期

对实行定期维修的设备，行业规定的修理周期结构及修理间隔期也是编制计划的依据。

(5) 修前的生产技术准备情况

如订货的主要备件何时可到货也是制订计划的依据。

7.6.3 设备修理计划的实施

(1) 修前准备工作

① 技术准备；

② 修前生产准备。

(2) 检修计划的实施

设备检修计划的执行是企业中一项重要的管理工作，为搞好设备维修工作，企业必须设立设备的维修组织机构，并加强对各维修部门的管理，以保证计划的实现。

工段应组织维修车间机械员、操作工人及有关部门共同进行验收，验收时应按规定的质量标准逐项检查和鉴定修理设备精度、性能及其他要求，待全部达到修理质量标准，并经检查人员签字后，才能正式移交生产。

7.6.4 修理停机时间的措施

生产与检修最大矛盾之一是修理停机时间。检修要为生产服务，就应尽力缩短修理停机时间或采取不影响生产的修理方法。缩短停机时间可从多方面着手。首先要注意对检修人员进行思想教育，使他们在思想上重视这项工作。当生产线上的设备一旦发生故障，检修工人应立即带上备件及工具赶到进行抢修。其次是要充分做好一切修前准备工作。当对即将修理的设备进行预检后，就须详细制订修理计划，准备好各种修理技术文件，备齐更换零件，尤其是对铸、锻件等加工周期长的零件更应早准备。同时还需准备好现场修理时的照明、能源等工作。

为了减少生产与检修时间上的矛盾，应设法将检修工人与生产工人的工作时间错开，以便利用生产间隙时间进行修理。对大修理、部分修理以及项目修理等需停机时间较长的，可利用节假日集中力量进行快速修理。对大型设备及某些设备尽可能采取项目修理来代替大修。

此外，还应注意对检修人员进行技术培训，尽量使他们培养成多能工，这是提高检修质量缩短停机时间的重要手段。

缩短修理停机时间还可以采取一些技术措施：

(1) 应用网络技术来安排修复计划，找出关键路线，并加以调整优化，从而缩短总的修理时间，它适用于修理工序多且工作量大的大修理。

(2) 应用排队论对待检修的工作进行计划安排，尽量缩短拖延时间。

假定有 6 件独立的检修工作（表 7-1）等待一个检修作业组处理，现根据不同的目标安排其最优进度表。

表 7-1　6 件维修工作的参数

工作	工作持续时间/h	目标完成时间/h	工作	工作持续时间/h	目标完成时间/h
A	11	40	D	3	16
B	7	22	E	8	13
C	6	9	F	21	35

① 拖延时间总额最少。按拖延时间总额最小为目标编制的进度表又称为适期进度表。当维修目标要求使最长工作拖延时间尽可能短时，只要目标完成时间由短到长的次序编排即可。例如，表 7-1 所示六件工作在此情况下的最优序列为 C-E-D-B-F-A（见表 7-2），由偏离值可以看到，五件工作会拖期，即工作 E、D、B、F 和 A 分别推迟 1h、2h、10h 和 16h，这些偏离值虽然很大，但按任何其他方法都会使至少有一件工作推迟 16h 或更多以上，适时进度表对管理人员掌握工程进度是非常有用的。

表 7-2　适期进度表计算实例（全部时间可以小时计）

最优工作序列	=C	−E	−D	−B	−F	−A
目标时间	=9	13	16	22	35	40
工作持续时间	=6	8	3	7	21	11
完工时间	=6	14	17	24	45	56
偏离值	=+3	−1	−1	−2	−10	−16
	最长工作拖延时间=16h(工作 A)					

② 最少等候时间。若维修管理者使完成全部工作的总等候时间为最少，则他只需和编制适期进度表一样。使各项工作按工作持续时间由短到长顺序排列（见表 7-3）。管理部门可以通过最少等候时间表容易地察觉那些被认为不能接受的等候时间的作业。

表 7-3　最少等候时间进度表计算实例（全部时间以小时计）

工作序列	=D	C	B	E	A	F
工作持续时间	=3	6	7	8	11	21
工作等候时间	=D	3	9	16	24	35
	总的等候时间=$\sum$工作等候时间=35h					

(3) 采用同步修理法

它包括两方面：

① 在设计设备中的易损件时，使其使用寿命相近，以便在同一次修理时将它们同时换掉，减少停机次数；

② 对连续工作的流程作业设备、自动化流水生产线设备以及联动设备中的主机、辅机及其配套设备等，如果一部分设备发生了故障，就会造成全面停产，给企业带来很大损失。如果将个别设备停下来，依次进行检修，会使损失增加。不如将所有设备都停下来，集中进行检修，并保证到下次检修前设备能正常运行。这种做法称为停产检修，或称为同步修理法。

(4) 采用分部修理法

此法是有计划地把设备各相对独立部分分几次进行修理，每次只修一部分，每次都可利用生产间隙时间或节假日进行修理，以保证不影响生产。此法适用于整台修理时间较长，在结构上有独立部件的设备，如组合机床、起重运输机等。

(5) 采用冗余技术

① 采用备机。即在一群类似机器中多备一台，当其中有一台修理时，即可将备机投入生产，使生产照常进行。

② 采用部件修理法。这是把待修的部件拆下，将已修好的同类部件换上，然后将换下的部件修复，以备下次再用。它适用于企业中数量大的同类设备。

③ 采用 A、B 机交替工作。即 A 机工作，B 机检修，B 机工作，A 机检修。

④ 增多并行运转设备。例如某工程需每分钟供应四吨水，这可用四台每分钟输出一吨水的水泵来完成。但如该工程不允许产生瞬间供水间断，这将使四台水泵都无法检修。解决的方法是增加两台水泵并行运转。这样，即使同时有任意两台水泵发生事故，可照常检修而不影响生产。

采用冗余技术的缺点是多备了设备，降低设备利用率，积压了资金。因此此法多用于不宜停产的生产线上。

(6) 采用无维修设计和易维修设计

这是目前对设备设计的发展方向，也就是尽量使设计出来的设备结构简单，提高易损件寿命及可靠度，从而减少修理次数，甚至使设备在整个寿命期内不必修理，彻底取消修理停机时间。在尚不能做到无维修设计时，采用易维修设计也很重要，即设计时，尽量使零部件安排得易于检查，容易拆卸。零部件三化程度，从而减少修理停机时间。

(7) 维修窗口

所谓维修窗口，就是指在安排生产计划时考虑到一定的生产间隙时间，作为设备维修保养之用。因此，维修日程计划应尽量与之协调，充分利用维修窗口，事先作好准备，集中优势力量，进行突出维修，确保设备按期修复投产。这样，为减少停机时间，提高设备利用率创造了有利条件，这种方法对连续生产，流程生产的设备尤为适用。

7.7 设备的报废条件和鉴定审批

7.7.1 设备报废的条件

设备凡属下列情况之一的，可申请报废：

① 使用时间很长的老旧设备，主要结构和部件严重损坏，设备效能达不到工艺最低要

求，无法修复或无修复改造价值者。

② 因意外灾害或重大事故受到严重损坏的设备，无法修复使用者。

③ 严重影响环保安全，继续使用将会污染环境，引发人身安全事故与危害健康，进行修复改造又不经济者。

④ 因产品换型、工艺变更而淘汰的专用设备，不宜修改利用者。

⑤ 技术改造和更新替换出的旧设备不能利用或调剂者。

⑥ 按照国家能源政策规定应予淘汰的高耗能设备。

7.7.2 设备报废的审批

① 设备报废由使用单位负责填写《固定资产（设备）报废申请单》（见表 7-4），报送安全生产管理部门；

② 安全生产管理部门负责组织（生产部、技术部、财务部、工艺部）相关单位，对申请报废设备进行现场鉴定，并出具鉴定报告（见表 7-5），经参加鉴定人员签署意见后，上报公司领导。

③ 根据设备价格（原值）大小、重要程度、企业规模大小分别规定报废审批权限。

7.7.3 报废设备的处理

① 对于淘汰的设备在法律法规允许的情况下可转让给需要的企业或个人，但转让价格必须经过相关责任人的审批。如报废的压力容器等特种设备及国家规定的淘汰设备，不准转售其他单位。

② 对于无转让价值的设备，设备部门组织人员对设备进行拆卸，将其中完好的部件或经过修理可使用的部件取出后进行入库或修理，而无价值的部件则作废品处理。

③ 报废设备处理完后，设备部门应编制报废设备处理报告，交主管领导审批。并封存报废设备的所有档案。财务部应根据设备处理报告进行账务方面的处理并取消设备编号。报废设备处理的费用关于涉笔的维修及改造，不允许进行挪用。

表 7-4 固定资产（设备）报废申请单

设备名称		安装年限	
设备编号		已用年限	
固定资产编号		原值	
规格型号		已提折旧额	
单位及数量		残值	
报废原因			
使用部门意见		技术鉴定意见	
设备动力部门意见		财务部门意见	
厂长意见：		厂公章： 年 月 日	
主管机关审批意见：		审批机关公章： 年 月 日	

申请单位：　　　　　　　　　　　　　申请日期： 年 月 日

表 7-5 设备报废技术鉴定书

<table>
<tr><td>设备名称</td><td></td><td colspan="2">规格型号</td><td></td></tr>
<tr><td>设备编号</td><td></td><td colspan="2">单位</td><td></td></tr>
<tr><td>固定资产编号</td><td></td><td colspan="2">数量</td><td></td></tr>
<tr><td>制造单位</td><td></td><td rowspan="2">复杂系数</td><td>机</td><td></td></tr>
<tr><td>制造年份</td><td></td><td>电</td><td></td></tr>
<tr><td>技术鉴定记录</td><td colspan="4"></td></tr>
<tr><td>鉴定结论</td><td colspan="4"></td></tr>
<tr><td>总机械工程师：
年 月 日</td><td colspan="2">技术鉴定者：(设备动力部门)
年 月 日</td><td colspan="2">使用部门机械管理员：
年 月 日</td></tr>
</table>

7.8 某些设备检修的实际内容

7.8.1 制浆造纸专业设备一级、二级保养及中、大修内容

7.8.1.1 削片机

(1) 一级保养

① 全面清扫设备外表，做到无灰、无油污；

② 检查更换飞刀和底刀的紧固螺栓，调整底刀板位置；

③ 检查主轴、刀盘、联轴器、轴承、外壳安全装置和各部螺栓，做到安全可靠；

④ 检查起动器、制动器、皮带调整器，做到操作灵活、牢固可靠；

⑤ 检查主轴轴向窜动量，并调整其间隙；

⑥ 检查轴承和各润滑点的油路、油质、油量、油封，保持良好、消除渗漏；

⑦ 调整三角皮带或更换；

⑧ 检查电器箱、电动机。

(2) 二级保养

① 完成一级保养所规定的内容；

② 清洗检查轴承，酌情更换；

③ 检查修理主轴、刀盘、联轴器、外壳、木片分离器及管路，更换磨损件；

④ 检修电器设备，更换损坏件。

(3) 中修内容

① 完成二级保养各项内容；

② 检查修理刀盘、主轴、轴承等；

③ 修理或更换螺旋板，全面检查和修理削片机外壳；

④ 拆洗检查喂料辊送机及其传动减速机；

⑤ 拆洗修理或更换底刀及侧刀；

⑥ 修理检查刀壳及喂料口；

⑦ 全面检查和修复旋风分离器；

⑧ 修理或更换制动器，制动轮或制动带；

⑨ 修理或更换磨损的喂料辊送机零件及其传动减速器齿轮和齿轮轴；

⑩ 详细检查并拧紧各紧定部件，特别是底座螺栓等；

⑪ 检查修理或更换自动刹车等仪器、仪表；

⑫ 检查修理电器设备；

⑬ 按图纸技术要求进行总装配；

⑭ 刷油或补漆；

⑮ 按产品说明书要求对各部位加注润滑油脂，试车和验收。

(4) 大修内容

① 完成中修所规定的各项内容；

② 更换主轴和刀盘；

③ 修理或更换外壳；

④ 修理或更换投木口；

⑤ 根据情况进行基础修理；

⑥ 修理更换电器设备；

⑦ 全部刷油或喷漆；

⑧ 按照图纸技术要求进行组织试车验收。

(5) 完好标准（①～⑦项为主要项目）

① 性能基本达到原设计标准或者满足生产工艺要求；

② 辊送装置运转灵活、可靠；

③ 传动装置和制动机构零部件齐全、完整、紧固可靠、动作灵活；

④ 刀盘与投木口联接部机件齐全、紧固、联接良好、无严重磨损；

⑤ 电气系统装置齐全、线路完整（注一）；

⑥ 润滑良好，无漏油现象（注二），滑动轴承温升≤60℃，滚动轴承温升≤70℃；

⑦ 设备清洁（注三），标牌醒目（注五），安全防护装置齐全、完整、可靠；

⑧ 技术资料齐全（注六）。

7.8.1.2　切草机

(1) 一级保养

① 清理设备外表污垢，保持设备清洁无锈蚀；

② 检查机器主要紧固螺栓，安全设施是否安全可靠；

③ 检查清理油路，加足润滑油；

④ 调整或更换三角皮带，进出料输送皮带；

⑤ 修理或更换飞刀、底刀；

⑥ 检查进出料皮带输送机各辊运转情况；

⑦ 检查离合器及各链轮、齿轮、链条。

(2) 二级保养

① 完成一级保养各项内容；

② 检查，清洗或更换刀辊，进料口各刺辊的轴承、弹簧；

③ 检查，清洗或更换进出料皮带输送机各辊子及轴承；

④ 检修清洗或更换离合器、链轮、齿轮、链条、进料传动减速机；

⑤ 检查飞刀辊有无损坏和裂纹；

⑥ 检修或更换电器设备。

(3) 中修内容

① 完成二级保养各项内容；

② 检查及补修转子及转子轴、轴承、轴承座；

③ 检查或更换传动减速机、齿轮及轴、轴承；

④ 检查或更换联轴节磨损件；

⑤ 检查修理或更换输送衬板；

⑥ 根据图纸技术要求进行总装；

⑦ 刷油或补漆；

⑧ 组织试车并验收。

(4) 大修内容

① 完成中修所规定的各项内容；

② 更换刀辊及主轴；

③ 全部修理或更换传动减速机齿轮及轴承等；

④ 根据图纸技术要求进行总装；

⑤ 全部刷油或喷漆；

⑥ 组织试车并验收。

(5) 完好标准（①～⑥项为主要项目）

① 性能基本达到原设计标准；

② 传动系统运转良好，无异常杂音；

③ 零部件齐全、完整，可靠；

④ 各齿轮，链轮，链条啮合良好；

⑤ 离合器动作灵敏、可靠；

⑥ 润滑良好，滚动轴承温升不超过70℃，无漏油现象（注二）；

⑦ 设备清洁（注三），标牌醒目（注五），安全防护装置齐全，完整，可靠；

⑧ 技术资料齐全（注六）。

7.8.1.3 羊角除尘器

(1) 一级保养

① 清扫设备外表面；

② 检查转鼓是否正常，羊角有无松动缺损；

③ 调整或更换皮带，装好防护罩；

④ 检查清理油路，加足润滑油；

⑤ 检查筛板有无磨损和破裂。

(2) 二级保养

① 完成一级保养各项内容；

② 检查清洗或更换轴承；

③ 更换、调整皮带轮、转鼓；

④ 修理或更换羊角、筛板；

⑤ 检修或更换电器设备。

（3）中修内容

① 完成二级保养各项内容；

② 检查及补修羊角辊筒；

③ 检查及修补主动、被动辊轴承等；

④ 检查或修理机架外壳、走台，并清除尘土油污等；

⑤ 检查清洗风筒、风帽，除尘除污；

⑥ 检查或更换传动装置磨损的零部件；

⑦ 根据技术要求进行装配；

⑧ 刷油或补漆；

⑨ 组织试车并验收。

（4）完好标准（①～⑤项为主要项目）

① 性能基本达到原设计标准或满足生产工艺要求；

② 辊筒运转正常，羊角无缺损及严重弯曲现象；

③ 筛板完整，无漏洞及破裂现象；

④ 零部件齐全，可靠；

⑤ 润滑良好、滚动轴承温升不超过 70℃，无漏油现象（注二）；

⑥ 设备清洁（注三），标牌醒目（注五），安全防护装置齐全可靠；

⑦ 技术资料齐全（注六）。

7.8.1.4　单、双链式磨木机

（1）一级保养

① 清洗设备，消除纸浆，油污；

② 检查主轴轴承油圈、油质和水冷装置，以及轴承磨损情况；

③ 检查各部润滑点的油质、油量、油封，消除漏油，疏通油路，保持润滑良好；

④ 检查各部联轴器、轴键、齿轮、蜗轮副、链轮、链条、轴承、主轴档、减速机壳轴承座、轴套、料箱、丝杆、丝母、安全装置等是否正常；

⑤ 检查修理刻石器，浆位挡板、喷水管等；

⑥ 检查清扫电器箱、电动机。

（2）二级保养

① 完成二级保养各项内容；

② 检查挡木铁板及链条，更换损坏件；

③ 检修或更换传动减速机蜗轮和蜗杆；

④ 检查各润滑点，保持润滑良好；

⑤ 检查或更换磨石；

⑥ 检修电器设备，更换损坏件。

（3）中修内容

① 完成二级保养各项内容；

② 检查或修理主轴、磨木石及轴承；

③ 检查或修理链条、链轮、轴和轴承，更换磨损件；

④ 修理或更换磨损的传动齿轮；

⑤ 拆洗检查减速机。修理或更换磨损的齿轮和轴（蜗轮，蜗杆）；

⑥ 修理或更换磨损的刻石器；

⑦ 清洗检查链条升降装置，调整、修理或更换磨损的零部件，并调整灵活；

⑧ 检查修理温度仪，测速器等自动仪器仪表；

⑨ 检查修理电器设备；

⑩ 按图纸技术要求进行总装配；

⑪ 按使用说明书要求更换润滑油脂；

⑫ 刷油或补漆；

⑬ 进行空载试车并验收。

(4) 大修内容

① 完成中修所规定的各项内容；

② 全部拆洗所有机构的零部件；

③ 修理或更换主轴、磨石及轴承等；

④ 修理或更换减速机、传动部、大齿轮链条升降装置等所有磨损的零部件；

⑤ 修理、更换电器设备；

⑥ 按图纸技术要求进行总装配；

⑦ 全部刷漆或喷漆；

⑧ 组织试车并验收。

(5) 完好标准（①～⑧项为主要项目）

① 性能基本达到原设计标准或满足生产工艺要求；

② 传动系统、齿轮、蜗轮、蜗杆啮合良好，运转正常，无严重磨损，无异常杂音；

③ 大轴无变形，无严重腐蚀。各部零件齐全，紧固，可靠；

④ 磨石组装牢固，表面平整，无裂纹，无严重掉边；

⑤ 喷水管喷水均匀、畅通；

⑥ 刻石机构完整；

⑦ 电气系统装置齐全，线路完整（注一）；

⑧ 油路通畅、润滑良好，滑动轴承温升不超过 60℃、滚动轴承温升不超过 70℃，无漏油现象（注二）；

⑨ 设备清洁（注三），环境卫生（注四），标牌醒目（注五），安全防护装置齐全，可靠；

⑩ 技术资料齐全（注六）。

7.8.1.5 蒸煮锅

(1) 一级保养

① 清洗或消除锅体内外浆料、污物等；

② 检查锅内汽管箅板、锅盖和锅体各衔接口的密封垫、紧固件，并修补或更换，消除渗漏；

③ 检查清洗管路阀门，更换盘根；

④ 检查锅体外部焊缝有无裂纹和渗漏，保温层有无脱落，并记录；

⑤ 检查清扫电气设备和仪表装置；

⑥ 检查、调整或修理生产自控和检测仪表等装置。

(2) 二级保养

① 完成一级保养所规定的内容；

② 检修或更换各部阀门；

③ 检修自动装锅器，浆料喷放阀，电动或汽动阀门联动机构和附属设备；

④ 各润滑点清洗检查并换油；

⑤ 检修调试电气设备和热工仪表；

⑥ 安全阀和锅体耐压检测按国家劳动总局规定执行；

⑦ 定期检查锅体基础有无下沉和倾斜，并做好记录；

⑧ 复合钢板蒸煮锅检查修理衬里（衬砖锅检查面砖），并做好记录。

(3) 中修内容

① 完成二级保养各项内容；

② 检查补修耐酸砖衬里，并检查修理过滤网板（修理复合钢板锅衬）；

③ 修理或更换安全阀、压力表、温度计、进气阀，药液阀、放料阀和蒸汽自控阀；

④ 检查或更换锅盖的全部螺丝螺母；

⑤ 检查修理放料仓的振动装置；

⑥ 疏通加热器的管道，修理或更换已腐蚀的管道；

⑦ 检查补修保温层；

⑧ 按国家劳动总局有关受压容器技术规定进行水压试验；

⑨ 按产品说明书要求试车验收。

(4) 大修内容

① 完成中修所规定的各项内容；

② 更换锅体面，背砖；

③ 检查或更换篦子；

④ 全面进行探伤检查，测试锅体各部壁厚并鉴定；

⑤ 根据国家劳动总局有关受压容器的各项规定组织耐压试验；

⑥ 复合钢板蒸煮锅修理锅衬。

(5) 完好标准（①～⑪项为主要项目）

① 性能基本达到原设计标准或满足生产工艺要求；

② 装锅器完整，管道畅通，无缺陷；

③ 零部件齐全，可靠；

④ 锅体钢板（衬砖，复合钢板）内外侧无严重腐蚀，无裂纹，焊缝良好，定期进行水压试验，试验压力符合国家劳动总局有关规定，砖衬完整无脱落、渗漏现象，外部保温良好；

⑤ 洗锅喷水管路安装牢固，过滤板孔畅通；

⑥ 各部阀门连接良好，开闭（注二）；

⑦ 检测仪表齐全，灵敏准确；

⑧ 药液循环管路畅通良好，无异常现象；

⑨ 放锅阀门零部件齐全，动作灵活，可靠；

⑩ 管路畅通，保温良好，标志醒目（注五）；

⑪ 锅盖严密，螺栓无腐蚀现象；

⑫ 设备清洁（注三），环境卫生（注四）；

⑬ 安全防护装置及各种信号装置齐全完整，可靠；

⑭ 技术资料齐全（注六）。

7.8.1.6　真空洗浆机

（1）一级保养

① 清洗设备，清除外部浆料、黑液，油污，检查各部包胶完好情况；

② 检查转鼓、带板、各部紧固和安全装置，并处理；

③ 检查、更换真空排水分配头连接胶管，三角皮带和链条；

④ 检查、更换搅浆辊、盘根和转鼓，主轴盘根，消除漏浆和漏液；

⑤ 检查分配头分配板和剥浆辊调节装置；

⑥ 检查减速箱油位和各部轴承，做到各润滑点油路畅通，油质，油量、油封保持良好，无渗漏；

⑦ 检查修理水、黑液、喷洗等管路和各种阀门。

（2）二级保养

① 完成一级保养规定的内容；

② 检修减速机、齿轮、轴、调速器、皮带轮、联轴节、链轮、链条、分配板、弹簧、剥浆辊、搅浆辊、轴承和其他损坏件；

③ 检修壳体和气罩；

④ 检修、更换各部管路、阀门；

⑤ 检修电器箱、电动机，更换磨损件。

（3）中修内容

① 完成二级保养各项内容；

② 拆卸清洗全部防护装置；

③ 检查更换剥料辊及滚动轴承；

④ 拆洗修补分配头及其管路；

⑤ 拆洗洗鼓、更换筛板；

⑥ 根据磨损情况修复洗鼓主轴，更换轴承；

⑦ 修理或更换磨损的大小齿轮；

⑧ 修理或更换减速机内磨损的齿轮和轴；

⑨ 按腐蚀程度焊补槽体；

⑩ 更换分配片及检查或更换吸液胶管；

⑪ 修理或更换排气罩；

⑫ 拆洗或更换螺旋搅拌器零部件；

⑬ 拆洗检查螺旋搅拌器的减速机，并更换磨损的齿轮、轴及联轴节；

⑭ 更换洗鼓水封挡板；

⑮ 按图纸要求进行总装配；

⑯ 检查各部紧固件及基础螺栓；

⑰ 刷油或补漆；

⑱ 按产品说明书要求，对各部加注润滑剂并试车。

（4）大修内容

① 完成中修所规定的各项内容；

② 拆卸修理或更换洗鼓、筛板、分配头、剥料辊及其管路；

③ 拆洗更换减速机、传动装置、螺旋送料装置等零部件；

④ 修理更换腐蚀变形或损坏的槽体；

⑤ 检查修理或更换圆网笼铜棒、铜线等；

⑥ 根据磨损情况，修理或更换圆网笼主轴；

⑦ 按图纸技术要求进行总装配；

⑧ 全部刷油或喷漆；

⑨ 组织试车并验收。

(5) 完好标准（①～⑧项为主要项目）

① 性能基本达到原设计标准或满足生产工艺要求；

② 运转平稳，齿轮啮合良好，无严重磨损，零部件齐全，可靠；

③ 网体完整，网笼无变形、坑凹、松动等现象；

④ 转鼓、剥料辊、搅拌辊转动灵活；

⑤ 胶辊无变形，辊面无坑凹和老化现象；

⑥ 真空度符合工艺要求；

⑦ 分配阀密封良好，水腿管、有机玻璃等连接处紧密可靠；

⑧ 真空管路阀门调节灵活，无漏水、漏浆现象（注二）；

⑨ 仪表灵敏，指示准确；

⑩ 中间槽搅拌器叶片紧固无磨损，槽体无严重腐蚀；

⑪ 润滑良好，滑动轴承温升不超过 60℃；

⑫ 设备清洁（注三），环境卫生（注四），标牌醒目（注五），安全防护装置齐全、可靠；

⑬ 技术资料齐全（注六）。

7.8.1.7　ϕ450 双圆盘磨浆机

(1) 一级保养

① 清洗或擦拭机器设备及电器设备外表面；

② 检查机器各部运转是否正常，紧固螺栓、联轴器、防护罩是否安全可靠；

③ 检查各润滑点的润滑脂和润滑油是否良好；

④ 按说明书要求加足润滑油；

⑤ 检查移动座进给系统、转盘轴向移动系统是否灵活、可靠；

⑥ 按磨损情况和工艺条件要求更换盘齿（磨损 60%或更多）。

(2) 二级保养

① 完成一级保养各项工作；

② 检查、清洗或更换主轴轴承及轴承座；

③ 检修、清洗或更换移动座进给系统及油路；

④ 检修或更换联轴器磨损件；

⑤ 检修密封圈及填料盒；

⑥ 检修或更换电器设备。

(3) 中修内容

① 完成二级保养各项内容；

② 拆洗修理主要零部件并鉴定；

③ 修理或更换联轴节、轴承、主轴、磨盘、磨片、进浆阀、出浆阀、水阀等；

④ 修理或更换手动蜗轮箱零件；
⑤ 修理或更换机动蜗轮箱零件；
⑥ 按图纸要求进行总装；
⑦ 刷油或补漆；
⑧ 按产品说明书要求进行试运转并验收。
(4) 大修内容
① 完成中修所规定的各项内容；
② 全部解体、清洗所有机构的零部件；
③ 更换或修理磨损的主轴、磨盘、外壳、磨片等；
④ 按图纸技术要求进行总装配；
⑤ 组织试车并验收；
⑥ 全部刷油或喷漆。
(5) 完好标准（①～⑥项为主要项目）
① 性能基本达到原设计标准或满足生产工艺要求；
② 结构完整，零部件齐全，可靠，无严重磨损；
③ 齿盘固定螺栓不得有松动，调节装置灵活；
④ 润滑良好、滚动轴承温升不超过70℃，无漏油现象；
⑤ 各管路阀门灵活，无漏浆、漏水现象（注二）；
⑥ 压力表灵敏准确；
⑦ 设备清洁（注三），标牌醒目（注五），安全防护装置齐全可靠；
⑧ 技术资料齐全（注六）。

7.8.1.8　长网多缸造纸机（浆板机参照执行）

(1) 一级保养
① 网部
a. 擦洗机体，保持各部清洁，做到机体表面无浆料、无油污、无杂物；
b. 检查、清洗匀浆辊及轴承；
c. 检查、修理铜网调整装置，保持灵活；
d. 检查各连接部位螺栓是否松动，并及时加以紧固；
e. 检查、修理、调整真空吸引箱和成型板面；
f. 检查上伏辊升降装置；
g. 检查真空伏辊运转是否正常，密封是否良好，辊面有无变形、磨损或堵塞；
h. 检查各部辊类运转是否正常，磨损如何；
i. 检查清理油路，加足润滑油；
j. 检查阀门管线是否有跑冒滴。
② 压榨部
a. 擦洗机体，保持清洁；
b. 检查真空压榨辊运转是否正常，密封辊面是否良好；
c. 检查上压榨辊、毛布挤水辊、导辊、引纸辊等运转是否正常。刮刀与辊面接触是否良好；
d. 检查加压、升降调整装置是否灵活可靠，液压机气压加压系统密封是否良好；

e. 检查清理油路、管路，加足润滑油；

f. 检查连接螺栓有无松动，安全设施是否齐全。

③ 干燥部

a. 擦拭机体，清理纸毛，保持清洁；

b. 检查各导辊、引纸辊、弹簧辊运转是否正常；

c. 检查调整装置是否灵敏可靠；

d. 检查烘缸刮刀是否正常；

e. 检查、清理油路，保持润滑油畅通；

f. 检查烘缸汽头密封。

④ 传动部

a. 清扫、擦拭减速机、联轴器、操纵台及电器设备，保持清洁；

b. 检查安全装置是否齐全可靠；

c. 检查各离合器、调速器是否灵敏可靠；

d. 检查减速机油位、油质、油封是否正常；

e. 调整或更换传动皮带；

f. 检查各传动轴承是否正常。

(2) 二级保养

① 完成一级保养各项内容；

② 网部

a. 检查、修复网前箱损坏零件，检查调整堰板乙；

b. 检查、修复或更换真空吸引箱面和成型板；

c. 检查、清洗或更换各种辊类及轴承；

d. 检查、修理调整装置，上伏辊升降装置，保持灵活可靠；

e. 检查、修复或更换真空伏辊、真空吸引箱及其封条封头、气阀等；

f. 清洗或更换摇振器零部件；

g. 检修网案抽出机构。

③ 压榨部

a. 检查、清洗或更换压榨辊、挤水辊、导辊、引纸辊及其轴承；

b. 检查、修理或更换真空压榨辊、真空伏辊及其封条封头气阀、仪表等；

c. 检修或更换压榨辊刮刀；

d. 检查、修理加压升降装置及液压汽压系统的密封装置，调整装置，保持灵活可靠。

④ 干燥部

a. 检查、清洗或更换导辊、引纸辊、弹簧辊及其轴承；

b. 检查、修理或更换烘缸刮刀，引纸辊轮轴承；

c. 检修或更换烘缸及帆布缸进汽头及其系统的阀门、仪表、虹吸管、疏水器，更换磨损件；

d. 修理烘缸气罩。

⑤ 传动部

a. 检查、清洗或更换轴承；

b. 检查、清洗减速机，更换损坏件，检查油质及换油；

c. 检查清洗联轴节、调速器、离合器，更换或修理磨损件；

d. 检查、修理或更换电器设备，控制设备。

注：把长网纸机分成若干部分，每部分可当成一台单机看待。一、二级保养一次完不成可分期分次进行。

(3) 中修内容

① 完成二级保养各项内容；

② 铜网部

a. 拆洗网前箱（流浆箱）的零部件，并鉴定；

b. 修理或更换磨损的匀浆辊轴颈及其传动减速机蜗轮蜗杆和轴承、联轴节等机构；

c. 拆洗检查摇振箱的零部件，更换磨损的轴、套、轴承、密封件；

d. 修理或更换摇振箱拉杆、弹簧板等零部件；

e. 拆洗检查或更换各部辊筒（案辊，导辊，网辊，胸辊，上伏辊）及其轴承等；

f. 拆洗、检查或更换真空伏辊、真空吸水箱及其封条、封头、轴承；

g. 拆洗、检查、修理上伏辊加压机构，更换磨损件；

h. 检查、修理换网机构，网案调整机构，铜网张紧机构，使之灵活可靠；

i. 修理或更换水针；

j. 平整网案使其符合工艺要求；

k. 紧固和更换各部螺丝、螺母；

l. 按分部装配图要求进行装配；

m. 刷油或补漆；

n. 按产品说明书要求及工艺条件要求组织试车并检查。

③ 压榨部

a. 拆洗检查或更换挤水辊、压榨辊、引纸辊、毛布辊及其轴承；

b. 拆洗检查加压装置，毛布张紧装置及毛布调整装置，更换磨损的零件，使之灵活可靠；

c. 拆洗检查和修理压榨辊刮刀装置，更换磨损的刮刀片；

d. 检查修理或更换真空压榨辊（真空吸引辊）的封条、封头、气阀；

e. 更换真空吸引箱；

f. 按压榨部图纸技术要求进行总装配；

g. 刷油或补漆；

h. 按图纸要求试车并验收。

④ 干燥部

a. 检查修理或更换导辊、引纸辊、弹簧引纸辊及其轴承；

b. 拆洗检查或更换表面施胶辊及其轴承，修理或更换表面施胶的加压装置；

c. 拆洗修理毛布张紧器、引纸辊轮；

d. 拆洗修理或更换烘缸进气头、疏水器、进出汽阀门及虹吸管；

e. 拆洗修理烘缸气罩及其排气管；

f. 根据烘缸表面锈蚀和磨损程度，适当考虑车削研磨，以达工艺要求；

g. 拆洗检查烘缸传动齿轮，更换磨损的齿轮；

h. 拆洗检查烘缸刮刀装置，更换磨损的刮刀片；

i. 检查修理烘缸轴颈和轴承；

j. 按干燥部图纸技术要求进行总装；

k. 根据国家劳动总局有关受压容器的技术规定，对烘缸进行水压试验；

l. 刷油或补漆；

m. 按产品说明书要求进行试运转并验收。

⑤ 传动部

a. 拆洗检查各部轴承，更换磨损的轴承；

b. 拆洗检查减速机离合器、调速器、联轴器，更换磨损的零部件；

c. 检查修理和更换皮带轮、轴承、齿轮、轴等零部件；

d. 检查修理电器设备；

e. 按图纸技术要求进行总装，调校总轴的平直度；

f. 刷油或补漆；

g. 按产品说明书要求进行试运转并验收。

(4) 大修内容

① 完成中修所规定的各项内容；

② 铜网部

a. 全部解体清洗，更换网案、胸辊架、真空吸引箱等；

b. 修理或更换网前箱、唇板及唇板调整装置；

c. 全部解体修理或更换摇振箱所有机构的零部件；

d. 全部解体清洗伏辊辊筒和疏通辊面孔及铜网紧张器装置等；

e. 修理或更换真空伏辊内的真空箱装置、轴承装置等。

③ 压榨部

a. 全部解体清洗各部、各辊以达工艺要求，更换或修理磨损的各部胶辊；

b. 检查修理或更换各部加压装置、毛布紧张装置，使之灵活好用。

④ 干燥部

a. 全部解体清洗，根据磨损程度研磨烘缸表面，修理轴颈；

b. 清洗检查表面施胶装置，研磨施胶辊表面；

c. 检查研磨平滑辊，调整修理加压装置；

d. 拆洗检查烘缸传动齿轮，更换磨损的轴承；

e. 修理或更换烘缸汽罩及其排气管、各阀门等。

⑤ 传动部

a. 全部解体清洗，检查更换传动各部轴承；

b. 全部解体清洗，检查更换传动减速机磨损的齿轮、轴承等；

c. 检查更换联轴节及离合装置、调速装置等；

d. 修理更换电器设备。

⑥ 按图纸技术要求进行总装配；

⑦ 全部打光除锈刷油或喷漆；

⑧ 组织试车并验收。

(5) 完好标准（①～⑦项为主要项目）

① 设备性能良好，符合工艺要求：

a. 实际生产能力达到设计能力的90%以上或“查定”的技术指标；

b. 工艺技术性能满足正常生产的需要。

② 设备运转正常，润滑良好

a. 运转平稳，无振动，窜动，异常杂音；

b. 润滑系统油路畅通，无漏油现象（注二）。各部轴承温升正常，滚动轴承不超过70℃，滑动轴承不超过60℃。

③ 结构完整，零部件齐全

a. 网前箱无锈蚀、腐烂，喷浆唇板平直，调节灵活，匀浆辊转动良好；

b. 网案无明显变形，换网装置完整可靠；

c. 各类辊子及烘缸的精度、光洁度、胶辊表面硬度等技术条件，均保持或接近原定的技术标准。真空伏辊辊筒吸水孔无堵塞、内表面无严重磨损。真空伏辊、真空压榨辊的真空箱结构完整，密封良好。压榨石辊芯轴结合牢固。案辊转动灵活，刮水板平直光滑，脱水性能良好；

d. 真空吸引箱面板平直光滑，密封良好；

e. 摇振箱的振幅、频率符合设计要求；

f. 损纸螺旋输送机和伏辊损纸池搅拌器完整无损；

g. 烘缸水压试验符合国家劳动总局规定的技术条件，汽头良好，排水畅通；

h. 刮刀平直，贴紧缸（辊）面，接触良好，活动刮刀移动灵活；

i. 传动轴无变形，皮带轮等传动装置完整无损，减速机及各部齿轮啮合正常，无严重磨损；

j. 引纸系统的引纸绳轮装置及压缩空气吹纸，剥纸引纸装置齐全完整，操作灵活；

k. 排汽罩及其管路完整，无破损，无滴水现象；

l. 基础机架，机座坚固完整，无裂纹，无损伤，各部螺栓齐全，紧固。

④ 各部调节、加压、张紧、起落、离合等装置齐全、灵活；

⑤ 安全防护装置、扶梯、走台等齐全、可靠；

⑥ 各部仪器、仪表灵敏、准确，定期校验；

⑦ 电器设备齐全完整，绝缘良好，操作灵活，运行可靠（注一）；

⑧ 设备清洁（注三），环境卫生（注四），标牌醒目（注五）；

⑨ 技术资料齐全（注六）。

附注：造纸机由于规格和制造质量不统一，以及产品品种不同，故设备性能有的以试产后核定的生产能力作为“查定”的技术指标。

7.8.1.9 复卷机

（1）一级保养

① 擦拭机体、电器设备、减速机外表面，保持清洁；

② 检查连接螺栓是否紧固，安全设施是否完整可靠；

③ 检查各辊运转是否正常；

④ 检查刀辊起落装置及换刀装置或更换刀片；

⑤ 检查各轴承和液压系统油缸、油路，保持油管畅通；

⑥ 检查纸张张力控制系统，保持灵活安全；

⑦ 检查减速机油质、油位、油封，及时更换，保持清洁。

(2) 二级保养
① 完成一级保养各项内容；
② 检修、清洗减速机齿轮箱，更换磨损件；
③ 检查、清洗或更换各种辊子及轴承；
④ 检查底刀辊，更换底刀；
⑤ 检查、清理液压系统油路，更换磨损件；
⑥ 检修退纸辊支架调节装置及引纸装置；
⑦ 检查、修理或更换电器设备。
(3) 中修内容
① 完成二级保养各项内容；
② 拆卸清洗主要机构的零部件并鉴定；
③ 磨削底辊表面及更换磨损的轴承；
④ 修理或更换减速机齿轮、齿轮轴及轴承、皮带轮、链轮、链条等；
⑤ 修理或更换各类辊筒及其轴承、上下圆刀装置；
⑥ 修理或更换退纸支架的轴承、丝杆等零部件；
⑦ 修理或更换纸辊芯顶尖及卷纸芯轴零部件；
⑧ 修理或更换卸纸油缸零部件及液压系统；
⑨ 按图纸技术要求进行总装配；
⑩ 刷油或补漆；
⑪ 按产品说明书的要求进行试运转并组织验收。
(4) 大修内容
① 完成中修所规定的各项内容；
② 根据使用磨损程度研磨底辊表面，更换修理各托辊、压辊轴颈、轴承等；
③ 修理或更换磨损的制动及水冷装置，修理或更换传动损坏件；
④ 检查机架、滑轨、更换损坏件；
⑤ 按图纸技术要求进行总装配；
⑥ 全部打光刷油或喷漆；
⑦ 组织试车并验收。
(5) 完好标准（①～⑨项为主要项目）
① 性能基本达到原设计标准或满足生产工艺要求；
② 传动系统及底辊运转正常、无振动、无杂音；
③ 零部件齐全、无严重磨损；
④ 分切刀和升降装置动作灵敏、可靠；
⑤ 各操纵、升降、推卸、压紧、离合、制动等装置，动作灵敏可靠；
⑥ 控制台仪表系统售液压、气压元件等齐全、灵敏、可靠；
⑦ 切纸刀符合有关技术规定；
⑧ 电气系统装置齐全、线路完整（注一）；
⑨ 润滑良好，滑动轴承温升不超过 60℃，滚动轴承温升不超过 70℃；
⑩ 各油、汽管道畅通，无漏油，漏汽现象（注二）；
⑪ 设备清洁（注三），标牌醒目（注五），安全防护装置齐全可靠；

⑫ 技术资料齐全（注六）。

7.8.1.10　超级压光机

（1）一级保养

① 清洗擦拭机身表面，做到无灰尘、无纸屑、无油污；

② 检查各部紧固及安全装置情况，发现问题及时处理；

③ 检查各导轨面有无磨损；

④ 检查各联轴节，更换损坏的橡胶圈；

⑤ 检查各润滑油路、油质，保持良好；

⑥ 检修进汽头，更换填料；

⑦ 检查升降梯、传动部易损件，适当加注润滑脂；

⑧ 检查导纸辊、卷纸辊、退纸辊、离合器、刹车装置及钢丝绳、吊钩等，排除不良隐患；

⑨ 检查铸铁辊及纸粕辊表面有无损伤；

⑩ 检查油泵、油管路、操纵阀门等，排除滴漏现象；

⑪ 清扫电器箱、电动机、操作台。

（2）二级保养

① 完成一级保养内容；

② 清洗钢辊轴承；

③ 清洗、检查升降梯，更换磨损件；

④ 检查各减速机齿轮、轴、轴承、毡圈，并检查油质，保持良好；

⑤ 检查油缸活塞、杠杆装置，更换损坏；

⑥ 检查顶辊、底辊密封圈及油质，保持良好；

⑦ 检查清洗或根据工艺要求更换纸粕辊；

⑧ 检查吊车传动齿轮、轴、离合器、滚筒等，更换磨损件；

⑨ 检修液压系统，更换损坏件；

⑩ 检修水汽、管路及阀门，更换损坏件；

⑪ 检修卷纸辊、退纸辊，更换或修理损坏件，并要校正；

⑫ 检修电器箱、电动机、操作柜以及配电线路等。

（3）中修内容

① 完成二级保养各项内容；

② 拆卸清洗主要机构的零部件并鉴定；

③ 全部磨削纸粕辊和所有的冷硬铸铁辊；

④ 检查修理和更换磨损的各部托纸辊、轴承；

⑤ 修理或更换减速机齿轮、齿轮轴、联轴节等零部件；

⑥ 修理或更换退纸和卷纸用的无级调速器的零部件；

⑦ 修理或更换润滑系统的零部件，如油泵、各类阀门、管路等；

⑧ 修理加压系统并更换密封件；

⑨ 修理升降系统，更换磨损件，使之安全可靠；

⑩ 修理或更换水，汽管路系统各阀门；

⑪ 按图纸技术要求总装配；

⑫ 刷油或补漆；

⑬ 按产品说明书要求进行试运转，并验收。

(4) 大修内容

① 完成中修所规定的各项内容；

② 全部解体清洗所有机构的零部件，更换检查轴承、轴承衬等；

③ 修理或更换退纸和卷纸装置及调速装置；

④ 修理加压系统，更换磨损零部件及密封件；

⑤ 修理更换电器设备；

⑥ 按图纸技术要求进行总装配；

⑦ 全部打光刷油或喷漆；

⑧ 组织试车并验收。

(5) 完好标准（①～⑨项为主要项目）

① 性能基本达到原设计标准或满足生产工艺要求；

② 传动装置运转正常，零部件齐全、完整、可靠；

③ 压光铸铁辊，纸粕辊的辊面符合技术规范，运转平稳、无窜动现象；

④ 高速运转时基础无振动；

⑤ 刮刀平直与辊面接触良好，无翘口、卷刃等缺陷；

⑥ 加压机构、提升机构、限位开关等零部件完整，动作灵敏可靠；

⑦ 电器系统装置齐全完整；

⑧ 各种水、油、汽等管路畅通；

⑨ 吊车性能符合要求，各零部件安全、可靠；

⑩ 压光辊轴承温升正常，滑动轴承不超过 60℃，滚动轴承不超过 70℃，无漏油现象（注二），润滑良好；

⑪ 技术资料齐全（注六）。

7.8.2　完好设备考核办法

(1) 各设备完好标准中，主要项目有一项不合格者，即为不完好设备；

(2) 各设备完好标准中，次要项目有两项不合格者，即为不完好设备；

(3) 检查设备时，能立即进行修理的项目，修复后仍算完好设备。

7.8.3　设备完好率计算公式

(1) 主体生产设备完好率

主体生产设备完好率是指企业拥有主体生产设备中，完好台数占全部主体生产设备的比例，它是反映企业设备技术状况的指标。

其计算公式如下：

$$主体生产设备完好率=主体生产设备完好台数/全部主体生产设备台数\times 100\%$$

(2) 全厂设备完好率

全厂设备系指属于固定资产的全厂机械、动力、起重、运输及其他生产用设备。

全厂设备的完好率是指全厂拥有固定资产设备中，全部完好设备台数占全厂设备中的比例。它对直接或间接的提高产品质量、增加产量、完成生产任务具有重要意义。

其计算公式如下：

全厂设备的完好率＝全部完好设备台数/全部设备台数×100％

全部完好设备台数＝全部设备台数－带病设备台数

7.8.4 注 解

注一：电气系统装置齐全

(1) 自控系统或操作装置调节灵活可靠。配电、开关装置符合规定要求，安全、可靠；

(2) 所用电线是否采用不同颜色或线路端部是否有记号标志；

(3) 有无接地装置；

(4) 绝缘、防腐、防爆、防水等措施良好，可靠；

(5) 电气部分不受水、汽、油、污垢等杂物影响。

注二：无漏液、漏油、漏气的具体标准

(1) 漏液：对管道、法兰、阀门等每一个漏点，每分钟大于10滴者不算完好；

(2) 漏油：油迹擦净5min内又出现油迹者不算完好。如其系设备先天性缺陷（如结构不合理），如能采取措施，使其油滴引回油箱还算完好；

(3) 漏汽（气）：蒸汽对于管道、阀门、法兰等，距离1m听不到泄漏声音（允许见到微量白雾）者算完好。

空气对于管道、阀门、法兰等距离1m听不到泄漏声音（允许手摸有感觉）者算完好，但有害气体（氯气、二氧化硫等）不得有泄漏现象。

注三：设备清洁

(1) 基本上无跑、冒、滴、漏（气、水、浆、油、液）现象；

(2) 机体防腐油漆良好、无油垢、锈蚀，保持清洁。

注四：环境卫生

机台及工作地点无损纸、浆料油垢、尘土、垃圾等污物。

注五：标牌醒目

设备上各种标牌（名牌、记号、编号、标志等）保持干净，明显清楚。

注六：技术资料齐全

(1) 主要零部件及易损件图纸齐全正确。

(2) 检修、运行、缺陷、事故有记录。

7.8.5 维修技术应用案例Ⅰ

一台上海产6135发动机，由于冬季在室外停放时间时忘记放水，缸体气缸套处开裂一道长约4cm的裂纹，运用手工电弧焊修复工艺如下：

① 焊条：选用铸612铜铁焊条，焊条直径3.2mm，焊后不进行机械加工。

② 清除污物：将裂纹周围清洗干净，包括油污、铁锈、裂纹深处的油污和水用氧-乙炔火焰加热，直到不冒烟为止。

③ 修正裂纹：在裂纹两端钻ϕ3mm的止裂孔。为了增大结合强度，沿裂纹方向用手砂轮开出U形坡口，坡口开度120°，深4～6mm，坡口两侧25mm以内用钢丝刷打光，露出金属表面。

④ 施焊：使缸体裂纹成水平位置放置。运条方向由两端向中间进行，待整条裂纹焊补完毕后，再焊两端的止裂孔。焊接速度为3.2～3.5mm/s，电流为80～110A。

7.8.6　维修技术应用案例Ⅱ

一台康明斯发动机，缸体曲轴主轴承第二、第三座孔同轴度误差达 0.13mm，由于轴承座孔上有轴瓦覆盖，仅起支承及散热作用，焊接强度要求不高，但精度需达到一定标准，考虑采用钎焊修复轴承座孔，然后再搪瓦机上加工成型。

① 钎料：由于曲轴主轴承受是受力部位，黄铜的结合强度在 200MPa 以上，因此选用黄铜。

② 清除污物：用油洗去或用火焰吹去座孔表面的污物，用砂布打磨，露出金属表面，焊补过程中用硼砂清除焊层表面的氧化膜可增加黄铜溶液侵入被焊金属间隙的能力，保护焊层钎料和工件表面免受氧化。

③ 施焊：如果座孔变形较大，应区分施焊，每个区段的熔池力争一次填满。对焊层要高出座孔 3mm 以上，留出充裕的机械加工余量。

④ 机械加工：按规定力矩上好轴承盖，在搪瓦机上按标准加工成型。

此外，我们曾用黄铜做钎料，用火焰加热修复过挖掘机门斗油缸盖油封槽，6135 发动机缸体两缸套间的裂纹，两缸套间下陷等均取得良好效果。

思　考　题

1. 设备检修的原则？
2. 设备故障的分类？
3. 设备故障管理的内容？
4. 设备事故的分类？

第8章　设备的更新和改造管理

设备的改造和更新工作与设备的维护检修工作一样，也是设备管理工作的一个重要方面。设备的合理使用、精心保养和修理，只能相对延长设备的使用寿命，而不能从根本上解决设备的磨损、结构落后和技术陈旧问题。因此，只有在做好设备维护修理工作的同时，及时对落后陈旧的设备进行必要的改造或更新，才能不断地提高企业设备的技术装备水平，满足企业现代化生产发展的要求。

设备更换（就是通常所说的设备更新，即狭义的更新）是设备更新的最主要形式，特别是用那些结构更先进、技术更完善、生产效率更高、原材料和能源耗费更少的新型设备去替换已陈旧了的设备。

从广义上讲，设备更新应包括：设备大修理、设备更换和设备现代化改装。在一般情况下，设备大修理能够利用被保留下来的零部件，从而节约了不少的原材料、工时和费用。因而，目前许多企业仍采用大修理的方法。

设备改造是指根据生产的需要，对现有设备采取一定的技术措施，以改善设备的性能和提高设备的现设备代化水平。

更新和改造的目的都是为了补偿设备的磨损，而前者则是彻底消除设备的有形磨损和无形磨损，后者则主要是消除设备的无形磨损，延长设备的技术寿命。

8.1　设备磨损的经济规律

从管理角度上讲，设备的磨损包括本身物质形态和价值形态两方面的损耗。前者称之为有形磨损，是指设备在使用或闲置过程中，由于使用条件（载荷、运动状态等）和自然力的作用，设备发生物质形态上的变化；后者称之为无形磨损，是指由于科学技术的发展，原有设备发生价值上的损耗，它只涉及经济方面，所以也称经济磨损。在设备的整个寿命周期内，这两类磨损是同时发生的，并且互相有一定的关联。

8.1.1　设备的有形磨损

运行中的设备在力的作用下，零部件会发生摩擦振动和疲劳等现象，致使设备的实体产生磨损，这种磨损为第Ⅰ种有形磨损。

设备在闲置过程中，由于自然力的作用而锈蚀，或由于管理不善和缺乏必要维护而自然丧失精度和工作能力，使设备遭受有形磨损。这种有形磨损为第Ⅱ种有形磨损。

第Ⅰ种有形磨损与使用时间和使用强度有关；而第Ⅱ种有形磨损在一定程度上与闲置时间和保管条件等有关。

设备的有形磨损，有一部分是可以通过修理消除，属于可消除性的有形磨损；另一部分是不可以通过修理消除，属于不可消除性的有形磨损。如果设备有形磨损可用技术方法来测量，这时设备的有形磨损程度直接决定于设备零件的磨损量。

若零件的磨损是由摩擦而引起的，则该零件的磨损程度 α_p 可用下式表示

$$\alpha_p = \frac{\delta_i}{\delta} \tag{8-1}$$

式中　δ_i——零件的实际磨损量；

δ——零件最大允许磨损量。

就整机来说，设备有形磨损程度 α_p 的度量，应反映其价值损失。因此，还可以利用设备的实际价值损失，如修理费用与设备的重置价值之比来表示：

$$\alpha_p = \frac{R}{K_t} \tag{8-2}$$

式中　R——修理费用；

K_t——在确定设备磨损程度时，该类设备的重置价值。

公式中的分母用设备重置价值 K_t，不用原始价值，是因为修理费用和设备本身价值，必须用同一时期的费用方能进行比较。

从经济角度分析，设备有形磨损程度不能超过 $\alpha_p = 1$ 的极限。

8.1.2　设备的无形磨损

设备在使用过程中，除遭受有形磨损之外，还要遭受无形磨损（又称经济磨损或经济劣化）。所谓无形磨损，就是由于科学技术进步而不断出现性能更加完善、生产效率更高的设备，致使原有设备的价值降低，或者是生产同样结构的设备，由于工艺改进或加大生产规模等原因，使得其重置价值不断降低，亦即是原有设备贬值。这样，无形磨损也可分为两种形式：

（1）由于相同结构设备重置价值的降低而带来的原有设备价值的贬低，叫做第Ⅰ种无形磨损，也称经济性无形磨损。

（2）由于不断出现性能更完善、效率更高的设备而使原有设备在技术上显得陈旧和落后所产生的无形磨损，叫做第Ⅱ种无形磨损，也称技术性无形磨损。

在第Ⅰ种无形磨损情况下，设备的技术结构和经济性能并未改变，但由于技术进步的影响，生产工艺不断改进，成本不断降低，劳动生产率不断提高，使生产这种设备的社会必要劳动耗费相应降低，从而使原有设备发生贬值。例如，X62W 万能升降台铣床，在劳动生产率不断提高的基础上，出厂价格不断降低（见表 8-1）。

这种无形磨损虽然生产领域中的现有设备部分贬值，但是设备本身的技术特性和功能不受影响，设备尚可继续使用。因此，一般不需更新。但如果设备贬值速度比修理费用降低的速度快，使修理费用高于设备贬值后的价格时，就要考虑更新。

表 8-1　X62W 万能升降台铣床出厂价格变动率表

年份	1952	1953	1956	1965	1967
出厂价格为 1952 年原价的百分比/%	100	68.2	60.7	53.7	35.7

在第Ⅱ种无形磨损情况下，由于出现了具有更高生产率和经济性的设备，不仅原设备的价值会相对贬低，而且，如果继续使用旧设备还会相对地降低生产的经济效率。这种经济效果的降低，实际上反映厂原设备使用价值的局部或全部丧失，这就有可能产生用新设备代替现有旧设备的必要性。不过这种更换的经济合理性是取决于现有设备贬值程度，以及在生产中继续使用旧设备的经济效果下降的幅度。

在实际生产中，通常用价值损失来度量设备无形磨损的程度。下面介绍在技术进步影响下，如何利用设备价值降低系数来表示设备无形磨损的程度

$$\alpha_i=\frac{K_0-K_t}{K_0}=1-\frac{K_t}{K_0} \tag{8-3}$$

式中　K_0——设备的原始价值，元；

K_t——考虑到第Ⅰ、Ⅱ种无形磨损时设备的重置价值，元。

在计算无形磨损 α_i 时，K_t必须反映技术进步两个方面的影响：一是相同设备重置价值的降低；二是具有更好性能和更高效率的新设备的出现。这时 K_t可用下式表示

$$K_t=K_n\left(\frac{q_0}{q_n}\right)^{\alpha}\left(\frac{C_0}{C_n}\right)^{\beta} \tag{8-4}$$

式中　K_n——新设备价值，元；

q_0，q_n——使用相应的旧设备，新设备时的年生产率，%；

C_0，C_n——使用相应的旧设备、新设备时的单位产品成本，元/个；

α，β——分别为劳动生产率提高和成本降低指数，指数的取值范围均在 0～1 之间。

8.1.3　设备的综合磨损

有了设备的有形磨损指标和无形磨损指标，就可以计算同时发生两种磨损的综合指标。

$$\alpha_m=1-(1-\alpha_p)(1-\alpha_i) \tag{8-5}$$

式中　α_m——设备综合磨损程度（用设备原始价值的比率表示）；

α_p——设备有形磨损的程度；

α_i——设备无形磨损的程度。

至于设备在两种磨损作用下的剩余价值 K，可用下式计算

$$K=(1-\alpha_m)K_0 \tag{8-6}$$

整理得：

$$\begin{aligned}K&=(1-\alpha_m)K_0=[1-1+(1-\alpha_p)(1-\alpha_i)]K_0\\&=\left(1-\frac{R}{K_t}\right)\left(1-1+\frac{K_t}{K_0}\right)K_0\\&=K_t-R\end{aligned} \tag{8-7}$$

式中，K_0 为原始价值。

从式(8-7) 看出，设备的剩余价值 K 等于设备重置价值 K_t减去修理费用 R。

例 1　某设备的原始价值 $K_0=10000$ 元，现在需要修理，其费用 $R=3000$ 元，若该种设备重置价值 $K_t=7000$ 元，求该设备的综合磨损程度及其剩余价值。

解：

$$\alpha_p=\frac{R}{K_t}=\frac{3000}{7000}=0.43$$

$$\alpha_i=1-\frac{K_t}{K_0}=1-\frac{7000}{10000}=0.43$$

$$\alpha_m=1-(1-\alpha_p)(1-\alpha_i)=1-(1-0.43)(1-0.3)=0.6$$

$$K=K_t-R=7000-3000=4000\ (\text{元})$$

答：该设备的综合磨损程度为 60%，其剩余价值为 4000 元。

通过以上分析可以看出，两种磨损都引起原始价值的降低，这一点两者是相同的。不同之处是有形磨损的设备，特别是有形磨损严重的设备，在进行（大）修理之前，常常不能正常使用。而任何无形磨损都不影响它的继续使用，但经济效益降低了，假如设备已遇到严重的有形磨损，而它的无形磨损还没有到来，这时无需设计新设备，只需对遭到有形磨损的设备进行修理或更换就可以了。

假如设备的无形磨损期早于有形磨损期到来，这时企业面临的抉择是继续使用原有设备，还是选用先进的新设备更换尚未折旧完的旧设备呢？在技术发展较快的情况下，有些设备更新换代的周期缩短厂，就容易产生这种现象。一般地说，这种设备不必再进行大修理，在企业经济条件许可时，采取逐步更换的办法是可行的。

很明显，最好的方案是有形磨损期与无形磨损期相互接近，这将具有很大的意义。这是一种理想的“无维修设计”。也就是说，当设备需要进行大修理时，恰好到了更换的时刻。但是在多数情况下，这是难以做到的。

此外，还应看到，第Ⅱ种无形磨损虽使设备贬值，但它是社会生产力发展的反映。这种磨损愈大，表示社会技术进步愈快。因此，应该充分重视对设备磨损规律性的研究，加快技术进步的步伐。

需要注意的是，上面我们仅对单一磨损（有形或无形磨损）进行了讨论，而在实际生产实践中，设备的有形和无形磨损是同时发生和存在的。所以，在选择补偿方式时，应将两者结合起来考虑，并根据具体不同情况有所侧重。当有形磨损严重、无形磨损较小时，对设备进行修理是适当的。若有形磨损与无形磨损程度相近，就应考虑是否进行更新，以先进高效的设备来取代原有设备。另外，当某些可以消除的有形磨损所需的修理费用很大时，也应考虑是否改用更新的补偿方式。总之，磨损的补偿涉及到企业的技术、经济等诸方面，在具体实施前，必须要进行综合的、科学的技术经济评价。

8.2　经济寿命的确定方法

8.2.1　设备的寿命

在讨论设备的最佳更新周期时，首先涉及到设备的寿命，设备的寿命有三层含义：

（1）物质寿命

它是指设备从开始使用直到不能再用而报废所经过的时间，做好设备的维修保养。延长设备报废的时间可以延长设备的物质寿命，但一般随着设备使用时间的延长，支出的维修费用也日益提高。因此，延长设备的物质寿命在经济上不一定都是合理的。

（2）技术寿命

它是指从设备开始使用到因技术落后而被淘汰所经过的时间。科学技术发展越快，产品更新换代越快，设备的技术寿命越短。通过设备改造可以延长设备的技术寿命。

（3）经济寿命

它是指设备从开始使用到继续使用其经济效益变差所经过的时间。通过设备改造也可延长其经济寿命。

设备寿命的三层含义可能一致，也可能不一致。在技术经济飞速发展的今天，技术、经济寿命往往大大短于设备的物质寿命。设备更新一定要讲求经济效益，选择最佳更新期。设备是否需要更新，主要是由其经济寿命决定的。因为设备使用期超过其经济寿命后，不仅经济效益下降，而且有可能赔本，所以，设备达到经济寿命时就应及时更新。

8.2.2 经济寿命的计算

研究设备的经济寿命，就是研究设备的最佳更新期和最佳折旧年限。它是研究设备修理、改造、更新、折旧、报废等问题决策的重要依据。

关于设备的经济寿命的基本概念，主要包含有两种概念：一种意见认为，设备的经济寿命是指设备从开始使用到其年均费用最小的年限．使用年限超过设备的经济寿命，设备的年均费用又将上升，所以设备使用到其经济寿命的年限更新最为经济。另一种概念是，对生产设备来说，设备经济寿命的长短，不能单看年均费用的高低，而是要从使用设备时所获得总收益的大小来定。也就是说，要在经济寿命这段有限的时间内获得最大的总收益。

根据这两种概念，均可求出设备的经济寿命，并根据设备的实际技术状况，从而确定设备最合适的更新时机。在具体的设备更新方案中，有两方面的问题需要解决：一是要不要更新，什么时候更新最经济？二是用什么样的设备来更新最适宜？

本节要讨论的是第一个问题，即如何决定设备的最佳更新期。

设备更新的最佳时机，应根据不同的设备类型用各种方法求得，主要有：最大总收益法；最小年均费用法；劣化数值法。

8.2.2.1 最大总收益法

对生产设备来说，总输入 Y_1（即设备寿命周期费用）和总输出 Y_2 的方程分别为：

$$\left.\begin{aligned} Y_1 &= P+Vt \\ Y_2 &= (AE^*)t \end{aligned}\right\} \tag{8-8}$$

式中 P——设备原始价值，元；

V——年可变费用，元/年；

t——使用年限，年；

A——可利用率，%；

E^*——最大年输出量（即 $A=1$ 时的输出），元/年。

同时设备在不同使用期的可变费用 V（元）并不是常数，而是随使用年限（役龄）的增长而逐渐增长的。

设

$$V=(1+\beta t)V_0 \tag{8-9}$$

式中 β——可变费用增长系数；

V_0——起始可变费用，元/年。

将式(8-9) 代入式(8-8) 得寿命周期费用方程

$$Y_1=\beta V_0 t^2+V_0 t+P \tag{8-10}$$

这样，设备总收益 Y 的方程为

$$\begin{aligned} Y &= Y_2-Y_1 \\ &= AE^* t-(\beta V_0 t^2+V_0 t+P) \\ &= -\beta V_0 t^2+(AE^*-V_0)t-P \end{aligned} \tag{8-11}$$

如果欲求 Y_{max}（元）值，可对 t（年）微分，并令其等于零，即可求出最大收益寿命。

例 2 设某设备的实际数值和参数如下：

$P=20000$ 元，$V_0=4000$ 元，$\beta=0.025$，$A=0.8$，$E^*=10000$ 元/年，暂不考虑资金的时间因素。试求该设备的平衡点（即收支相抵），何时可得最大总收益？

解：将已知参数代入式(8-11)，得

$$Y=-100t^2+4000t-20000$$

令 $Y=0$，求 t 值（即平衡点），得：

$$100t^2+4000t-20000=0$$

$t_1=5.86$ 年，$t_2=34.14$ 年

即：第一平衡点是 5.86 年，第二平衡点是 34.14 年。

下面进一步分析利润函数，求最大总收益（利润）值。为此，总收益方程对 t 微分，并令其为零，得

$$Y'=-200t+4000 \qquad Y''=-200$$

$$-200t+4000=0$$

$$t=20\text{ 年}$$

即：设备使用 20 年时总收益最大，这时的最大总收益值为

$$Y_{\max}=100(20)^2+4000(20)-20000=20000\text{（元）}$$

可以得出，当设备使用到第 6 年时，开始收益，使用到第 20 年时，总收益为最大（20000 元）。如果设备使用期超过 20 年，总收益反而降低，到第 34 年时，总收益又等于零，因此，当本设备使用期达 20 年左右时，更新较为恰当。

8.2.2.2 最小年均费用法

上述以最大总收益来评价设备经济寿命的方法，对一些“非盈利”的设备，如小汽车、某些电气设备、家用设备、行政设备和军用装备等，很难求得收益函数。另外，最大总收益法在计算上也复杂，为实用起见，故介绍最小年均费用法。

年均费用（即年均使用成本）是由年均运行维护费用和年折旧费两部分组成，可按下式表示：

$$C_i=\frac{\sum V+\sum B}{T} \tag{8-12}$$

式中 C_i——i 年的年均费用，元/年；

$\sum V$——累计运行维护费用，元；

$\sum B$——累计折旧费，元；

T——使用年限，年。

计算设备每年的年均费用值，观察各种费用的变化时，年均费用值最小的年份即为最佳更新期，也即设备的经济寿命。

例 3 有一台磨木机以 60000 元购入，实行加速折旧，每年的运行维持费用和折旧后的每年残余价值，如表 8-2 所示。试计算其最佳更新期。

解：根据表 8-2 的数据，按式(8-12) 计算，结果如表 8-3 所示。

表 8-2 磨木机的年运行维护费用和年残值表

使用年份	1	2	3	4	5	6	7
运行费用/元	10000	12000	14000	18000	23000	28000	34000
残值价值/元	30000	15000	7500	3750	2000	2000	2000

表 8-3 费用计算表

使用年份,年	1	2	3	4	5	6	7
累计维持费用 $\sum V$ /元	10000	22000	36000	54000	77000	105000	139000
累计折旧损耗 $\sum B$ /元	30000	45000	52500	56250	58000	58000	58000
总使用成本 $\sum V+\sum B$ /元	40000	67000	88500	110250	135000	135000	197000
年均费用 C_1/元	40000	33500	29500	27500	27000	27170	28140

如第 4 年的年均费用为 $C_4=\dfrac{\sum V+\sum B}{T}=27560$（元）

从表 8-3 清楚地看到，第 5 年年末为最佳更新期，因为这时年均费用（27000 元）为最小。

8.2.2.3 劣化数值法

在上面计算年均费用的方法中，由于设备每年的运行维持费用通常事先是不知道的，因此，无法预先估计设备的最佳更新期。

随着使用年限的增长，设备的有形磨损和无形磨损越是加剧，设备的运行维修费用越是增加，如果能按照统计资料预测这种劣化程度每年以 λ 的数值呈线性的递增，则就可能在设备的使用早期即可测定设备的最佳更新期。

假定设备经过使用之后的残余价值为零，并以 K_0 代表设备的原始价值。T 代表使用年限，则每年的设备费用为 K_0/T_0 尚须考虑设备在 T 年内的劣化损失：第 1 年的劣化值为 λ，第 2 年为 2λ，第 T 年为 $T\lambda$，其 T 年内平均劣化值为

$$\frac{\lambda+2\lambda+\cdots+T\lambda}{T}=\frac{(T+1)\lambda}{2} \tag{8-13}$$

随着 T 的增长，K_0/T 值减小，$(T+1)/2$ 值增大。设备的年均费用 C_i 可按下式计算：

$$C_i=\frac{K_0}{T}+\frac{(T+1)\lambda}{2} \tag{8-14}$$

式中 C_i——i 年的年均费用，元/年；

λ——年平均劣化值，元/年。

若使设备年均费用最小，则取：$\dfrac{dC}{dT}=0$，得最佳更新期：

$$T_0=\sqrt{\frac{2K_0}{\lambda}} \tag{8-15}$$

式中 T_0——最佳更新期，年；

λ——年平均劣化值，元/年；

K_0——设备的原始价值，元。

将此值代入式(8-14)，即可得最小年均费用。

例 4 某设备的原始价值为 8000 元，设每年运行维护费用的平均超额支出（即劣化值增加值）为 320 元，试求设备的最佳更新期。

解： 设备的最佳更换期为：

$$T_0=\sqrt{\frac{2K_0}{\lambda}}=\sqrt{\frac{2\times 8000}{320}}=7\text{ 年}$$

表 8-4　设备最佳更换期的计算

使用至 T 年	设备费用($\frac{K_0}{T}$)/元	平均劣化值$\frac{\lambda(T+1)}{2}$/元	年均总费用/元
1	8000	320	8320
2	4000	480	4480
3	2667	640	3307
4	2000	800	2800
5	1600	960	2560
6	1333	1120	2453
7	1143	1280	2423
8	1000	1440	2440
9	889	1600	2489

如果逐年计算年均费用，然后加入比较，也可以得到同样结果，如表 8-4 所示。从表中看出，第 7 年的年均费用最小，这就是设备的最佳更新期。

以上例题的计算，都没有考虑各年费用的时间因素，而实际运算应用中，费用的时间因素还应该计算进去的。如果考虑利息因素，设 $i=10\%$，则上例将有如表 8-5 所列的结果。

表 8-5　设备最佳更换期的计算

年份	(1)当年劣化值	(2)现值系数	(3)劣化现值	(4)累计劣化现值	(5)资金回收系数	(6)年均劣化值	(7)年均设备费用	(8)年均总费用
1	320	0.9091	290.9	290.9	1.1000	319.99	8800	9119.99
2	640	0.8264	528.9	819.8	0.57619	472.36	4609.5	5081.86
3	960	0.7513	721.2	1541.0	0.40211	619.65	3216.0	3836.55
4	1280	0.6830	874.2	2415.2	0.31547	761.92	2532.8	3285.72
5	1600	0.6209	993.4	3408.6	0.26780	912.82	2142.4	3055.22
6	1920	0.5645	1083.8	4492.4	0.22961	1031.5	1846.9	2868.40
7	2240	0.5132	1149.6	5642.0	0.20541	1158.92	1643.3	2802.22
8	2560	0.4665	1194.2	6836.2	0.18744	1281.38	1499.5	2780.88
9	2880	0.4241	1221.4	8057.6	0.17364	1399.12	1389.1	2788.22
10	3200	0.3855	1233.6	9291.2	0.16275	1512.14	1302.0	2814.14

第（1）栏表示：(1)$=\lambda T=320T$，式中，T 表示年限。

第（2）栏表示 $i=10\%$的现值系数，数据查表获得。

第（3）栏表示每年劣化值的现值，即：(3)=(1)×(2)。

第（4）栏表示累计劣化现值，即当年劣化现值与以前各年劣化现值之总和。

第（5）栏表示 $i=10\%$的投资回收系数，查表可得。

第（6）栏表示设备使用到 T 年的逐年平均劣化值，其值为：(6)=(4)×(5)。

第（7）栏表示设备使用到 T 年的逐年平均设备费用，其值为：(7)=8000×(5)。

第（8）栏表示设备使用到 T 年的逐年平均总费用，其值为：(8)=(6)+(7)。

根据上面的计算结果，考虑利息因素计算出的最佳更新期为 8 年，比不考虑利息的计算延长一年。应该说，这个更新期（8 年）更符合实际些。

8.3 设备大修理及技术改造的技术经济分析

8.3.1 设备大修理的技术经济分析

设备大修理的经济界限是，一次大修理所用的费用 R 应符合下面的公式：

$$R<K_t-L \tag{8-16}$$

式中 K_t——当时该设备的重置价值（或新设备的价值）；

L——设备残值。

显然，如果设备在该时期的残值加上大修理费用等于甚至大于新设备的价值时，那么，这样的大修理就是不合理的。这时，宁可购买新设备也不去进行大修理了。

在实际工作中，由于修理工作组织不当，致使修理成本很高，有时甚至超过新设备的价值。从经济的观点来看，这样的修理当然是不合算的。但由于购置新设备的经费无处筹集，大修理的费用又不能用来购置新设备，用户得不到新设备，往往被迫进行高价的修理。为厂节约社会劳动耗费，讲求经济效果，应该在投资政策上加以调整，避免发生类似事件。但是符合上述条件的大修理，在经济是不是真正合算厂要回答这个问题，还应考虑修理，一般说来，设备大修理后的生产技术特性往往比不上同种新设备。比如，设备大修理之后，常常缩短了下一次大修理的间隔期。同时，修理后的设备与新设备相比，技术上的故障往往较多。设备停歇时间较长，日常维护和小修理费用增多，设备运行维护的费用增加。因此，设备修理的质量对于单位产品成本的大小有很大影响。

所以，只有大修理后使用该设备生产的单位产品成本有关设备费用部分 C_1 值，在正常使用情况下，不超过用相同新设备生产的单位产品成本有关设备费用部分 C 值，这时的大修理在经济上才是合算的。两者的成本之差 ΔC 为

$$\Delta C=C-C_1\geqslant 0 \tag{8-17}$$

以上的分析表明，设备大修理的经济界限应同时满足两个条件，即式(8-16) 和式(8-17)。如果设备超过了这个经济界限仍继续进行大修理，或延长设备使用年限都是不经济的，那时就应该更新设备。

可见，式(8-16) 是大修理经济界限的必要条件。而式(8-17) 是大修理经济界限的充分条件。在设备技术进步较快的情况下，后一种经济界限更为重要。

8.3.2 制浆造纸设备技术改造的技术经济分析

在数种设备磨损的方案中，要确定设备技术改造是否属最佳选择，应进行经济性比较，通常与设备技术改造同时可供选择的方案有：旧设备继续使用；对旧设备进行大修理；用相同结构的新设备或效率更高的新型设备来替换原有旧设备。

设备技术改造的经济性分析，着重就设备技术改造与设备更新和设备大修理比较其设备投资、成本和生产率的方法来进行，表 8-6 所列各参数符号，以供进行分析比较。

表 8-6 经济分析比较用参数及其符号

指 标	可供选择方案		
	大修理	设备技术改造	设备更新
基本投资(费用)	K_t	K_m	K_n
设备年生产率	G_t	G_m	G_n
单位产品成本中设备费用部分/(元/件)	C_t	C_m	C_n

一般情况下，上述指标具有下列关系式：

$$\left.\begin{array}{l} K_r < K_m < K_n \\ G_r < G_m < G_n \\ C_r < C_m < C_n \end{array}\right\} \tag{8-18}$$

分析上式，可能出现下列几种情况：

① 当$\frac{K_r}{G_r} > \frac{K_m}{G_m}$，$C_r > C_m$ 时可根据投资回收期 T 的标准进行比较，式中 T 表示追加投资回收期。T 数值越小，则表示通过节约成本而实现的回收期越迅速。

$$T = \frac{\frac{K_m}{G_m} - \frac{K_r}{G_r}}{C_r - C_m} \tag{8-19}$$

一般情况下，计算所得的回收期 T 可与规定的标准投资回收期 T_a 相比较，若 $T < T_a$，则选择设备技术改造这一方案。如果相反，设备技术改造方案也是不可取的。

② 当$\frac{K_m}{G_m} < \frac{K_n}{G_n}$，$C_m > C_n$ 时显然，设备更新是最佳方案。

③ 当$\frac{K_m}{G_m} < \frac{K_n}{G_n}$，$C_m > C_n$ 时同样可以用投资回收期标准进行判断，即

$$T = \frac{\frac{K_n}{G_n} - \frac{K_m}{G_m}}{C_m - C_n} \tag{8-20}$$

当 T 小于或等于标准投资回收期时，设备更新的方案是合理的。如果超过了规定的回收期标准，则应选择设备技术改造这一方案。

8.3.3　设备技术改造的工作程序

（1）设备技术改造任务书

设备技术改造任务书可按企业的具体情况，主要由设备使用部门、工艺技术部门、设备动力部门和安全环保部门提出进行技术改造的理由和应达到的目标。

为了简化手续，一般情况下，可将设备技术改造任务书兼作设备技术改造申请书。各企业可根据企业情况将表式作调整、补充、扩展，使之符合本企业的实际．并按设备管理权限和技术改造工作量的大小办相应的审批手续。并由技术改造部门初步编号并实施管理。

设备改装改造申请书见表 8-7。

表 8-7　设备改装改造申请书

单位：　　　　　　　　厂　　　　　　　　申请日期：　　　　　　　　年　月　日

设备编号	设备名称	型号规格	制造厂地	上次修理日期	使用单位	设备类别
改装改造目的和预期效果：						
项目和内容：						
预算和人力、物力准备情况：						

续表

<table>
<tr><td rowspan="4">附：
技术文件</td><td>文件编号</td><td colspan="2">技术文件名称</td><td>页数</td><td>份数</td><td>备注</td></tr>
<tr><td></td><td></td><td></td><td></td><td></td><td></td></tr>
<tr><td></td><td></td><td></td><td></td><td></td><td></td></tr>
<tr><td></td><td></td><td></td><td></td><td></td><td></td></tr>
<tr><td colspan="3">工艺技术部门意见：</td><td colspan="4">设备动力部门意见：</td></tr>
<tr><td colspan="3" rowspan="2">总工程师审批：</td><td colspan="4">厅(局)设备科审批意见：</td></tr>
<tr><td colspan="4">注：凡精、大、稀及进口等局管设备需呈报厅(局)设备科审批</td></tr>
</table>

申请单位负责人：　　　　　　　　　　编拟人：

(2) 设备技术改造项目的确定

① 设备技术改造方案的主要内容

a. 设备目前存在的主要问题和原因分析；

b. 设备技术改造的部位和拟采用的改进措施；

c. 设备技术改造的示意图和原理图；

d. 设备经过技术改造后，预计可达到的技术经济目标；

e. 设备技术改造费用估算，及初步技术经济效果的分析；

f. 设备技术改造方案提出者和日期。

② 设备技术改造方案的论证。设备技术改造的论证主要从技术上的必要性和可能性方面进行分析，同时应进一步讨论其经济方面的合理性，以确定较佳的设备技术改造方案。

③ 设备技术改造项目的审批。一般设备的技术改造项目，由工厂技术负责人授权设备动力部门负责人审批。精密、大型设备的技术改造项目由工厂技术负责人审批。各行业部门的关键设备进行的重大技术改造项目，需报上级主管部门审批。

(3) 设备技术改造计划的编制

① 设备技术改造计划，应根据各企业机构设置的具体情况，由企业技术负责人组织有关部门编制。

② 设备技术改造计划的主要内容

a. 设备技术改造项目编号和项目的主要内容；

b. 项目申请部门负责人、设计部门负责人、实施部门负责人；

c. 设计工作进度、生产技术准备进度、实施进度、验收评价日期；

d. 费用计划，资金来源等。

③ 企业计划经济部门应进行综合平衡

a. 若设备技术改造任务可结合大修理进行，则该项目应转至设备动力部门，纳入设备年度大修理计划；

b. 应在每第四季度完成下一年度设备技术改造计划的平衡编报工作，并纳入工厂生产经营计划下达实施。

(4) 设备技术改造的设计工作

设备技术改造的设计工作一般可由以下单位承担：

① 结合设备大修理进行的设备技术改造项目，一般由本企业设备动力部门承担；

② 设备技术改造任务比较繁重的企业，可设立专门的机构来承担设备技术改造的设计任务；

③ 必要时也可委任国内外设备修造厂的科研、设计单位承担设备技术改造的设计任务。

精密、大型、稀有设备技术改造的总图应由企业技术负责人批准，一般设备技术改造设计总图，由承担设计任务的工作部门负责人批准。

(5) 设备技术改造项目的实施

结合大修理进行的设备技术改造项目，由设备部门的有关组织负责生产技术准备工作，并可按设备大修理渠道，下达加工、制造、修复、改造、调试任务。

对某些设备技术改造任务比较重的企业，为了不影响生产和维修任务的正常进行，对维修的人力和资源进行合理的安排，可成立专业设备制造工程的车间或分厂，承担设备技术改造任务，亦可委托外厂实施。

(6) 设备技术改造项目的竣工验收

结合大修理进行的设备技术改造项目的验收，可按设备大修理渠道进行验收。较重大的设备技术改造项目，竣工验收，由企业总工程师、使用车间组织工艺、技术、安全环保、质量检验、计划、财务、设备、动力、基建部门等单位参加验收。

设备技术改造的验收条件为：

① 技术改造后的设备应符合技术改造任务书的基本要求，验收后移交试用六个月；

② 应符合安全生产、环境保护的要求，外观完好；

③ 技术改造后，有关图纸资料和操作维护规程齐全，并符合实际使用要求。

设备技术改造项目验收合格后，应办报完工手续。并同时办理变更设备固定资产值，必要时还要变更设备编号和型号等手续，有关技术文件应送设备动力部门资料室存档。

(7) 设备技术改造评价

① 设备技术改造前后技术经济效益评价设备技术改造后，应注意积累各种技术经济数据，其中包括：

a. 设备生产效率变化情况；

b. 技术性能和各项参数的改善情况；

c. 原材料及辅料的消耗情况；

d. 单位产品的能耗水平；

e. 设备维修费用等方面的资料。

经过实际使用以后，将各项指标进行对比，并作出评价意见。

② 设备技术改造项目奖励。由于设备技术改造是带有革新性质的创造性劳动。因此，应按其实际产生的经济效益和技术水平，给予精神和物质奖励。

8.4 设备更新决策

8.4.1 设备更新的意义

设备更新是企业设备管理工作的一项重要内容，是促进我国工业不断进步、生产不断发展、劳动生产率不断提高的重要措施。进行设备更新目的是为了提高企业技术装备的现代化水平，以提高产品质量，提高设备生产效率，降低消耗和迅速适应企业生产经营目标，加强企业在国内外市场生存和竞争能力。

8.4.2 设备更新方式

① 原型更换。设备经过多次大修，已无修复价值，但尚无新型设备可替代，只能用原型号新设备来更换已陈旧的设备，这样能达到保持原有生产能力，保证设备安全正常运行。

② 新型更新。以结构更先进、技术更完善、性能更好、效率更高、耗能更少的新设备来更新陈旧的设备，这是设备更新的主要方式。积极开展设备更新工作，可以充分挖掘现有企业潜力，不断加速企业技术进步的步伐，比新建一个企业具有投资少、见效快等优点。

8.4.3 设备更新的途径分析

(1) 设备更新的途径

积极开展设备更新，可以调整设备拥有量的构成比，使先进的、高效的设备所占的比例逐渐提高，以不断改变落后的生产方法，不断淘汰过时的老设备，使企业的设备构成能适应经济发展的要求。其主要途径如下：

① 减少普通设备比重，增加精密设备比重；

② 增加高效自动化设备的比重；

③ 增加特种设备比重。

(2) 设备更新的对象

① 役龄过长的设备；

② 性能、制造质量不良的设备；

③ 经过多次大修已无修复价值的设备；

④ 技术落后的设备；

⑤ 不能适应于新产品发展的设备；

⑥ 浪费能源的设备。

凡遇上述各类设备，应该优先列入考虑进行设备更新的清单，但还要通过进一步技术经济分析以后才能作出设备更新决策。

8.4.4 设备更新的技术性分析

(1) 新设备的基本规格和主要参数

① 工作范围；

② 运行速度和生产效率；

③ 设备精度和工程能力；

④ 超负荷运行的持久性；

⑤ 动能和资源的消耗水平和供应的可能性。

(2) 新设备的机构和装置

① 通过采用新的自动装置后，辅助装置调整工作时间是否减少；

② 新设备的结构和精度是否能确保加工质量；

③ 控制装置、安全装置、特殊辅助装置等机构是否齐全。

(3) 新设备操纵性和可靠性

① 调整和更换工装夹具是否更为容易；

② 是否能减少对操作工的操作技能的依赖性，以减少人为的因素对加工质量的影响；

③ 能否用一台新型设备来承担两台以上旧设备的工作量；

④ 设备的可靠性和维修性有否改善；

⑤ 新设备能否消除费力的手工作业和改善劳动条件；

⑥ 新设备是否符合环境保护要求；

⑦ 新设备能否节省占地面积和减少辅助设施，使作业环境比较理想；

⑧ 新设备能否为用户提供良好的服务。

(4) 经济方面的有关问题

① 新设备的投资是否能很快收回；

② 新设备的有效使用寿命是否足够适宜；

③ 新设备的维修费用、功能消耗、使用费用是否较旧设备低；

④ 购买新设备的资金是否落实；

⑤ 若通过贷款更新设备的，偿还能力是否具备等。

8.4.5　设备更新的经济性分析

企业所作出的有关设备更新的投资决策，是根据企业设备更新的具体情况，如财务收支、产品技术要求、经营方针和更新类别等作出综合结论。对于用新设备代替旧设备这类问题，可用贴现现金流量法求收益率的方法来评价。

(1) 现金支出

购置新设备、建造有关的厂房时，企业要支出以下费用：

① 购置新设备的基本费用；

② 建造与设备有关厂房以及设备运输、安装费用等。

以后两项费用构成了设备和厂房的会计（账面）值，并据此计算年折旧。

③ 其他费用，如培训费、临时停工损失、负责人的增加工资等。这些费用通常列入当年的经营管理费内。因此，在计算费用支出时，只列其税后值。

④ 此外，企业由于购置新设备而相应增加的流动资金也应包括在投资的现金支出内。

现金收入计算公式如下：

总现金支出＝新设备和厂房费用＋其他费用的税后值＋新增加的流动资金－出售旧设备的净收入　　(8-21)

(2) 现金收入

企业购置新设备后会有两种效果：一是增加产量，也即增加销售收入；二是未增加销售收入，但降低了成本。

现金收入是按期（年）计算的，对于第一种情况，企业每年增加的税后现金收入可按下式计算：

年现金收入＝[当年增加的销售收－当年增加销售收入所发生的成本费用(包括折旧费)]×(1－税率)＋当年折旧费＝当年增加税后收益＋当年折旧费　　(8-22)

当年增加的销售收入是指因购置新设备而增加的销售收入。当年增加销售收入所发生的成本费用，包括折旧费、原材料、直接劳务费等。这两项费用之差就是当年增加的税前收益，纳税后加上设备当年折旧费求得当年的税后总现金收入。

对于第二种情况，此时可把降低的成本和新增的折旧费加在一起计算收入。即：

年现金收入＝(当年降低的成本－多提的折旧费)(1－税率)＋多提的折旧费　(8-23)

(3) 投资收益率

可利用贴现现金流量法求投资收益率。

例 5　某厂欲买一台价值为 15500 元的新设备以代替旧设备，不需增加流量资金。出售旧设备的净收入为1500元，账面值为2000元，税率为50%。新旧设备经济寿命都为5年，采用新设备后年可变成本可节省5000元，流动资金仍为3000元（原有的）。试评价用此新设备代替旧设备是否可行？

解：

（1）按照式(8-21)计算现金支出：

$$总现金支出=15500+(1500-2000)\times 50\%+0-1500=13750\ (元)$$

（2）按照式(8 23)计算现金收入：

$$年现金收入=\left(5000-\frac{15500-2000}{5}\right)(1-50\%)+\frac{15500-2000}{5}=3850\ (元)$$

（3）计算投资收益率：

由 13750＝3850（P/A，I，5）得

$$(P/A,I,5)=3.57$$

查表得 $I=12.4\%$，投资收益率大于企业最低收益率（如10%），此方案是可考虑的。如果在方案中，卖旧设备和买新设备可增加销售收入的话，那么，由此引起每期增加的现金收入和相应的支出都应计入该期的现金收入中。设备大修也可用此法来计算和评价。

上述方法不仅用于单台设备更新的评价，而且其原理也同样适用于整个工厂改造和更新的评价，只不过计算的工作量较大而已。

8.4.6 设备更新计划的编制和实施

（1）设备更新工作规划

企业应根据实际设备结构情况、技术装备水平和今后经营发展方向、设备更新资金来源制定设备更新中长期规划，使企业设备的状况能适应企业的发展需要，并使设备更新工作能按预定目标展开，从而避免企业短期行为，减少盲目性。

企业设备更新工作规划由企业技术负责人领导，并组织有关业务部门参加编制。设备更新项目的提出，通常可按下述原则进行：

① 因生产发展需要，以提高设备生产效率为主要目标的，可由生产计划部门提出，通过这类设备更新达到缓解设备能力不足的问题。

② 为发展新品或提高产品质量（升级换代）满足技术工艺要求而进行的设备更新可由技术、工艺部门提出。

③ 由于设备结构陈旧，无修复价值，需更新替换项目，可由设备动力部门提出。

④ 为提高设备安全性和满足环境保护要求为目标的设备更新项目，一般由安全环保部门提出。

（2）设备更新计划编制

按企业中长期设备更新规划中提出的目标，再编制具体的设备更新年度计划。

设备更新计划一般由设备管理或技改部门编制，经厂经济计划部门的综合平衡，报企业领导审批后实施。也有的企业是在设备动力部门提出初步意见后，由企业规划部门编制、经平衡后报企业领导审批。

（3）设备更新计划的主要内容

设备更新计划与一般设备增添计划有区别，设备更新计划具有明确的替换对象，实施设备更新计划结果常常会使企业的设备拥有量相对减少，这对挖掘企业潜力，提高设备厂房利用率、节约能源都是有利的。

设备更新计划的主要内容有：

① 被更换旧设备的编号、名称、型号、制造厂、安装年月、安装地点、原值、净值；

② 拟购置设备的名称、型号、技术参数、制造厂价格；

③ 明确指明设备的购置部门、安装和验收部门；

④ 要求到货日期；

⑤ 要求投产日期。

(4) 设备更新计划的实施和管理

设备更新计划一般拟由设备管理或技术改造部门实施。设备管理部门一方面熟悉被更新设备的情况，以及对更新设备的要求，且对社会可供设备资源情况和质量情况比较熟悉。

有的大中型企业里可专门设立设备前期管理组或技术改造办公室，从参与设备规划论证、编制，直到设备更新计划拟订，设备信息收集汇总分析、反馈，设备更新计划具体实施总结等内容。

(5) 设备更新计划的考核与评价

设备更新计划的实施结果将会改善企业技术装备水平和促使设备新度系数的提高，认真负责实施设备更新计划已列为上级考核企业领导的实绩重要内容之一。

在企业内，设备更新计划由计划部负责考核，或由厂长指定的综合考核部门进行考核。设备更新计划应按预定的目标实施，如有特殊情况需要修改计划时，应报请企业分管领导批准后再作变动决定。

企业综合技术部门，如总工程师室应会同设备动力部门对已更新的设备实际运转后的技术情况和达到的经济效果进行评价。

设备初期运行的参数的记录应存储于设备技术档案，以备查阅。

(6) 设备更新资金

设备更新资金是实施设备更新计划的必要经济保证和基本条件。企业财务部门负责设备更新资金的筹措，并对设备更新资金的正确合理使用进行监督检查。

设备更新资金的来源主要有以下几个方面：

① 企业设备资产的基本折旧；

② 从生产发展基金中提取一部分；

③ 在确保完成企业的设备修理计划的情况于可将大修理基金结余部分用于设备的更新；

④ 设备报废处理时的残值收入和设备有偿调拨后的价款收入；

⑤ 通过贷款或以租赁方式分期付款。

已列入年度的设备更新资金，必须坚持专款专用，不能挪作他用，以确保设备更新工作正常进行。

8.4.7　设备更新及其回收

下面内容将给出建议的应用相向旋转转子系统的方式。

(1) 双风力机背靠背前后安装

采用两个带专用发电机的背靠背前后安装的风力机，以便它们的转子相互反向旋转。使用这种方法容易对已有的在每个塔上带附件转子的风电场进行改造。

许多大规模工业应用的发电机均具有双绕组系统，能够在两端风速范围内高效运行；用于风速小于 15mile/h 的小单元；用于风速大于 15mile/h 的大单元。可以将这种双发电机单元运行在一个升级的双向旋转系统中，可增加 30%的功率。

如果已有的发电机没有双绕组（双发电机）系统，则在背靠结够中增加一台发电机及一个转子是经济的，可以将力矩轮毂中心做的与已有系统采用的完全一样。

（2）单个发电机上的相向旋转转子

如果已有的发电机上带双绕组电枢系统，则可以用更高的功率等级。在此，力矩中心将改变输出的方向，以便两个转子都驱动同一台发电机。因此，一定量的工程改造及加工会成为单元成本的一部分。

在专门为相向旋转风力机系统设计的新的发电机中，带一个电枢及一个相向旋转的转子的单一发电机可能更加经济。

（3）设备升级成本及其回收期

为了估计升级成本的回收时间，我们必须首先列出每一部分的升级成本。对于一个已经建好的单元，一台风力机能够产生的收益取决于安装地点的功率容量。基于这一点，我们可以估计每年相向旋转转子能够产生的额外能量。简单的回收时间为升级增加的额外初始投资成本除以相向旋转转子系统每年的多余收益。这样估计的结果是如果提高 30%，则回收时间为 4～5 年。

（4）结论

对于相向旋转风力机，根据给出的测试数据可以得出如下结论：

① 在不采用双转子系统时，更大直径的转子能够产生同样数量的额外能量，但是风电场上能够安装的风力机更少。所以，对给定面积的风力场，通过增加转子的直径不能产生更多的功率，因为大百分比的风能在出口处散失了而没有被截获。进一步的，桨叶越大，承受的动态载荷越严重，维护更频繁且疲劳寿命更短。

② 对于同样的风流，相向旋转风力机顺风方向转子能产生 25%～40%的额外功率。

③ 慢速旋转的转子效率更高，因此建议大型的规模工业应用的风力机运行于 15～20r/min，这样从反向旋转转子上获益更多。

④ 双转子系统的扰流斗振现象更不容易发生。

⑤ 可以采用简单的倾斜齿轮传动装置，将两个前后安装的转子产生的静力矩传递给已有的发电单元。

⑥ 两个转子的力矩与重量彼此平衡，使得塔上的力矩与弯曲压力减小。

⑦ 基于这些发现，采用双转子改造已有的风力机，或制造带单一发电机的相向旋转电枢与转子能够使风电场经济上获益。额外成本投资的回收期为 4～5 年，可能吸引另外的投资者。

⑧ 对于大型工业上的大规模应用的相向旋转风力机，还需要更多的试验样机测试。

8.5 专用设备修理复杂系数

8.5.1 修理复杂系数

机器设备种类繁多，不仅有大有小，有长有短，而且构造繁简、精度高低程度等都不一样，这些差异都不能简单地反映维修量的大小。为了维修工作的需要，要求建立起一个能普遍适用和确切反映其维修工作量大小的假定单位，这个单位称为修理复杂系数（用 F 表示）。

修理复杂系数是用来表示各种设备的修理复杂程度，它是由设备的结构特点、工艺特性、零部件尺寸等因素决定的。设备越复杂，加工精度越高，零部件的尺寸越大，则修理的工作量越大，修理的复杂系数就越大。

通常机械设备复杂系数用“*JF*”表示，它是以标准等级的机修钳工大修一台 C620-1 普通车床所消耗的劳动量的十分之一作为一个假定单位的消耗劳动量。也就是说，规定 C620-1 机床的修理复杂系数为 10。其他机械设备的修理复杂系数，都是用这个统一的假定单位比较和度量。

电气设备修理复杂系数用“*DF*”表示，它是以标准等级的电工彻底检修一台额定功率为 0.6kW 的防护式异步鼠笼电动机所耗用的劳动量的复杂程度，假定为一个电气修理复杂系数。

上述的方法称为分析比较法，这种方法不够精确，只有特殊的情况方能使用。通常是根据设备的结构及特性系数进行公式计算。

设备复杂系数有如下用途：

① 用来表示整个企业的设备维修工作量大小，以此可用来确定设备的管理组织机构，以及配备适当的维修设备和人员；

② 估计设备维修所需的各种材料，以此作为制定各种定额的依据；

③ 从各个企业的不同的平均修理复杂系数中，可以看出各个企业机器设备的复杂程度；

④ 它可以作为开展劳动竞赛等工作的统一依据。

制浆造纸设备修理复杂系数见表 8-8～表 8-19。

表 8-8　制浆造纸备料设备修理复杂系数表

序号	设备名称	型号	规格	复杂系数	
			起重量(t)×跨距(m)	机	电
1	门式起重机		10×18	25	
2	门式起重机		16/(3×20)	30	
3	门式起重机		20/(5×31.5)	42	
4	桥式起重机		10×16.5	17	
5	桥式起重机		15/(3×19.5)	20	
6	桥式起重机		20/(5×31.5)	28	

表 8-9　制浆造纸切料设备修理复杂系数表

序号	设备名称	型号	规格	复杂系数	
				机	电
1	削片机	ZMX_1	ϕ950×6	4	
2	削片机	ZMX_3	ϕ2600×8	21.5	
3	削片机	ZMX_4	ϕ3350×10	30	
4	刀盘切苇机	ZCQ11	ϕ2200×4	11.5	
5	刀辊切苇机	ZCQ31	ϕ350×460×3	4.5	
6	刀辊切草机	ZCQ2	ϕ430×690×3	5.5	
7	刀辊切竹机	ZCQ21	ϕ400×500×3	5	
8	羊角除尘器	ZCC2	ϕ750×1000	5	

表 8-10　制浆设备修理复杂系数表

序号	设备名称	型号	规格	复杂系数		备注
			直径×宽或容积	机	电	
1	单链式磨木机	ZJM_1	ϕ1500×615	17		
2	双链式磨木机	ZJM_2	ϕ1520×1280	38		

续表

序号	设备名称	型号	规格	复杂系数		备注
			直径×宽或容积	机	电	
3	蒸球	ZJQ_2	$25m^3$	9.5		
4	蒸煮锅	ZJG_3	$110m^3$	21.5		碱法
5	蒸煮锅	ZJG_{22}	$200m^3$	39		酸法
6	蒸煮锅	ZJG_{12}	$220m^3$	26.5		酸法
7	喷放锅	JQZ_{1798}	$225m^3$	21		复合板

表 8-11 二氧化硫沸腾炉修理复杂系数表

序号	设备名称	型号	规格	复杂系数	
			炉膛面积/m^2	机	电
1	沸腾炉		3	50	
2	沸腾炉		4.8	55	

表 8-12 制浆造纸洗浆设备修理复杂系数表

序号	设备名称	型号	规格	复杂系数		备注
			/m^2	机	电	
1	侧压浓缩机	ZNC_2	4.5	4.5		
2	侧压浓缩机	ZNC_3	7	5.5		
3	圆网浓缩机	ZNW_3	8	5.5		
4	圆网浓缩机	苏式 240	14	6		
5	真空洗浆机	ZNK_{12}	10	12		单台
6	真空洗浆机	ZNK_{14}	20	18.5		单台

表 8-13 制浆造纸筛选设备修理复杂系数表

序号	设备名称	型号	规格	复杂系数	
			m^2 或直径×高	机	电
1	振框式平筛	ZSK_2	0.9	2.5	
2	振框式平筛	ZSK_3	1.8	3	
3	离心筛	ZSL_2	0.9	3	
4	离心筛	ZSL_3	1.6	3.5	
5	离心筛	ZSL_4	2.4	4	
6	立式旋翼筛	ZSL_{12}	ϕ400×450	3	
7	立式旋翼筛	ZSL_{13}	ϕ600×620	3.5	

表 8-14 制浆造纸漂白设备修理复杂系数表

序号	设备名称	型号	规格	复杂系数		备注
			直径 mm×m^3	机	电	
1	升流式氯化塔	ZPT_3	ϕ2800×85	8.5		60t/日
2	降流式氯化塔	ZPT_{12}	ϕ2800×35	7		60t/日
3	降流式漂白塔	ZPT_{22}	ϕ2800	4		60t/日(只底部)
4	漂浆机	ZPC_1	20	5.5		
5	漂浆机	ZPC_2	35	4.5		少一个洗鼓

表 8-15 制浆造纸打浆设备修理复杂系数表

序号	设备名称	型号	规格	复杂系数	
			直径×宽	机	电
1	圆柱精浆机	ZDY_1	ϕ280×210	3.5	
2	圆柱精浆机	ZDY_2	ϕ400×300	5	

续表

序号	设备名称	型号	规格	复杂系数	
			直径×宽	机	电
3	双圆盘磨浆机	ZDP_{11}	ϕ450	4	
4	双回转圆盘磨浆机	ZDP_{21}	ϕ915	6.5	
5	槽式打浆机	ZDC_2	容积 5m³	8.5	
6	槽式打浆机	ZDC_4Y	容积 10m³	11.5	
7	水力碎浆机	ZDS_1	容积 1m³	4	
8	水力碎浆机	ZDS_3	容积 5m³	6	

表 8-16　造纸机修理复杂系数表

序号	设备名称	型号	规格	复杂系数		备注
			纸宽/mm	机	电	
1	双网单缸纸机	ZV_3	1092	25		
2	双网双缸纸机	ZV_4	1575	29		
3	长网多缸纸机 其中:配料部 长网部 压榨部 干燥部		1575	121 5 17.5 17.5 81		
4	长网多缸纸机 其中:长网部 压榨部 干燥部 传动部 施胶部	ZW_4	1760	150.5 22.5 21.5 95 6.5 5		带施胶部
5	长网多缸纸机 其中:放料部 长网部 压榨部 干燥部	ZW_8	2362	261 5.5 27 38 190.5		
6	长网多缸纸机 其中:配料部 长网部 压榨部 干燥部		3150	366 31 41 51.5 238.5		
7	长网多缸浆板机 其中:网部 压榨部 干燥部	ZJ_2	2400	178 18.5 38.5 121		
8	多圆网多缸纸板机 其中:网部 压榨部 干燥部	ZC_6	2100	207.5 28 23 156.5		

表 8-17　制浆造纸整饰及完成设备修理复杂系数表

序号	设备名称	型号	规格	复杂系数	
			纸宽/mm	机	电
1	三辊压光机	PQZ_{1257}	2100	10	
2	五辊压光机	ZY_3	1575	13.5	
3	七辊压光机	ZY_5	2100	17	

续表

序号	设备名称	型号	规格	复杂系数	
			纸宽/mm	机	电
4	八辊压光机	ZY_7	3150	39.5	
5	圆筒卷纸机	ZU_3	1575	5.5	
6	圆筒卷纸机	ZU_4	1760	6.5	
7	圆筒卷纸机	ZU_6	2362	7	
8	圆筒卷纸机	ZU_7	3150	20	
9	复卷机	ZW_1	787—1760	10.5	
10	复卷机	ZWJ_2	2362	12.5	
11	复卷机	ZWJ_3	3150	26.5	
12	超级压光机	ZWC_2	1760	44	
13	盘纸分切机				
14	单刀切纸机	ZQW_2	1575	7	
15	双刀切纸机	ZQW_{13}	2362	11	
16	液压打包机	ZWD_1	40T	6	

表 8-18　制浆造纸碱回收设备修理复杂系数表

序号	设备名称	型号	规格	复杂系数	
				机	电
1	蒸发器	ZHZ_{13}	$350m^2\times5$ 效	45.5	
2	蒸发器	ZH-1	$550m^2\times5$ 效	54.0	
3	碱回收炉	WGZ12/13-1		79.5	

表 8-19　制浆造纸专用设备修理复杂系数表

序号	设备名称	型号	规格	复杂系数	
			口径/mm	机	电
1	罗茨真空泵	ZBK_{11}	$\phi150$	3	
2	水环式真空泵	ZBK_4	$\phi150$	3	
3	水环式真空泵	ZBK_7	$\phi300$	5	
4	浆泵	$ZBJ_{12}J$	$\phi150$	2.5	
5	浆泵	ZBJ_6	$\phi200$	3.0	
6	药液泵	ZBY_4	$\phi100$	2	

8.5.2　制浆造纸专用设备修理复杂系数的计算

（1）制浆造纸专用设备修理复杂系数的计算公式

$$ZF=A(F_{动}+F_{速}+F_{刮}+F_{精}+F_{件}+F\ 重)$$

式中　A——结构特性参数。其值的大小由表 8-20 选择。

表 8-20　结构特性参数表

结构特性	A 值
手动、结构简单	1
半自动、机械传动、圆网纸机、中低压	1.1
自动、结构较复杂、长网纸机	1.2
高压结构复杂	1.25

$F_{动}$——由动作数目或运动数所决定的复杂系数。

$$F_{动}=0.2D+0.1$$

D——动作数。从运动学的观点，由于设备的运动引起工艺过程变化的次数，即由设备的运动使生产工艺每发生一次变化，就称为一个动作次数，或因工艺需要设备必须的相当于运动的种数；

$F_{速}$——由运动变速级数所决定的复杂系数。

$$F_{速}=0.1S+0.5$$

S——变速级数。即主要运动传动装置的速比之和。当无级变速时 $S=1.5$；

$F_{刮}$——由刮研面积所决定的复杂系数。其值的大小由表 8-21 选取。

表 8-21 由刮研面积决定的复杂系数表

刮研面积/dm^2	$F_{刮}$	刮研面积/dm^2	$F_{刮}$	刮研面积/dm^2	$F_{刮}$
≤10	约 0.5	≤100	约 2.5	≤300	约 4.5
≤30	约 1.0	≤150	约 3.0	≤350	约 5.0
≤50	约 1.5	≤200	约 3.5	≤400	约 6.0
≤80	约 2.0	≤250	约 4.0	≤500	约 7.0

$F_{精}$——由精度所决定的复杂系数。

$$F_{精}=0.5(1+G)$$

G——为高级精度零件数量。对造纸设备把需研磨的辊类件视为高级精度零件，如压光机的压光辊，纸机的烘缸等；

$F_{件}$——由组成设备的零件种类和零件总数（外购标准件除外）所决定的复杂系数；

$$F_{件}=0.0015L+0.001J$$

L——除外购标准件外的零件种类数；

J——除外购标准件外的零件总件数；

$F_{重}$——由设备总重量所决定的复杂系数。

$$F_{重}=0.0004Z+0.3$$

Z——设备净重，kg。

机械设备的修理复杂系数与电气设备的修理复杂系数应分开计算和统计，不得混合。

(2) 管道，阀门修理复杂系数的计算方法

① 100m 动力管道复杂系数的计算公式：

$$F_{管}=0.25\sqrt{D}(1+K_1+K_2+K_3)$$

式中 D——管道直径，mm；

K_1——位置修正系数；

K_2——压力修正系数；

K_3——用途及材料修正系数。K_1、K_2、K_3 的值见表 8-22。

表 8-22 管道复杂系数计算 K_1、K_2、K_3 值表

K_1 值	架空(4m 以上)	0.2	K_3值	下水管、油管		0.1
	设备配管	0.5		腐蚀介质输送管		0.4
	工艺管道	0.4		水、空气、煤气、乳化液管		0
	其他敷设	0		蒸汽、凝结	有保温	0.3
K_2 值	低压管	0		水、热水管	无保温	0.2
	高中压管	0.2		氧气、氢气、液化气、乙炔气管		0.2

② 100m 通风管道复杂系数的计算公式：

$$F_{风}=\frac{210}{\sqrt{L}}(1+K_1+K_2)$$

式中　L——风管截面周长，mm；$L<1000$ 按 1000 算；$L>3500$ 按 3500 算；

K_1——形状修正系数；方矩形风管：$K_1=0$；圆形风管：$K_1=0.15$；

K_2——材质修正系数；普通钢板风管：$K_2=0$；有色金属风管：$K_2=0.3$；塑料风管：K_2　0.2。

③ 阀门修理复杂系数的计算公式：

$$F_{阀}=\left(0.1+\frac{D_g-25}{375}\right)K_1K_2$$

式中　D_g——阀门直径，mm；$D_g<25$ 时按 25 算；

K_1——压力修正系数；低压：$K_1=1$；中压：$K_1=1.7$；高压：$K_1=2.2$；

K_2——结构修正系数；闸门、截止阀、球阀、止回阀、旋塞、水咀：$K_2=1$；室外消火栓：$K_2=1.5$；室内消火栓（明装）：$K_2=1.8$；室内消火栓（暗装）：$K_2=2$；减压阀：$K_2=3.5$；安全阀、真空阀：$K_2=2$。

8.5.3　制浆造纸设备修理复杂系数计算举例

8.5.3.1　制浆设备的修理复杂系数的计算

（1）$ZMX_3\phi2600\times8$ 刀削片机的修理复杂系数的计算

① 动作数目：输送喂料、旋转削片、分离输送。

$D=3$,则 $F_{动}=0.2D+0.1=0.2\times3+0.1=0.7$。

② 变速级数：三角皮带一级传动。

$S=1$，则 $F_{速}=0.1S+0.5=0.1\times1+0.5=0.6$。

③ 刮研面积为 0，$F_{刮}=0$。

④ 高级精度零件 $G=0$，则 $F_{精}=0.5(1+G)=0.5\times(1+0)=0.5$。

⑤ 外购标准件除外的零件种类数：$L=236$；外购标准件除外的零件总件数：$J=891$；

则：$F_{件}=0.0015L+0.001J=0.0015\times236+0.001\times891=1.25$。

⑥ 设备净重 $Z=37000$kg，则 $F_{重}=0.0004Z+0.3=0.0004\times37000+0.3=15.1$。

⑦ 结构特性，$A=1$，故 $ZF=A(F_{动}+F_{速}+F_{刮}+F_{精}+F_{件}+F_{重})$

$=1.2\times(0.7+0.6+0+0.5+1.25+15.1)$

$=21.78$。

取 $ZF=21.5$。

（2）$ZJM_1\phi1500\times615$ 单链式磨木机

① 动作次数：磨石升温、链条传动，主机转动磨木、喷水冷却。

$D=4$，则 $F_{动}=0.2\times4+0.1=0.9$。

② 变速级数：三角皮带，减速机二级和一级各一个，齿轮传动。

$S=5$，则 $F_{速}=0.1S+0.5=1$。

③ 无刮研，$F_{刮}=0$。

④ 无高级精度件，$F_{精}=0.5$。

⑤ 外购标准件除外，$L=232$；外购标准件除外，$J=668$。

则：$F_{件}=0.0015L+0.001J=1.016$。

⑥ 设备净重，$Z=25250$kg，则：$F_{重}=0.0004Z+0.3=10.4$。

⑦ 结构特性：$A=1.25$，故，$ZF=1.25\times(0.9+1+0.5+1.016+10.4)=17.27$　取 $ZF=17$。

(3) ZJQ_2 25$M^3\phi$3650 蒸球

① 动作次数：转动、喷放。$D=2$，则 $F_{动}=0.2D+0.1=0.5$。

② 变速级数：三角带、减速机二级、蜗轮蜗杆传动。$S=4$

则：$F_{速}=0.1S+0.5=0.9$。

③ 刮研面积为 45.0dm^2，$F_{刮}=1.3$。

④ 无高级精度时：$F_{精}=0.5$。

⑤ 外购标准件除外，$L=101$，$J=191$，则：$F_{件}=0.0015\times101+0.001\times191=0.343$。

⑥ 设备净重：$Z=12.5t$，则：$F_{重}=0.0004\times12500+0.3=5.3$。

⑦ 结构特性：$A=1.1$　故 $ZF=1.1\times(0.5+0.9+1.3+0.5+0.343+5.3)=9.724$

取 $ZF=9.5$。

(4) ZNC_3 7M^2 侧压式浓缩机复杂系数的计算

① 动作次数：进料、脱水浓缩、卸料、喷水洗网笼。$D=4$，则　$F_{动}=0.2\times4+0.1=0.9$。

② 变速级数：三角皮带、减速机二级、一对齿轮。$S=4$，则　$F_{速}=0.1\times4+0.5=0.9$。

③ 无刮研，$F_{刮}=0$。

④ 无高级精度件，$F_{精}=0.5$。

⑤ 外购标准件除外，$L=196$，$J=293$，则：$F_{件}=0.0015\times196+0.001\times293=0.587$。

⑥ 设备净重：$Z=4100kg$，则 $F_{重}=0.0004\times4100+0.3=1.94$。

⑦ 结构特性：$A=1.1$，故 $ZF=1.1\times(0.9+0.9+0.5+0.587+1.94)=5.31$，取 $ZF=5.5$。

(5) ZSL_3 1.6M^2 离心筛复杂系数的计算

① 动作次数：进料，旋转筛选，出料，喷水洗涤。$D=4$，则：$F_{动}=0.2\times4+0.1=0.9$。

② 变速级数：三角皮带。$S=1$，则：$F_{速}=0.1\times1+0.5=0.6$。

③ 无刮研面，$F_{刮}=0$。

④ 无高级精度件，$F_{精}=0.5$。

⑤ 外购标准件除外，$L=66$　$J=128$，则：$F_{件}=0.0015\times66+0.001\times128=0.227$。

⑥ 设备净重：$Z=2300kg$，则：$F_{重}=0.0004\times2300+0.3=1.22$。

⑦ 结构特性　$A=1.1$，故　$ZF=1.1\times(0.9+0.6+0.5+0.227+1.22)\approx3.5$。

(6) ZPC_1 20M^3 漂浆机复杂系数的计算

① 动作次数：转子旋转推进、两个洗鼓脱水和升降。

$D=5$，则：$F_{动}=0.2\times5+0.1=1.1$。

② 变速级数：三角皮带。$S=1$，则：$F_{速}=0.1\times1+0.5=0.6$。

③ 刮研面积为 7.5dm^2，$F_{刮}=0.375$。

④ 无高级精度件，$F_{精}=0.5$。

⑤ 外购标准件除外，$L=196$　$J=546$，则：$F_{件}=0.0015\times196+0.001\times546=0.84$。

⑥ 设备净重：$Z=3100kg$，则：$F_{重}=0.0004\times3100+0.3=1.54$。

⑦ 结构特性：$A=1.1$，故 $ZF=1.1\times(1.1+0.6+0.375+0.5+0.84+1.54)\approx5.5$。

(7) $ZDP_{11}\phi$450 双盘磨浆机

① 动作次数：进料，进刀，转动旋转磨浆，加水稀释筛选，卸料。

$D=5$，则：$F_{动}=0.2\times5+0.1=1.1$。

② 变速级数：直接传动。$S=0$，则：$F_{速}=0.5$。

③ 无刮研，$F_{刮}=0$。

④ 无高级精度零件：则：$F_{精}=0.5$。

⑤ 外购标准件除外，$L=93$，$J=127$，则：$F_{件}=0.0015\times93+0.001\times127=0.267$。

⑥ 设备净重，$Z=1500$kg，则：$F_{重}=0.0004\times1500+0.3=0.9$。

⑦ 结构特性：$A=1.2$，故，$ZF=1.2\times(1.1+0.5+0.267+0.9)\approx4.0$。

8.5.3.2　造纸设备的修理复杂系数的计算

(1) $ZV_4$1575 双圆网双缸纸机

① 动作次数：两个圆网喷水，上料，脱水，吸水，两个烘缸烘干，刮刀，喷雾，卷取。$D=15$，则：$F_{动}=0.2\times15+0.1=3.1$。

② 变速级数：皮带，烘缸二对齿轮传动。$S=3$，$F_{速}=0.1\times3+0.5=0.8$。

③ 刮研面积为 30dm^2，$F_{刮}=1.0$。

④ 高级精度件：二个烘缸。$G=2$　则：$F_{精}=0.5\times(1+2)=1.5$。

⑤ 外购标准件除外，$L=775$，$J=3604$，则：$F_{件}=0.0015\times775+0.001\times3604=4.77$。

⑥ 设备净重 $Z=37000$kg，则：$F_{重}=0.0004\times37000+0.3=15.1$。

⑦ 结构特性：$A=1.1$，故，$ZF=1.1\times(3.1+0.8+1+1.5+4.77+15.1)\approx29$。

(2) $ZW_4$1760 长网纸机

① 网部：

a. 动作次数，匀浆，喷雾、上网（浆）、定形，定边，脱水，胸辊起落、刮刀、摇振、吸引、真空伏辊、压伏、洗涤，网调节。$D=15$，则：$F_{动}=0.2D+0.1C$。

式中　C——传动组数。取 $C=3$，

$$F_{动}=0.2\times15+0.1\times3=3.3$$

b. 变速级数：

调浆箱部分：减速机，$S_1=1$

摇振箱部分：三角带，摇箱，$S_2=2.5$

网部传动：三角带、锥轮，减速机。$S_3=3$

$$S=S_1+S_2+S_3$$

则：$F_{速}=0.1\times6.5+0.5\times3=2.15$。

c. 无刮研面积，$F_{刮}=0$。

d. 高级精度件：真空伏辊，胸辊，$G=2$，$F_{精}=0.5(1+2)=1.5$。

e. 外购标准件除外，$L=749$　$J=2905$，则：$F_{件}=0.0015\times749+0.001\times2905=4.029$。

f. 设备净重：$Z=18271.5$kg，则：$F_{重}=0.0004\times18271.5+0.3\approx7.609$。

g. 结构特性，$A=1.2$，$ZF_{网}=1.2\times(3.3+2.15+1.5+4.029+7.609)\approx22.5$。

② 压榨部：

a. 动作次数：(引纸、加压、刮刀)×4，洗涤，挤水，调整张紧×3，

$D=17$，及四组传动 $C=4$，则：$F_{动}=0.2\times17+0.1\times4=3.8$。

b. 变速级数：(三角带，锥轮、减速机)×4。

c. 无刮研面积，$F_{刮}=0$。

d. 高级精度件，压榨辊三根，光压（平滑）辊二根，$G=5$，则：$F_{精}=0.5\times(1+5)=3$。

e. 外购标准件除外，$L=323$，$J=2086$，则：$F_{件}=0.0015\times323+0.001\times2086=2.571$。

f. 设备净重：$Z=12463$kg，则：$F_{重}=0.0004\times12463+0.3=5.385$。

g. 结构特性：$A=1.2$，故，$F_{压}=1.2\times(3.8+3.2+3+2.571+5.385)\approx21.5$。

③ 烘干部

a. 次数：(引纸、干燥、张紧，控制跑偏、刮、排汽) ×3=18 及三组传动 $C=3$。

$D=18$，则：$F_{动}=0.2\times18+0.1\times3=3.9$。

b. 变速级数：(三角带、锥轮，减速机、缸齿) ×3，$S=12$ 及 $C=3$，

则，$F_{速}=0.1\times12+0.5\times3=2.7$。

c. 无刮研面积，$F_{刮}=0$。

d. 高级精度件：$G=26$（缸），则：$F_{精}=0.5\times(1+26)=13.5$。

e. 外购标准件除外，$L=313$，$J=5150$，则，$F_{件}=0.0015\times313+0.001\times5150=5.58$。

f. 设备净重；$Z=132761$kg，则：$F_{重}=0.0004\times132761+0.3=53.404$。

g. 结构特性，$A=1.2$，故，$ZF_{干}=1.2\times(3.9+2.7+13.5+5.58+53.404)\approx95$。

④ 施胶部

a. 动作次数：施胶，转动、控制离合、刮刀，$D=4$，则：$F_{动}=0.2\times4+0.1=0.9$。

b. 变速级数：三角带、锥轮、减速机传动，$S=3$，则：$F_{速}=0.1\times3+0.5=0.8$。

c. 无刮研面积，$F_{刮}=0$。

d. 高级精度件；$G=1$，则：$F_{精}=0.5\times(1+1)=1$。

e. 外购标准件除外，$L=105$，$J=198$，则 $F_{件}=0.0015\times105+0.001\times198=0.356$。

f. 设备净重：$Z=2239$kg，$F_{重}=0.0004\times2239+0.3=1.196$。

g. 结构特性，$A=1.2$，故，$ZF_{胶}=1.2\times(0.9+0.8+1+0.356+1.196)\approx5$。

⑤ 传动部

动作系数，变速系数等已计入其他部分之内。

a. 外购标准件除外，$L=116$，$J=1318$，则：$F_{件}=0.0015\times116+0.001\times1318=1.492$。

b. 设备净重：$Z=9388$kg，则：$F_{重}=0.0004\times9388+0.3=4.055$。

c. 结构特性，$A=1.2$，故，$ZF_{传}=1.2\times(1.492+4.055)\approx6.5$。

⑥ $ZY_3$1575 五辊压光机

a. 动作次数，引纸、转动，加压、吹风外冷、刮刀、卷纸

$D=7$　则：$F_{动}=0.2\times7+0.1=1.5$。

b. 变速级数：主轴三角带、锥轮、减速箱传动，$S=3$，则：$F_{速}=0.1\times3+0.5=0.8$。

c. 刮研面积为 50dm^2，$F_{刮}=1.5$。

d. 高级精度件，$G=5$（辊），则：$F_{精}=0.5\times(1+5)=3$。

e. 外购标准件除外，$L=148$，$J=436$，则：$F_{件}=0.0015\times148+0.001\times436\approx0.66$

f. 设备净重：$Z=8800$kg，则：$F_{重}=0.0004\times8800+0.3=3.82$

g. 结构特性，$A=1.2$，故，$ZF=1.2\times(1.5+0.8+1.5+3+0.66+3.82)\approx13.5$

⑦ $ZWJ_3$3150 复卷机

a. 动作次数：引纸，上纸芯、转动，落刀，卷纸，落纸，吹纸边。

$D=7$，$F_{动}=0.2\times7+0.1=1.5$。

b. 速级数：$S=1$，则：$F_{速}=0.1\times1+0.5=0.6$。

c. 刮研面积为 30dm^2，$F_{刮}=1$。

d. 高级精度件：底辊二根、导辊一根。$G=3$，则：$F_{精}=0.5\times(1+3)=2$。

e. 外购标准件除外，$L=419$，$J=1544$，则：$F_{件}=0.0015\times419+0.001\times1544=2.17$。

f. 设备净重：Z　37000kg，$F_{重}=0.0004\times37000$ | $0.3=15.1$。

g. 结构特性，$A=1.2$，故，$ZF=1.2\times(1.5+0.6+1+2+2.17+15.1)\approx26.5$。

⑧ ZWQ_{13}2362 双刀切纸机

a. 动作次数：引纸（压纸）、纵横切纸、输送、理纸，升降

$D=6$，则：$F_{动}=0.2\times6+0.1=1.3$。

b. 变速级数：减速机二级、皮带一级传动，$S=3$，则：$F_{速}=0.1\times3+0.5=0.8$。

c. 刮研面积为　10dm^2，$F_{刮}=0.5$。

d. 无高级精度件，$F_{精}=0.5$。

e. 外购标准件除外，$L=275$　$J=733$，则：$F_{件}=0.0015\times275+0.001\times733\approx1.15$。

f. 设备净重：$Z=11500$kg，则：$F_{重}=0.0004\times11500+0.3=4.9$。

g. 结构特性　$A=1.2$，故，$ZF=1.2(1.3+0.8+0.5+0.5+1.15+4.9)\approx11$。

⑨ $ZWD_1$40 吨液压打包机

a. 动作次数：纸包进，出，加压。$D=3$　则：$F_{动}=0.2\times3+0.1=0.7$。

b. 变速级数：$S=0$，$F_{速}=0.5$。

c. 无刮研面积，$F_{刮}=0$。

d. 高级精度件：缸，塞，$G=2$，则：$F_{精}=0.5\times(1+2)=1.5$。

e. 外购标准件除外，$L=70$，$J=212$，则：$F_{件}=0.0015\times70+0.001\times212=0.317$。

f. 设备净重：$Z=5000$kg，则：$F_{重}=0.0004\times5000+0.3=2.3$。

g. 结构特性：$A=1.1$，故，$ZF=1.1\times(0.7+0.5+1.5+0.317+2.3)\approx6$。

⑩ $ZBk_{11}\phi150$ 罗茨真空泵：

a. 动作次数：引水、转动、吸排气。$D=3$　则：$F_{动}=0.2\times3+0.1$。

b. 变速级数：三角带一级专动。$S=1$　则：$F_{速}=0.1\times1+0.5=0.6$。

c. 无刮研面积，$F_{刮}=0$。

d. 高级精度件：$G=0$，$F_{精}=0.5$。

e. 外购标准件除外，$L=62$，$J=183$，则：$F_{件}=0.0015\times62+0.001\times183=0.276$。

f. 设备净重：$Z=800$kg，则：$F_{重}=0.0004\times800+0.3=0.62$。

g. 结构特性：$A=1.1$，故，$ZF=1.1\times(0.7+0.6+0.5+0.276+0.62)\approx3$。

参 考 文 献

[1] 张宏等．制浆造纸设备管理与维护．北京：化学工业出版社，2003.

[2] L. H. Chiang，E. L. Russell and R. D. Braatz. Fault Detection and Diagnosis in Industrial Systems. London：Springer，2001.

[3] 徐敏等．设备故障诊断手册．西安：西安交大出版社，1998.

[4] 郑正泉等．热能与动力工程测试技术．武汉：华中科技大学出版社，2009.

[5] 李润林等．热力设备安装与检修．北京：中国电力出版社，2012.

[6] 文锋等．现代发电厂概论．北京：中国电力出版社，2012.

[7] Johan Gullichsen，Hannu Paulapuro. Papermaking Science and Technology（book 19）．Jyvaskyla：Gummerus Printing，1999.

[8] 牧修市．设备诊断技术地发展趋势．设备管理与维修，2001（2）：23-32.

[9] 姜金三．现代设备管理．北京：北京大学出版社，2012.

[10] 杨吉华．9S管理简单讲．广州：广东经济出版社，2012.

[11] 姜齐荣等译，（印）Mukund R. Patel 著．风能与太阳能发电系统——设计、分析与运行．北京：机械工业出版社，2011.

[12] 韩清凯等．基于振动分析的现代机械故障诊断原理及应用．北京：科学出版社，2010.

[13] 王茂庆等译，（日）额田啓三著．机械可靠性与故障分析．北京：国防工业出版社，2006.

[14] 康锐等．可靠性维修性保障性工程基础．北京：国防工业出版社，2012.

附录一　复利系数表

序号	系数名称	符号	数学表达式
1	一次支付复利系数	$[S/P,i,n]$	$(1+i)^n$
2	一次支付现值系数	$[P/S,i,n]$	$1/(1+i)^n$
3	等额支付系列偿债基金系数	$[R/S,i,n]$	$i/\{(1+i)^n-1\}$
4	等额支付系列资金恢复系数	$[R/P,i,n]$	$i(1+i)^n/\{(1+i)^n-1\}$
5	等额支付系列复利系数	$[S/R,i,n]$	$\{(1+i)^n-1\}/i$
6	等额支付系列现值系数	$[P/R,i,n]$	$\{(1+i)^n-1\}/i(1+i)^n$
7	均匀梯度系列年金系数	$[R/G,i,n]$	$\{(1+i)^n-ni-1\}/i\{(1+i)^n-1\}$
8	均匀梯度系列现值系数	$[P/G,i,n]$	$\{(1+i)^n-ni-1\}/i^2\{(1+i)^n-1\}$

$i=5\%$复利系数

n	S/P	P/S	R/S	R/P	S/R	P/R	N
1	1.0500	0.9524	1.0000	1.0500	1.000	0.952	1
2	1.1025	0.9070	0.4878	0.5378	2.050	1.859	2
3	1.1576	0.8638	0.3172	0.3627	3.153	2.723	3
4	1.2155	0.8227	0.2320	0.2820	4.310	3.546	4
5	1.2763	0.7835	0.1810	0.2310	5.526	4.329	5
6	1.3401	0.7462	0.1470	0.1970	6.802	5.076	6
7	1.4071	0.7107	0.1228	0.1728	8.142	5.786	7
8	1.4775	0.6738	0.1047	0.1547	9.549	6.463	8
9	1.5513	0.6446	0.0907	0.1407	11.027	7.108	9
10	1.6289	0.6139	0.0795	0.1295	12.578	7.722	10
11	1.7103	0.5847	0.0704	0.1204	14.207	8.306	11
12	1.7959	0.5568	0.0628	0.1128	15.917	8.863	12
13	1.8856	0.5303	0.0565	0.1065	17.713	9.394	13
14	1.9800	0.5051	0.0510	0.1010	19.599	9.899	14
15	2.0789	0.4810	0.0463	0.0963	21.579	10.380	15
16	2.1829	0.4581	0.0423	0.0923	23.657	10.838	16
17	2.2920	0.4363	0.0387	0.0887	25.840	11.274	17
18	2.4066	0.4155	0.0356	0.0856	28.132	11.690	18
19	2.5270	0.3957	0.0328	0.0828	30.539	12.085	19
20	2.6533	0.3769	0.0302	0.0802	33.066	12.462	20
21	2.7860	0.3589	0.0280	0.0780	35.719	12.821	21
22	2.9253	0.3418	0.0260	0.0760	38.505	13.163	22
23	3.0715	0.3256	0.0241	0.0741	41.430	13.489	23
24	3.2251	0.3101	0.0225	0.0725	44.502	13.799	24
25	3.3864	0.2953	0.0210	0.0710	47.727	14.094	25

$i=6\%$复利系数

n	S/P	P/S	R/S	R/P	S/R	P/R	N
1	1.0600	0.9434	1.0000	1.0600	1.000	0.943	1
2	1.1236	0.8900	0.4854	0.5454	2.060	1.833	2
3	1.1910	0.8396	0.3114	0.3741	3.184	2.673	3
4	1.2625	0.7921	0.2286	0.2886	4.375	3.465	4
5	1.3382	0.7473	0.1774	0.2374	5.637	4.212	5
6	1.4185	0.7050	0.1434	0.2034	6.975	4.917	6
7	1.5036	0.6651	0.1191	0.1791	8.394	5.582	7
8	1.5938	0.6274	0.1010	0.1610	9.897	6.210	8
9	1.6895	0.5919	0.0870	0.1470	11.491	6.802	9
10	1.7908	0.5584	0.0759	0.1359	13.181	7.360	10
11	1.8983	0.5268	0.0668	0.1268	14.972	7.887	11
12	2.0122	0.4970	0.0583	0.1193	16.870	8.384	12
13	2.1329	0.4688	0.0530	0.1130	18.882	8.853	13
14	2.2609	0.4423	0.0476	0.1076	21.015	9.295	14
15	2.3966	0.4173	0.0430	0.1030	23.276	9.712	15
16	2.5404	0.3936	0.0390	0.0990	25.673	10.106	16
17	2.6928	0.3714	0.0354	0.0954	28.213	10.477	17
18	2.8543	0.3503	0.0324	0.0924	30.906	10.828	18
19	3.0256	0.3305	0.0296	0.0896	33.706	11.158	19
20	3.2071	0.3118	0.0272	0.0872	36.786	11.470	20
21	3.3996	0.2942	0.0250	0.0850	39.993	11.764	21
22	3.6035	0.2775	0.0231	0.0831	43.392	12.042	22
23	3.8197	0.2618	0.0213	0.0813	46.996	12303	23
24	4.089	0.2470	0.0197	0.0797	50.816	12.550	24
25	4.2919	0.2330	0.0182	0.0782	54.865	12.783	25

$i=7\%$复利系数

n	S/P	P/S	R/S	R/P	S/R	P/R	N
1	1.0700	0.9346	1.0000	1.0700	1.000	0.935	1
2	1.1449	0.8734	0.4831	0.5531	2.070	1.808	2
3	1.2250	0.8163	0.3111	0.3811	3.215	2.624	3
4	1.3108	0.7629	0.2252	0.2252	4.440	3.387	4
5	1.4026	0.7130	0.1739	0.2439	5.751	4.100	5
6	1.5007	0.6663	0.13980	0.2098	7.153	4.767	6
7	1.6058	0.6227	0.11566	0.1856	8.654	5.389	7
8	1.7182	0.5820	0.0975	0.1675	10.260	5.971	8
9	1.8385	0.5439	0.0835	0.1535	11.978	6.515	9
10	1.9672	0.5083	0.0724	0.1424	13.816	7.024	10
11	2.1049	0.4751	0.0634	0.1334	15.784	7.499	11
12	2.2522	0.4440	0.0559	0.1259	17.888	7.943	12
13	2.4098	0.4150	0.0497	0.1197	20.141	8.358	13
14	2.5785	0.3878	0.0443	0.1143	22.550	8.745	14
15	2.7590	0.2624	0.0398	0.1098	25.129	9.108	15
16	2.9522	0.3387	0.0359	0.1059	27.888	9.447	16
17	3.1588	0.3166	0.0324	0.1024	30.840	9.763	17
18	3.3799	0.2959	0.0294	0.0994	33.999	10.059	18
19	3.6165	0.2765	0.0268	0.0998	37.379	10.336	19
20	3.8697	0.2584	0.0244	0.0944	40.995	10.594	20
21	4.1406	0.2415	0.0223	0.0923	44.865	10.836	21
22	4.4304	0.2257	0.0204	0.0904	49.006	11.061	22
23	4.7405	0.2109	0.0187	0.0887	53.436	11.272	23
24	5.0724	0.1971	0.0172	0.0172	58.177	11.469	24
25	5.4274	0.1842	0.0158	0.0858	63.249	11.654	25

i=8%复利系数

n	S/P	P/S	R/S	R/P	S/R	P/R	N
1	1.0800	0.9259	1.000	1.0800	1.000	0.926	1
2	1.1664	0.8573	0.4808	0.5608	2.080	1.783	2
3	1.2597	0.7938	0.3080	0.3880	3.246	2.577	3
4	1.3605	0.7350	0.2219	0.3019	4.506	3.312	4
5	1.4693	0.6860	0.1705	0.2505	5.867	3.993	5
6	1.5869	0.6302	0.1363	0.2163	7.336	4.623	6
7	1.7138	0.5835	0.1121	0.1921	8.923	5.206	7
8	1.8509	0.5403	0.0940	0.1740	10.637	5.747	8
9	1.9990	0.5002	0.0801	0.1601	12.488	6.247	9
10	2.1589	0.4632	0.0690	0.1490	14.487	6.710	10
11	2.3316	0.4289	0.0601	0.1401	16.645	7.139	11
12	2.5182	0.3971	0.0527	0.1327	18.977	7.536	12
13	2.7196	0.3677	0.0465	0.1265	21.495	7.904	13
14	2.9372	0.3405	0.0413	0.1213	24.215	8.244	14
15	3.1722	0.3152	0.0368	0.1168	27.152	8.559	15
16	3.4259	0.2919	0.0330	0.1130	30.324	8.851	16
17	3.7000	0.2703	0.0296	0.1096	33.750	9.122	17
18	3.9960	0.2502	0.0267	0.1067	37.450	9.372	18
19	4.3157	0.2317	0.0241	0.1041	41.446	9.604	19
20	4.6610	0.2145	0.0219	0.1019	45.762	9.818	20
21	5.0338	0.1987	0.0198	0.0998	50.423	10.017	21
22	5.4365	0.1839	0.0180	0.0980	55.457	10.201	22
23	5.8715	0.1703	0.0164	0.0964	60.892	10.371	23
24	6.3412	0.1577	0.0150	0.0950	66.765	10.529	24
25	6.8495	0.1460	0.0137	0.0937	73.106	10.675	25

i=9%复利系数

n	S/P	P/S	R/S	R/P	S/R	P/R	N
1	1.0900	0.9174	1.000	1.0900	1.000	0.917	1
2	1.1881	0.8417	0.4785	0.5685	2.090	1759	2
3	1.2950	0.7722	0.3015	0.3951	3.278	2.531	3
4	1.4116	0.7084	0.2187	0.3087	4.573	3.240	4
5	1.5386	0.6499	0.1671	0.2571	5.985	3.890	5
6	1.6671	0.5963	0.1329	0.2229	7.523	4.486	6
7	1.8280	0.5470	0.1087	0.1987	9.200	5.033	7
8	1.9926	0.5019	0.0907	0.1807	11.028	5.535	8
9	2.1719	0.4604	0.0768	0.1668	13.021	5.995	9
10	2.3674	0.4224	0.0658	0.1558	15.193	6.418	10
11	2.5804	0.3875	0.0570	0.1470	17.60	6.805	11
12	2.8127	0.3555	0.0497	0.397	20.141	7.161	12
13	3.0658	0.3262	0.0436	0.1336	22.953	7.487	13
14	3.3417	0.2992	0.0384	0.1284	26.019	7.786	14
15	3.6425	0.2745	0.0341	0.1241	29.361	8.061	15
16	3.9703	0.2519	0.0303	0.1203	33.003	8.313	16
17	4.3276	0.2311	0.0271	0.1171	36.974	8.544	17
18	4.7171	0.2120	0.0242	0.1142	41.301	8.756	18
19	5.1417	0.1945	0.0217	0.1117	46.018	8.950	19
20	5.6944	0.1784	0.0196	0.1096	51.160	9.129	20
21	6.1088	0.1637	0.0176	0.1076	56.765	9.292	21
22	5.6586	0.1502	0.0159	0.1059	62.872	9.442	22
23	7.2579	0.1378	0.0144	0.1044	69.532	9.580	23
24	7.9111	0.1264	0.0130	0.1030	76.790	9.707	24
25	8.6231	0.1160	0.0118	0.1080	84.701	9.822	25

$i=10\%$复利系数

n	S/P	P/S	R/S	R/P	S/R	P/R	N
1	1.1000	0.9091	1.0000	1.1000	1.000	0.909	1
2	1.2100	0.8264	0.4762	0.5762	2.100	1.736	2
3	1.3310	0.7513	0.3021	0.4021	3.310	2.487	3
4	1.4641	0.6830	0.2155	0.3155	4.641	3.170	4
5	1.6105	0.6209	0.1638	0.2638	6.105	3.791	5
6	1.7716	0.5645	0.1296	0.2296	7.716	4.355	6
7	1.9487	0.5132	0.1054	0.2054	9.487	4.868	7
8	2.1436	0.4665	0.0874	0.1874	11.436	5.335	8
9	2.3579	0.4241	0.0736	0.1736	13.579	5.759	9
10	2.5937	0.3855	0.0628	0.1628	15.937	6.144	10
11	2.8531	0.3505	0.0540	0.1540	18.531	6.495	11
12	3.1384	0.3186	0.0468	0.1468	21.384	6.814	12
13	3.4523	0.2897	0.0408	0.1408	24.523	7.103	13
14	3.7975	0.2633	0.0358	0.1358	27.975	7.367	14
15	5.1772	0.2394	0.0315	0.1315	31.772	7.606	15
16	4.5950	0.2176	0.0278	0.1278	35.950	7.824	16
17	5.0545	0.1978	0.0247	0.1247	40.545	8.022	17
18	5.5599	0.1799	0.0219	0.1219	45.599	8.201	18
19	6.1159	0.1635	0.0196	0.1196	51.159	8.365	19
20	6.7275	0.1486	0.0175	0.1175	57.275	8.514	20
21	7.4002	0.1351	0.0156	0.1156	64.002	8.649	21
22	8.1403	0.1228	0.0140	0.1140	71.403	8.772	22
23	8.9543	0.1117	0.0126	0.1126	79.543	8.883	23
24	9.8497	0.1015	0.0113	0.1113	88.497	8.985	24
25	10.8347	0.0923	0.0102	0.1102	98.347	9.007	25

$i=11\%$复利系数

n	S/P	P/S	R/S	R/P	S/R	P/R	N
1	1.1100	0.9009	1.0000	1.1100	1.000	0.901	1
2	1.2321	0.8116	0.739	0.5839	2.110	1.713	2
3	1.3676	0.7312	0.2992	0.4092	3.324	2.444	3
4	1.5181	0.6587	0.2123	0.3223	4.710	3.102	4
5	1.6851	0.5935	0.1606	0.2706	6.228	3.696	5
6	1.8704	0.5346	0.1264	0.2364	7.913	4.231	6
7	2.0762	0.4817	0.1022	0.2122	9.783	4.712	7
8	2.3045	0.4339	0.0843	0.1943	11.895	5.146	8
9	2.5581	0.3909	0.0706	0.1806	14.164	5.527	9
10	2.8394	0.3522	0.0598	0.1698	16.722	5.889	10
11	3.1518	0.3173	0.0511	0.1611	19.561	6.207	11
12	3.4984	0.2858	0.0440	0.1540	22.713	6.492	12
13	3.8833	0.2575	0.0382	0.1482	26.212	6.750	13
14	4.3104	0.2320	0.0332	0.1432	30.095	6.982	14
15	4.7846	0.2090	0.0291	0.1391	34.405	7.191	15
16	5.3109	0.1883	0.0255	0.1355	39.190	7.379	16
17	5.8951	0.1696	0.0255	0.1225	44.501	7.549	17
18	6.5436	0.1528	0.0198	0.1298	50.296	7.702	18
19	7.2633	0.1377	0.0176	0.1276	56.939	7.839	19
20	8.0623	0.1240	0.0156	0.1256	64.203	7.963	20
21	8.9492	0.1117	0.0138	0.1238	72.265	8.075	21
22	9.9336	0.1007	0.0123	0.1223	81.214	8.176	22
23	11.0263	0.0907	0.0110	0.1210	91.148	8.266	23
24	12.2392	0.0817	0.0098	0.1198	102.174	8.348	24
25	13.5855	0.0736	0.0087	0.1187	114.413	8.422	25

i=12%复利系数

n	S/P	P/S	R/S	R/P	S/R	P/R	N
1	1.1200	0.8929	1.0000	1.1200	1.000	0.893	1
2	1.2544	0.7972	0.4717	0.5917	2.120	1.690	2
3	1.4049	0.7118	0.2964	0.4164	3.374	2.402	3
4	1.5735	0.6355	0.2092	0.3292	4.779	3.037	4
5	1.7623	0.5674	0.1574	0.2774	6.363	3.605	5
6	1.9738	0.5066	0.1232	0.2432	8.115	4.111	6
7	2.2107	0.4523	0.0991	0.2191	10.089	4.564	7
8	2.4760	0.4039	0.0813	0.2013	12.300	4.968	8
9	2.7731	0.3606	0.0677	0.1877	14.776	5.328	9
10	3.1058	0.3220	0.0570	0.1770	17.549	5.650	10
11	3.4785	0.2875	0.0484	0.1684	20.655	5.938	11
12	3.8960	0.2567	0.0414	0.1614	24.133	6.194	12
13	4.3635	0.2292	0.0357	0.1557	28.029	6.424	13
14	4.8871	0.2046	0.0309	0.1509	32.393	6.628	14
15	5.4736	0.1827	0.0268	0.1468	37.280	6.811	15
16	6.1304	0.1631	0.0234	0.1434	42.753	6.974	16
17	6.8660	0.1456	0.0205	0.1405	48.884	7.120	17
18	7.6900	0.1300	0.0179	0.1379	55.750	7.250	18
19	8.6128	0.1161	0.0158	0.1358	63.440	7.366	19
20	9.6463	0.1037	0.0139	0.1239	72.052	7.469	20
21	10.8038	0.0926	0.0122	0.1322	81.699	7.562	21
22	12.1003	0.0826	0.1018	0.1308	92.503	7.645	22
23	13.5523	0.0738	0.0096	0.1216	104.603	7.718	23
24	15.1786	0.0659	0.0085	0.1285	118.155	7.784	24
25	17.0001	0.0588	0.0075	0.1275	133.324	7.843	25

i=13%复利系数

n	S/P	P/S	R/S	R/P	S/R	P/R	N
1	1.1300	0.8850	1.0000	1.1300	1.000	0.885	1
2	1.2769	0.7831	0.4695	0.5995	2.130	1.668	2
3	1.4429	0.6931	0.2935	0.4235	3.407	2.361	3
4	1.6035	0.6133	0.2061	0.3362	4.850	3.974	4
5	1.8424	0.5428	0.1543	0.2843	6.480	3.517	5
6	2.0820	0.4803	0.1202	0.2502	8.323	3.998	6
7	2.3526	0.4251	0.0961	0.2261	10.405	4.423	7
8	2.6584	0.3762	0.0784	0.2084	12.757	4.799	8
9	3.0040	0.3329	0.0649	0.1949	15.416	5.132	9
10	3.3946	0.2946	0.0543	0.1843	18.420	5.426	10
11	3.8359	0.2607	0.9458	0.1753	21.814	5.687	11
12	4.3345	0.2307	0.0390	0.1690	25.650	5.918	12
13	4.8980	0.2042	0.0334	0.1634	29.985	6.122	13
14	5.5348	0.1807	0.0287	0.1587	34.883	6.302	14
15	6.2543	0.1599	0.0247	0.1547	40.417	6.462	15
16	7.0673	0.1415	0.0214	0.1514	46.672	6.604	16
17	7.9861	0.1252	0.0186	0.1486	53.739	6.729	17
18	9.0242	0.1108	0.0162	0.1462	61.725	6.840	18
19	10.1974	0.0981	0.0141	0.1441	70.749	6.938	19
20	11.5231	0.0368	0.0124	0.1424	80.947	7.025	20
21	13.0211	0.0768	0.0108	0.1408	92.470	7.102	21
22	14.7138	0.0680	0.0095	0.1395	105.491	7.170	22
23	16.6266	0.0601	0.0083	0.1383	120.205	7.230	23
24	18.7881	0.0532	0.0073	0.1313	136.831	7.283	24
25	21.2305	0.0471	0.0064	0.1364	155.620	7.330	25

i=14%复利系数

n	S/P	P/S	R/S	R/P	S/R	P/R	N
1	1.1400	0.8772	1.0000	1.1400	1.000	0.877	1
2	1.2996	0.7695	0.4673	0.6073	2.140	1.647	2
3	1.4815	0.6750	0.2907	0.4307	3.440	2.322	3
4	1.6890	0.5921	0.2032	0.3432	4.921	2.914	4
5	1.9254	0.5194	0.1513	0.2913	6.610	3.433	5
6	2.1950	0.4556	0.1172	0.2572	8.536	3.889	6
7	2.5023	0.3996	0.0932	0.2332	10.732	4.288	7
8	2.8526	0.3506	0.0756	0.2156	13.233	4.639	8
9	3.2519	0.3075	0.0622	0.2022	16.085	4.949	9
10	3.7072	0.2697	0.0517	0.1917	19.337	5.216	10
11	4.2262	0.2366	0.0434	0.1834	23.045	5.453	11
12	4.8179	0.2076	0.0367	0.1767	27.271	5.660	12
13	5.4924	0.1821	0.0312	0.1712	32.089	5.842	13
14	6.2613	0.1597	0.0266	0.1666	37.581	6.002	14
15	7.1379	0.1401	0.0228	0.1628	43.842	6.142	15
16	8.1372	0.1229	0.0196	0.1596	50.980	6.265	16
17	9.2765	0.1078	0.0169	0.1569	59.118	6.373	17
18	10.5752	0.0946	0.0146	0.1546	68.394	6.467	18
19	12.0557	0.0829	0.0127	0.1527	78.969	6.550	19
20	13.7435	0.0728	0.0110	0.1510	91.025	6.623	20
21	15.6676	0.0638	0.0095	0.1495	104.768	6.687	21
22	17.8610	0.0560	0.0083	0.1483	120.436	6.743	22
23	20.3616	0.0491	0.0072	0.1472	138.297	6.792	23
24	23.2122	0.0431	0.0063	0.1463	158.659	6.835	24
25	26.4619	0.0378	0.0055	0.1455	181.871	6.873	25

i=15%复利系数

n	S/P	P/S	R/S	R/P	S/R	P/R	N
1	1.1500	0.8696	1.0000	1.1500	1.000	0.870	1
2	1.3225	0.7561	0.4651	0.6151	2.150	1.626	2
3	1.5209	0.6575	0.2880	0.4380	3.472	2.283	3
4	1.7490	0.5718	0.2003	0.3503	4.993	2.855	4
5	2.0114	0.4972	0.1483	0.2983	6.742	3.352	5
6	2.3131	0.4323	0.1142	0.2642	8.754	3.784	6
7	2.6600	0.3759	0.0904	0.2404	11.067	4.160	7
8	3.0590	0.3269	0.0729	0.2229	13.727	4.487	8
9	3.5179	0.2843	0.0596	0.2096	16.786	4.772	9
10	4.0456	0.2472	0.0493	0.1993	20.304	5.019	10
11	4.6524	0.2149	0.0411	0.1011	24.349	5.234	11
12	5.3503	0.1869	0.0345	0.1845	29.002	5.421	12
13	6.1528	0.1625	0.0291	0.1791	34.352	5.583	13
14	7.0757	0.1413	0.0247	0.1747	40.505	5.724	14
15	8.1371	0.1229	0.0210	0.1710	47.580	5.847	15
16	9.3576	0.1069	0.0180	0.1680	55.717	5.954	16
17	10.7613	0.0929	0.0154	0.1654	65.075	6.047	17
18	12.3755	0.0808	0.0132	0.1614	75.836	6.128	18
19	14.2318	0.0703	0.0113	0.1613	88.212	6.198	19
20	16.3665	0.0611	0.0098	0.1598	102.444	6.259	20
21	18.8215	0.0531	0.0084	0.1584	118.810	6.312	21
22	21.6447	0.0462	0.0073	0.1573	137.632	6.359	22
23	24.8915	0.0402	0.0063	0.1563	159.276	6.399	23
24	28.6252	0.0349	0.0054	0.1554	184.168	6.434	24
25	32.9190	0.0304	0.0047	0.1547	212.792	6.464	25

$i=20\%$的复利系数

n	S/P	P/S	R/S	R/P	S/R	P/R	N
1	1.200	0.8333	1.00000	1.20000	1.000	0.833	1
2	1.440	0.6944	0.45455	0.65455	2.200	1.528	2
3	1.728	0.5787	0.27473	0.47473	3.640	2.106	3
4	2.074	0.4823	0.18629	0.38629	5.368	2.589	4
5	2.488	0.4019	0.13438	0.33438	7.442	2.991	5
6	2.986	0.3349	0.10071	0.30071	9.930	3.326	6
7	3.583	0.2791	0.07742	0.27742	12.916	3.605	7
8	4.300	0.3326	0.06061	0.26061	16.499	3.837	8
9	5.160	0.1938	0.04808	0.24808	20.799	4.031	9
10	6.192	0.1615	0.03852	0.23852	25.959	4.192	10
11	7.430	0.1346	0.03110	0.23110	32.150	4.327	11
12	8.916	0.1122	0.02528	0.22526	39.581	4.439	12
13	10.699	0.0935	0.02062	0.22062	48.497	4.533	13
14	12.839	0.0779	0.01689	0.21689	59.196	4.611	14
15	15.407	0.0649	0.01388	0.21388	72.035	4.675	15
16	18.488	0.0541	0.01144	0.21144	87.442	4.730	16
17	22.186	0.0451	0.00944	0.20944	105.931	4.775	17
18	26.623	0.0376	0.00781	0.20781	128.117	4.812	18
19	31.948	0.0313	0.00646	0.20646	154.740	4.843	19
20	38.338	0.0261	0.00536	0.20536	186.688	4.870	20
21	46.005	0.0217	0.00444	0.20444	225.026	4.891	21
22	55.206	0.0181	0.00369	0.20360	271.031	4.000	22
23	66.247	0.0151	0.00307	0.20307	326.237	4.925	23
24	79.497	0.0126	0.00255	0.20255	392.484	4.937	24
25	95.396	0.0105	0.00212	0.20121	471.981	4.948	25

$i=25\%$的复利系数

n	S/P	P/S	R/S	R/P	S/R	P/R	N
1	1.250	0.8000	1.00000	1.25000	1.000	0.800	1
2	1.562	0.6400	1.44444	0.69444	2.250	1.440	2
3	1.953	0.5120	0.26230	0.51230	3.812	1.952	3
4	2.441	0.4096	0.17344	0.42344	5.766	2.362	4
5	3.052	0.3277	0.12185	0.37185	8.207	2.689	5
6	3.815	0.2621	0.08882	0.33882	11.259	2.951	6
7	4.768	0.2097	0.06634	0.31634	15.073	3.161	7
8	5.960	0.1678	0.05040	0.30040	19.842	3.329	8
9	7.451	0.1342	0.03876	0.28876	25.802	3.463	9
10	9.313	0.1074	0.03007	0.28007	33.253	3.571	10
11	11.642	0.0859	0.02349	0.27349	42.566	3.656	11
12	14.552	0.0687	0.01845	0.26845	54.208	3.725	12
13	18.190	0.0550	0.01454	0.26454	68.760	3.780	13
14	22.737	0.0440	0.01150	0.26150	86.949	3.824	14
15	28.422	0.0352	0.00912	0.25912	109.687	3.859	15
16	35.527	0.0281	0.00724	0.25724	138.109	3.887	16
17	44.409	0.0225	0.00576	0.25576	173.636	3.910	17
18	55.511	0.0180	0.00459	0.25459	218.045	3.928	18
19	69.389	0.0144	0.00366	0.25366	273.556	3.942	19
20	86.736	0.0115	0.00292	0.25292	342.945	3.954	20
21	108.420	0.0092	0.00233	0.25233	429.681	3.963	21
22	135.525	0.0074	0.00186	0.25186	538.101	3.970	22
23	169.407	0.0059	0.00148	0.25148	673.626	3.976	23
24	211.758	0.0047	0.00119	0.25119	843.033	3.981	24
25	264.698	0.0038	0.00095	0.25095	1054.791	3.985	25

$i=30\%$的复利系数

n	S/P	P/S	R/S	R/P	S/R	P/R	N
1	1.300	0.7692	1.00000	1.30000	1.000	0.769	1
2	1.690	0.5917	0.43478	0.73478	2.300	1.361	2
3	2.197	0.4552	0.25063	0.55063	3.990	1.816	3
4	2.856	0.3501	0.16163	0.46463	6.187	2.166	4
5	3.713	0.2693	0.11058	0.41058	9.043	2.436	5
6	4.827	0.2072	0.07839	0.37839	12.756	2.643	6
7	6.275	0.1594	0.05687	0.35687	17.583	2.802	7
8	8.157	0.1226	0.04192	0.34192	23.858	2.925	8
9	10.604	0.0943	0.03124	0.33124	32.015	3.019	9
10	13.786	0.0725	0.02346	0.32346	42.619	3.092	10
11	17.922	0.0558	0.01773	0.31773	56.405	3.147	11
12	23.298	0.0429	0.01345	0.31345	74.327	3.190	12
13	30.288	0.0330	0.01024	0.31024	97.625	3.223	13
14	39.374	0.0254	0.00782	0.30782	127.913	3.249	14
15	51.186	0.0195	0.00598	0.30598	167.286	3.268	15
16	66.542	0.0150	0.00458	0.30458	218.472	3.283	16
17	86.504	0.0116	0.00351	0.30351	285.014	3.295	17
18	112.455	0.0089	0.00269	0.30269	371.518	3.304	18
19	146.192	0.0068	0.00207	0.30207	483.973	3.311	19
20	190.050	0.0053	0.00159	0.30159	630.165	3.316	20
21	247.065	0.0040	0.00122	0.30122	820.215	3.320	21
22	321.184	0.0031	0.00094	0.30094	1067.280	3.323	22
23	417.539	0.0024	0.00072	0.30072	1388.464	3.325	23
24	542.801	0.0018	0.00055	0.30055	1806.003	3.327	24
25	705.641	0.0014	0.00043	0.30043	2348.803	3.329	25

$i=40\%$的复利系数

n	S/P	P/S	R/S	R/P	S/R	P/R	N
1	1.400	0.7143	1.00000	1.40000	1.000	0.714	1
2	1.960	0.5102	0.41667	0.81667	2.400	1.224	2
3	2.744	0.3644	0.22936	0.62936	4.360	1.589	3
4	3.842	0.2603	0.14077	0.54077	7.104	1.849	4
5	5.378	0.1859	0.09136	0.49136	10.946	2.035	5
6	7.530	0.1328	0.06126	0.46126	16.324	2.168	6
7	10.541	0.0949	0.04192	0.44192	23.853	2.263	7
8	14.758	0.0678	0.02907	0.42907	34.395	2.331	8
9	20.661	0.0484	0.02034	0.42034	49.153	2.379	9
10	28.925	0.0346	0.01423	0.41432	69.814	2.414	10
11	40.495	0.0247	0.01013	0.41013	98.739	2.438	11
12	56.694	0.0176	0.00718	0.40718	139.235	2.456	12
13	79.371	0.0126	0.00510	0.40510	195.929	2.469	13
14	111.120	0.0090	0.00363	0.40363	275.300	2.478	14
15	155.568	0.0064	0.00259	0.40259	386.420	2.484	15
16	217.795	0.0046	0.00185	0.40185	541.988	2.489	16
17	304.913	0.0033	0.00132	0.40132	759.784	2.492	17
18	426.879	0.0023	0.00094	0.40094	1064.697	2.494	18
19	597.630	0.0017	0.00067	0.40067	1491.576	2.496	19
20	836.683	0.0012	0.00048	0.40048	2089.206	2.497	20
21	1171.356	0.0009	0.00034	0.40034	2925.889	2.498	21
22	1639.898	0.0006	0.00024	0.40024	4097.245	2.498	22
23	2295.857	0.0004	0.00017	0.40017	5737.142	2.499	23
24	3214.200	0.0003	0.00012	0.40012	8032.999	2.499	24
25	4499.880	0.0002	0.00009	0.0009	11247.199	2.499	25

i=50%的复利系数

n	S/P	P/S	R/S	R/P	S/R	P/R	N
1	1.500	0.6667	1.00000	1.50000	1.000	0.667	1
2	2.250	0.44444	0.40000	0.90000	2.500	1.111	2
3	3.375	0.2963	0.21053	0.71053	4.750	1.407	3
4	5.062	0.1975	0.12308	0.62308	8.125	1.605	4
5	7.594	0.1317	0.07583	0.57583	13.186	1.737	5
6	11.391	0.0878	0.04812	0.54812	20.781	1.824	6
7	17.086	0.0585	0.03108	0.53108	32.172	1.883	7
8	25.629	0.0390	0.02030	0.52030	49.258	1.922	8
9	38.443	0.0260	0.01335	0.51335	74.887	1.948	9
10	57.665	0.0173	0.00882	0.50882	113.330	1.965	10
11	86.498	0.0116	0.00585	0.50585	170.995	1.977	11
12	129.746	0.0077	0.00388	0.50388	257.493	1.985	12
13	194.620	0.0051	0.00258	0.50258	387.239	1.990	13
14	291.929	0.0034	0.00172	0.50172	581.859	1.993	14
15	437.894	0.0023	0.00114	0.50114	873.788	1.995	15
16	656.841	0.0015	0.00076	0.50067	1311.682	1.997	16
17	985.261	0.0010	0.00051	0.50051	1968.523	1.998	17
18	1477.892	0.0007	0.00034	0.50034	2953.784	1.999	18
19	2216.838	0.0005	0.00023	0.50023	4431.676	1.999	19
20	3325.257	0.0003	0.00015	0.50015	6648.513	1.999	20

附录二　标准正态分布数值表

$$\Phi(x)=\int_{-\infty}^{x}\frac{1}{\sqrt{2\pi}}\mathrm{e}^{-\frac{x^2}{2}}\mathrm{d}x$$

x	$\Phi(x)$	x	$\Phi(x)$	x	$\Phi(x)$	x	$\Phi(x)$
0.00	0.5000	0.80	0.7881	1.60	0.9452	2.35	0.9906
0.05	0.5199	0.85	0.8023	1.65	0.9505	2.40	0.9918
0.10	0.5389	0.90	0.8159	1.70	0.9554	2.45	0.9920
0.15	0.5596	0.95	0.8289	1.75	0.9599	2.50	0.9938
0.20	0.5793	1.00	0.8413	1.80	0.9641	2.55	0.9946
0.25	0.5987	1.05	0.8531	1.85	0.9678	2.58	0.9951
0.30	0.6179	1.10	0.8643	1.90	0.9713	2.60	0.9953
0.35	0.6368	1.15	0.8749	1.95	0.9744	2.65	0.9960
0.40	0.6554	1.20	0.8849	1.96	0.9750	2.70	0.9965
0.45	0.6736	1.25	0.8944	2.00	0.9772	2.75	0.9970
0.50	0.6915	1.30	0.9032	2.05	0.9789	2.80	0.9974
0.55	0.7088	1.35	0.91 15	2.10	0.9821	2.85	0.9978
0.60	0.7257	1.40	0.9192	2.15	0.9842	2.90	0.9981
0.65	0.7422	1.45	0.9265	2.20	0.9816	2.95	0.9984
0.70	0.7580	1.50	0.9332	2.25	0.9878	3.00	0.9987
0.75	0.7734	1.55	0.9394	2.30	0.9893	4.00	1.0000

附录三　设备振动诊断标准

（一）振动标准的类别和制定振动标准的目的

振动标准从使用者的角度可分为两大类，即运行管理标准和制造厂出厂标准。两者的内容和规格不同，通常后者比前者严格；两者的目的也不一样，前者用于评定设备的健康状况（即对设备进行分级），对设备的故障进行诊断，确定设备的维修计划等，而后者是用来控制设备的质量、性能以及可靠性等。因此，两类振动标准不可混淆。本手册仅介绍前一类振动标准及其在故障诊断中的应用。

从故障诊断的角度还可以将振动标准划分为绝对标准、相对标准两种。绝对标准，是指用以判断设备状态的振动绝对数值；相对标准，是指设备自身振动值变化率的允许值。绝对标准是在规定了正确的测定方法之后制定的标准，所以在应用时必须注意标准适用的频率范围和测定方法。在使用振动标准时应注意，虽然标准一般将机器状态分成若干级，但机器状态的变化却是连续的；也就是说，一台振幅稍低于某一分级线的机器其状态并不一定比振幅稍高于此线的机器好得多。

（二）标准机构与组织

在振动标准的制定方面有两个公认的权威性国际机构，一个是“国际标准化组织”（ISO），另一个是“国际电工委员会”（IEC）。

在 ISO 中，振动标准的制定工作由“机械振动和冲击技术委员会 TC108”负责。TC108 成立于 1963 年，秘书国为美国，现下设 4 个分技术委员会（SC1～SC4），32 个工作组（WG）以及若干个直属工作组。截至 1990 年 12 月 31 日，TC108 共发布了 43 个标准。

在 IEC 中，振动标准的制定工作由“技术委员会 TC50”负责。

各主要工业国家的国家标准化组织、商业组织、技术学会等也制定了很多专用和通用振动标准，如“美国全国标准化协会”（ANSI），“美国石油学会”（API），“德国标准委员会”（DIN）“德国工程师协会”（VDI），“英国标准化协会”（BSI），“苏联标准化委员会”（TOCT）等。

我国于 1985 年 7 月成立了“全国机械振动与冲击标准化技术委员会”（CSBTS/TC53）对口 ISO/TC108 的工作，负责我国振动标准的制定工作，秘书处挂靠在机电部郑州机械研究所，下设两个分技术委员会，现行和待发布的振动标准约有 40 项。

（三）振动相对标准

相对标准是振动标准在设备故障诊断中应用的典型，特别适用于尚无适用的振动绝对标准的设备。其应用方法是对设备的同一部位的振动进行定期检测，以设备正常情况下的值为原始值，根据实测值与原始值的比值是否超过标准来判断设备的状态。

标准值的确定根据频率的不同分为低频（＜1000Hz）和高频（＞1000Hz）两段，低频段的依据主要是经验值和人的感觉，而高频段主要是考虑了零件结构的疲劳强度。典型的振动相对标准有日本工业界广泛采用的相对标准，见表 1。

表1　日本工业界推荐相对标准

项目	低频(＜1000Hz)	高频(＞1000Hz)
注意区	1.5～2倍	3倍
异常区	4倍	6倍

(四) 旋转机械振动绝对标准

1. 通用标准

表2给出了IS03945—1985《转速范围为10～200r/s的大型旋转机械的机械振动——振动烈度的现场测量与评价》。本标准适用于功率大于300kW，转速为10～100r/s的大型原动机和其他有旋转质量的大型机器的振动烈度评定。振动烈度定义为频率10～1000Hz范围内振动速度的均方根值。该标准规定在轴承外壳上三个正交方向上测量振动烈度，并根据机器的支承特性将机器进行分类。所谓刚性支承是指固有频率高于机器的主激励频率的底座；而挠性支承是指其固有频率低于机器的主激励频率的底座。表中相邻两级的比值约为1∶1.6，即相差约4dB。

表2　ISO 3945—1985

<table>
<tr><th colspan="2">振动烈度</th><th colspan="2">支承类别</th></tr>
<tr><th>V_{rms}/(mm/s)</th><th>V_{rms}/(in/s)</th><th>刚性支承</th><th>挠性支承</th></tr>
<tr><td>0.46</td><td>0.018</td><td rowspan="4">良好</td><td rowspan="5">良好</td></tr>
<tr><td>0.71</td><td>0.028</td></tr>
<tr><td>1.12</td><td>0.044</td></tr>
<tr><td>1.8</td><td>0.071</td></tr>
<tr><td>2.8</td><td>0.11</td><td rowspan="2">满意</td></tr>
<tr><td>4.6</td><td>0.18</td><td rowspan="2">满意</td></tr>
<tr><td>7.1</td><td>0.28</td><td rowspan="2">不满意</td></tr>
<tr><td>11.2</td><td>0.44</td><td rowspan="2">不满意</td></tr>
<tr><td>18.0</td><td>0.71</td><td rowspan="3">不合格</td></tr>
<tr><td>28.0</td><td>1.10</td><td rowspan="2">不合格</td></tr>
<tr><td>71.0</td><td>2.80</td></tr>
</table>

表3、表5为ISO 2372—1974《转速为10～200r/s机器的机械振动——规定评价标准的基础》。该标准将机器分为Ⅰ类小型机器（如功率15kW以下的电机）、Ⅱ类中型机器（如15～75kW电机和300kW以下机器）、Ⅲ类大型机器（如300kW以上的硬底座机器）和Ⅳ类大型机器（如300kW以上的软底座机器）。标准给出了相应的振动烈度级和振动限值。

中国国家标准GB 6075—85《制定机器振动标准的基础》等效采用了ISO 2372—1974。德国标准VDI2056和英国标准BS4675也等效采用了ISO 2372—1974。

表4给出了加拿大政府文件CDA/MS/NVSH107（维护振动极限）。这也是一个振动烈度标准。

一般振动烈度范围和它们应用于小型机器（第一类）、中型机器（第二类）、大型机器（第三类）和透平机器（第四类）的实例。

表 3　ISO 2372—1974　振动烈度的范围（10～100Hz）

分类范围	速度范围(有效值)(振动速度的有效值)			
	mm/s		in/s	
	超过	到	超过	到
0.11	0.071	0.112	0.0023	0.0014
0.12	0.112	0.18	0.0044	0.0071
0.28	0.18	0.28	0.0071	0.0110
0.15	0.28	0.45	0.0110	0.0177
0.71	0.45	0.71	0.0177	0.0280
1.12	0.71	1.72	0.0280	0.0111
1.8	1.12	1.8	0.0411	0.0709
2.8	1.8	2.8	0.0700	0.1102
4.5	2.8	4.5	0.1102	0.1772
7.1	4.5	7.1	0.1772	0.2795
11.2	7.1	11.2	0.2795	0.4409
18	11.2	18	0.4409	0.7087
28	18	28	0.7087	1.1024
45	28	45	1.1024	1.7716
71	45	71	1.7716	2.7953

表 4　轴承振动测量值的判据（10Hz～10kHz）

用于下列机器的总振动速度均方根值的允许值		新机器				旧机器(全速、全功率)			
		长寿命		短寿命		检查界限值		修理界限值	
		vdB	mm/s	vdB	mm/s	vdB	mm/s	vdB	mm/s
燃气轮机	＞20000hp	138	7.9	145	18	145	18	150	32
	6～20000hp	128	2.5	135	5.6	140	10	145	18
	＜5000hp	118	0.79	130	3.2	135	5.6	140	10
汽轮机	＞20000hp	125	1.8	145	18	145	18	150	32
	6～20000hp	120	1.0	135	5.6	145	18	150	32
	＜5000hp	115	0.56	130	3.2	140	10	145	18
压气机	自由活塞	140	10	150	32	150	32	155	56
	高压空气、空调	133	4.5	140	10	140	10	145	18
	低压空气	123	1.4	135	5.6	140	10	145	18
	电冰箱	115	0.56	135	5.6	140	10	145	18
柴油发电机组		123	1.4	110	10	115	18	150	32
离心机油分离器		123	1.4	110	10	115	18	150	32
齿轮箱	＞10000hp	120	1.0	140	10	145	18	150	32
	10～10000hp	115	0.56	135	5.6	145	18	150	32
	⩽10hp	110	0.32	130	3.2	110	10	145	18
锅炉(辅助)		120	1.0	130	3.2	135	5.6	110	10
发电机组		120	1.0	130	3.2	135	5.6	110	10
泵	＞5hp	123	1.4	135	5.6	140	10	115	18
	⩽5hp	118	0.79	130	3.2	135	5.6	110	10
风扇	＜1800r/min	120	4.0	130	3.2	135	5.6	110	10
	＞1800r/min	115	0.56	130	3.2	135	5.6	110	10
电机	＞5hp 或＞1200r/min	108	0.25	125	1.8	130	3.2	135	5.6
	⩽5hp 或＜1200r/min	103	0.11	125	1.8	130	3.2	135	5.6
变流机	＞1kVA	103	0.11	—	—	115	0.56	120	10
	⩽1kVA	100	0.10	—	—	110	0.32	115	0.56

ISO 7919/1—1986“非往复式机器的机械振动——旋转轴的测量和评价——第一部分：

表 5　ISO 2372—1974 振动限值标准

<table>
<tr><th colspan="2">振动烈度的范围</th><th colspan="4">判定每种机器质量的实例</th></tr>
<tr><th>范围</th><th>在该范围极限上的
速度有效值/(mm/s)</th><th>第一类</th><th>第二类</th><th>第三类</th><th>第四类</th></tr>
<tr><td>0.28</td><td>0.28</td><td rowspan="3">A</td><td rowspan="4">A</td><td rowspan="5">A</td><td rowspan="6">A</td></tr>
<tr><td>0.45</td><td>0.45</td></tr>
<tr><td>0.71</td><td>0.71</td></tr>
<tr><td>1.12</td><td>1.12</td><td rowspan="2">B</td></tr>
<tr><td>1.8</td><td>1.8</td><td rowspan="2">B</td></tr>
<tr><td>2.8</td><td>2.8</td><td rowspan="2">C</td><td rowspan="2">B</td></tr>
<tr><td>4.5</td><td>4.5</td><td rowspan="2">C</td><td rowspan="2">B</td></tr>
<tr><td>7.1</td><td>7.1</td><td rowspan="6">D</td><td rowspan="2">C</td></tr>
<tr><td>11.2</td><td>11.2</td><td rowspan="5">D</td><td rowspan="2">C</td></tr>
<tr><td>18</td><td>18</td><td rowspan="4">D</td></tr>
<tr><td>28</td><td>28</td><td rowspan="3">D</td></tr>
<tr><td>45</td><td>45</td></tr>
<tr><td>71</td><td></td></tr>
</table>

一般指南”，作为旋转机械轴振动的系列标准之一，从总体上规定了转轴振动的测量参数、测量方法和建立转轴振动评定准则所应考虑的因素，具有普遍的指导意义。

中国国家标准 GB 113481—89“旋转机械转轴径向振动的测量和评定第一部分总则”等效采用 ISO 7919/1—1986。

国际标准草案 ISO/DIS 7919/3—1990“非往复式机器机械振动——旋转轴的测量和评价——第三部分：耦合工业机器应用指南”给出了适用于蒸汽涡轮机、透平压缩机、泵、发电机、引风机等耦合工业机器的转轴相对振动值，各区域容许值（峰-峰值）的计算公式为：

A：$S_{p-y}=4800\sqrt{n}(\mu m)$；B：$S_{p-y}=9000\sqrt{n}(\mu m)$；C：$S_{p-y}=13200\sqrt{n}(\mu m)$

其中，n 为转速，r/min。

2. 压缩机

离心式压缩机通常运行在滑动轴承上，并有一个相对大的壳体对转子比率和刚性支承。这样，表示轴承稳定性、转子平衡和联轴节同轴度情况的、由转子产生的绝大部分低频能量，都会如所希望的那样耗散在轴与轴承之间的相对运动上。在这种情况下，用非接触式传感器监测转轴振动通常可以较好地辨别机器状态的变化。

根据美国石油学会标准 API617《一般炼油厂用离心式压缩机 1988 年第 5 版》的规定，装配好的离心式压缩机的转轴相对振动值在紧靠轴承的任意平面内应不超过下式的数值或 50.8μm，并以两者中的较小值为准：

$$A=25.4\times\sqrt{\frac{12000}{n}}(\mu m)$$

式中　A——未滤波的峰-峰值振幅，μm；

n——最大连续转速，r/min。

在大于最大连续转速，直到等于驱动机跳闸转速时，其振动值不应大于在最大连续转速下记录的最大振动值的 150%。在这个标准中，S 值包含了径向跳动，它比 API 617 1979 年第 4 版更严格。在后一标准中，径向跳动是在 A 值的基础上另外考虑的。

3. 电机

电机的振动标准较多，如美国全国电器制造商协会（NEMA）标准 MG1-12.06，MG1-

20.53，德国标准 DIN 45665，原苏联标准 TOCT 16921—83，TOCT 20815—88，TOCT 20832—75 等。

表 6 给出了中国国家标准 GB 10068.1-2—88《旋转电机振动测定方法及限值》中规定的电机振动限值标准参照采用国际标准 IEC 34-14（1986）《中心高为 56mm 及以上旋转电机的振动——振动烈度的测量、评定及限值》。

表 6　GB 10068.1-2—88 电机振动速度有效值限值　　单位：mm/s

安装方式	弹性悬置			刚性安装
轴中心高 H/mm 标准转速/(r/min)	45～132	＞132～225	＞225～400	＞400
600～1800	1.8	1.8	2.8	2.8
＞1800～3600	1.8	2.8	4.5	2.8

本标准适用于轴中心高为 45～630mm，转速为 600～3600r/min 以及轴中心高 630mm 以上，转速为 150～3600r/min 的单台卧式安装电机，要求选择 6 个测点，以最大值作为电机的振动烈度值。

4. 泵

我国国家标准 GB 10889—89"泵的振动测量与评价方法"等效采用 ISO 2372—1974 来评定泵的振动烈度等级，见表 7～表 15。

该标准适用于除潜液泵、往复泵以外的各种形式的泵和泵用调速液力耦合器，转速范围 600～12000r/min。标准规定将主要测点上在三种不同的流量工况下测得的振动速度有效值中的最大的一个定为泵的振动烈度。

表 7　GB 10889—89 泵的振动烈度分级表

烈度级	振动烈度的范围/(mm/s)	
	大于	到
0.11	0.67	0.11
0.18	0.41	0.18
0.28	0.18	0.28
0.45	0.28	0.45
0.71	0.45	0.71
1.12	0.71	1.12
1.80	1.12	1.80
2.80	1.80	2.80
4.50	2.80	4.50
7.10	4.50	7.10
11.20	7.10	11.20
18.00	11.20	18.00
28.00	18.00	28.00
45.00	28.00	45.00
71.00	45.00	71.00

表 8 GB 10889—89 根据泵的中心高和转速的分类表

<table>
<tr><td colspan="2">中心高(mm)</td><td>≤225</td><td>>225～550</td><td>>550</td></tr>
<tr><td colspan="2">转速</td><td colspan="3">r/min</td></tr>
<tr><td rowspan="4">类别</td><td>第一类</td><td>≤1800</td><td>≤1000</td><td></td></tr>
<tr><td>第二类</td><td>>1800～4500</td><td>>1000～1800</td><td>>600～1500</td></tr>
<tr><td>第三类</td><td>>4500～12000</td><td>>1800～4500</td><td>>1500～3600</td></tr>
<tr><td>第四类</td><td></td><td>>4500～12000</td><td>>3600～12000</td></tr>
</table>

表 9 GB 10889—89 泵的振动标准

<table>
<tr><td colspan="2">振动烈度的范围</td><td colspan="4">判定泵的振动级别</td></tr>
<tr><td>振动烈度级</td><td>振动烈度分级界限/(mm/s)</td><td>第一类</td><td>第二类</td><td>第三类</td><td>第四类</td></tr>
<tr><td>0.28</td><td>0.28</td><td rowspan="3">A</td><td rowspan="4">A</td><td rowspan="5">A</td><td rowspan="6">A</td></tr>
<tr><td>0.45</td><td>0.45</td></tr>
<tr><td>0.71</td><td>0.71</td></tr>
<tr><td>1.12</td><td>1.12</td><td rowspan="2">B</td></tr>
<tr><td>1.80</td><td>1.80</td><td rowspan="2">B</td></tr>
<tr><td>2.80</td><td>2.80</td><td rowspan="2">C</td><td rowspan="2">B</td></tr>
<tr><td>4.50</td><td>4.50</td><td rowspan="2">C</td><td rowspan="2">B</td></tr>
<tr><td>7.10</td><td>7.10</td><td rowspan="6">D</td><td>C</td></tr>
<tr><td>11.20</td><td>11.20</td><td rowspan="5">D</td><td rowspan="5">D</td><td rowspan="2">C</td></tr>
<tr><td>18.00</td><td>18.00</td></tr>
<tr><td>28.00</td><td>28.00</td><td rowspan="3">D</td></tr>
<tr><td>45.00</td><td>45.00</td></tr>
<tr><td>71.00</td><td>71.00</td></tr>
</table>

表 10 ISO 2372、ISO 3945 标准

<table>
<tr><td colspan="2">振动强度范围</td><td colspan="5">ISO 2372</td><td colspan="2">ISO 3945</td></tr>
<tr><td>分级</td><td>V_{rms} /(mm/s)</td><td>dB</td><td>Ⅰ级</td><td>Ⅱ级</td><td>Ⅲ级</td><td>Ⅳ级</td><td>刚性</td><td>柔性</td></tr>
<tr><td>0.28</td><td>0.28</td><td>89</td><td rowspan="3">A 良好</td><td rowspan="4">A</td><td rowspan="5">A</td><td rowspan="6">A</td><td rowspan="5">优</td><td rowspan="6">优</td></tr>
<tr><td>0.45</td><td>0.45</td><td>93</td></tr>
<tr><td>0.71</td><td>0.71</td><td>97</td></tr>
<tr><td>1.12</td><td>1.12</td><td>101</td><td rowspan="2">B 允许</td></tr>
<tr><td>1.8</td><td>1.8</td><td>105</td><td rowspan="2">B</td></tr>
<tr><td>2.8</td><td>2.8</td><td>109</td><td rowspan="2">C 较差</td><td rowspan="2">B</td><td rowspan="2">良</td></tr>
<tr><td>4.5</td><td>4.5</td><td>113</td><td rowspan="2">C</td><td rowspan="2">B</td><td rowspan="2">良</td></tr>
<tr><td>7.1</td><td>7.1</td><td>117</td><td rowspan="6">D 不允许</td><td rowspan="2">C</td><td rowspan="2">可</td></tr>
<tr><td>11.2</td><td>11.2</td><td>121</td><td rowspan="5">D</td><td rowspan="2">C</td><td rowspan="2">可</td></tr>
<tr><td>18</td><td>18</td><td>125</td><td rowspan="4">D</td><td rowspan="4">不可</td></tr>
<tr><td>28</td><td>28</td><td>129</td><td rowspan="3">D</td><td rowspan="3">不可</td></tr>
<tr><td>45</td><td>45</td><td>133</td></tr>
<tr><td>71</td><td>71</td><td>137</td></tr>
</table>

Ⅰ级—小型机械，15kW 以下电机等；Ⅱ级—中型机械，15～75kW 电机等；Ⅲ级—刚性安装的大型机械等(10～200r/min)；Ⅳ级—柔性安装的大型机械等(10～200r/min)

表 11　轴承振动测量值的判断（10Hz～10kHz）

用于下列机器的总振动速度均方根值得允许值	新机器		旧机器(全速・全功率)	
	长寿命 v_{dB} mm/s	短寿命 v_{dB} mm/s	检查界限值 v_{dB} mm/s	修理界限值 v_{dB} mm/s
燃气轮机				
＞20000hp	138　7.9	145　18	145　18	150　32
6～20000hp	128　2.5	135　5.6	139　10	145　18
＜5000hp	118　0.79	130　3.2	135　5.6	140　10
汽轮机				
＞20000hp	125　1.8	145　18	145　18	150　32
6～20000hp	120　1.0	135　5.6	145　18	150　32
＜5000hp	115　0.56	130　3.2	140　10	145　18
压气机				
自由活塞	140　10	150　32	150　32	155　56
高压空气、空调	133　4.5	141　10	140　10	145　18
低压空气	123　1.4	1355.6	140　10	145　18
电冰箱	115　0.56	135　5.6	140　10	145　18

表 12　VDI2059/2 汽轮发电机组转轴振动标准　　单位：μm

转速/(r/min)	1000	1500	1800	3000	3600
良好	76	62	57	44	40
报警	145	116	106	82	75
停机	209	170	156	121	110

表 13　日本通产令 1973.10　　单位：μm

测量条件	轴承轴			
转速/(r/min)	1500～1800	3000～3600	1500～1800	3000～3600
额定转速以下	105	75	210	150
额定转速	87	62	175	125

表 14　ISO 7919/2—1990 大型汽轮发电机组相对轴振动推荐值　　单位：μm

项目	轴转速/(r/min)			
	1500	1800	3000	3600
	相对轴振动最大值			
良好	100	90	80	75
满意	200	185	165	150
不满意	320	290	260	240

表 15　ISO 7919/2—1990 大型汽轮发电机组绝对轴振动推荐值　　单位：μm

项目	轴转速/(r/min)			
	1500	1800	3000	3600
	相对轴振动最大值			
良好	120	110	100	90
满意	240	320	200	180
不满意	385	350	320	290